注汽锅炉

(第四版)

刘继和 刘品艳 郝博洋 编著

石油工业出版社

内 容 提 要

本书共有五个教学情境,情境中的每个教学任务包含操作技能、基础知识、资料链接和知识拓展四个环节。各环节以"理实一体"的模式,全面系统地介绍了油田注汽锅炉的组成、注汽锅炉水汽系统、注汽锅炉燃油系统、注汽锅炉燃气系统、注汽锅炉自动化系统、注汽锅炉智能操作系统、燃油注汽锅炉的运行、燃气注汽锅炉的运行、过热注汽锅炉的运行、燃热煤气注汽锅炉的运行等基本知识和操作技能。

本书适合作为高等、中等职业技术院校热能动力类专业课教材,也可作为注汽锅炉运行岗位培训教材及从事注汽采油行业的技术人员和管理人员学习的参考资料。

图书在版编目(CIP)数据

注汽锅炉/刘继和,刘品艳,郝博洋编著. —4 版. —
北京:石油工业出版社,2016.10
ISBN 978－7－5183－1486－7

Ⅰ. 注…
Ⅱ. ①刘…②刘…③郝…
Ⅲ. 注汽(油气田)－锅炉－技术培训－教材
Ⅳ. TE934

中国版本图书馆 CIP 数据核字(2016)第 231746 号

出版发行:石油工业出版社
(北京安定门外安华里 2 区 1 号　100011)
网　　址:www.petropub.com
编辑部:(010)64269289　图书营销中心:(010)64523633
经　　销:全国新华书店
印　　刷:北京中石油彩色印刷有限责任公司

2016 年 10 月第 4 版　2016 年 10 月第 6 次印刷
787×1092 毫米　开本:1/16　印张:18.75
字数:480 千字

定价:66.00 元
(如出现印装质量问题,我社图书营销中心负责调换)
版权所有,翻印必究

前　言

所谓的注汽采油是指利用热能加热稠油油藏，降低稠油的黏度，改善其流动性能，提高其采收率，使稠油易于从地下开采出来。

我国的稠油资源比较丰富，目前已经探明和大规模开发的稠油区域主要分布在辽河油田、胜利油田、新疆克拉玛依油田和中原油田。大庆油田、吉林油田、齐齐哈尔油田、中国的国外油区(如苏丹、哈萨克斯坦等)和渤海湾海上油田也在陆续应用注汽采油技术。

随着注汽采油技术的规模应用，从事注汽采油行业的技术人员、管理人员、热注运行工(司炉工)逐年增多。为了满足专业技术培训与教学的需要，使从事注汽采油行业的人员全面系统地掌握注汽锅炉及其附属设备的组成、工艺流程、自动化与智能控制系统和燃油、燃气、燃热煤气注汽锅炉的启动、调节、运行、事故与故障处理、停炉、维护保养、注汽生产等基本知识和操作技能，结合当前油田注汽采油新技术、新设备，重新编著了《注汽锅炉》一书。

本书共有五个教学情境，情境中的每个教学任务包含操作技能、基础知识、资料链接和知识拓展四个环节。各环节以讲述注汽锅炉运行岗位实践技能为重点，同时又将实践上升到理论，即"理实一体"的全新模式。

本书由辽河石油职业技术学院刘继和、辽河油田油建工程公司刘品艳、辽河油田勘探开发研究院郝博洋编著。本书既可作为高等、中等职业技术院校热能动力类专业课教材，又可作为热注锅炉运行工、技术人员、管理人员的培训教材。

在此，对本书出版给予过支持的人员表示感谢。限于编著者的水平，对书中的不足之处，望读者批评指正。

编著者
2016 年 5 月 20 日

目 录

绪论 ··· (1)

情境一 注汽锅炉的组成 ·· (2)

情境二 注汽锅炉的水处理设备及水汽系统 ·· (19)
    任务一 注汽锅炉的水处理设备 ·· (19)
    任务二 注汽锅炉的水汽系统 ·· (55)

情境三 注汽锅炉的燃烧系统 ··· (97)
    任务一 注汽锅炉的燃油系统 ·· (97)
    任务二 注汽锅炉的燃气系统 ··· (131)

情境四 注汽锅炉的自动化系统与智能操作系统 ································· (146)
    任务一 注汽锅炉的自动化系统 ··· (146)
    任务二 注汽锅炉的智能操作系统 ·· (222)

情境五 注汽锅炉的运行 ··· (241)
    任务一 燃油注汽锅炉的运行 ·· (241)
    任务二 燃气注汽锅炉的运行 ·· (245)
    任务三 过热注汽锅炉的运行 ·· (248)
    任务四 燃热煤气注汽锅炉的运行 ·· (279)

参考文献 ·· (291)

绪　　论

注汽采油是一个内容广泛的领域,它涉及地面(注汽锅炉)和地下(井下工具)设备、油藏特性、固体和流体的热力特性、驱替机理、动态预测以及工艺集输设计、开发和开采方案实施等。

注汽采油是指利用热能加热稠油(稠油即重质高黏度的原油,是指在原始油藏温度下脱气原油黏度为 100～10000mPa·s 或者在 15.6℃ 及大气压条件下原油密度为 0.9340～1.0000g/cm³ 的石油)油藏,降低稠油的黏度,将稠油从地下采出的一种提高采收率的采油技术。

所谓的注汽采油就是通过井筒将高温、高压的湿饱和蒸汽、高干度蒸汽或过热蒸汽注入油层,使油层的温度提高到 200℃ 以上,稠油的黏度大幅度下降(由几百或几千毫帕秒下降到 10mPa·s 以下),改善稠油的流动性能,易于被开采出来。目前注汽采油技术有蒸汽吞吐、蒸汽驱动、SAGD(重力辅助泄油)三种。

SAGD 稠油开采是一项最新技术,目前只有少数几个国家掌握此项技术。SAGD 技术继新疆油田之后应用于辽河油田,使辽河油田的采收率提高了一倍以上,将给辽河油田增加六分之一的产能,为辽河油田全面实现递减刹车、油气上产起到巨大推动作用。

SAGD 技术被形象地比喻为给油层"洗桑拿",即用蒸汽把地下稠油熔化后采出地面。原油采出后实现节能减排环保综合利用,污水处理完再通过注汽锅炉注到地下,实现了零排放。这项技术的规模实施,对于中国石油、辽河油田的稠油开发具有划时代的意义,采收率可由传统的 25% 提高到 50%～60%,可使辽河油田的开发寿命延长 20 年。

随着注汽采油新技术的应用,注汽设备即注汽锅炉也在跨越式更新换代。其具体表现在以下两个方面:

(1)数量规模:近年来,注汽锅炉遍布辽河油田、胜利油田、新疆克拉玛依油田、中原油田、大庆油田、吉林油田、齐齐哈尔油田、渤海湾海上油田、国外油区(如苏丹、哈萨克斯坦),实现了从国内到国外、从陆地到海洋的规模发展。

(2)发展趋势:锅炉容量(出力)由 9.2t/h 到 100t/h,即小到大(图 0-1);锅炉额定压力由 17MPa 到 35MPa,即由高压锅炉到超临界锅炉;生产的蒸汽干度由湿饱和蒸汽到高干度蒸汽再到过热蒸汽;锅炉热效率由 80% 到 88%;自动化程度由自动控制到智能控制;综合性能方面,更安全高效、节能环保。

(a) 9.2t/h 拖车注汽锅炉　　(b) 23t/h 橇座固定站注汽锅炉　　(c) 50t/h 橇座固定站注汽锅炉

图 0-1　不同锅炉容量的注汽锅炉

情境一　注汽锅炉的组成

学习任务

(1)学习注汽锅炉辐射段的结构、用途。
(2)学习注汽锅炉对流段、过渡段、过热段、给水换热器的结构和用途。
(3)学习注汽采油基本知识。

学习目标

(1)能独立识别并掌握注汽锅炉本体设备的结构、用途。
(2)能独立完成注汽锅炉本体设备的正常维修保养、事故处理。
(3)通过监视注汽锅炉运行参数、定时巡回检查,发现事故隐患。

操作技能

注汽锅炉(图1—1)是专为重质高黏度的稠油注入蒸汽的锅炉。它可以产生高温、高压的湿饱和蒸汽,也可生产高干度蒸汽和过热蒸汽。其规格承载形式主要有9.2~18t/h的车载注汽锅炉和23~100t/h的固定橇装注汽锅炉两种。该锅炉的特点为既能燃油又能燃气,可快速启停和升降负荷,自动化程度较高,具有较高的运行安全可靠性,是稠油开采的专用锅炉,亦称湿蒸汽发生器。其中的辐射段(即炉膛或水冷壁)、对流段(即省煤器)、过渡段、过热段(对过热注汽锅炉而言)、给水换热器和构架等主要部件构成生产蒸汽的核心部分,称为注汽锅炉本体。

一、辐射段识别

(一)辐射段的结构

辐射段(图1—2)是用厚度为6~8mm的锅炉专用钢板(20g或Q235A)卷制并焊接而成的卧式圆筒形炉壳,沿程布置3~4道槽钢作为加强肋带。容量为23t/h的注汽锅炉长、宽、高为26526mm、3400mm、6302mm,其中辐射段直径约为3.290m,长度约为12.7m。圆筒形炉壳内横纵方向等距离焊接白钢钉并沿程布置的白钢筋,用来加强和固定40~150mm厚的耐火层(以浇注料为主、辐射段底部的耐火层为双层结构)和40~90mm厚的保温层(以硅酸铝耐火纤维毡和喷涂其上的高温耐火涂料为主)。

另外,圆筒形炉壳内等距离焊有三排V形或W形白钢(或铸钢)卡箍,用来卡箍辐射段炉管。耐火层和保温层组成注汽锅炉的炉衬,其作用是避免炉膛内的热量外散,同时又可向炉管反射热量。辐射段内的炉管是单路、直管管束。辐射段内共布置56根φ89mm×13mm(锅炉容量为23t/h)或53根φ73mm×11mm(锅炉容量为9.2t/h)耐高温、高压的无缝钢管(每根管长12m),管与管用180°弯头焊接串联,管与管之间并联而形成管束(水冷壁),管束被炉卡箍

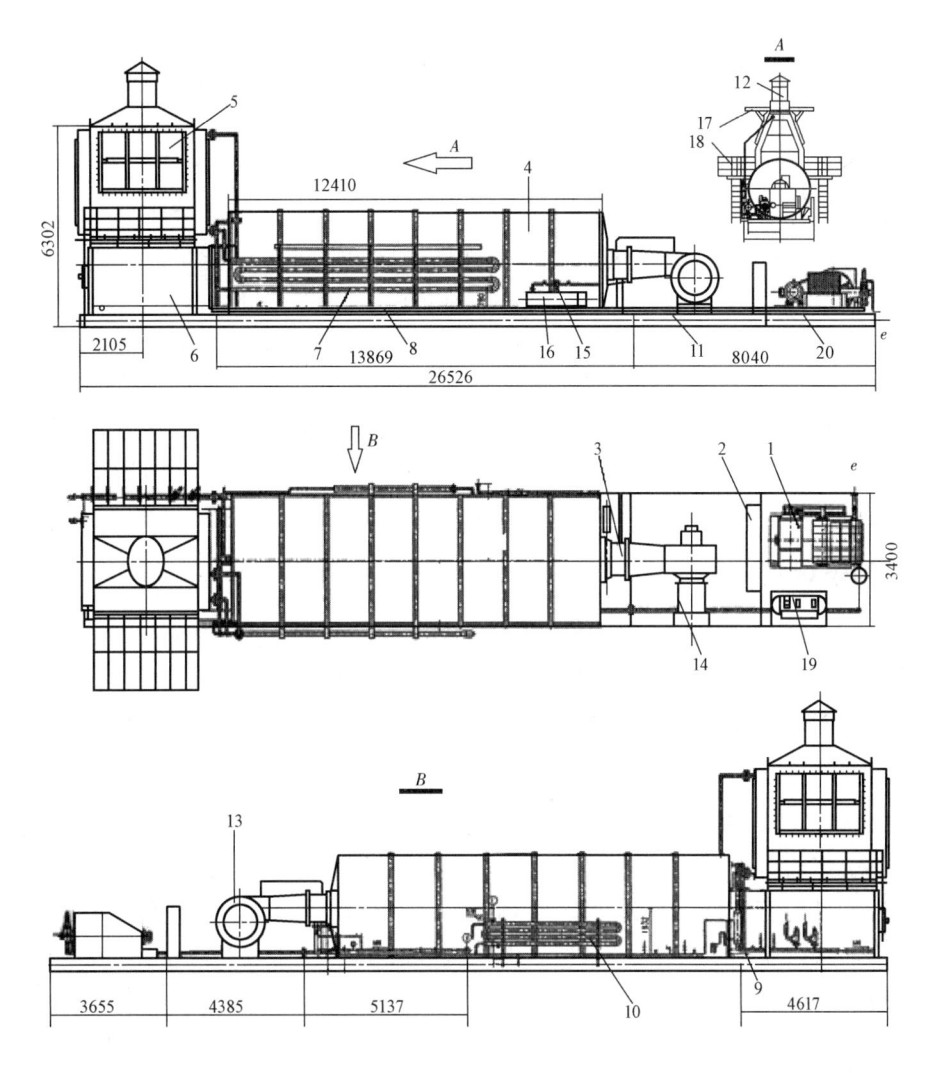

图 1-1 YZG23-21-D 注汽锅炉

1—柱塞泵；2—控制盘；3—燃烧器；4—辐射段；5—对流段；6—过渡段与过热段；7—水—水换热器；
8—配管；9—汽水分离器；10—油加热器；11—鼓风机橇座；12—烟囱；13—鼓风机；14—消音器；
15—燃油过滤器；16—电加热器；17—滑车；18—检修平台；19—空压机；20—泵橇座

固定，中间形成宽敞的供燃料燃烧的空间，称之为燃烧室或炉膛。其炉膛设计应能满足如下基本要求：

（1）有足够的容积和合理的形状，以便于组织燃烧，减少不完全燃烧热损失。

（2）有合理的炉内空气动力场和温度场，避免火焰冲撞炉墙或局部温度过高，这是保证水冷壁不结焦的重要条件。同时，火焰在炉膛内有较好的充满程度，减小炉内停滞涡流区，这是保证燃料在炉内有足够的停留时间，以使燃料

图 1-2 23t/h 注汽锅炉的辐射段

达到完全燃烧的重要条件。

(3)炉膛内壁及空间能布置足够数量的受热面积,将烟气冷却到允许的温度,保证炉膛出口及以后的受热面不结焦。

(4)炉膛容积应能满足与蒸汽参数相匹配的需要。

(二)辐射段的作用

辐射段是注汽锅炉的主要受热面,它既是燃料燃烧的空间,又是锅炉的换热部件。炉膛里的炉管直接受火焰的辐射热、高温烟气的对流热和炉衬的反射热,然后再把所接受的热量传递给炉管内的水,使水变成蒸汽。由此可见,辐射段的主要作用是使水汽化,产生具有一定压力和温度的湿饱和蒸汽。在注汽锅炉正常运行时,炉膛平均温度为950℃左右,这个区域的热负荷最高。为此注汽锅炉在运行时,燃烧器的火焰不得直接与炉管接触,否则炉管的管壁会因过热而发生爆管事故。另外,注汽锅炉运行时应尽量燃用原设计的燃料,燃用特性差别较大的燃料时,锅炉运行的经济性和可靠性都可能降低。

二、对流段识别

注汽锅炉所谓的对流段就是工业锅炉的省煤器,它安装在注汽锅炉尾部烟道中,将锅炉给水加热成辐射段管束(即水冷壁)压力下的饱和水的受热面。由于它吸收的是比较低温的烟气,降低了烟气的排烟温度,节省了能源,提高了锅炉热效率,所以称之为省煤器。

(一)锅炉对流段的结构

注汽锅炉对流段有方形框架式(图1-3)和梯形框架式(图1-4)两种结构。方形框架式结构,其长、宽、高约为4.2m、3.0m、3.6m。不论哪种形状的对流段,其周围框架式盖板(也称对流段护板)内的衬有硅酸铝耐火纤维毡保温层。梯形对流段较方形对流段烟气通道面积逐渐变小,相应烟气流速逐渐增强,因此烟气传热效果较好。

对流段是由$\phi 89mm \times 13mm$(锅炉容量为23t/h)或$\phi 73mm \times 11mm$(锅炉容量为9.2t/h)的钢管制成(单根钢管长3664mm),管与管用弯头焊接串联在一起,水平多层布置(称蛇形管)。为了加大传热面积,减少炉管长度,在管外加鳍片或肋片(图1-5),以改善传热效果。容量为23t/h的注汽锅炉,其鳍片长、高、厚为19mm、114mm、3mm。

(a)方形对流段实物图　(b)方形对流段剖面图

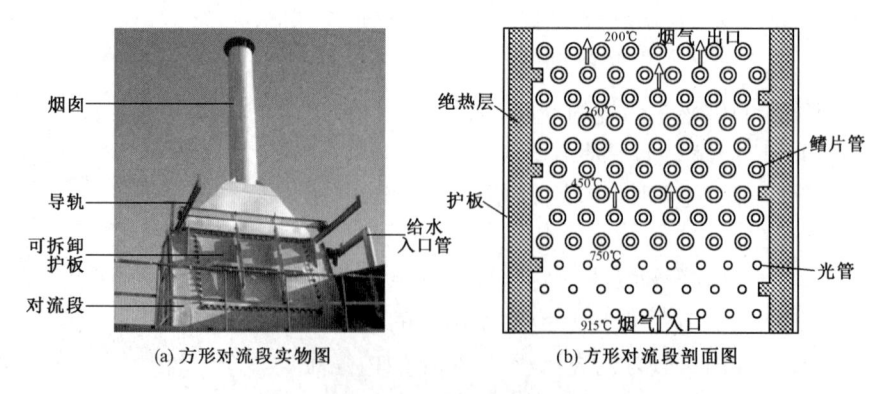

图1-3　方形对流段

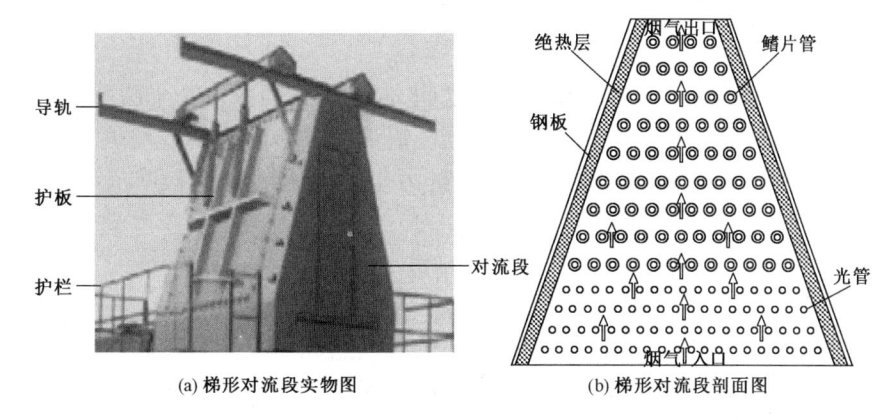

图 1-4　梯形对流段

(a) 梯形对流段实物图　　(b) 梯形对流段剖面图

由于对流段入口烟气温度高达950℃,为防止烧坏鳍片管,对流段下部三层或四层使用光管,以便把烟气温度降到850℃左右,这部分光管称为温度缓冲管。为了提高传热系数,对流段的鳍片管采用叉排布置法。为防止锅炉烟气不经过鳍片管而沿护板内壁窜走,对流段周围护板与鳍片管间的最大间隙为6.35mm。在对流段上部护板处装有导轨和滑轮,下部装有转轴,以此转轴为中心可以打开对流段两侧护板,可清洗对流段鳍片管和光管的积灰。

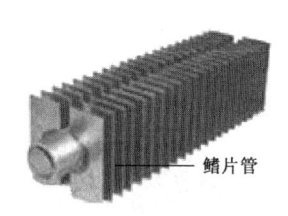

图 1-5　对流段鳍片管

(二) 对流段的作用

注汽锅炉从辐射段出来的烟气,其温度仍在900℃以上,含有较大的热量,直接影响着锅炉的热效率。对流段就设置在锅炉尾部烟道内,利用烟气的热量将锅炉给水加热,减少热量损失、节约燃料,提高了锅炉的热效率。注汽锅炉加装对流段后,使锅炉进水温度提高,给水与炉水温差变小,不仅可减少炉管的热应力,且改善了水质,减轻了炉管的腐蚀与结垢,从而延长了炉管使用寿命。

从传热方面来看,由于水在对流段中是强制流动的,速度较高,所以传热效果较好,其吸热量占锅炉给水总吸收热量的40%左右;同时对流段受热面布置紧凑,因此已成为注汽锅炉设备中必不可少的部件。

(三) 对流段的主要优点

(1) 耐腐蚀。在注汽锅炉中,对流段进水温度较低,出水温度不高,水质对金属的腐蚀性很强,采用铸铁鳍片可增加水质抗蚀性。

(2) 重量轻。对流段鳍片是翼状结构,比光管对流段体积约小5倍,重量减轻4倍。

(3) 费用低。对流段耐腐蚀,减少了换管次数,因此维修间隔时间长,降低了检修费用。

(4) 热效率高。采用翼形鳍片,有利于传热;对流段为横置式平行排列,降低了烟气阻力;锅炉给水与高温烟气是逆向流动,传热效率较高。

(5) 使用方便。

三、过渡段识别

过渡段(图1-6)是位于对流段和辐射段之间,起连接作用的一个半圆形烟气转向通道。其内的耐火层和保温层规格、做法与辐射段相同。锅炉检修时,工作人员可通过通道后端的炉门进入辐射段进行检修作业。过渡段底部设有排污孔,用于排放对流段吹灰清理时冲下的污物和污水。

四、过热段识别

过热段(图1-7)是将一定压力下的饱和水蒸气加热成相应压力下的过热水蒸气的受热面,即蒸汽过热器,是过热注汽锅炉的重要组成部分,其目的是提高蒸汽的焓值,以提高注汽效果。注汽锅炉的过热段是单路直管水平往复式排列的矩形结构。它位于烟气高温区域,其功能是将干蒸汽继续加热升温直至过热。过热段吸热约占总份额的20%。

图1-6 过渡段

图1-7 过热段

过热器管壁金属在锅炉受压部件中承受的温度最高,因此必须采用耐高温的优质低碳钢和各种铬钼合金钢等,在最高的温度部分有时还要用奥氏体铬镍不锈钢。锅炉运行中如果管子承受的温度超过材料的持久强度、疲劳强度或表面氧化度所允许的温度极限值时,则会发生管子爆裂等事故。锅炉运行的工况变化时(例如负荷高低、燃料变化、燃烧工况变动等),都对过热器出口汽温有影响。在过热注汽锅炉出口,采用喷水减温器(喷水减温是将水直接喷入过热蒸汽中,水被加热、汽化和过热,吸收蒸汽中的热量,达到调节汽温的目的)直接调节汽温,使其稳定。锅炉运行中,由于过热器管组中各并联管子的吸热量和蒸汽流量的差别,而导致个别管子中温度过高,可通过调节过热器入口给水调节阀,以避免各管间出现过大的温度差。

五、注汽锅炉给水换热器识别

换热器是一种使热能从一种流体传给另一种流体的设备,又称热交换器。在简单的换热器中,热流体和冷流体直接混合;更普通的换热器则是用壁面将两种流体分隔开来。注汽锅炉所配备的给水换热器属于后一种。它为套管式双管换热器,呈U形管状。23t/h注汽锅炉的给水换热器布置在锅炉一侧;9.2~11.5t/h注汽锅炉的给水换热器则安装在锅炉辐射段顶部。23t/h的注汽锅炉给水换热的工作过程:锅炉给水经柱塞泵升压后进入换热器的外管,此时换热器内管流动的是经对流段加热后温度约为318℃的高温水;由于换热器内外管水的温差较大,故发生热量交换。热交换的结果使流经换热器内管的水的水温降至274℃左右,再进入辐射段吸收火焰的辐射热而汽化为蒸汽;换热器外管的水即锅炉给水的温度则升高,使之达到烟气露点温度(116~138℃);然后再进入对流段吸收烟气的对流热而继续升温。由此可见,给水换热器的主要任务是提高对流段入口的锅炉给水温度,使之达到烟气露点温度以上;防止因对流段入口锅炉给水温度过低而过多地吸收烟气的热量,从而导致锅炉的排烟温度低于烟气露点温度,致使烟气中的水蒸气和二氧化硫凝结,产生酸而腐蚀对流段。

基础知识

锅炉是一种生产蒸汽或热水的换热设备。由锅和炉两部分组成,燃料在炉子里进行燃烧,将它的化学能转化为热能,并将汽锅中的水加热,进而沸腾汽化,生成具有一定温度和压力的热水或蒸汽。

一、按锅炉的用途分类

(一)电站锅炉

电站锅炉(图1-8)主要是用于动力、发电方面的锅炉。它所产生的高温、高压的过热蒸汽(最高温度可达555℃,最大蒸汽压力可达17MPa,目前大多数300MW、600MW机组的蒸汽温度约为540℃)被引入汽轮机,带动发电机发电。电站锅炉主要有煤粉炉和循环流化床锅炉两类。循环流化床锅炉(CFB)的燃烧机理是把固态的燃料流体化,使它具有液体的流动性质促成燃烧。电站煤粉炉只是把煤磨细成煤粉,然后用空气吹入炉膛燃烧。燃烧的粉末对锅炉磨损较小,比循环流化床锅炉好控制,给锅炉加压或者降压的时候,它的反应时间比循环流化床锅炉快。

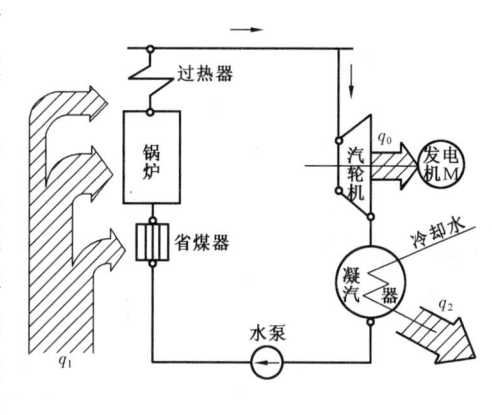

图1-8 热力循环

(二)工业锅炉

工业锅炉有蒸汽锅炉和热水锅炉两种。蒸汽锅炉所产生的蒸汽多为湿饱和蒸汽,主要用于工业生产中,例如炼油厂、化肥厂、油田稠油开采等。热水锅炉主要产生热水,用于供暖和生活需要。

二、按锅炉出口蒸汽压力分类

锅炉按出口蒸汽压力可分为:低压锅炉($p<2.45$MPa);中压锅炉(3.8MPa$<p<5.8$MPa);高压锅炉(5.9MPa$<p\leq12.6$MPa);超高压锅炉(12.7MPa$<p\leq15.8$MPa);亚临界锅炉(15.9MPa$<p\leq22.1$MPa);超临界锅炉(22.1MPa$<p\leq30$MPa)。

三、按制造级别分类

锅炉按制造级别可分为 A 级、B 级、C 级、D 级、E 级。

四、按工质在蒸发系统的流动方式分类

(一)自然循环锅炉

在自然循环锅炉中,汽包、下降管、下联箱、蒸发受热面构成水循环回路。下降管布置在炉外,不受热。蒸发受热面由布置在炉内的水冷壁管组成,也称之为上升管。工质正是依靠这种密度差而产生的动力保持流动的,不需消耗任何外力,所以这种锅炉叫作自然循环锅炉。随着锅炉容量的增大,自然循环锅炉的压力也相应提高。下降水管中的水与上升管中的汽水混合物之间的密度差在减小。由于自然循环锅炉是靠降水管中的水与上升管中的汽水混合物的密度差形成的推动力,建立起工质循环流动的,当压力提高后,这个推动力也随之减小,工质在蒸发系统中的循环流动,也随压力提高而逐渐变得困难。当压力达到临界值 22.1MPa 时,饱和汽、水之间的密度差为零,这时,工质循环停止。因此,自然循环锅炉的压力一般都在超高压(15.8MPa)及以下。要向更高压力发展,就变得相当困难。

(二)强制循环锅炉

强制循环锅炉中水或水蒸气不仅以水与水蒸气的密度差为动力,而且需要一定的泵功在加热管道中循环,所以称之为强制循环锅炉。强制循环锅炉又可分为直流锅炉、复合循环锅炉和多次强制循环锅炉。

📚 资料链接

(1)何谓直流锅炉?

直流锅炉没有锅筒汽包,整个锅炉是由许多受热面组成。给水依靠给水泵压力顺序依次通过加热、蒸发和过热各级锅炉受热面而产生额定参数和容量的最终输出蒸汽。直流锅炉因没有锅筒,采用小直径的管子,锅炉中汽水和金属的蓄热量比较小,也不能靠排污去除随给水进入锅炉的盐分,所以对自动控制和水处理要求比较高。由于给水在进入锅炉后,水的加热、蒸发和水蒸气的过热,都是在受热面中连续进行的,不需要在加热中途进行汽水分离。因此,它没有自然循环锅炉的汽包。在省煤器受热面、蒸发受热面和过热器受热面之间没有固定的分界点,随锅炉负荷变动而变动。

图 1-9 所示为沿直流锅炉水冷壁管内水的状态和参数的变化。热水段和过热段中的参数变化与自然循环锅炉相同;在蒸发段中由于

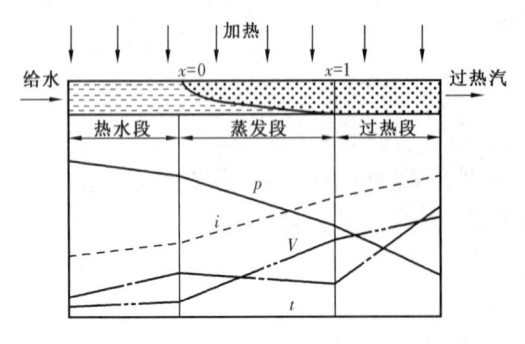

图 1-9 直流锅炉工作过程
p—压力曲线;i—焓值曲线;V—容积曲线;
t—温度曲线;x—蒸汽干度

流动阻力大,蒸汽压力有所降低,相应的饱和温度也有所下降。

直流锅炉由于蒸发和过热受热面没有明显的界限,故在其蒸发受热面中有时会出现流动不稳定和脉动等问题,需要通过在管组入口加装节流孔板,在进、出口联箱间加装呼吸联箱等措施来改善。

另外,在蒸发受热面中会出现膜态沸腾(即受热面上生成的汽泡因来不及脱离而连成汽膜)现象,不利于热传导,以致造成管壁超温,影响锅炉运行安全。对此,可在高热负荷区的水冷壁中加装扰流子或采用内螺纹管等,以推迟膜态沸腾的出现。也可采用烟气再循环或调整燃烧器布置方式等措施以降低炉内最高热负荷。

(2)直流锅炉有何特点?

① 该锅炉不受压力限制,运行中它可适用于一切压力,特别是在临界压力及以上压力范围内广泛应用。

② 由于它没有汽包,因此加工制造方便。炉管管径小,因此金属消耗量就少,不仅节省钢材,而且锅炉炉体重量较轻,便于制造、安装和整体运移。

③ 锅炉的各受热面(水冷壁、省煤器等)布置比较自由,不受水循环限制。

④ 无汽包和采用直径较小的蒸发管,使整个锅炉的存水量较少,也就是说,锅炉储存的热量也少。它的调节反应快,负荷变化灵活,可快速启停和升降负荷。它的最低负荷通常低于汽包锅炉。

由于直流锅炉具有上述特点,所以在国内外开发稠油油田,选配直流锅炉为稠油油藏注入蒸汽的专用设备。油田称之为注汽锅炉或湿蒸汽发生器(图1-10)。

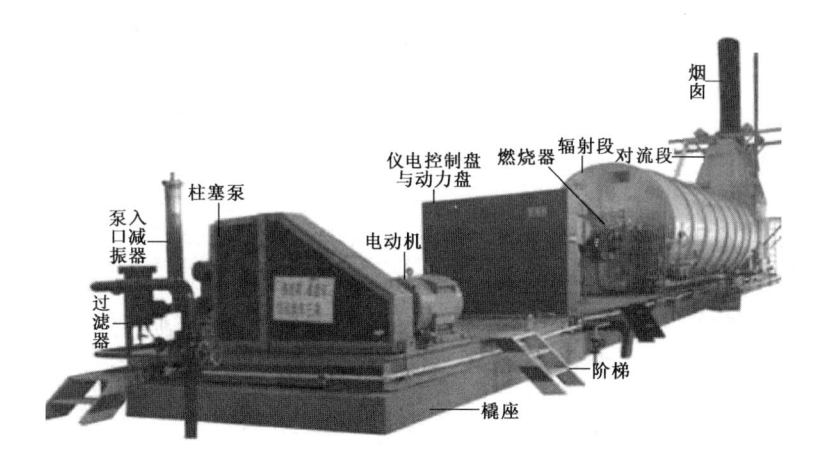

图1-10 23t/h注汽锅炉

(3)注汽锅炉是如何工作的?

注汽锅炉是一种利用燃料(石油、天然气、热煤气)燃烧后释放的热能传递给水冷壁的水,使水汽化成具有一定压力和温度的湿饱和(或过热)蒸汽的热力设备。其工作过程包括三个同时进行的过程:燃料的燃烧过程、烟气向水的传热过程和水吸热后的汽化过程(即蒸汽的产生过程)。

① 燃料的燃烧过程是指燃料在炉膛内与空气中的氧气发生化学反应并放出热量的过程。燃料通过燃烧器在炉膛内燃烧产生的高温烟气通过热的传播,将热量传递给锅炉受热面,而本

身温度逐渐降低,最后由烟囱排出。

燃料燃烧放出的热量多少与燃料的种类及燃烧效率(燃烧效率是指进入炉膛内的一定数量的燃料实际燃烧所放出的热量占理论上所放出热量的百分数)有关。为了提高燃烧效率,要选用合理的燃烧方式和炉膛结构,特别是在锅炉运行时要使锅炉保持良好的燃烧工况。

② 烟气向水的传热过程是指燃料燃烧后产生的热量通过锅炉受热面而传递给炉管内水的过程。在炉膛内的传热过程主要以热辐射的方式进行;在对流段等受热面金属的内部,主要以热传导方式进行;在金属的外部则主要以热对流的方式进行。如果传热过程进行得不好,燃烧所产生的热量不能被充分利用,就会增加热损失,降低锅炉的热效率,甚至造成受压部位的金属因过热而变形,从而妨碍锅炉的安全运行。

③ 水的汽化过程是指在汽水系统中锅炉受热面将吸收的热量传递给水,使水被加热汽化成具有一定温度和压力的蒸汽并且输出的过程。

(4)注汽锅炉参数有哪些?

注汽锅炉参数是表示锅炉性能的主要指标。它所燃用的燃料(石油、天然气)价格高且不可再生,生产高温、高压的湿饱和蒸汽或过热蒸汽,是由多个系统相互结合的油田特种设备综合体。为此,它既要符合安全可靠、经济节能、环保减排等要求,又要满足油田注汽生产的需要。

① 安全可靠性:安全可靠生产始终是油田注汽作业的首要任务。注汽锅炉不能发生任何人身及非人身重大事故,如人员伤亡、锅炉爆炸等。不影响人身安全或不造成设备重大损伤的事故也应尽量减少。常用于注汽锅炉工作可靠性分析的统计指标如下:

(a)连续运行小时数 = 两次停炉之间的运行小时数。

(b)事故率。事故率是指锅炉总事故停炉小时数与总运行小时数和总事故停炉小时数之和的百分比。

(c)可用率。可用率是指统计期间内锅炉总运行时数及总备用时数之和与该期间总时数的百分比。统计期间,国内一般按一年为一个周期。

连续运行小时数越多,事故率越低,可用率越高,表示锅炉工作越可靠。目前国内较先进的指标为:事故率约为1%,可用率为90%~95%。

② 经济性:从可持续发展的角度考虑,资源节约是首要的,尤其是燃料的节约。注汽锅炉的能耗指标,最重要的是石油和天然气的消耗。注汽锅炉所燃用的燃料消耗量,即锅炉每小时燃用的燃料质量,用字母 B 表示。其计算方法如下:

方法一:
$$B = \frac{D \Delta h}{\eta_{gl} Q_{ar.net}}$$

式中　B——燃料的消耗量,kg/h;

　　　D——注汽锅炉额定蒸发量,kg/h;

　　　Δh——锅炉出口蒸汽焓值与锅炉给水焓值的差值,kcal/kg;

　　　η_{gl}——注汽锅炉的热效率(80%~85%),%;

　　　$Q_{ar.net}$——燃料的收到基低位发热量,kJ/kg。

方法二:
$$B = \frac{Q_{ed}}{\eta_{gl} Q_{ar.net}}$$

式中 Q_{ed}——注汽锅炉的额定输出热量,kcal/h。

例如,SG50 – NDS – 27 型锅炉,其额定输出热量为 50MMBtu/h(锅炉容量 23t/h)= 50 × 1055.06 = 52753MJ/h ÷ 4.18 = 12620000kcal/h,锅炉的 η_{gl} = 85%,燃油的 $Q_{ar.net}$ = 9800kcal/kg,天然气的 $Q_{ar.net}$ = 8800kcal/m³,则该锅炉每小时的燃油消耗量 $B = \frac{Q_{ed}}{\eta_{gl} Q_{ar.net}}$ = 12620000 ÷ 0.85 ÷ 9800 = 1515kg = 1.515t;该锅炉每生产 1t 合格蒸汽所消耗的燃油量(锅炉单耗)b = 1.515 ÷ 23 = 0.06587t = 65.87kg;该锅炉每小时的燃气消耗量 $B = \frac{Q_{ed}}{\eta_{gl} Q_{ar.net}}$ = 12620000 ÷ 0.85 ÷ 8800 = 1687.17m³;该锅炉每生产 1t 合格蒸汽所消耗的燃气量(锅炉单耗)b = 1687.17 ÷ 23 = 73.36m³。

世界能源组织发布的能源报告称,人类已步入后石油时代。节约和替代石油资源,是我国的重要国策。为此只有调整好运行中的注汽锅炉,使之保持最佳燃烧工况,才能节约油气资源,降低稠油注汽成本。

③ 环保、减排性能:注汽锅炉的燃油以原油、重油、天然气为主,其燃烧过程中释放出的 CO_2、SO_2、NO_x、灰尘等带来严重的污染问题(图 1 – 11)。CO_2 排放产生温室效应,预计今后变暖速度还会加快。按此趋势发展下去,将会出现气候异常,产生厄尔尼诺、拉尼娜现象,导致严重的自然灾害。SO_2 排放至大气中,在高空遇到水汽,可变成硫酸雾,如遇到雨水降到地面,使土壤的 pH 值下降,改变植物生长所需的接近中性的土壤,使得植物生长缓慢,抗病能力下降,最终导致大面积枯萎死亡。NO_x 是通常所说的氮氧化物,是 NO 和 NO_2 的统称,是大气的主要污染物之一。因此,提高注汽锅炉燃烧效率即节能,不仅是有关资源领域可持续发展的一个战略措施,也是涉及环境保护的重要举措。

图 1 – 11 运行中的燃油注汽锅炉

④ 锅炉容量(出力):可用额定蒸发量或最大连续蒸发量来表示。额定蒸发量是在规定的出口压力、温度和效率下,单位时间内连续生产的蒸汽量,它是在锅炉产品铭牌上所标示的数值。最大连续蒸发量是在规定的出口压力、温度下,单位时间内能最大连续生产的蒸汽量,它表示锅炉在实际运行中每小时所产生的最大蒸汽量,用符号 D 表示,其常用的单位是 t/h(吨/小时)。注汽锅炉习惯采用的热量单位为 MMBtu/h(百万英热/小时)或 MJ/h(兆焦/小时)。

⑤ 蒸汽参数:锅炉的蒸汽参数是指锅炉出口处的蒸汽额定压力(表压力)及其温度两个参数。对生产饱和蒸汽的锅炉来说,一般只标注蒸汽压力;而生产过热蒸汽(或热水)的锅炉则需分别标明其压力和蒸汽(或热水)温度,蒸汽温度的单位为℃。

⑥ 锅炉受热面:锅炉受热面是指辐射段的金属表面积及对流段与烟气相接触的金属表面

积,即烟气与水(或蒸汽)进行热交换的表面积,用符号 H 表示,其单位是 m^2。

⑦ 锅炉的金属耗率及耗电率:我们不仅要求锅炉热效率高,而且还要求在制造该锅炉时所用的金属材料耗量要低,在运行时锅炉的耗电量要少。但是这三个方面往往是互相矛盾的。因此,在衡量锅炉的经济性时应综合考虑这三方面。金属耗率是指在制造锅炉时所耗用的金属质量与该锅炉的额定蒸发量之比。耗电率是为锅炉每产生 1t 蒸汽时的耗电量,单位是 kW·h/t。

(5)注汽锅炉的型号有哪些?其性能如何?

① OH50/25-ND-25XAMT 日本川崎注汽锅炉。

(a)型号的含义:OH 表示强制采油热力公司;50/25 表示该锅炉的输出热量为 50/25MMBtu/h,即该锅炉的容量为 22.5/11.5t/h;N 表示该锅炉所配的燃烧器是北美燃烧器;D 表示该锅炉所燃用燃料的种类(石油和天然气);XAM 表示该锅炉自动化程度较高;T 表示该锅炉安装在拖车上,即为拖车锅炉。

(b) OH 型注汽锅炉性能:OH50 锅炉的额定蒸发量为 22.5t/h(折算成锅炉的输出热量为 50MMBtu/h),OH25 锅炉的额定蒸发量为 11.5t/h(折算成锅炉的输出热量 25MMBtu/h);锅炉的额定工作压力为 17.5MPa;额定工作压力下的饱和蒸汽温度为 354℃;生产湿饱和蒸汽的干度为 80%;锅炉的热效率不小于 80%;锅炉所燃用的燃料是石油(重油或渣油)和天然气;锅炉采用 PLC 控制方式;OH50 锅炉的承载方式为橇座式,而 OH25 锅炉则是安装在拖车上,即拖车锅炉。

② SG50/25-NDS(T)-25 美国休斯敦和丹尼尔注汽锅炉。

(a)型号的含义:SG 表示湿蒸汽发生器(Steam Generator);50/25 表示该锅炉的输出热量为 50/25MMBtu/h,即该锅炉的容量为 22.5/11.5t/h;N 表示该锅炉所配的燃烧器是北美燃烧器;D 表示该锅炉所燃用燃料的种类(石油和天然气);S 表示该锅炉自动化程度较高;T 表示该锅炉安装在拖车上,即为拖车锅炉。

(b)SG 型注汽锅炉性能:SG50 锅炉的额定蒸发量为 22.5t/h(折算成锅炉的输出热量为 50MMBtu/h),SG25 锅炉的额定蒸发量为 11.5t/h(折算成锅炉的输出热量 25MMBtu/h);锅炉的额定工作压力为 17.5MPa;额定工作压力下的饱和蒸汽温度为 354℃;生产湿饱和蒸汽的干度为 80%;锅炉的热效率不小于 80%;锅炉所燃用的燃料是石油(重油或渣油)和天然气;锅炉采用 PLC 控制方式;SG50 锅炉的承载方式为橇座式,而 SG25 锅炉则是安装在拖车上,即拖车锅炉。

③ F52.8/9.2-17.2-YQ 中国上海四方注汽锅炉。

型号的含义和性能为:SF 表示该锅炉由上海四方锅炉厂生产制造;52.8 表示该锅炉的额定输出热量为 52.8MJ/h(额定蒸发量为 22.5t/h);9.2 表示该锅炉的额定蒸发量为 9.2t/h(输出热量为 20MMBtu/h);17.2 表示该锅炉的额定工作压力为 17.2MPa;Y 表示该锅炉所燃用的燃料为石油(重油或渣油);Q 表示该锅炉所燃用的燃料是天然气;锅炉的热效率不小于 80%;生产的湿饱和蒸汽干度为 80%;锅炉采用 PLC 控制方式;SF52.8 锅炉的承载方式为橇座式,而 SF9.2 锅炉则是安装在拖车上,即拖车锅炉。

④ YZF50-17-P 中国抚顺注汽锅炉。

型号的含义和性能为:Y 表示压力容器;ZF 表示该锅炉由中国抚顺制造;50 表示锅炉输出热量为 50MMBtu/h(锅炉额定蒸发量为 22.5t/h);17 表示该锅炉的额定工作压力为 17MPa;P 表示该锅炉采用 PLC 控制方式;锅炉的热效率不小于 80%;锅炉生产湿饱和蒸汽的干度为 80%;该锅炉的承载方式为橇座式。

⑤ YZG7~30-21-D 系列亚临界注汽锅炉。

(a)型号的含义:Y 表示压力容器;ZG 表示注汽锅炉;7~30 表示锅炉的额定蒸发量为 7~30t/h;21 表示该锅炉的额定工作压力为 21MPa;D 表示该锅炉采用 PLC/DCS 控制方式;锅炉的热效率不小于 88%;锅炉生产湿饱和蒸汽的干度为 80%;7~18t/h 的锅炉承载方式为拖车式;20~50t/h 的锅炉承载方式为橇座式。

(b)YZG-型系列注汽锅炉性能:安全、可靠、运行平稳、热效率高、水阻力小、噪声低和实现单回路锅炉蒸发量的最大化;燃烧工况良好,以重油为燃料时不易结焦;动态跟踪蒸汽出口温度报警值,实时计算,无需人工设定;人机界面直观、友好,操作简捷、易懂;系统具有自诊断功能,故障率低,实时为用户提示故障原因和处理方法;系统具有数据管理功能,历史数据可以永久保存;搬迁灵活、安装快捷、适应性强;锅炉蒸汽出口安装了球形汽水分离装置,其分离效率达到 99% 以上,它将湿饱和蒸汽中的水分离出来,达到提高蒸汽干度的目的,分离后的干蒸汽具有较高的热焓值,使注汽效果更加显著。

⑥ YZG18~45-9.8-17.2/350~380-D 系列过热注汽锅炉。

(a)型号的含义:Y 表示压力容器;ZG 表示注汽锅炉;18~45 表示锅炉的额定蒸发量为 18~45t/h;9.8~17.2 表示该锅炉的额定工作压力为 9.8~17.2MPa;350~380 表示该锅炉生产过热蒸汽温度为 350~380℃;D 表示该锅炉采用 PLC/DCS 控制方式;锅炉的热效率不小于 88%;锅炉生产湿饱和蒸汽的干度为 80%;该系列锅炉承载方式均为橇装式。

(b)YZG-型系列过热注汽锅炉性能:利用软化水生产过热蒸汽;模块化设计、适用性强、结构流程新颖;燃烧工况良好、火焰可换挡调节;单位质量热焓值大、热能利用率高;自动在线监测,液位控制恒定,无需人工化验,是高科技产品;人机界面直观友好、操作简捷易懂;系统具有自诊断功能,故障率低,实时为用户提示故障原因和处理方法;系统具有数据管理功能,历史数据可以永久保存;运行实现零排放,节能减排,保护环境;性能安全可靠、运行平稳、功能丰富。

知识拓展

(1)何谓稠油?其如何分类?

稠油即重质高黏度的原油,是指在原始油藏温度下脱气原油黏度为 100~10000mPa·s 或者在 15.6℃及大气压条件下原油密度为 0.9340~1.0000g/cm³ 的石油。稠油具有黏度高、密度大、沥青胶质含量高(一般达 30%~50%,轻质馏分一般小于 10%)的特点,因此在油层中流体、半流体、固体状态兼有,油层流动很困难。

我国稠油分类标准见表 1-1,表中带 * 的指油藏温度条件下的稠油黏度,无 * 的是指油层温度下脱气油的黏度。

表1-1 我国稠油分类标准

稠油分类		主要指标	辅助指标	开采方式
名称	类别	黏度(mPa·s)	相对密度(20℃)(g/cm³)	
普通稠油	Ⅰ类	50*(或100)~10000	>0.9200	
	Ⅱ类 Ⅱ-1	50*~150*	>0.9200	可以先注水
	Ⅱ-2	150*~10000	>0.9200	热采
特稠油		10000~50000	>0.9500	热采
超稠油（天然沥青）		>50000	>0.9800	热采

图1-12 游梁式抽油机

稠油在开采过程中流动阻力大，用常规的干抽法（图1-12）无法开采，而用注水驱动法产量也极低且见效不大。由于稠油的黏度对温度非常敏感，所以注汽采油法就成了强化开采稠油的最行之有效的方法。这不仅大大地提高了稠油产量、加快油田的采油速度，而且获得较好的经济效益和社会效益。

（2）什么是注汽采油？其方式有哪几种？各自机理、特征、适宜条件是什么？

所谓的注汽采油就是通过井筒将高温、高压的湿饱和蒸汽或过热蒸汽注入油层，使油层的温度提高到200℃以上，稠油的黏度大幅度下降（由几百或几千毫帕秒下降到10mPa·s以下，即使是沥青也降到几十毫帕秒），改善稠油的流动性能，易于被开采出来。蒸汽注入油层的方式有：蒸汽吞吐、蒸汽驱动、SAGD（即蒸汽辅助重力泄油）。

① 蒸汽吞吐。

蒸汽吞吐（图1-13）又叫周期性注蒸汽、蒸汽浸泡、蒸汽激产等，是依据油井注汽施工方案，向油井连续几天或几个星期注入一定量的蒸汽，使油层温度上升到200℃以上的某个温度时，停止注入蒸汽，关井一段时间，待蒸汽的热能向油层扩散后，再开井生产的一种开采稠油的增产方法。蒸汽吞吐作业的过程可分为三个阶段：注汽、焖井及回采。稠油油藏进行蒸汽吞吐开采的增产效果非常显著。

（a）蒸汽吞吐主要机理。

ⓐ 加热降黏作用。稠油的突出特征是对温度非常敏感，可由黏度—温度曲线上看到。当向油层注入250~350℃高温高压湿饱和蒸汽或过热蒸汽后，油井井筒周围地带相当距离内的油层和原油被加热。这样形成的加热带中的原油黏度将由几千到几万毫帕秒降低到几毫帕秒，原油流向井底的阻力大大减小，流动系数[油层有效渗透率与有效厚度的乘积与地层原油黏度的比值，单位为 $\mu m^2 \cdot m/(mPa \cdot s)$]成几十倍地增加，油井产量必然增加许多倍。

ⓑ 加热后油层弹性能量的释放。对于油层压力较高的油层，油层的弹性能量在加热油层后充分释放出来，成为驱油能量。而且受热后的原油体积膨胀，一般在200℃时体积膨胀10%左右，原来油层中如果存在少量的游离气，也将溶解于热原油中。

ⓒ 重力驱作用。对于厚油层，热原油流向井底时，除油层压力驱动外，还受到重力驱动

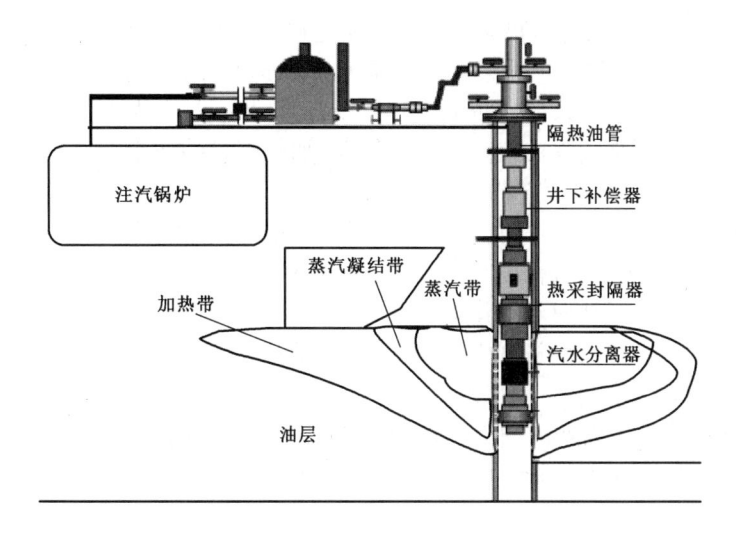

图 1-13 蒸汽吞吐的注汽油井

作用。

ⓓ 回采过程中吸收余热。当油井注汽后回采时,随着蒸汽加热的原油及蒸汽凝结水在较大的生产压差下采出过程中,带走了大量热能,但加热带附近的冷原油将以极低的流速流向油井井筒周围地带,补充到降压的加热带。

ⓔ 地层的压实作用是不可忽视的一种驱油机理。据研究,地层压实作用驱出的油量高达15%左右。

ⓕ 蒸汽吞吐过程中的油层解堵作用。稠油油藏在钻井、完井、井下作业及采油过程中,入井液及沥青胶质很容易堵塞油层,造成严重的油层损害。蒸汽吞吐后的解堵机理在于,注入蒸汽加热油层及原油大幅度降黏后,在开井回采时改变了液流方向,油、蒸汽及凝结水在较大生产压差条件下高速流入井筒,将近井眼地带的堵塞物排出,大大改善了油井渗流条件。

ⓖ 蒸汽膨胀的驱动作用。注入油层的蒸汽回采时具有一定的驱动作用。分布在蒸汽加热带的蒸汽,在回采降低井底压力过程中,蒸汽将大大膨胀,部分高压凝结热水则由于突然降压闪蒸为蒸汽。这些都具有一定驱动作用。

ⓗ 溶剂抽提作用。油层中的原油在高温蒸汽下产生某种程度的裂解,使原油轻馏分增多,起到一定的溶剂抽提作用。

ⓘ 改善油相渗透率的作用。在非均质油层中,注入湿蒸汽加热油层后,在高温下,油层对油与水的相对渗透率发生变化,砂粒表面的沥青胶质性油膜破坏,润湿性改变,由原来油层为亲油或强亲油,变为亲水或强亲水。在同样水饱和度情况下,油相渗透率增加,水相渗透率降低,束缚水饱和度增加。而且热水吸入低渗透油层,替换出的油进入渗流孔道,增加了流向井筒的可动油。

ⓙ 预热作用。在多周期吞吐中,前一次回采结束时留在油层中加热带的余热对下一周期吞吐将起到预热作用,有利于下一周期的增产。总的生产规律是随着周期的增加,产油量逐渐减少。

ⓚ 放大压差的作用。要尽力在开井回采初期放大生产压差,即将井底流动压力或流动液面降到油层位置即抽空状态。

① 边水的影响。在前几轮吞吐周期,边水推进在一定程度上补充了压力即驱动能量之一,有增产作用,但一旦边水推进到生产油井,含水率迅速增加,产油量受到影响。

从总体上讲,蒸汽吞吐开采属于依靠天然能量开采,只不过在人工注入一定数量蒸汽并加热油层后,产生了一系列强化采油机理,主要是原油加热降黏的作用。

(b)蒸汽吞吐采油的主要生产特征。

ⓐ 蒸汽吞吐采油属于三次采油。注入油层的蒸汽数量极有限,只是注入了热能,使井筒周围一定范围的油层加热,一般仅 10~30m,最大不超过 50m,以原油加热降黏、改善油的流动性为主,应强化上述多种天然驱动能量的作用,以增加油井产量。

ⓑ 蒸汽吞吐开采和蒸汽驱开采都是强化开采手段,采油速度很高,一般为地质储量的 4%~6%,甚至还高。

ⓒ 蒸汽吞吐开采每个周期内的产量变化幅度较大,有初期的峰值期,有递减期。峰值期是主要产油期。另外,每个吞吐周期的产量接近或达到经济极限产量时再开始下一周期的注汽采油。

ⓓ 蒸汽吞吐是单井作业,对各种类型稠油油藏地质条件的适用范围较蒸汽驱大,经济上的风险性较蒸汽驱开采小得多。

ⓔ 蒸汽吞吐采油过程中的主要矛盾,是注入油层的蒸汽向顶部超覆推进及沿高渗透层推进,垂向扫油系数一般很难超过 50%。这主要是湿饱和蒸汽的特性及油藏非均质性所致。

ⓕ 蒸汽吞吐与蒸汽驱开采阶段的衔接至关重要。

蒸汽吞吐开采的一次投资较少,而且生产见效快,经济回收期短,经济效益好。但是,随着多周期吞吐进程,产量递减快。

② 蒸汽驱。

蒸汽驱采油(图 1-14)是稠油油藏经蒸汽吞吐采油之后,为进一步提高采收率而采取的一项热采方法。因为蒸汽吞吐采油只能采出各个油井附近油层中的原油,采收率一般为 18%~26%,而在油井与油井之间还留有大量的死油区。蒸汽驱采油,就是由注入井连续不断地往油层中注入高干度的蒸汽,蒸汽不断地加热油层,从而大大降低了地层原油的黏度。注入的蒸汽在地层中变为热的流体,将原油驱赶到生产井的周围,并被采到地面上来。采用蒸汽驱开采可以扩大波及体积,从而提高驱油效率,达到提高最终采收率的目的。

(a)蒸汽驱使用条件。

稠油在经过一定时间的蒸汽吞吐开采形成热连通后,只能采出各油井井点附近油层中的原油,井间留有大量的死油区,如单靠吞吐,其加热范围很有限。蒸汽驱是稠油油藏蒸汽吞吐后进一步提高采收率的主要手段之一,蒸汽驱的最终采收率一般可达 50%~60%,在国内外已得到广泛应用。蒸汽驱技术可使高压、低压蒸汽脉冲周期性作用于地层,迫使蒸汽由高渗透层、高渗透段、高渗透带,进入低渗

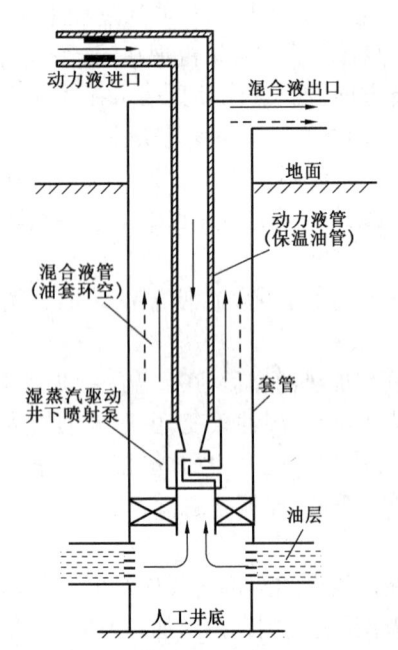

图 1-14 蒸汽驱油井

透层、低渗透段、低渗透带,扩大蒸汽的波及体积。当不同的井组之间交替改变注采周期时,地下的压力场不断变化,使注入蒸汽冷凝后的热水不断改变流动方向,提高了蒸汽波及系数。

(b)蒸汽驱的驱油机理。

蒸汽驱是把高温蒸汽作为载热流体和驱动介质,从注汽井持续注汽,从相邻生产井连续采油,利用注入的热量和质量提高驱油效率的过程。从驱油方式看,蒸汽驱全过程由三种不同驱油方式组成。油层先经过冷水驱,然后经过热水驱,最后经过蒸汽驱。实践证明,热水驱的采收率高于普通冷水驱的采收率,蒸汽驱采收率高于同温度的热水驱的采收率,高压蒸汽驱的采收率高于低压蒸汽驱采收率。根据蒸汽的热动力学性质,蒸汽驱的主要增产机理有蒸汽动力驱、蒸汽的蒸馏作用、加热降黏作用、热膨胀作用、脱气作用、油的混相驱作用、溶解气驱作用、乳化驱作用以及高温时油相渗透率得以改善。

(c)蒸汽驱的开发机理。

采用面积井网形式,由注入井连续注汽,生产井连续采出原油。蒸汽驱过程中,有多种机理在不同程度地起作用,包括降黏作用、蒸汽的蒸馏作用、热膨胀作用、油的混相驱作用、溶解气驱作用和乳化驱作用等,各项机理共同作用,驱油效率一般高达80%~90%。其中起主导作用的是降黏作用、蒸汽的蒸馏作用、热膨胀作用和油的混相驱作用。

ⓐ 降黏作用。

温度升高时原油黏度降低,是蒸汽驱开采稠油的最重要的机理。随着蒸汽的注入,油藏温度升高,油和水的黏度都要降低,但水黏度的降低程度与油相比则小得多,其结果是改善了水油流度比。在油的黏度降低时,驱替效果和波及效率都得到改善,这也是热水驱、蒸汽驱提高采收率的原因所在。

ⓑ 蒸汽的蒸馏作用。

高温、高压蒸汽降低了油藏液体的沸点温度,当温度不小于系统的沸点温度时,混合物将沸腾,油被剥蚀,使油从死孔隙向连通孔隙转移,增加了驱油的机会。

ⓒ 热膨胀作用。

随着蒸汽的注入,地层温度升高,油发生膨胀,变得更具流动性。这一机理可采出5%~10%的原油。

ⓓ 油的混相驱作用。

水蒸气蒸馏出的馏分,通过蒸汽带和热水带被带入较冷的区域凝析下来,凝析的热水与油一块流动,形成热水驱。凝析的轻质馏分与地层中的原始油混合并将其稀释,降低了油的密度和黏度,随着蒸汽前沿的推进,凝析的轻质馏分也不断向前推进,其结果形成了油的混相驱。由混相驱而增加的采收率为3%~5%。

(d)适宜于蒸汽驱开采的油藏条件。

ⓐ 原油黏度。原油黏度是影响蒸汽驱效果的重要因素,随着原油黏度的增高,蒸汽驱的效果明显变差。

ⓑ 油层厚度。在一定范围内,油层厚度大,汽驱效果好。

ⓒ 含油饱和度。油层含油饱和度对汽驱采收率影响较大,随含油饱和度的增加,蒸汽驱采收率增加。

ⓓ 边底水的影响。具有活跃边、底水的稠油油藏,在热采过程中,由于水体导热性能好以及水、油黏度悬殊,对蒸汽驱将带来不利的影响。对蒸汽驱来说,随着稠油油藏边、底水体积的

增加,有效生产期缩短,油汽比和采收率下降。

③ SAGD稠油开采技术——蒸汽辅助重力泄油技术。

SAGD是国际开发超稠油的一项前沿技术。其理论最初是基于注水采盐原理,即注入淡水将盐层中固体盐溶解,密度大的盐溶液向下流动,而密度相对较小的水溶液浮在上面,通过持续向盐层上部注水,将盐层下部连续的高浓度盐溶液采出。将这一原理应用于注蒸汽热采过程中,就产生了重力泄油的概念。蒸汽辅助重力泄油(Steam Assisted Gravity Drainage,SAGD)是一种蒸汽驱开采方式,即向注汽井连续注入高温、高干度蒸汽(过热蒸汽),首先发育蒸汽腔(图1-15),再加热油层并保持一定的油层压力(补充地层能量),将原油驱至周围生产井中,然后采出。该技术具有较高的采油能力、高油汽比、较高的最终采收率及可降低井间干扰,避免过早井间窜通的优点。

(a) SAGD技术特点(图1-16)。

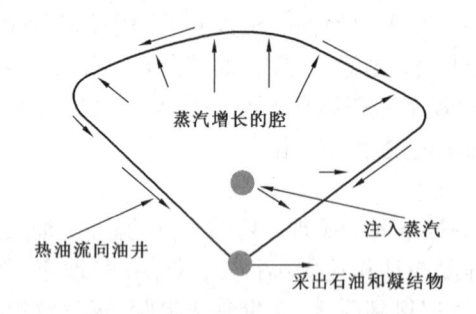

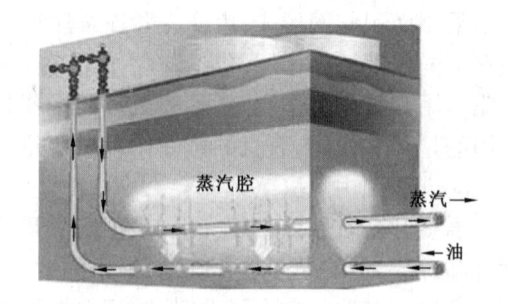

图1-15 SAGD蒸汽腔　　　　图1-16 SAGD直井注汽—水平井采油

SAGD是一种直井注汽—水平井生产的开采方式。注入高干度蒸汽与冷油区接触,释放汽化潜热加热原油,被加热的原油降低黏度并和蒸汽冷凝水在重力作用下向下流动,从水平生产井中采出。蒸汽腔持续扩展,占据原油的体积。蒸汽腔上升阶段,产量随时间而增加,当蒸汽腔上升到油层的顶部时,产量达到高峰值;蒸汽腔横向扩展阶段,产量保持稳定;蒸汽腔到达边界阶段,当蒸汽腔扩展到油藏边界或井组的控制边界时,蒸汽腔沿边界下降,产量也随之降低。

SAGD开采技术是一项不同于蒸汽吞吐和蒸汽驱的稠油开采技术。在原理、开采特点、采油工艺、开采效果上三者都有着很大的区别。

(b) SAGD技术、蒸汽吞吐、蒸汽驱在原理上的异同点。

ⓐ 三者都是以水为载体将热能带入油层,使稠油温度升高,原油黏度下降,从而采出地面。

ⓑ 蒸汽吞吐时加热油层是利用了湿饱和蒸汽的热焓值,既包括了蒸汽的汽化潜热,也包括了水中的热焓(与蒸汽驱相同);SAGD技术仅利用了饱和蒸汽的汽化潜热,而未利用水中的热焓(与蒸汽驱不同)。

ⓒ 蒸汽吞吐是依靠建立的油层压差驱动油水水平方向流动(与蒸汽驱基本相同);SAGD技术是依靠油水自身的重力向下流动的(与蒸汽驱不同)。

ⓓ 蒸汽吞吐是周期性地注入蒸汽和周期性地采出油水的过程(与蒸汽驱不同);SAGD技术则是连续注入蒸汽和连续采出油水的过程(与蒸汽驱相同)。

ⓔ 蒸汽吞吐加热油层是以强迫热对流方式为主,热传导方式为辅(与蒸汽驱相同);SAGD技术是以热传导方式为主,以自然热对流方式为辅(与蒸汽驱不同)。

情境二　注汽锅炉的水处理设备及水汽系统

任务一　注汽锅炉的水处理设备

学习任务

(1)学习注汽锅炉水处理设备及其附属设备的组成、用途、工艺流程、故障排除方法、操作规程。

(2)学习注汽锅炉水质分析与处理的基本知识。

学习目标

(1)能独立识别和操作水处理设备及其附属设备并排除其故障。

(2)能独立并熟练绘制水处理系统工艺流程图。

(3)能独立并熟练掌握水质指标的测定技能。

操作技能

一、水处理设备识别

注汽锅炉水处理的主要任务是降低水中钙、镁盐类的含量(俗称软化),除去水中的溶解氧,稳定地供应数量充足、质量符合注汽锅炉水质标准的锅炉给水。注汽锅炉水处理设备由离子交换器及其附属设备组成。

(一)本体设备识别

1. 固定床钠离子交换器

凡用来进行离子交换反应的设备,被称为离子交换器。只用来制取软化水的交换器称为软水器。根据离子交换运行方式的不同,离子交换器可以分成固定床(同一台交换器要完成运行、反洗、进盐、盐水置换、正洗等工作全过程,而交换剂即树脂始终在该台交换器内,这样的交换器称为固体床)和连续床(将离子交换剂装填于不同的装置中,使其离子交换的各工作过程在同一时间里、不同的装置内分别完成。也就是说,树脂是在不断移动或流动的,这种交换器就称为连续床)两种类型。注汽锅炉水处理设备采用的是固定床钠离子交换器(图2-1)。

2. 固定床钠离子交换器结构

固定床钠离子交换器通常采用压力式容器。其结构主要由以下几个部分组成。

图2-1 固定床钠离子交换器

1)本体

本体一般为立式圆柱形容器,其材料通常是钢制焊接结构,内衬有防腐层;上下封头与筒体有焊接、法兰连接等连接形式。

2)上部进水装置

上部进水装置可使进水分布均匀,防止直接冲刷上层交换剂。常见的上部进水装置有漏斗式(漏斗的顶部距交换器上封头100～200mm,角度为60°或90°,其漏斗的直径为进口管径的1.5～3.0倍,上口为敞开式。通常用60目左右的尼龙布扎口)、分水板式(在进水口的下部200～250mm处,设一块分水板,分水板的直径为进水管径的2～3倍)、多孔管式(它的通水面积应为进水管截面积的5倍以上,且向侧上方开孔)。

3)下部出(集)水装置

下部出(集)水装置用来汇集出水,防止交换剂填充料泄漏。常采用的下部出(集)水装置有孔板滤水帽式、法兰垫层式和穹形板垫层式。

4)中间排液装置

逆流再生交换器要设置中间排液装置,目的是使由下向上流的再生液、置换水和由上向下流的压缩空气或顶压水,能够均匀地通过此装置排出。另外,作为反洗水的入口,能使进水分配均匀。

5)再生液进入(进盐)装置

注汽锅炉水处理一级离子交换器的再生液进入(进盐)装置另设,为多孔管式,而二级离子交换器的再生液进入(进盐)装置就是其下部集水装置,不再另设。

6)空气排出管

空气排出管从交换器最上端引出,直径约为进水管直径的1/3～1/4。

7)人孔

设置人孔便于检修和装填树脂。

8)窥视表

窥视表主要起观察树脂表面、装填高度和反洗时树脂膨胀程度等作用。

9)支柱

有的用四根支柱,也有的用三根支柱,安装位置多在距圆柱体中心2/3半径处。它们对角线相交成90°或120°。

(二)附属设备识别

1. 离心泵

离心泵(图2-2)是叶片式泵的一种。由于这种泵主要是靠一个或多个叶轮旋转时产生的离心力来输送液体,所以称之为离心泵。

1)结构与工作原理

其结构主要由支撑架、泵体、叶轮(离心泵工作的主要部件,它从电动机中获得能量并传给液体,它由前盖板、后盖板、叶片及轮毂组成)、泵壳(泵壳在离心泵中起着多方面的作用,它把水引入叶轮和汇集从叶轮中甩出来的水,形状呈蜗壳状)、机械密封(它用来封闭泵轴与泵壳间的间隙,防止水从泵内流出和空气漏入泵内,同时也起支持、润滑和冷却泵轴的作用)、主轴、挡水圈、电动机等几部分组成。

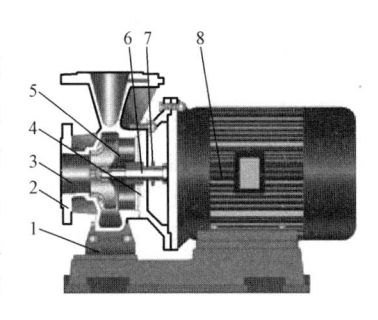

图 2-2 离心泵
1—支撑架;2—泵体;3—叶轮;
4—泵壳;5—机械密封;6—主轴;
7—挡水圈;8—电动机

离心泵是利用泵壳内由电动机带动做高速旋转的叶轮产生的离心力而工作的一种压力泵。叶轮的旋转将泵内的水压向叶轮的外周,并以较高的速度沿着外壳向出口流出。这时叶轮吸水口便形成了近似真空的低压区,泵入口处的水由于大气压力的作用,通过进水管流进泵体的低压区,填补那里的真空。当叶轮不断地旋转时,轮心部分的水不断地被压出,同时又不断地被补充。离心泵就是这样将水从低压处源源不断地送到高压处。

2)离心泵的基本参数

(1)流量 q。

流量是泵在单位时间内排出液体的数量,有体积流量和质量流量两种。体积流量用 q_v 表示,单位有 L/s、m³/s、m³/h 等;质量流量用 q_m 表示,单位有 t/h、kg/s 等。体积流量和质量流量可按下式换算:

$$q_m = \rho \cdot q_v \qquad (2-1)$$

式中,ρ 为液体的密度,对于水,$\rho = 1 \text{kg/L}$。

(2)扬程 H。

泵的扬程是指单位质量的液体通过泵后能量的增加值,也就是泵能把液体提升的高度或增加压力的多少。通常用符号 H 来表示,单位习惯上用 mH_2O 来表示。

(3)转数 n。

转数又叫转速,是指水泵的轴每分钟旋转的转数,单位是 r/min。常用的口径较小的泵的转数有 2900r/min、1450r/min;口径较大的泵的转数有 970r/min、730r/min。

(4)功率 N。

如果在 1s 内把 1N 重的物体提高到 1m 的高度,就对物体做了 1N·m 的功,那么功率就是 1N·m/s(1W)。在工程上由于瓦(W)的单位太小,通常用千瓦(kW)来表示。

(5)效率 η。

泵的效率是指泵的有效功率与泵轴功率的比值,即:$\eta = \dfrac{N_{有效}}{N_{轴}} \times 100\%$。

(6)允许吸上真空高度 H_s。

泵铭牌或说明书上标注的吸上真空高度是计算泵的几何安装高度的依据。注汽锅炉所使用的离心泵一般有 IS65-40-200、IS80-65-160、IS80-50-200 等,IS 表示是单级单吸清水离心泵;65、80、80 表示泵的吸入口直径,单位为 mm;40、65、50 表示泵的排出口直径,单位为 mm;200、160、200 表示泵叶轮外径,单位为 mm。

3)离心泵的装配与拆卸

(1)首先可将各处的连接螺栓、丝堵等分别拧紧在相应的零件上;

(2)将 O 形密封圈等分别放在相应的零件上;

(3)将密封环和填料、填料环、填料压盖等依次装在泵内;

(4)将滚动轴承装在轴上,然后装到悬架内,再合上压盖,压紧滚动轴承,并在轴上套上挡水圈;

(5)将轴套装在轴上,再将泵盖装在悬架上,然后再将叶轮、止动垫圈、叶轮螺母等装上并拧紧;

(6)最后将上述组件装在泵体内,并拧紧泵壳上的连接螺栓。

在上述装配过程中,一些小部件如平键、挡水圈、轴套内的 O 形密封圈等容易遗漏或装错,要特别注意。泵的拆卸顺序基本上可按装配顺序的反向进行。

4)离心泵的安装与校正

(1)清除底盘上的油腻和污垢,把底座放在地基上;

(2)用水平仪检查底座的水平度,可以用楔铁找平;

(3)用水泥浇铸底座和地脚螺栓孔眼;

(4)水泥干固后,拧紧地脚螺栓,重新检查水平度;

(5)清理底座的支撑平面、水泵地脚和电动机地脚的平面,并把水泵和电动机安装到底座上;

(6)联轴器之间应保持一定的间隙,检查水泵轴和电动机轴是否在一条水平线上,可用垫片调整,使其同心。测量联轴器的外圆上下左右的差别不得超过 0.1mm,两联轴器端面间隙,一周上最大和最小的间隙差别不得超过 0.3mm。

5)离心泵的启动操作

(1)检查水罐水位是否正常;

(2)检查离心泵机油液面,各处螺栓紧固,周围无杂物;

(3)合上该泵的电源空气开关;

(4)先打开泵吸入口阀门,合上泵的控制电源开关,离心泵启动;

(5)松开排气丝堵进行排气;

(6)待泵达到额定压力之后,缓慢打开泵出口阀门(启动时,空转时间不宜过长,以 2~3min 为宜,否则会造成气蚀,损坏设备);

(7)使用密封填料的泵,要适当调好密封填料压盖的松紧,既要滴漏,又不能泄漏量太大,一般每分钟 15~30 滴/min;

(8)安装后第一次启泵,运行 5~15min 后,要检查一次全部螺栓的松紧程度。

6)离心泵的停车操作

(1)断开泵的控制电源开关,离心泵停止运转;

(2)先关出口阀,然后再关进口阀;

(3)当泵停运时间较长或有可能冻结时,应打开泵壳底部的丝堵,将泵体中的积水排净;
(4)断开泵的电源空气开关。

2. 加药泵

1)结构与工作原理

加药泵(图2-3)由两部分组成,即传动部分和水力部分。传动部分是将电动机旋转运动转变成柱塞的往复运动;水力部分是通过吸入排出液体,实现输出液体的目的。电动机通过联轴器将带动蜗杆旋转,经过涡轮减速后,通过曲轴带动连杆、十字头,实现柱塞往复运动,不断改变隔膜室内的压力,带动了隔膜的运动,使水力部分的液缸内容积变化,从而实现吸入、排出药液的目的。

2)安装与使用

图2-3 加药泵

(1)泵尽可能靠近药箱,安装在药箱液面以下,排出管线尽量缩短;
(2)吸入管线不允许有漏气,排出管线要保证必要的管径,吸入管线和排出管线不应有急剧转弯,尽量减少管线的弯曲或接头;
(3)泵出口必须安装压力表,以检测泵的运转情况;
(4)泵的吸入、排出管线安装时,不能将管线的重量由泵头承担;
(5)变速箱的传动箱内要定时更换机油,加油量以涡轮轴或偏心轴中心线为宜,有油标的应将油加到油标中心线为宜;
(6)启泵时,打开泵的进、出口管线上的所有阀门,先用最大行程排液,排出泵液缸内的空气;
(7)旋转调节手柄,对泵的排量进行标定,待调到设定排量后应将调节手柄锁紧,以免撞出、松动、引起流量变化;
(8)泵启动后,应运行平稳,无噪声;
(9)检查电动机温度应小于70℃,传动箱内润滑油油温不宜超过65℃,如果温度过高则应停机检查,待排除故障后方可再工作;
(10)泵停运时,关闭进出口管线的阀门,如果长期停运,应将泵缸内的液体排出;
(11)泵初次使用一个月后更换一次润滑油,以后每三个月更换一次润滑油。

3)药泵加药量的调节操作

(1)将冲程紧固备母松开;
(2)顺时针方向旋转冲程调节帽,将减小冲程量,反之增大冲程,冲程量大小以刻度值为准;
(3)当冲程调节完毕时锁紧备母。

4)常见故障、原因及排除方法

加药泵的常见故障、原因及排除方法见表2-1。

表 2 - 1　加药泵的常见故障、原因及排除方法

故障	原因	排除方法
完全不排液	(1)吸入高度太高; (2)吸入管道堵塞; (3)吸入管道漏气; (4)液缸内有空气; (5)膜片破裂	(1)降低安装高度; (2)排除堵塞物; (3)重新安装吸入管道; (4)设法排净空气; (5)更换新膜片
排液量不足	(1)单向阀有异物卡住; (2)吸入管局部堵塞; (3)单向阀损坏	(1)清洗单向阀; (2)疏通吸入管; (3)更换单向阀
排出压力不稳定	(1)单向阀有异物卡住; (2)出口管线有渗漏	(1)清洗单向阀; (2)排除渗漏点
流量不稳定	(1)单向阀有异物卡住; (2)阀芯磨损失效; (3)液体内有空气	(1)清洗单向阀; (2)更换阀芯; (3)排除空气
运行中有异常噪声	(1)电动机与泵联轴器调节不当; (2)传动部件松动或严重磨损	(1)重新调整同心度; (2)停泵检修,更换传动部件

3. 盐泵

盐泵(图 2 - 4)一般是 32CQ - 15 型磁力泵。它是将永磁联轴器的工作原理应用于离心泵的一种泵类,电动机与磁力泵的外磁钢总成相连,待电动机接通电源启动后,外磁钢随电动机一起转动,由于磁力的作用,外磁钢带动内磁钢总成及内磁钢总成上的叶轮旋转,实现了盐液的吸入和排出。

图 2 - 4　盐泵

1)盐泵的安装与使用

(1)盐泵应水平安装。

(2)当抽吸液面高于泵轴心线时,启动前打开吸入管阀门即可;若抽吸液面低于泵轴心线时,泵入口管线应安装底阀,启动前要先灌泵。

(3)泵使用前应进行检查,电动机转动灵活,无卡、滞及异常声音,各紧固件要紧固。

(4)电动机旋转方向与盐泵转向一致。

(5)泵启动前应检查液面是否正常,检查合格后,打开吸入口阀门,启动盐泵,缓慢打开排出阀,使泵进入工作状态。

2)常见故障、原因及排除方法

盐泵的常见故障、原因及排除方法见表 2 – 2。

表 2 – 2 盐泵的常见故障、原因及排除方法

故障	原因	排除方法
泵不排液	(1)水泵反转; (2)泵腔蓄水太少; (3)吸入管道漏气; (4)吸程太高	(1)调整电动机动力电的相序; (2)重新灌泵; (3)重新安装吸入管道; (4)降低泵的安装高度
流量不足	(1)叶轮流道堵塞; (2)吸入管径过小; (3)扬程过高; (4)动环磨损严重; (5)永久磁钢磁力降低	(1)清洗叶轮; (2)更换吸入口叶轮; (3)检查排出管线及疏水器有无堵塞; (4)更换动环; (5)更换永久磁钢总成
噪声太大	(1)轴磨损严重; (2)轴套磨损严重; (3)驱动磁钢环与隔离套接触	(1)更换泵轴; (2)更换轴套; (3)拆除泵头,重新安装

4. 食盐再生设备

食盐再生设备一般用于钠型离子交换树脂再生,用的食盐(NaCl)多采用工业用食盐。食盐再生设备包括储存、溶解、过滤、配制和输送五大部分。

1)食盐的储存

根据水处理设备的规模及食盐的供应情况,一般应考虑有 15~30d 的储备量。盐的存放有两种方式有干储和湿储两种。干储的库房只要能避风雨,就不必考虑防寒问题,但是要考虑防止灰尘污染。湿储盐池要严格防水、防腐。湿储盐池一般采用水泥结构,有的经过防水处理后,在表面贴瓷砖或采用玻璃钢防腐。根据盐的用量来设计其容积,要定期清扫盐池。

2)盐的溶解与过滤

对于采用干法储存方式,首先要溶解盐,而后进行澄清、过滤。溶解设备分压力式溶盐器和敞开式溶盐池,一般可以选用钢结构的内涂防腐层,也有选用塑料或玻璃钢材料的。压力式溶盐器往往是溶解和过滤同时进行的。现在普遍使用的是盐直接在食盐池中溶解,使用中要注意:食盐水一定要提前溶解,使之能充分沉淀,在泵的入口端距池底保持一定高度,并在入口处包扎一些尼龙布,防止吸入泥渣。盐的溶解、过滤设备,特别是食盐池都要定期清扫,以保证盐再生液的质量。

3)盐液的配制与输送

盐液要在盐池(箱)内配制成一定的浓度,每个盐池(箱)的盐液要保证有再生一次的用量,盐液用盐泵输送。

二、水处理流程识别

水处理流程包括运行流程和再生流程,如图 2-5 所示。

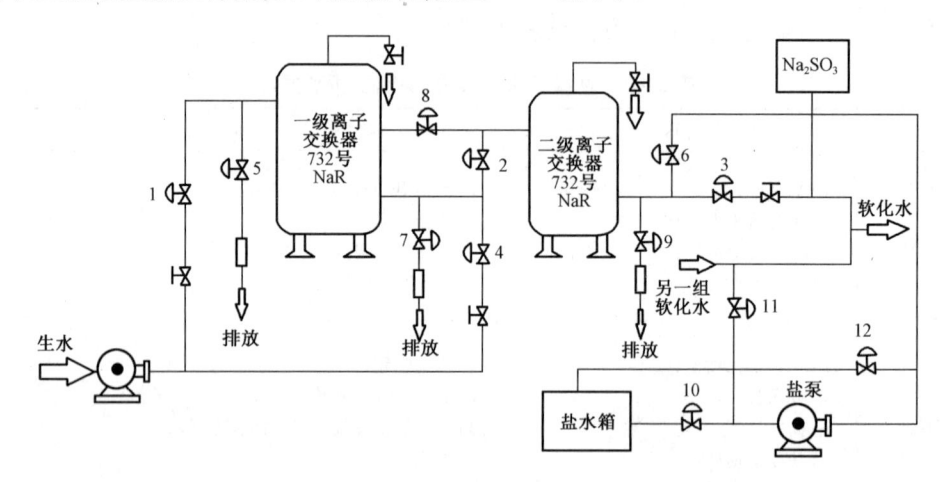

图 2-5 水处理流程图
1,2,3,4,5,6,7,8,9,10,11,12—气(电)动阀

(一)运行流程

原水经供水泵和气(电)动阀 1 进入一级离子交换器,通过其上部的进水装置均匀配水后,流经一定高度的交换树脂层后,原水中的钙、镁离子被置换掉,然后经下部的集水装置流出;再经气(电)动阀 2 进入二级离子交换器,通过上部的进水装置均匀配水后,流经一定高度的交换树脂层,进一步除掉原水中漏交换的钙、镁离子后,从二级离子交换器的下部集水装置流出。此处的水由原水变为软化水,该软化水流经气(电)动阀 3 和水流量计,经柱塞泵升压后再送入注汽锅炉。当一级离子交换器出水硬度超过 30mg/L 或二级离子交换器漏硬水时,离子交换器停止运行转入再生。

(二)再生流程

离子交换器的交换树脂失效后,离子交换器转入再生。再生包括反洗、进盐、盐水置换、正洗四个步骤。

1. 反洗流程

在离子交换器运行失效后,为了保证再生的彻底,需对交换剂层进行反洗。它是原水自下而上进行的过程。反洗目的是翻松交换剂层,为再生创造良好的条件;将交换剂层表面的泥渣等污物及破碎的交换剂细小颗粒冲出;另外还可以排除交换剂层中的气泡。其流程是:原水经生水泵升压后,通过气(电)动阀 4 从一级离子交换器下部的集水装置进入,流经交换剂层后经气(电)动阀 5 排掉。反洗流量由排水管上装的恒定流量控制器控制,反洗时间通常为 10~20min。水处理的二级离子交换器不反洗。在反洗的同时,启动盐泵,使稀盐水经气(电)动阀 10、12 产生循环,以稀释盐溶液,使其浓度达到 10%。

2. 进盐和盐水置换流程

1) 进盐流程

进盐时将准备好的定量盐水经盐泵升压后,经气(电)动阀6从二级离子交换器底部的集水装置进入,盐水自下而上经过交换剂层。盐水中的钠离子置换交换剂中的钙、镁离子,使二级离子交换器中的树脂得到再生(还原)。盐水再从二级离子交换器上部流出,经过气(电)动阀8进入一级离子交换器上部的进盐装置,然后自上而下流经树脂床,使一级离子交换器中的树脂得到再生。最后通过一级离子交换器下部的集水装置,从气(电)动阀7和恒定流量控制器排出。再生用的盐水要清洁,这对不进行反洗的二级离子交换器是极为重要的。进盐时,当气(电)动阀处有盐水排出时,关闭其手动排放阀,以避免盐水排出。当用完定量的盐水时,说明树脂已再生完毕。进盐通常用时40min左右,盐液流速为3~5m/h。

2) 盐水置换流程

进盐结束后,将气(电)动阀10关闭,同时将气(电)动阀11打开。使另一组的软化水经盐泵升压后,沿着进盐流程依次流过二级离子交换器和一级离子交换器,将交换器内存有的盐水冲洗掉并从气(电)动阀7、5和恒定流量控制器排出,直到无盐水排出为止。

3. 正洗流程

正洗目的是清除离子交换器中的残余再生剂及再生时的生成物 $CaCl_2$ 和 $MgCl_2$ 等。其流程是:原水经给水泵和气(电)动阀1进入一级离子交换器,通过其上部的进水装置均匀配水后,流经一定高度的交换剂(树脂)层后,然后经下部的集水装置流出,一部分正洗水通过液(气)动阀7和恒定流量控制器排掉;余下的正洗水再经气(电)动阀2进入二级离子交换器,通过上部的进水装置均匀配水后,流经一定高度的交换树脂层,再从二级离子交换器的下部集水装置流出,经气(电)动阀9和恒定流量控制器排出。正洗水的流速通常为4~5m/h,正洗时间为30~40min,$1m^3$ 交换剂正洗用水约 $5m^3$。当正洗至一、二级离子交换器出水的硬度小于0.05mg/L,氯根不超出原软水中含量的30~50mg/L时,可停止正洗。

三、水处理的操作

(一) 启动前的准备与操作

(1) 打开水源处的入口手动阀;
(2) 打开离子交换器的入出口手动阀,关闭排污阀;
(3) 准备好浓度为10%左右的离子交换器再生用的盐水;
(4) 配备好足够的 Na_2SO_3 药液,并打开加药流程的手动阀门;
(5) 水泵、仪表、电器元件工作状态良好,管线、阀门无渗漏状况;
(6) 水处理控制盘上各电源控制开关应处于断开位置;
(7) 合上水处理总电源开关及各种保险开关,检查三相电源应处于平衡状态;
(8) 将空气压缩机开关置于开或自动的位置。

(二) 启动操作

控制电源开关置于开的位置,1、2、3气动阀气路控制电磁阀开关置于开的位置,水泵开关置于开的位置,药泵开关置于开的位置,药箱搅拌器开关置于开的位置,调好药泵刻度并打开一、二级离子交换器顶端的排气阀排气,有水排除后再关闭。水处理系统进入运行状态,观察一、二级离子交换器出口压力一般为 0.3~0.65MPa,化验一、二级离子交换器出口水质合格,给锅炉供水。

(三)化验分析操作

(1)每小时化验一次水的硬度,要求一级离子交换器出口水硬度小于 30mg/L,二级离子交换器出口水硬度小于 0.002mg/L 或为零;

(2)每班化验一次生水硬度及含铁量;

(3)每班化验一次 pH 值,要求其值一般为 7.5~8.3;

(4)每班分析一次水处理出口水含氧量,应小于 7μg/L;

(四)再生操作

1. 自动再生操作

当离子交换器运行时间到或制水量达到给定值时,计时器或流量计发出再生信号,运行组自动转入自动再生,其再生过程由 PLC 程序控制。

2. 手动再生操作

当一级离子交换器出口水的硬度超过 30mg/L 或二级离子交换器水的硬度超过 0.002mg/L 时,运行组转入手动再生。将再生选择(A 组或 B 组)电源控制开关合上,离子交换器按照再生过程的各步程序进行。

(1)反洗操作:打开反洗流程的入口手动阀门和排污阀门,将气(电)动阀 4、5 合上,将水泵开关合上,反洗过程通常为 10~20min 或至排污口处水清为止。

(2)进盐操作:打开进盐流程的手动阀门和开启排污阀门,将气(电)动阀 6、7、8 合上,将盐泵开关合上,进盐过程通常用时 40min 左右,盐液流速控制在 3~5m/h。

(3)盐水置换操作:进盐结束后,将气(电)动阀 10 关闭,同时将气(电)动阀 11 打开。使另一组的软化水经盐泵升压后,沿着进盐流程依次流过二级离子交换器和一级离子交换器,将交换器内存有的盐水冲洗掉并从气(电)动阀 7、5 和恒定流量控制器排出,直到无盐水排出为止。

(4)正洗操作:打开正洗流程的手动阀门和排污阀门,将气(电)动阀 1、2、7、9 合上,将水泵开关合上,正洗水的流速通常控制在 4~5m/h,正洗时间为 30~40min。

(五)停运操作

(1)当锅炉停运后,将水泵开关打到"停"的位置;

(2)将药泵、盐泵开关依次打到"停"的位置;

(3)按照由小到大顺序依次断开各空气开关;

(4)关闭水处理流程上各手动阀门;

(5)若长时间停运,两组交换器要打满盐水。

四、水处理设备的故障处理操作

(一)运行过程故障

(1)过早地出现出水水质恶化。其原因可能是交换流速过高或过低、原水质恶化、树脂层偏斜、树脂有"中毒"现象。

(2)再生后的离子交换器启动初期水质恶化。其原因可能是再生后对树脂没有清洗或清洗不彻底;再生剂的浓度和用量严重不足;再生过程中,再生剂的分布不均匀;有再生死角和树脂乱层;置换时用生水使下部树脂失效。

(3)运行过程中水质硬度始终超标。其原因可能是树脂质量有问题或是再生过程不彻底,盐液阀门泄漏或关不严;反洗水阀门不严;造成生水进入软化水管道中。

(4)树脂流失。出水中如果有较碎颗粒的树脂,属正常磨损,但是出现大量树脂流失,就是故障。以滤网、滤帽的孔板为出水装置时,可能滤网、滤帽有破损情况或紧固的螺栓有松动现象。

(5)树脂床偏斜。其原因可能是进水装置分水不均匀;进水装置局部被堵塞;反洗不彻底或反洗水偏流。

(6)压力表指针不稳定。原因是进水前离子交换器没有排气;进水管道存有空气。

(二)反洗过程故障

(1)树脂流失。原因是反洗强度过大或反洗空间太小;如排水喷头包扎有滤网时,可能滤网有破损的情况。

(2)反洗效果不好。原因是反洗强度不够、反洗偏流、有死角等。

(3)反洗时出水不畅。原因可能是树脂上部杂质结块,加上反洗强度大,使树脂层堵塞上部进水装置,造成出水慢甚至不出水。

(三)再生过程故障

(1)再生剂流量太低。其原因是再生液泵故障,如为喷射泵可能是水的压力不足;再生管泵堵塞;通往其他交换器的再生阀门没有关闭或是关闭不严。

(2)再生剂偏流。原因是反洗不彻底;底部出水装置部分堵塞,树脂层再生过程中,顶部无水垫层。

(3)再生剂排出不畅。原因是反洗不彻底,树脂层表面堆积泥垢过多;再生剂中泥沙过多;排放阀门没完全开启。

(4)树脂流失。树脂流失对于逆流再生方式较易发生,原因是中部排液装置破损。

(四)正洗过程故障

(1)正洗时间长、质量低。原因是正洗流速过低;再生剂阀门关不严;交换器底部的待滞空间太大;正洗水选择不当。

(2)树脂流失。原因是底部排水装置破损;正洗强度过大。

总之,在离子交换器运行、再生过程中,一定要认真操作,仔细观察。这样才能及时发现问题并采取相应措施进行处理,以确保离子交换器安全运行。

五、水质指标的测定操作

(一)碱度的测定(酸、碱滴定法)

酸碱滴定法适用于测定酸、碱度以及能与酸、碱进行定量反应的物质。

1. 原理

水中的碱度是指水中含有能够接受 H^+ 的物质的量,主要指 OH^-、CO_3^{2-} 等。它们都能和酸起反应,因此可用适当指示剂,以标准酸液滴定。

2. 试剂

1%的酚酞指示剂、0.1%的甲基橙指示剂、0.1mol/L 的硫酸标准溶液。

3. 测定方法

(1)量取 100mL 透明水样放入 250mL 锥形瓶中;

(2)加入 2~3 滴 1% 的酚酞指示剂,若溶液显红色,则用 0.1mol/L 的硫酸标准溶液滴定至恰好无色,记录消耗量 V_1;

(3)在上述锥形瓶中加入 2~3 滴 0.1% 的甲基橙指示剂,继续用硫酸标准溶液滴定至橙色为止,记录消耗量为 V_2(不包括 V_1)。

4. 计算

水样酚酞碱度和总碱度按下式计算:

$$JD_{酚} = \frac{MV_1}{V} \times 10^3 \quad (2-2)$$

$$JD_{总} = \frac{M(V_1 + V_2)}{V} \times 10^3 \quad (2-3)$$

式中　$JD_{酚}$——水样的酚酞碱度,mmol/L;
　　　$JD_{总}$——水样的总碱度(全碱度),mmol/L;
　　　M——硫酸标准溶液的物质的量浓度,mol/L;
　　　V_1,V_2——滴定时所消耗的硫酸标准溶液的体积,mL;
　　　V——水样体积,mL。

(二)硬度的测定(EDTA 滴定法)

1. 原理

在 pH 为 10 的缓冲溶液中,用铬黑 T(简写 HIn^{2-})作指示剂,以 EDTA(H_2Y^{2-})标准溶液滴定至试样由紫红色变蓝色为终点。由消耗 EDTA 的体积,算出水中钙、镁离子的含量。

(1)加指示剂:在 Ca^{2+}、Mg^{2+} 共存的溶液中,加入铬黑 T(HIn^{2-})后,发生反应,即 Mg^{2+} + HIn^{2-}(蓝色)══$MgIn^-$ + H^+(紫红色)。

(2)滴定过程中,EDTA 先与溶液中的 Ca^{2+} 作用,即 Ca^{2+} + H_2Y^{2-} ══ CaY^{2-} + $2H^+$,其次与水样中游离 Mg^{2+} 作用,即 Mg^{2+} + H_2Y^{2-} ══ MgY^{2-} + $2H^+$。

(3)终点时,EDTA 要从铬黑 T(HIn^{2-})与镁离子形成的铬合物中将镁离子夺出来,即 MgIn$^-$ + HY^{2-}(紫红色)══ MgY^{2-} + HIn^{2-} + H$^+$(蓝色)(Y^{2-}为乙二胺四乙酸离子)。

2. 试剂

0.01mol/L 的 EDTA 标准溶液、氨—氯化铵缓冲液(pH = 10)、0.5% 的铬黑 T 指示剂。

3. 测定方法

(1)取 100mL 透明水样放入 250mL 锥形瓶中。

(2)加入 3mL 氨—氯化铵缓冲液及 2 滴 0.5% 的铬黑 T 指示剂。

(3)在不断摇晃下,用 0.01mol/L 的 EDTA 标准溶液滴定至水样由紫红色变蓝色为终点,记录 EDTA 的消耗量。

4. 硬度计算

$$Y_D = \frac{MV_1}{V} \times 10^3 \text{mmol/L} = \frac{MV_1}{V} \times 10^3 \times 100 \text{mg/L} \quad (2-4)$$

式中 Y_D——水样的硬度,mmol/L 或 mg/L;

M——EDTA 标准液的物质的量浓度,mol/L;

V_1——消耗 EDTA 标准溶液的体积,mL;

V——水样的体积,mL。

(三)氯化物的测定(沉淀滴定法)

1. 原理

在中性溶液中,氯离子与银离子作用生成氯化银沉淀,过量的硝酸银与铬酸钾作用生成砖红色的铬酸银沉淀,指示终点到达。反应式如下:

$$Cl^- + Ag^+ ══ AgCl\downarrow(白色)$$

$$CrO_4^{2-} + 2Ag^+ ══ Ag_2CrO_4\downarrow(砖红色)$$

2. 试剂

硝酸银标准溶液(滴定度 T = 1mg/mL)、10% 的铬酸钾指示剂、1% 的酚酞指示剂、0.1mol/L 的氢氧化钠标准溶液、0.1mol/L 的硫酸标准溶液。

3. 测定方法

(1)量出 100mL 水样注入锥形瓶中,加入 2~3 滴 1% 的酚酞指示剂,若显红色即用硫酸溶液中和至无色;若不显红色,则用氢氧化钠溶液中和至微红,然后用硫酸溶液滴回无色;再加入 10% 的铬酸钾指示剂 1mL。

(2)用硝酸银标准溶液滴定试样至砖红色,记录硝酸银标准溶液的消耗量为 V_1,同时做空白实验(用蒸馏水代替样水,用同样的方法测定),记录硝酸银标准溶液的消耗量为 V_2。

4. 氯化物的含量计算

$$Cl^- = \frac{(V_1 - V_2) \times T}{V} \times 10^3 = \frac{(V_1 - V_2) \times 1}{100} \times 10^3 = 10(V_1 - V_2)\,mg/L \quad (2-5)$$

式中 V_1——水样消耗硝酸银标准液的体积,mL;
　　　V_2——空白样消耗硝酸银标准液的体积,mL;
　　　V——水样的体积,mL;
　　　T——硝酸银标准溶液的滴定度,$T=1mg/mL$。

(四)亚硫酸盐的测定

1. 原理

在酸性溶液中,碘酸钾和碘化钾作用后析出游离碘,将水中的亚硫酸盐氧化成硫酸盐,过量的碘与淀粉作用呈现蓝色即为终点。反应如下:

$$KIO_3 + 5KI + 6HCl = 6KCl + 3I_2 + 3H_2O$$

$$I_2 + H_2O + SO_3^{2-} = SO_4^{2-} + 2HI$$

2. 试剂

KIO_3 和 KI 标准溶液(滴定度 $T=1mg/mL$)、1%淀粉指示剂、1:1盐酸溶液。

3. 测定方法

(1)取100mL水样注入250mL锥形瓶中,加入1%的淀粉指示剂1mL和1:1的盐酸溶液1mL;

(2)摇匀后,用碘酸钾或碘化钾标准溶液滴定水样至微蓝色即为终点,记录消耗碘酸钾、碘化钾标准溶液的体积 V_1;

(3)在测定水样的同时进行空白试验,做空白试验时记录消耗碘酸钾、碘化钾标准溶液的体积为 V_2。

4. 水样中亚硫酸盐含量计算

$$SO_3^{2-} = \frac{T(V_1 - V_2)}{V} \times 10^3\,mg/L \quad (2-6)$$

式中 V_1——水样消耗 KIO_3、KI 标准液的体积,mL;
　　　V_2——空白试验消耗 KIO_3、KI 标准液的体积,mL;
　　　V——水样的体积,mL;
　　　T——碘酸钾、碘化钾标准溶液的滴定度,$T=1mg/mL$。

水处理除氧水中正常亚硫酸钠含量的范围是7~15mg/L。如果亚硫酸钠过剩,会产生有毒气体,对人体有危害,产生的 H_2S 及 SO_2 气体有爆炸的危险。测定亚硫酸钠过剩量的目的是为了有效控制水中微量的溶解氧,同时又不使亚硫酸钠过剩而给锅炉带来危害。

(五)溶解氧的测定(两瓶法)

1. 原理

在碱性溶液中,Mn^{2+}被水中溶解氧氧化成三价和四价锰离子;在酸性溶液中,三价和四价锰离子能将碘离子氧化成游离碘,以淀粉做指示剂,用$Na_2S_2O_3$(硫代硫酸钠)标准溶液滴定,根据$Na_2S_2O_3$标准溶液的消耗量,算出水中溶解氧的含量。反应式如下:

(1)锰盐在碱性溶液中。

$$Mn^{2+} + 2KOH = Mn(OH)_2 + 2K^+$$

(2)溶解氧与$Mn(OH)_2$作用。

$$2Mn(OH)_2 + O_2 = 2H_2MnO_3 \downarrow$$

$$4Mn(OH)_2 + O_2 + 2H_2O = 4Mn(OH)_3 \downarrow$$

(3)在酸性溶液中。

$$H_2MO_3 + 4HCl + 2KI = MnCl_2 + 2KCl + 3H_2O + I_2$$

$$2Mn(OH)_3 + 6HCl + 2KI = 2MnCl_2 + 2KCl + 6H_2O + I_2$$

(4)用$Na_2S_2O_3$标准液滴定碘。

$$2Na_2S_2O_3 + I_2 = Na_2S_4O_6 + 2NaI$$

2. 仪器与试剂

取样桶、取样瓶、滴定管;0.01mol/L的$Na_2S_2O_3$标准液;1%的淀粉指示剂;碱性碘化钾混合液;1:1的盐酸或1:1的硫酸;$MnCl_2$或$MnSO_4$溶液。

3. 测定方法

(1)将所有的仪器洗净,并将两个取样瓶放入取样桶内,在取样管上接一个三通,并把三通上连接的两根胶管插入瓶底,溢流一定的时间,使瓶内空气驱净,取出取样管。

(2)立即在水面下向第一瓶中加入1mL $MnCl_2$或$MnSO_4$溶液。

(3)向第二瓶中加入1:1的盐酸或1:1的硫酸溶液5mL。

(4)用滴定管向两瓶中各加入3mL碱性碘化钾混合液,将瓶盖塞紧,然后由桶中将两瓶取出摇匀。

(5)待沉淀下沉后,打开瓶塞,向第一瓶内加入1:1的盐酸或1:1的硫酸溶液5mL。向第二瓶内加入1mL $MnCl_2$或$MnSO_4$溶液,盖好瓶塞摇匀。

(6)各取出100mL,分别用$Na_2S_2O_3$标准溶液滴至浅黄色,加入1mL淀粉指示剂,继续滴定至蓝色刚好消失即为终点。

4. 水样中溶解氧的含量计算

$$O_2 = \frac{(V_1 - V_2) \times 0.01 \times M_{1/4O_2} - 0.005}{V} \times 10^3 \text{mg/L} \qquad (2-7)$$

式中 V_1——第一瓶水样在滴定时消耗 $Na_2S_2O_3$ 标准溶液的体积,mL;

V_2——第二瓶水样在滴定时消耗 $Na_2S_2O_3$ 标准溶液的体积,mL;

0.005——由试剂带入溶解氧的校正系数;

V——被滴定水样的体积,mL;

$M_{1/4O_2}$——$\frac{1}{4}O_2$ 的摩尔质量,为 8g/mol。

(六)EDTA 过剩量的测定

1. 原理(反滴定法)

当水中有过剩的 EDTA 时,可先加入过量的氯化钙标准溶液,然后再用 EDTA 标准溶液反滴定。

2. 试剂

0.001mol/L 的 EDTA 标准溶液、0.004mol/L 的氯化钙标准溶液、缓冲液(氨—氯化铵混合物)、0.5% 的铬黑 T 指示剂。

3. 测量方法

(1)取 100mL 水样倒入锥形瓶中;

(2)加入 3mL 缓冲液和 2 滴铬黑 T 指示剂;

(3)用氯化钙标准溶液滴定至紫红色,记下消耗氯化钙标准溶液的体积 b;

(4)用 0.001mol/L 的 EDTA 标准溶液滴定至纯蓝色,记下消耗标准液的体积 a。

4. 计算公式

$$EDTA = \frac{0.002b - 0.002a}{100} \times 1000 = 0.02(b-a) \text{mmol/L} \quad (2-8)$$

式中 b——消耗氯化钙标准溶液的体积,mL;

a——消耗 EDTA 标准液的体积,mL。

注汽锅炉正常的 EDTA 含量为 0.008～0.01mmol/L。

基础知识

一、锅炉用水名称

(1)原水:也称生水,指对锅炉用水而言未进行任何处理的水源水。原水一般指地表水、地下水或是自来水。

(2)给水:进到锅炉内的水,它是指经过水处理后直接打到锅炉里的。热水锅炉称为补给水;发电锅炉因有回收水,所以也称为补给水,只是补给水量占给水量的比例很小。

(3)锅(炉)水:锅炉内的水,它一般都是有一定压力和温度,热水锅炉称为循环水。

(4)排污水:为改善锅水的品质排掉一部分锅水,这部分水称为排污水。另外,发电锅炉还有凝结水,它主要是指锅炉产生蒸汽,在汽轮机做功后,经冷却凝结成水。这部分也为回水,作为锅炉给水的主要部分。

（5）软化水：通过离子交换器处理后，使水中钙、镁离子浓度降低到一定值的锅炉给水。

二、锅炉用水的水质指标

所谓水质，是指水和其中一些杂质共同表现的综合特性，评价水质好坏的项目称为水质指标。水质指标有成分指标和技术指标两类。成分指标是反映水中某杂质含量，主要针对一些离子或化合物，如钙离子、氯离子、硫酸根、溶解氧等。技术指标是人为的规定，为了描述水的某一方面的特性，如总硬度、含盐量、悬浮物等。

三、水质指标含义

（1）悬浮物（XG）：悬浮性固形物的简称。其测定方法是采用某种过滤材料分离水中较大颗粒的不溶性物质的含量多少，单位用 mg/L 表示。

（2）溶解固形物（RG）：已被分离悬浮固形物后的滤液经蒸发、干燥所得的残渣，单位为 mg/L。

（3）含盐量：溶解固形物只能近似地表示水中的含盐量，这是因为在蒸发干燥过程中，碳酸氢盐一部分可以分解，还有些物质的水分和结晶水不能除尽，这样就不能完全代表水的含盐量。所谓含盐量是表示水中各种盐类的总和，由水质全分析所得的全部阳离子和阴离子的质量相加而得，单位是 mg/L。也可用摩尔表示法，即将水中全部阳离子（或全部阴离子）按毫摩尔/升（mmol/L）将数值相加，这种方法能够较精确地表示含盐量。

（4）总硬度（Y_D）：水中钙、镁离子含量之和。它是衡量锅炉给水水质好坏的一项重要技术指标，也表示水中结垢物质的多少，单位用 mmol/L 表示，现场也有的用 ppm 表示。硬度按组成钙、镁盐类的成分不同分为碳酸盐硬度和非碳酸盐硬度。

① 碳酸盐硬度：也称暂时硬度，是钙、镁离子的碳酸氢盐和碳酸盐之和。它们在水中受热沸腾后很容易成为沉淀物析出来。反应如下：

$$Ca(HCO_3)_2 \xrightarrow{\Delta} CaCO_3 \downarrow + CO_2 \uparrow + H_2O$$

$$Mg(HCO_3)_2 \xrightarrow{\Delta} MgCO_3 \downarrow + CO_2 \uparrow$$

② 非碳酸盐硬度：钙、镁离子的硫酸盐、氯化物的含量。它们在水中受热后不会有沉淀物析出，也称为永久硬度。有时把钙盐部分称为钙硬度；镁盐部分称为镁硬度。显然，总硬度是钙硬度和镁硬度之和。硬度的单位换算见表 2-3。

表 2-3　硬度的单位换算

换算单位＼单位	mol/L	德国度	ppm
mol/L	1	2.8	50.1
德国度	0.36	1	17.9
ppm	0.02	0.56	1

(5)总碱度(JD):水中能够接受氢离子的物质的含量。通常是指碳酸氢根(HCO_3^-)、碳酸根(CO_3^{2-})、氢氧根(OH^-)及少量的磷酸根(PO_4^{3-})、磷酸氢根(HPO_4^{2-})等,单位为mmol/L。根据使用指示剂不同,把碱度又分为酚酞碱度和甲基橙碱度。

(6)相对碱度:相对碱度是水中游离氢氧化钠的含量和溶解固形物含量的比值。相对碱度是个比值,没有单位。

(7)pH值:表示水中氢离子浓度大小的一个指标。pH值对水中杂质存在形态和各种水质控制过程以及金属的腐蚀程度都有广泛的影响,是重要的水质指标之一。注汽锅炉水处理中一般加氢氧化钠来调节水的pH值,使其保持在7.5~8.3。

(8)溶解氧(O_2):水中含有游离氧的浓度,单位是mg/L。它是控制锅炉本体及管道腐蚀程度的主要指标。

(9)含油量(Y):表示水中含有油类物质的量,单位是mg/L。它的存在对交换剂有污染,影响蒸汽品质,降低锅炉受热面的热效率。

(10)亚硫酸盐(SO_3^{2-}):给水进行亚硫酸钠除氧处理时,对锅炉水内其过剩量的控制指标,单位为mg/L。

(11)磷酸盐(PO_4^{3-}):补充水处理措施,使残余的钙、镁离子生成水渣。其在锅炉水中的含量要控制在一定范围之内,单位为mg/L。

四、注汽锅炉的水质标准

注汽锅炉属于直流锅炉的一种,其使用原水和稠油污水的水质标准应符合表2-4的规定。

表2-4 注气锅炉使用原水和稠油污水的水质标准

项目	原水指标(mg/L)	稠油污水指标(mg/L)
总硬度($CaCO_3$)	<0.1	<0.1
总悬浮固形物含量	<1	<2.0(采用强酸树脂);<5.0(采用弱酸树脂)
总铁含量	<0.1	<0.05
溶解氧	<0.05	<0.05
总矿化度	<7000	<7000(称可溶性固体)
总碱度	<2000	<2000
总含油量	<1	<2.0
硅含量	<50	<100
pH(25℃)	7~12	7.5~11

五、离子交换的基本原理

(一)离子交换速度

离子交换过程,是在水中离子和树脂的可交换基团间进行的。通常说离子交换速度,不单指此种化学反应,而是表示水溶液中离子浓度改变的速度。影响离子交换速度的因素如下:

(1)交联度。交联度越大,网孔越小,则其颗粒孔道扩散越慢,交换速度就慢。

(2)颗粒。树脂的颗粒越小,交换速度越快,因为颗粒越小,孔道扩散距离越短。

(3)孔型。凝胶型树脂与大孔型树脂相比,孔径相差悬殊,大孔型树脂的孔道扩散速度要比凝胶型树脂快。

(4)溶液流速。膜扩散过程受其影响,因为边界水膜的厚度与流速成反比,而孔道扩散基本上不受流速变化的影响。

(5)溶液温度。提高水温能同时加快膜扩散和孔道扩散,所以将水温保持在20~40℃最适宜。

(6)溶液浓度。浓度差是扩散的推动力,溶液浓度的大小是影响扩散过程的主要因素,当水中反离子浓度在0.1mol/L以上时,离子的膜扩散速度很快。此时,孔道扩散过程成为控制步骤,通常树脂再生过剩属于这种情况。当水中反离子浓度在0.003mol/L以下时,离子的膜扩散速度变得比较慢。在此情况下,离子交换速度是受膜扩散过程控制,水的离子交换软化属于这种情况。

(二)离子交换器内交换剂的工作状态

在实际水处理过程中,都是将离子交换树脂装填在圆柱形的设备中,形成一定厚度的交换层。原水以一定的流速通过交换层,进行动态交换,这种水处理设备称为离子交换器。以钠型树脂与水中钙离子进行交换为例,讨论树脂层的工作状态即交换带的形成(图2-6)。

1. 运行初期阶段

水溶液一接触树脂,就发生离子交换反应。随着反应的继续,树脂上层钙离子浓度越大,水越往下流,钙离子浓度越小。当水流至一定深度时,离子交换反应达到平衡,树脂及溶液中反离子浓度就不再改变了。这时,从树脂上层交换反应开始至下层交换平衡为止形成了一定高度的离子交换反应区域,称为交换带。它需要经过一段时间后才能形成一定高度的离子交换带。

2. 运行中期阶段

随着离子交换反应继续进行,离子交换带逐渐向交换器下部移动。这样在交换器内的树脂层就形成了三个区

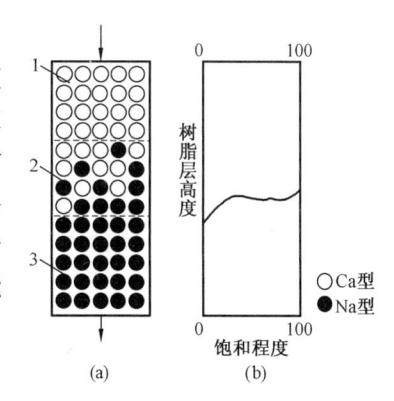

图2-6 交换器内树脂状态
1—失效层;2—工作层;3—交换层

域,即交换带以上的树脂层都为钙离子所饱和,已失去交换能力,所以称为"失效层";交换带以下的树脂层与水保持交换平衡状态,可以看作无离子交换反应,称为"保护层";交换带也相应称为"工作层"。

3. 运行末期

随着交换的继续,失效层在不断扩大,而工作层在不断下移(但工作层厚度保持不变),保护层不断减小。当工作层下端到达树脂层的底部时,保护层消失,少量钙离子开始穿透,水中的钙离子浓度逐渐见增加,超过一定量时,要停止工作,即认为该交换器失效了。应当指出,只有离子选择性系数大于1时,在树脂层中才能形成交换带。

(三)阳离子交换法

在离子交换过程中,只与水中的阳离子进行交换的水处理方法,称为阳离子交换法。当原水经过由钠型树脂组成的树脂层时,水中的阳离子钙、镁等和树脂中的钠离子要进行离子交换,结果使出口水中的钙、镁离子的浓度大大降低而成为软化水。

1. 交换过程(除硬过程)

1)除碳酸盐硬度(暂时硬度)

$$Ca(HCO_3)_2 + 2NaR \longrightarrow CaR_2 + 2NaHCO_3$$

$$Mg(HCO_3)_2 + 2NaR \longrightarrow MgR_2 + 2NaHCO_3$$

2)除非碳酸盐硬度(永久硬度)

$$CaSO_4 + 2NaR \longrightarrow CaR_2 + Na_2SO_4$$

$$CaCl_2 + 2NaR \longrightarrow CaR_2 + 2NaCl$$

$$MgSO_4 + 2NaR \longrightarrow MgR_2 + Na_2SO_4$$

$$MgCl_2 + 2NaR \longrightarrow MgR_2 + 2NaCl$$

根据以上交换过程,可以分析出钠离子交换水处理后的水质特点如下:

(1)总硬度降低或消除。交换后的水质,钙、镁离子含量明显降低,低压锅炉给水的硬度控制到 0.03mmol/L 就可以了。

(2)总碱度不能降低。交换后的水质,由于碳酸盐硬度等当量地转变成了碳酸氢钠,所以并不能使原水的总碱度降低。

(3)含盐量略有增加。交换后的水质,只有钙、镁盐类等当量的转变成了钠盐,使软化后的水质含盐量要比原水略高。

2. 再生过程

随着离子交换的继续,当软水中出现了钙、镁离子时或总硬度超过标准时,就说明钠型离子交换树脂部分失效,为了恢复其交换的能力使水质符合要求,就需要对该树脂进行再生。所谓再生,就是使含有大量浓度钠离子的氯化钠溶液或硫酸钠溶液,通过失效的树脂层,将其中的钙、镁离子交换下来并排到废液中去,而钠离子重新交换吸附到树脂中来,使树脂重新恢复了交换能力。实际生产中,再生剂大都是工业用的食盐溶液。再生过程如下:

$$CaR_2 + 2NaCl \longrightarrow 2NaR + CaCl_2$$

$$MgR_2 + 2NaCl \longrightarrow 2NaR + MgCl_2$$

资料链接

(1)何谓离子交换、离子交换剂?

固体物质在水中结合了某种离子,而本身释放出等当量的另一种离子,这个过程称为离子交换。在离子交换过程子中,固体物质的结构没有发生变化。

凡是能够起到离子交换作用的固体物质就称为离子交换剂。离子交换剂除了能够等当量的进行离子交换外,还必须是可逆的,否则没有使用价值。如钠型树脂,就是一种常用的离子交换剂。它在遇到含有钙、镁离子的水时,便产生离子交换,结果是水中的钙、镁离子被结合在交换剂上,而交换剂本身的钠离子则被等当量地排到水里去了,这个过程,就是人们指的生水软化。钠型树脂失效转变成了钙、镁型,人们要继续制备软水,就需要把钙、镁型的树脂再恢复到原来钠型,通常采用食盐溶液与树脂接触来完成这一转变,这个过程就是再生,是交换剂的逆反应。

(2)离子交换树脂的结构是什么?

离子交换树脂主要是由以下三个部分组成:

① 单体。它是能聚合成高分子化合物的低分子有机物,是离子交换树脂的主要成分,例如苯乙烯、甲基丙烯酸。

② 交联剂。它是固定树脂形状和增强树脂机械强度的成分,常用的交联剂是二乙烯苯。交联剂在离子交换树脂内的百分含量,称为交联度。锅炉水处理应用的离子交换树脂的交联度一般为7%。

③ 交换基团。它是连接在单体上的具有活性离子的基团。它可以由有电解能力的低分子,如 H_2SO_4、$N(CH_3)$,通过化学反应接到树脂内,也可以由带有离解基团的高分子电解质(如甲基丙烯酸)直接聚合。为了书写方便,除了离子交换树脂中交换基团以外的部分,都用符号"R"表示。

(3)离子交换树脂的性质是什么?

① 物理性质。

(a)形状。离子交换树脂一般都是圆球形。树脂呈球状颗粒占总颗粒数的百分数,称为圆球率。要求圆球率达到90%以上。

(b)颜色。离子交换树脂一般为乳白、浅黄、深黄至深褐色等多种。出厂时同一型号树脂,不同厂家生产工艺不同,其颜色都有所不同。凝胶型树脂呈透明或半透明状态;大孔型树脂呈不透明状态。

(c)粒度。树脂出厂时,在水中充分膨胀后的颗粒直径称为粒度。粒度一般在0.3~1.2mm范围(相当于50~16目)。

(d)含水率。在离子交换树脂骨架的空间都充满着水,其中的含水量与树脂质量的百分比称为含水率。即:含水率 = $\frac{(湿树脂质量-干树脂质量)}{湿树脂质量} \times 100\%$。树脂交联度为7%,其含水率为45%~55%。树脂在使用过程中,如果含水率发生变化,说明树脂的结构可能遭到破坏。

(e)密度。

ⓐ 湿真密度:树脂在水中充分膨胀后的质量与其所占的体积之比,这个体积不包括树脂之间的空隙。湿真密度对树脂脂层的反洗强度、膨胀率及混合床、双层床树脂的分层是一项重要的参考指标。

ⓑ 湿视密度:树脂充分膨胀后的质量与其堆积体积之比,堆积体积包括了树脂之间的空隙。湿视密度主要用来计算离子交换器内所需装填树脂的质量。

(f)溶胀性。干树脂浸泡于水中或是湿树脂转型后,其体积都要发生变化,树脂的这种性质称为溶胀性。

(g)耐磨性。耐磨性主要指树脂的机械强度。树脂的耐磨程度,用年损耗率来表示,一般要求在5%左右。

(h)耐热性。耐热性是指树脂在热水溶液中的稳定性。各种树脂都有其允许使用温度,超过温度范围,要么热分解现象严重,要么交换容量降低。钠型树脂可在150℃以下使用;氢型树脂在120℃以下使用;强碱型的在60℃以下使用;弱碱型的在80℃以下使用。各种树脂不得在低于0℃下保存、使用。

② 化学性质。

(a)酸碱性。氢型阳离子交换树脂可以认为是一种不溶解的固体变价酸;氢氧型阴离子树脂可以认为是一种不溶解的变价碱,它们具有一般酸或碱的性能,在水中可以离解出氢离子或氢氧根离子,水的 pH 值会有影响。由于强酸、强碱树脂的活性基团离解能力强,其交换容量基本上与 pH 值无关,而弱酸、弱碱树脂对 pH 值的大小有一定影响。

表 2-5 是几种类型树脂有效 pH 值范围。

表 2-5　几种类型树脂的有效 pH 值范围

树脂类型	强酸性阳离子	弱酸性阳离子	强碱性阴离子	弱碱性阴离子
有效 pH 值范围	1~14	5~14	1~12	0~7

(b)选择性。同一种离子交换树脂,对于水中各种离子的交换作用不相同,而是具有一定的选择性。在常温、低浓度水溶液中对常见离子的选择性次序如下:

强酸性阳离子交换树脂:$Fe^{3+} > Al^{3+} > Ca^{2+} > Mg^{2+} > K^+ > Na^+ > H^+$;

弱酸性阳离子交换树脂:$H^+ > Fe^{3+} > Al^{3+} > Ca^{2+} > Mg^{2+} > K^+ > Na^+$。

以上选择顺序可以说明:如果交换树脂为 H 型,则强酸性树脂容易进行交换反应而难以进行再生反应;弱酸性树脂难以进行交换反应而容易进行再生反应。

强碱性阴离子交换树脂:$SO_4^{2-} > NO_3^- > Cl^- > OH^- > HCO_3^- > HSiO_3^-$;

弱碱性阴离子交换树脂:$OH^- > SO_4^{2-} > NO_3^- > Cl^- > HCO_3^- > HSiO_3^-$。

对于 OH 型树脂,强碱性阴离子交换树脂反应容易而再生难;弱碱性阴离子交换树脂则是再生容易而交换反应难。

(c)交换容量。它是衡量树脂交换能力大小的指标,一般用全交换容量 $E_全$、工作交换容量 $E_工$ 和再生交换容量 $E_再$ 来表示。

ⓐ 全交换容量:树脂全部交换基团都起交换反应时的交换能力,表示每克干树脂所能交换离子的物质的量,该指标可用化学分析方法测定。

ⓑ 工作交换容量:树脂在工作状态下所表示的交换能力,它不是一个常数,除了受树脂本身结构影响外,溶液的组成、流速、温度、交换终点的控制以及再生剂和再生条件等因素都能影响其工作交换容量。工作交换容量的大小能够反映出实际运行状况,所以它是树脂的一项最重要的技术指标。

ⓒ 再生交换容量:表示离子交换树脂在指定再生剂用量和再生条件下的交换容量。树脂

的再生交换容量对工作交换容量影响很大,也就是说再生交换容量直接影响设备运行状态的优劣。

树脂的交换容量计算单位有两种:质量单位(毫克当量/克干树脂)、容量单位(毫克当量/毫升湿树脂)。001×7 强酸性苯乙烯系(732 号)阳离子交换树脂质量交换容量一般为 4.0～4.2mmol/g 钠型干树脂。

(4)离子交换树脂如何使用、保管?

① 新树脂的预处理。为了活化树脂,提高工作交换容量和本身的稳定性,新树脂在使用前一般要进行预处理。注汽锅炉阳离子树脂的预处理方法如图 2-7 所示。

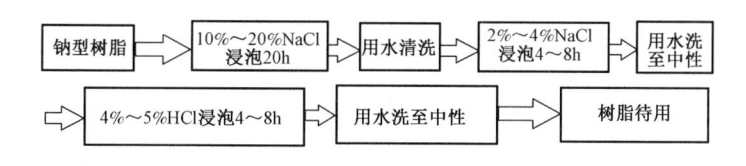

图 2-7 注汽锅炉阳离子树脂的预处理方法

② 树脂的装填。

(a)水力输送装填法。对于容积较大的离子交换器宜采用此方法装填树脂。

(b)人力装填法。在装填树脂之前,先将交换器内注入一半左右的 10% 食盐水,然后打开交换器上部人孔或封头将树脂小心倒入交换器内。树脂充填到交换器内,一定要有一定高度的液体,否则会使树脂中产生空气泡,影响正常离子交换。

③ 树脂的保管。

(a)保持树脂的水分。新树脂在出厂时,都具有一定的含水率,所以,在运输、储存过程中一定要防止树脂失水。如果失水严重,不要直接放在水中,要放在饱和食盐溶液中,逐渐使其膨胀,否则将会大大降低树脂强度。

(b)防止受热和受冻。在高温下,会使树脂受到污染,同时,本身交换基团分解使交换能力和使用寿命降低;在低温下,会使树脂内部水分结块而破损树脂。树脂周围气温在 5～20℃为宜。

(c)防止污染。存放树脂时,不要使其与其他氧化剂、油类和有机溶剂接触,以防污染。

(d)使用中的树脂,若长期停用,也要保管,其方法是:首先将树脂还原成盐基式,即将阳离子交换树脂转成钠型;阴离子交换树脂还原成氯型。若设备内部及其管道有可靠的防腐层,通入约 10% 的食盐水使树脂浸泡在其中,这样既能有效地保证树脂为原型,又能防止树脂发霉受污染。若没有这个条件,也要首先再生还原树脂,然后通清水(最好是软化水)浸泡,但必须定期更换(针对钠型树脂)。

(5)离子交换器的有关计算内容是什么?

① 交换器截面积。交换器的截面积 $F_{交}(m^2)$ 应根据生产能力和采用的交换流速以及工作时间来确定。

$$F_{交} = \frac{Q}{tnV_{交}} \tag{2-9}$$

式中 Q——需要的生产能力，t/d；
　　　t——设备的工作时间，h/d；
　　　n——选用交换器的个数；
　　　$V_交$——选用的交换流速，m/h。

生产能力要根据锅炉实际耗水量、发展情况和自身耗水量等因素综合考虑。设备自身耗水量可以按5%计算。交换器的组数能适应生产和检修的要求，并有备用。交换流速原则上应该根据原水质量经过试验确定。一般可在 20~40m/h 之间选取。

② 交换器直径 $D_交(m)$ 可以按下式计算：

$$D = \sqrt{\frac{4 \cdot F_交}{\pi}} \tag{2-10}$$

③ 交换器的高度 $H_交(m)$ 可以用下式计算：

$$H_交 = H_水 + H_R + H_排 \tag{2-11}$$

式中 $H_水$——树脂层反洗膨胀高度，m；
　　　H_R——树脂层高度，一般在 1.0~2.0m 之间选择，m；
　　　$H_排$——树脂层下部排水装置的高度，根据排水装置的形式，一般为 0.3~0.7m。

树脂层反洗膨胀高度用下式计算：

$$H_水 = H_R I + H_封 \tag{2-12}$$

式中 I——反洗膨胀率，一般采用0.5；
　　　$H_封$——顶部封头高度，m。

④ 树脂需用量计算。
单台交换器需要的树脂体积 $W_R(m^3)$：

$$W_R = F_交 H_R \tag{2-13}$$

式中 H_R——树脂层高度，m。
树脂用量 $G_R(t)$ 为：

$$G_R = W_R D_R \tag{2-14}$$

式中 D_R——树脂的湿视密度，t/m³。

⑤ 交换器运行时间 $T_运(h)$ 为：

$$T_运 = \frac{W_R E_工}{Q_1 A} \tag{2-15}$$

式中 $E_工$——树脂的工作交换容量，mol/m³；
　　　Q_1——交换器每小时处理水量，m³/h；
　　　A——被处理水的离子浓度，mmol/L。如水软化处理时，$A = Y_D$（Y_D为总硬度）。

交换器周期 $T(h)$：

$$T = T_运 + T_再 \tag{2-16}$$

式中 $T_{再}$——再生时间,一般取2h。

⑥ 再生剂用量和再生时间。

单台交换器的再生剂需要量 $G_{再}$(kg)可以按下式计算:

$$G_{再} = \frac{W_R E_{工} K_c}{1000} \quad (2-17)$$

式中 K_c——再生剂盐耗,$K_c = nN$,g/mol;N 为再生剂的摩尔质量,单位为 g/mol($N_{NaOH} = 40$、$N_{H_2SO_4} = 49$、$N_{HCl} = 36.5$、$N_{NaCl} = 58.5$);n 为系数,一般取2;

若折算成市售纯度的食盐用量 $G'_{再}$(kg),则:

$$G'_{再} = \frac{G_{再}}{b} \quad (2-18)$$

式中 b——市售的纯度。

若配制成溶液,其体积 $Q_{再}$(m³)为:

$$Q_{再} = \frac{G'_{再}}{dc} \quad (2-19)$$

式中 d——溶液密度,t/m³;
c——溶液浓度,%。

知识拓展

(1)何谓酸、碱、盐及氧化物?

① 酸的定义。

化学上,把在离解时所产生的阳离子全部是 H^+ 的化合物称为酸。其通性如下:

(a)使石蕊指示剂变红色,甲基橙指示剂变红色,酚酞指示剂为无色。

(b)和金属氧化物反应,生成盐和水。例如,$CaO + 2HCl = CaCl_2 + H_2O$。

(c)和碱起反应生成盐和水。例如,$2NaOH + H_2CO_3 = Na_2CO_3 + 2H_2O$。

(d)与较活泼金属起反应,生成盐和氢气。例如,$Fe + 2HCl = FeCl_2 + H_2\uparrow$。

(e)和盐反应生成另一种盐和酸。例如,$CaCO_3 + 2HCl = CaCl_2 + H_2CO_3$。

② 碱的定义。

化学上,把离解时生成的阴离子全部是 OH^- 的化合物称为碱。其通性如下:

(a)使酚酞指示剂变红色、甲基橙指示剂变黄。

(b)能与非金属氧化物反应,生成盐和水。例如,$Ca(OH)_2 + CO_2 = CaCO_3\downarrow + H_2O$。

(c)能与酸反应,生成盐和水。例如,$NaOH + HCl = NaCl + H_2O$。

(d)能和盐反应,生成另种碱和盐。例如,$Ca(OH)_2 + MgCl_2 = CaCl_2 + Mg(OH)_2\downarrow$。

③ 盐的定义。

由金属离子和酸根组成的化合物称为盐。其性质如下:

(a)与金属起置换反应,需满足金属活动顺序才能够置换。例如,$Fe + CuSO_4 = Cu + FeSO_4$。

(b)与碱起反应,生成沉淀物质。例如,$MgSO_4 + 2NaOH = Mg(OH)_2\downarrow + Na_2SO_4$。

(c)与酸起反应,生成另外的盐和酸。例如,$BaCl_2 + H_2SO_4 = BaSO_4\downarrow + 2HCl$。

(d)与盐起反应,生成沉淀物。例如,$CaCl_2 + Na_2CO_3 = CaCO_3\downarrow + 2NaCl$。

④ 氧化物。

氧与另一种元素组成的化合物成为氧化物。能与酸反应生成盐和水的氧化物称为碱性氧化物,金属氧化物大都是碱性氧化物。能与碱起反应,生成盐和水的氧化物称为酸性氧化物,非金属氧化物大都是酸性氧化物。既能与酸反应又能和碱反应,生成盐和水的氧化物称为两性氧化物,主要有 Al_2O_3 和 ZnO 两种。

(2)何谓溶解、溶剂、溶质、溶液?

一种(或几种)物质以分子或离子状态均匀地分散在另一种液体里的过程,称为溶解。被溶解的物质叫溶质,溶解溶质的物质叫溶剂,由它们的生成物组成的均匀状态的混合物成为溶液。

溶液的特征是:澄清、透明、均匀、稳定。溶液 = 溶质 + 溶剂。如食盐溶液,其中溶质是食盐,溶剂是水。一般不特别注明的溶剂指水,而其溶液指的是水溶液。

(3)何谓饱和溶液、不饱和溶液、溶液浓度、滴定度?浓度间换算关系如何?

① 饱和溶液:在一定温度下,不能再溶解某种溶质的溶液叫这种溶质的饱和溶液。

② 不饱和溶液:在一定温度下,溶解过程中未达到溶解平衡状态的溶液称为这种溶质的不饱和溶液。

③ 溶液浓度:溶液的浓度一般是用一定量溶液中里所含溶质的物质的质量来表示。ppm 是指一百万份质量的溶液中,所含溶质质量的份数,它可以近似地用 mg/L 和 mg/kg 来表示。

(a)质量浓度:在 100mL 溶液中所含溶质的质量。这种浓度的表示方法通常适用于溶质为固体的溶液配制。

(b)物质的量浓度:1L 溶液中所含溶质的物质的量,符号为 M。$M = \dfrac{溶质的物质的量}{溶液的体积}$。

④ 滴定度(T):在 1mL 标准溶液中,含有溶质的质量或相当于可和它反应的化合物或离子的质量。例如测定水样中 Cl^- 时,配制的硝酸银标准滴定液的浓度为 $T = 1mg\ Cl^-/mL$,表示每滴进 $1mL AgNO_3$ 标准溶液相当于水样中含有 $1mg\ Cl^-$。

⑤ 浓度间的换算关系。质量浓度与物质的量浓度的换算:物质的量浓度(M) $= \dfrac{溶液密度 \times 溶液的质量浓度 \times 1000}{溶质的摩尔质量}$。

(4)何谓 EDTA 络合剂?

乙二胺四乙酸是一种氨羧络合剂,它几乎能与所有的金属离子络合,络合能力很强。但由于它在水中的溶解度较小,所以通常使用的是它的二钠盐,即 $Na_2H_2Y·2H_2O$,简称为 EDTA。EDTA 和金属离子形成的络合物有下列特性:

① 络合比较简单,没有分级络合现象;

② 络合物稳定;

③ 一般情况下反应迅速;

④ 络合物易溶于水,使滴定反应能在水溶液中进行,所以 EDTA 就成为广泛应用的络合滴定剂。

(5)何谓缓冲溶液?

在纯水中,只加入微量的强酸或强碱,就会引起 pH 值的明显变化。是否存在某种溶液因加入一些酸、碱而能够使溶液本身的 pH 值变化很小呢? 实验结果表明,在由弱酸—弱酸盐组成的溶液(HAc—NaAc)或由弱碱—弱碱盐组成的溶液($NH_3 \cdot H_2O$—NH_4Cl)中,加入少量的强酸或强碱时,溶液 pH 值变化很小。把这种具有保持 pH 值相对稳定性能的溶液,也就是不因加入少量酸或碱而显著改变 pH 值的溶液称为缓冲溶液。

(6)水垢的危害有哪些?

① 损坏锅炉受热面。当锅炉受热面结垢后,因水垢的导热系数要比钢板小十倍到百倍,阻碍了钢板正常传热,使锅炉各受热面的温度升高,当超过极限温度后,造成钢板变形、炉管爆裂。

② 浪费燃料。当锅炉结垢时,为保持锅炉一定的出力,就必须提高炉膛的温度,从而使辐射热损失和排烟热损失增加,浪费燃料。

③ 降低锅炉出力。锅炉受热面结垢时,炉膛的热量不能很快传递给水,使锅炉的出力降低。

④ 增加检修量。锅炉受热面结垢后,要清除。不管采用什么办法除垢,总要耗费大量人力和物力,增加了检修费用。

⑤ 缩短了锅炉的使用寿命。因锅炉结垢,而引起的泄漏、裂纹、腐蚀等缺陷,大大缩短了锅炉的使用寿命。

总之,锅炉结垢,直接危及到锅炉的安全、经济运行。

(7)什么叫化学除氧?

化学除氧就是向含有溶解氧的水投入某种还原性药剂,使之与氧气发生化学反应,以达到除氧的目的。注汽锅炉常用的药剂是亚硫酸钠,亚硫酸钠与水中溶解氧的反应为:

$$2Na_2SO_3 + O_2 \longrightarrow 2Na_2SO_4$$

从反应式可知,每除去一克氧需要 8g 无水亚硫酸钠,而对于结晶状的 $NaSO_3 \cdot 7H_2O$ 则需要 16g。所以,亚硫酸钠的加药量 $G(mol/L)$ 可按下式计算:

$$G = \frac{8[O_2] + \beta}{\varepsilon} \tag{2-20}$$

式中　$[O_2]$——水中溶解氧的含量,mg/L;

　　　β——亚硫酸钠的过剩量,取 3~4mg/L;

　　　ε——工业亚硫酸钠的纯度,%。

在注汽锅炉实际运行中,把亚硫酸钠配成 2%~10% 溶液,用加药泵送至一、二级钠离子交换器的入口、出口处,除去水中溶解氧。

(8)防止锅炉腐蚀的方法有哪些?

锅炉腐蚀主要是氧腐蚀和沉积物腐蚀。因此首先必须加强锅炉给水水质的要求,减少能够生成沉积物的杂质含量;及时清除沉积物和腐蚀产物;调节锅炉 pH 值在标准范围之内。

① 干法保养。

长期停用的锅炉一般采用干法保养。锅炉停用后,将锅炉水放尽,保持金属表面干燥或者放置某些干燥剂,从而达到防止腐蚀的目的。常用的干燥剂有工业无水氯化钙(投放量为 1～2kg/m²;生石灰投放量 2～3kg/m²;硅胶用量为 1～2kg/m²)。

② 湿法保养。

短期停炉宜采用湿法保养。停炉时将锅炉内充满水,维持一定压力或是投加碱性药剂,以隔绝空气,使水 pH 值在 10 以上,促使金属表面钝化,以达到防腐的目的。常用碱性药剂为工业氢氧化钠(用量为5～6kg/m²)和工业用磷酸三钠(用量为 10～12kg/m²)。

(9) 什么叫容量分析?

容量分析就是将标准溶液滴加到含被测物质的溶液中去。让标准溶液与被测物质恰好反应完全,也就是两者的物质的量相等的时候(称为等当点),根据试剂的浓度和耗用体积的量,来计算被测物质的含量。容量分析也称为滴定分析。

在容量分析中等当点是根据指示剂的颜色变化来确定的。在滴定过程中,指示剂颜色发生变化的转变点,称为滴定终点。滴定终点与等当点不一致引起的误差,称为滴定误差。指示剂的滴定误差不超过 0.02mL。

容量分析通常包括酸碱滴定、沉淀滴定、络合滴定和氧化还原滴定等。

(10) 容量分析中经常使用的器皿有哪些? 如何使用?

在容量分析中经常使用的器皿有滴定管、移液管和容量瓶等。

① 滴定管。

滴定管是准确测量流出液体积的器皿,它有酸式(滴定管下端带有旋塞,因碱性溶液会腐蚀玻璃旋塞而造成黏结,使滴定管无法使用,所以酸式滴定管不能盛放碱性溶液)、碱式(滴定管下端有一小段橡皮管把滴定头与管身连接起来,皮管内放一粒稍大于橡皮管内径的玻璃球,以刚好堵住管中液体不漏出为佳。如有漏水,可调换橡皮管或玻璃球。凡能与橡皮管作用的物质,如高锰酸钾、碘、硝酸银等溶液,不能使用碱式滴定管)两种。

② 滴定管的注药。

滴定管在使用前,应洗涤干净,并用待装的标准溶液洗涤 2～3 次,以免装入的标准溶液被稀释。每次用 5～10mL 的溶液,洗涤时双手横持滴定管并缓缓转动,使标准溶液洗遍全管内壁,然后从滴定管下端放出,冲洗出口。加注标准溶液时,应从盛标准溶液的容器内把标准溶液直接倒入滴定管中,尽量不用小烧杯或漏斗等其他容器转移,以免浓度改变。

装好标准溶液后,要将滴定管下端出口处的气泡赶掉。对酸式滴定管,可以迅速转动旋塞,使溶液很快冲出,将气泡赶走。对碱式滴定管,用手捏住玻璃球上部附近的橡皮管,并使出口向上翘,在溶液冲出管时,将气泡带出(图 2-8)。气泡排尽后,调整液面至零刻度或一定的刻度处。

③ 滴定管的读数。

滴定管的读数是否正常,对于分析的准确度有很大关系,读数不准往往是容量分析误差的重要来源。读数时应将滴定管垂直地夹在滴定管台架上,使其与地面垂直,待管内液面稳定后进行。眼睛的视线应与液面处于同一水平,读数时应读取与凹面下缘相切之点的数值(图2-9),眼睛位置的高低对于读数有一定的影响。对于有色溶液,由于弯月面不太清晰,读数时可取液面两侧最高点的数值。带蓝线的滴定管,装无色或浅色溶液时,有两个凹面相交于滴定管蓝线上的某一点,读数时,视线应与此点在同一水平面上。如为有色溶液,则应该读取视线与液面两侧最高处相切那一点的数值。

图 2-8 碱式滴定管气泡排出

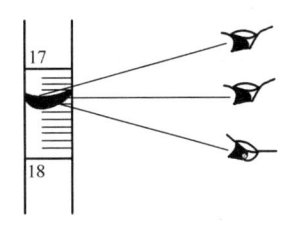

图 2-9 视线高低对读数的影响

④ 滴定操作(图2-10)。

使用酸式滴定管时,用左手控制旋塞,拇指在前,中指和食指在后,轻轻捏住旋塞柄,无名指和小指向手心弯曲,形成握空拳的样子。切忌用右手转动旋塞,这样做既不易控制溶液流出的速度,不慎时还容易将旋塞拉出而影响测定。用右手转动旋塞的过程中,可用拇指和食指将旋塞向拳心轻轻带住,并注意勿使手心顶着旋塞,以防旋塞被顶松而造成渗漏。使用碱性滴定管时,应用左手拇指和食指捏玻璃球中上部近旁的橡皮管来控制流速,如果手指捏的位置不当,在松手后,会在玻璃球的下面形成气泡,而影响滴定的准确度。

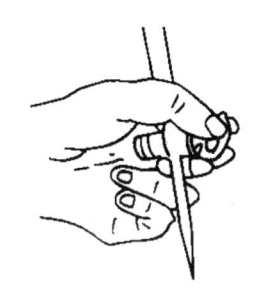

图 2-10 滴定操作手势

滴定中,被滴定的溶液通常置于三角烧瓶中,用右手拿住三角烧瓶的颈部,随滴随摇荡,让溶液顺着同一方向做圆周运动。滴定中,滴定管的出口尖端可放于三角烧杯的瓶口内,但不要与瓶壁接触,也可以使滴定管尖端和三角烧杯的瓶口保持2~3mm的距离。但其间距不宜太大,否则,标准溶液容易滴出瓶外。

开始时,滴定速度以10mL/min左右为宜,一滴接一滴但不成流水状。在离滴定终点较远时,滴落点颜色无显著变化。随着滴定的进行,滴落点的颜色会出现短暂的变化,但瞬间消失。在临近终点时,颜色可扩散至大部分溶液,不过经过摇荡,还会消失。从这时开始,就应该滴一滴,摇几下,然后半滴半滴地滴加,直至终点。

为了获得准确的结果,每次滴定前,都应将液面调节至刻度"0"处稍下一些位置,这样可以使每次滴定所用的体积差不多在滴定管刻度的同一间隔内,从而减小由于滴定管刻度不准而引起的误差。

(11)水处理设备常见故障及原因有哪些?

① 离心泵在运行中突然不打水压。

(a)水泵抽空;(b)泵进口管线被杂物堵塞;(c)叶轮被杂物堵死或叶轮掉;(d)水泵进水管线断裂、穿孔或吸入空气;(e)泵轴被卡死转不动。

② 药泵运行中出现异响。

(a)联轴器缓冲垫损坏;(b)泵动力端缺油造成干磨;(c)泵出口单流阀堵或出口阀门未打开;(d)入口阀未打开或无药液被抽空;(e)活塞螺纹未拧紧造成顶缸或基础松动。

③ 水处理设备再生时不进盐。

(a)盐泵反转或叶轮堵;(b)控制电磁阀线圈坏了,导致进盐气动阀未打开;(c)盐泵出口截止阀坏了;(d)进盐气动阀坏了或其他工艺管线的气动阀膜片坏了,造成盐水流失;(e)布盐器堵了;(f)盐泵产生气蚀现象;(g)盐泵入口过滤网堵塞严重。

④ 加药泵不进药。

(a)药泵入出口单流阀装反了;(b)药泵的柱塞脱离;(c)柱塞上密封圈损坏,造成药液流失;(d)药泵冲程太小,没有达到吸入的药量。

⑤ 交换器树脂流失严重。

(a)反洗水压力过高,造成树脂从4、5阀流失;(b)集水器有砂眼或裂痕,使树脂从2、3阀流失;(c)集水头缝隙过大,使树脂进入集水头从2、3阀流失。

⑥ 水处理再生时,硬度降不下来。

(a)盐水未充分和树脂接触;(b)盐量少或盐水浓度过低;(c)树脂中毒或树脂量太少;(d)再生各步骤没有达到要求的效果;(e)反洗阀内漏,造成生水直接进入树脂罐;(f)取样不准或药品失效,造成假硬度;(g)布盐器故障使盐水偏流,没有和树脂充分接触。

⑦ 水处理运行周期较短。

(a)树脂罐内树脂流失严重,树脂的交换能力差;(b)再生时盐水浓度过低,使树脂未能达到充分还原;(c)气源压力低,使软化水从排污阀流失;(d)反洗阀内漏,使生水直接进入一级离子交换器出口。

⑧ 水处理操作盘无电。

(a)配电间没送电;(b)操作盘总电源开关未合上;(c)操作盘控制电源开关未合上;(d)程序电源控制开关未合上。

(12)水处理PLC(C28K)的接线端子图(图2-11)及梯形程序图(图2-12)中各编号的意义是什么?

PLC(C28K)程序图中的编号含义:

① 输入:

00002	HS-1 手动
00003	HS-1 自动
00004	A组流量计再生输入
00005	B组流量计再生输入

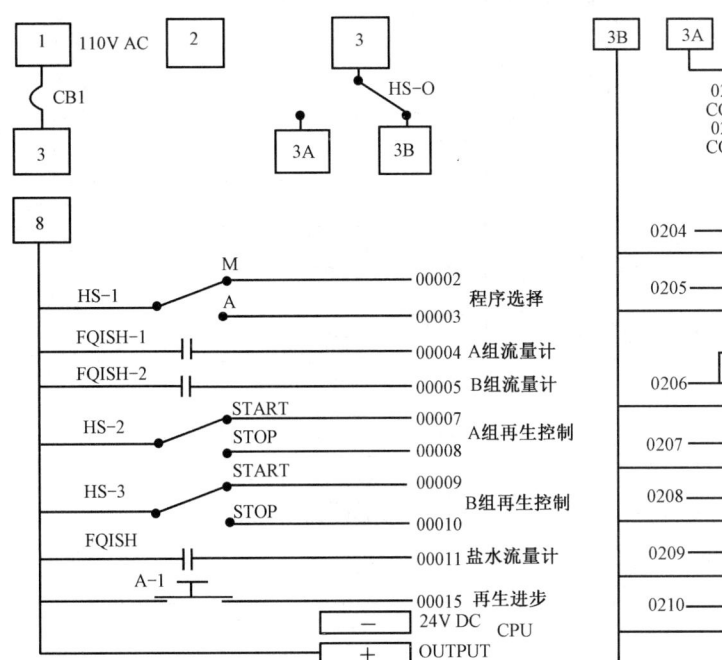

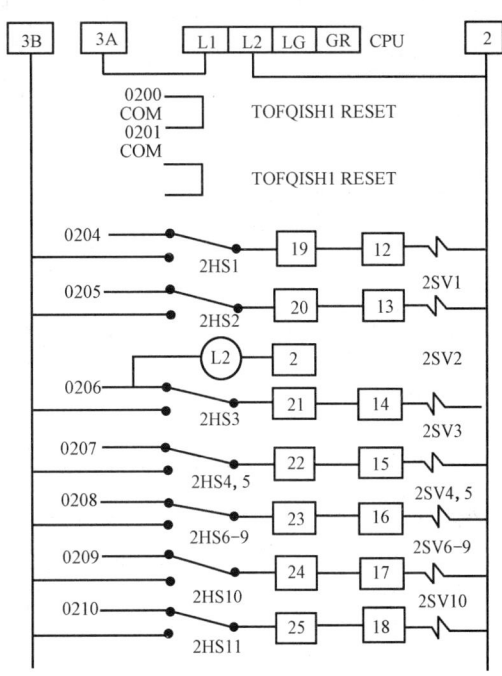

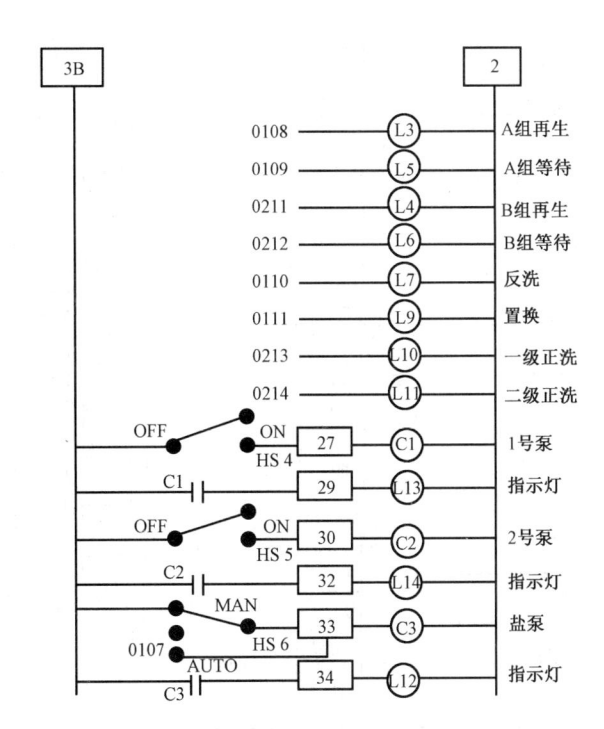

情境二　注汽锅炉的水处理设备及水汽系统

图 2-11　PLC(C28K)的接线端子图

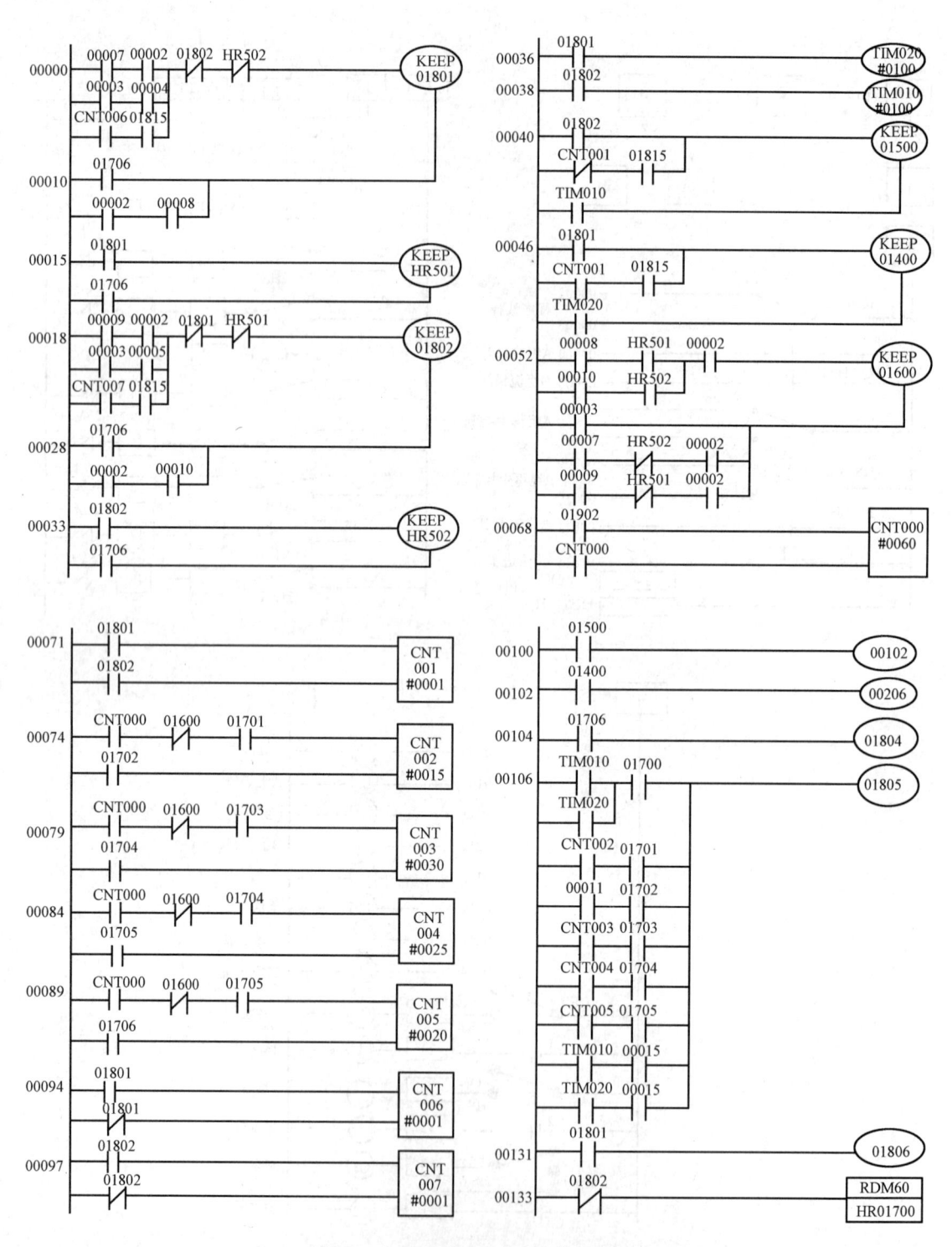

图 2-12 PLC(C28K)的梯形程序图

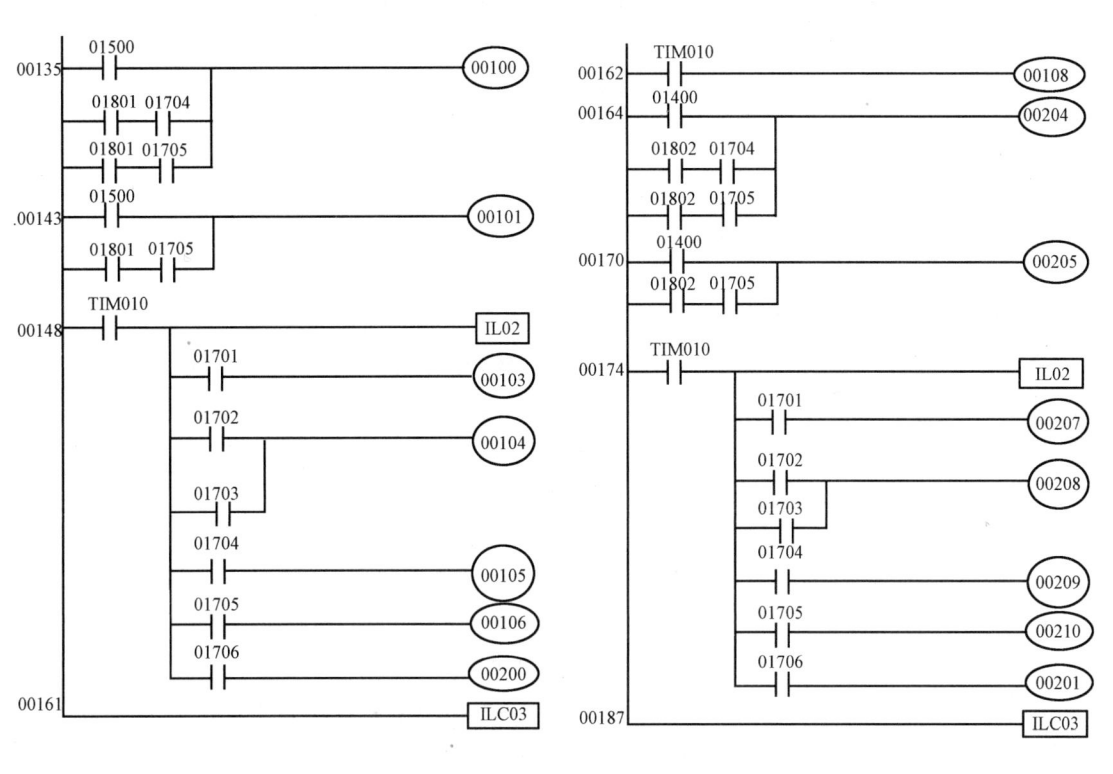

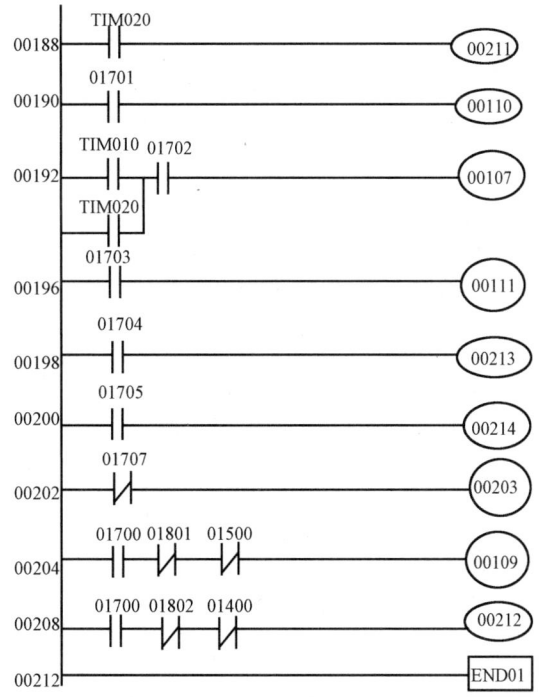

图 2-12　PLC(C28K)的梯形程序图(续)

00007	HS-2 A 组再生启动
00008	HS-2 A 组再生停止
00009	HS-3 B 组再生启动
00010	HS-3 B 组再生停止
00011	盐泵流量计信号输入
00015	再生步进

② 输出:

00100	1SV-1 电磁阀
00101	1SV-2 电磁阀
00102	1SV-3 电磁阀 L1 A 组运行灯
00103	1SV-4,5 电磁阀
00104	1SV-6,7,8,9 电磁阀
00105	1SV-10 电磁阀
00106	1SV-11 电磁阀
00204	2SV-1 电磁阀
00205	2SV-2 电磁阀
00206	2SV-3 电磁阀 L2 B 组运行灯
00207	2SV-4,5 电磁阀
00208	2SV-6,7,8,9 电磁阀
00209	2SV-10 电磁阀
00210	2SV-11 电磁阀
00203	SVBV 进盐电磁阀
00107	L8 进盐灯
00108	L3 A 组再生灯
00109	L5 A 组等待灯
00110	L7 反洗灯
00111	L9 置换灯
00211	L4 B 组再生灯
00212	L6 B 组等待灯
00216	L10 一级正洗灯
00214	L11 二级正洗灯
00200	A 组流量计复位
00201	B 组流量计复位

③ 定时器:

TIM010	A 组再生延时定时器 10s
TIM020	B 组再生延时定时器 10s

④ 计时器：

CNT000	一分钟计时器
CNT001	状态切换计时器
CNT002	反洗计时计时器
CNT003	置换计时计时器
CNT004	一级正洗计时计时器
CNT005	二级正洗计时计时器
CNT006	A组再生闭锁
CNT007	B组再生闭锁

⑤ 闭锁继电器：

KEEP 01801	A组再生
KEEP 01802	B组再生
KEEP HR501	A组再生闭锁
KEEP HR502	B组再生闭锁
KEEP 01500	A组运行
KEEP 01400	B组运行
KEEP 01600	再生与运行互锁

⑥ 鼓式可逆计时器-RDM：

通道设定 01700	等待
01701	反洗
01702	进盐
01703	置换
01704	一级正洗
01705	二级正洗
01706	运行

⑦ 其他：

01803	空号
01902	一秒脉冲
01815	PLC扫描

(13) PLC(C28K)程序工作过程是什么？

以A组为例，当A组制水量达到设定值时，A组流量计发出再生信号，0004 ON，引起如下动作：

KEEP 01801 ON：

① CNT001 ON，KEEP 01400 ON，B组运行。

② KEEP HR501 ON，A组再生闭锁。

③ 10s后，TIM010 ON：(a) 00108 ON，即A组再生指示灯L3亮；(b) A组IL02 ON，即A组

再生控制阀投入工作;(c)KEEP 01500 OFF,即 A 组运行指示灯 L1 灭;(d)RDM(60),即可逆计时器开始计数工作,01701(反洗)ON;(e)01700(等待)OFF。

RDM(60)01701(反洗)ON:

① 00110 ON,即反洗灯 L7 亮。

② 00103 ON,ISV-4,5 阀打开。

③ CNT002 开始反洗计时,15min 反洗结束后,CNT002 ON:(a)01702 ON,即进入进盐状态,同时 CNT002 复位;(b)01701ON,00110 OFF,即反洗指示灯 L7 灭,同时 00103OFF,ISV-4,5 阀关闭。

RDM(60)01702(进盐)ON:

① 00104 ON,ISV-6,7,8 阀打开。

② 00107 ON,启动盐泵,进盐指示灯 L8 亮。

③ 00203 ON,SVBV 进盐电磁阀打开。启动盐泵,进盐电磁阀打开,进盐量达到设计值,00011 ON,即盐泵流量计信号输入,进盐结束(01702 OFF,00107 OFF,即盐泵停运、盐泵指示灯 L8 灭),转入置换,即 01703 ON。

RDM(60)01703(置换)ON:

① 00104 ON,ISV-6,7,8,9 阀打开。

② 00111 ON,置换指示灯 L9 亮。

③ CNT003 开始置换计时,30min 后置换结束,CNT003 ON:(a)01704 ON,即转入一级正洗;(b)01703 OFF,00111 OFF,即置换指示灯 L9 灭,同时 00104 OFF,ISV-6,7,8 阀关闭。

RDM(60)01704(一级正洗)ON:

① 00100 ON,ISV-1 阀打开。

② 00106 ON,ISV-11 阀打开,00213 ON,一级正洗指示灯 L10 亮。

③ CNT004 开始一级正洗计时,25min 后一级正洗结束,CNT004 ON:(a)01705 ON,即转入二级正洗;(b)01704 OFF,00106 OFF,ISV-11 阀关闭,同时 00213 OFF,一级正洗指示灯 L10 灭。

RDM(60)01705(二级正洗)ON:

① 00100 ON,ISV-1 阀打开。

② 00101 ON,ISV-2 阀打开。

③ 00105 ON,ISV-10 阀打开。

④ 00200 ON,A 组流量计复位。

⑤ CNT005 开始二级正洗计时,20min 后二级正洗结束,CNT005 ON:(a)01706 ON,01084 ON,RDM(60)复位,017005 ON,即等待,KEEP HR501 OFF(复位),允许 B 组再生,KEEP 01801 OFF(复位),TIM010 OFF,A 组 IL(02) OFF(再生控制阀全部关闭);(b)01705 OFF,00100 OFF,ISV-1 阀关闭,00101 OFF,ISV-2 阀关闭,00105 OFF,ISV-10 阀关闭。RDM(60)01700 ON,等待。

(14)PLC 工作状态是怎样转换的?

A 组再生时,01801 ON,CNT001 ON,KEEP 01400 ON,B 组运行。A 组再生结束,01801 OFF,若 B 组不需再生,则 01802 OFF,CNT001 ON,KEEP 01400 ON,B 组继续运行,A 组备用等

待,直到 B 组需要再生时,01802 ON,CNT001 复位(OFF),通过 CNT001 的常闭点启动,A 组运行,B 组再生结束,01802 OFF,但 CNT001 仍在复位状态,A 组继续运行,B 组备用等待。因此,A 或 B 组的工作次序均为运行—再生—备用等待—运行这样周期循环,此外,从 KEEP 01400 和 KEEP 01500 的输入情况来看,每组运行都是以另一组处于再生或停运等待为条件的。

(15)什么是再生闭锁?

当软水器有一组处于再生状态时,另一组必须处于运行状态,不能投入再生,如当 A 组再生时,KEEP 01801 和 KEEP HR501 ON,它们的常闭接点断开,闭锁继电器,KEEP 01802 OFF,B 组不能投入再生,只有当 A 组再生完成后 KEEP 01801 OFF,B 组才可以投入再生,B 组再生情况亦然。

(16)RDM(60)是如何工作的?

RDM(60)为可逆鼓式计时器,程序中用空号 01803 的常开点作为选择递增/递减的操作输入,因此为了递增操作,输出内部通道规定位为 017,通道上下限设置见表 2-6。

表 2-6 通道上下限设置

下限	上限	设定值	下限	上限	设定值
Dm00	Dm01	0	Dm08	Dm09	4
Dm02	Dm03	1	Dm10	Dm11	5
Dm04	Dm05	2	Dm12	Dm13	6
Dm06	Dm07	3			

在等待状态,CNT46 的当前值为 0,与通道上下限设定值比较其结果为 1700 ON。只要 A、B 两组中有一组转入再生,通过 TIM010、TIM020 或 01700 使计时输入 01805 ON,CNT46 递增计时,当前值变为 1,该当前值与通道上下限设定值比较,其结果为 01701 ON,即进入反洗状态。反洗 15min 后,反洗计时器 CNT002 ON,通过 CNT002、01701 使计时输入 01805 ON,CNT46 递增计时,当前值变为 2,该当前值与通道上下限设定值比较,其结果为 01702 ON,即进入进盐状态。如此就完成了再生过程的步进控制。当二次正洗达到设定时间后,CNT005 ON,通过 CNT005 和 01705 使计时输入 01805 ON,CNT46 递增计时,当前值变为 6,比较结果为 01706 ON,这样 RDM(60)的复位输入 01804 ON,RDM(60)复位,CNT46 复位,01700 ON,等待下次再生。

任务二 注汽锅炉的水汽系统

学习任务

(1)学习注汽锅炉水汽系统的组成、用途、操作规程、工艺流程。
(2)学习注汽锅炉水汽系统的热工、仪表及其自动化的基本知识。

学习目标

(1)能独立识别和操作注汽锅炉水汽系统的设备并排除其故障。

(2) 能独立并熟练绘制注汽锅炉水汽系统工艺流程图。
(3) 能独立并熟练掌握热工、仪表及其自动化的基本知识与操作技能。

操作技能

一、注汽锅炉水汽系统设备、部件的识别与操作

(一) 设备识别与操作

1. 柱塞泵

柱塞泵(图2-13)是容积式泵的一种。它靠泵缸内做水平往复运动的柱塞来改变工作室的容积,从而达到吸入和排出液体的目的。由于泵缸内主要工作部件(柱塞)的运动为往复式的,因此柱塞泵也称为往复泵。注汽锅炉的柱塞泵有三缸HP-250M型、HP-165M型、五缸HP-125M型和三缸3GP-23/20型的宁波泵及3DG23/20.5上海泵等。柱塞泵的结构见图2-14(a)和图2-14(b),柱塞泵由液力端和传动端两部分组成。液力端由柱塞、填料室、缸体、上压盖、排出阀、顶缸盖、吸入阀等部件组成,是直接输送液体,把机械能转换为液体压力能的设备。柱塞和吸入阀、排出阀之间的空间称为工作室。传动端由曲轴、机身、连杆体、十字头、导板、密封箱、连杆等部件构成,是将原动机的能量传给液力端的设备。

图2-13 柱塞泵

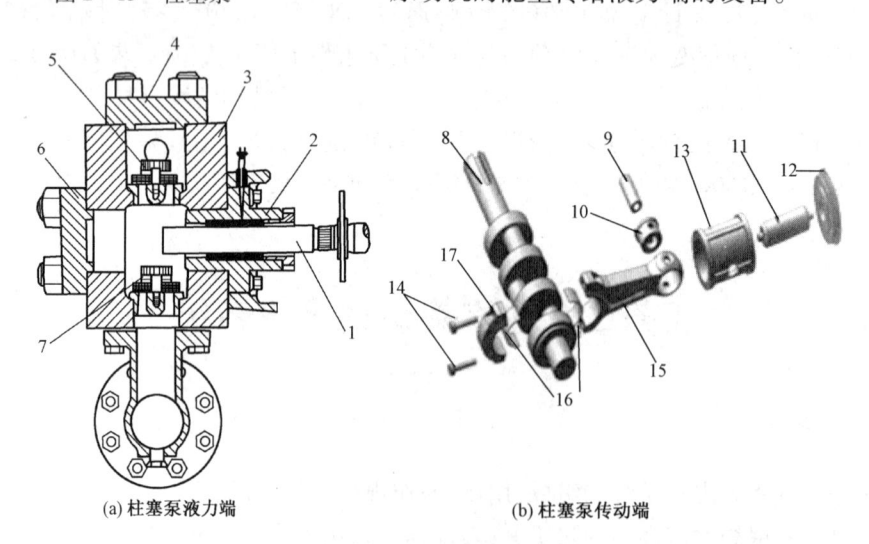

(a) 柱塞泵液力端　　(b) 柱塞泵传动端

图2-14 柱塞泵结构图

1—柱塞;2—填料室;3—缸体;4—上压盖;5—排出阀;6—顶缸盖;7—吸入阀;8—曲轴;9—十字头销;10—连杆套;11—中间杆;12—油封;13—十字头;14—连杆螺栓;15—连杆;16—连杆瓦;17—连杆盖

— 56 —

(1)曲轴。它的拐数由柱塞泵的缸数决定(三缸柱塞泵的曲轴是三个拐,五缸柱塞泵的曲轴是五个拐),曲拐的两端和中间都有支撑轴承,轴的一端装有三角皮带轮。

(2)机身。机身是安装机泵转动部件的整个机体壳。

(3)连杆。连杆是将动力的旋转运动变为柱塞往复运动的机构,在连杆上装有轴瓦。

(4)十字头。十字头主要起导向柱塞的往复水平运动的作用。

(5)密封箱。密封箱其内装有几组油封,一是防止曲轴箱的润滑油泄漏;二是防止高压密封圈处泄漏的水进入曲轴箱。

(6)拉杆和柱塞是泵的工作机件,通过柱塞的往复运动完成泵的工作。

2. 柱塞泵的启动准备操作

(1)锅炉运行工在接到站长通知后,必须做好启动前与各工种(电气仪表工、机泵维修工)的联系工作。

(2)打开柱塞泵进口手动给水阀门,并查看进口压力表的指示,其值不应低于0.07MPa,手动阀门不得有泄漏。

(3)打开锅炉水汽系统沿程各个阀门,确保流程畅通。

(4)检查柱塞泵曲轴箱的油位,以在油标尺中间位置为宜。

(5)清除机泵与电动机上所有工具、零件及一切杂物。

(6)手动盘车一圈以上。

3. 柱塞泵的启动操作

(1)运行工在做好启动前准备工作后,通知站长,待同意后,由运行工进行启动操作。

(2)锅炉停炉起动:合上柱塞泵的总电源空气开关、锅炉控制电源开关,启动变频器,将柱塞泵控制开关拨到"手动"位置,柱塞泵启动运转。

锅炉点火启动:在总电源空气开关、锅炉控制电源开关、其他开关均在工作位置且变频器启动的前提下,将柱塞泵控制开关拨到"自动"位置,再合上程序电源(亦称连锁电路或燃烧器电路)开关,按下锅炉复位启动按钮,锅炉进入5min前吹扫程序,柱塞泵启动运转。

(3)启动1min内,要观察机油润滑压力表,其值应在276~414kPa之间,否则应进行调整。

(4)检查泵体、曲轴箱与两端轴承座,最高温度不能超过85℃。

(5)检查机泵配用的电动机,最高温度不得超过80℃,并注意其是否有异响。

(6)启动后,每隔2h进行巡回检查一次并填好运行记录。

4. 更换柱塞泵密封圈操作

(1)准备好需要的工具、材料(泵头端盖专用眼镜扳手、密封圈压盖钩头扳手、250mm和300mm管钳、250mm平口螺丝刀、柱塞泵专用密封圈、黄油、"请勿合闸"标志牌、棉纱)并整齐摆放。

(2)检查设备的状态,断开电源开关并挂好"请勿合闸"标志牌,关闭泵入口阀门。

(3)用眼镜扳手、钩头扳手、管钳等工具,依次拆卸泵头端盖、密封圈压盖、柱塞,取出旧密封圈。

图 2 - 15　柱塞泵密封圈

(4)将新密封圈(图 2 - 15)涂好黄油,逐一加入填料室中,加入量适中,接口错开并压实。

(5)安装密封圈压盖(不能拧紧)、柱塞、泵头端盖,最后拧紧密封圈压盖,紧度适中(旋进 3~6 扣),盘车(1~3 圈)试运。

(6)手动启动柱塞泵试运,试运中如有冒烟、渗漏现象,则适当调整密封圈压盖松紧,直至不冒烟、不渗漏或渗漏量保持在 30 滴/min 左右。

(7)收拾工具,并用棉纱擦拭干净。

5. 更换柱塞泵阀片操作

(1)准备好需要的工具、材料(泵头端盖专用眼镜扳手、套筒扳手、大锤、钩针、柱塞泵专用阀片、"请勿合闸"标志牌)并整齐摆放。

(2)检查设备的状态,断开电源开关并挂好"请勿合闸"标志牌,关闭泵入口阀门。

(3)用眼镜扳手、套筒扳手依次拆下泵头端盖、阀片防脱锁紧螺母,取出弹簧,再用钩针取出损坏的阀片,并检查阀座(图 2 - 16)。

(4)清理泵内及接触面杂物,安装新阀片并逐一安装弹簧、防脱锁紧螺母、泵头端盖。

(5)手动启动柱塞泵,保证柱塞泵运行平稳、输出排量稳定。

(6)收拾工具,清理操作现场。

6. 变频器

变频器(图 2 - 17)通过改变电动机的电压和频率,使电动机的转速可以无级调节,注汽锅炉的柱塞泵和鼓风机均采用变频启动和调节,既节能,又提高了生产设备的自动化水平。

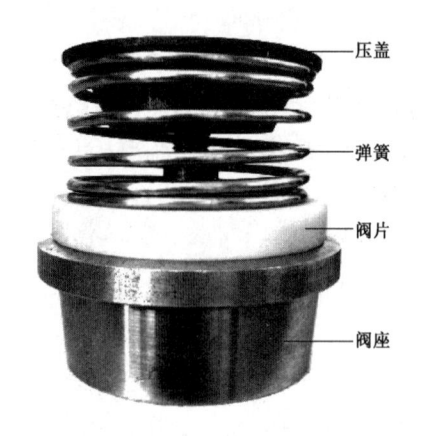

图 2 - 16　柱塞泵阀座

图 2 - 17　变频器

1)主要技术指标

(1)输入电源为三相 AC380V/50Hz。

(2)输入电压波动范围为 ±10%。

(3)最大输出电压与输入电压对应。

(4)适配电动机功率为160kW。

(5)额定输出电流为320A。

(6)调速范围为0~400Hz。

2)变频器启动操作

(1)检查系统柜内接线是否正常,由原电源电路给系统送电,"电压表"指示。

(2)选择工频启动还是变频启动,把开关调整到相应的位置,并把盘面转换选择开关调整相应的位置。

(3)选择变频时,合柜内电源空气开关给系统送电,此时"电源指示"灯亮,按"启动"按钮,给变频器送电,此时"变频送电"指示灯亮。

(4)按照变频器操作手册设定变频器所有参数,设定完后由控制盘正常操作控制。

(5)若要启动电动机时,旋转原"柱塞泵启动"开关,电动机即可正常运行,变频柜盘面"运转指示"灯亮。若需调整电动机转速时,只需在变频盘面上调整"手动调速"钮即可,顺时针大,逆时针小。

(6)若要长时间停止柱塞泵时可关掉系统电源空气开关,短时间无需切断电源。

(7)变频器出现故障时,"变频故障"指示灯亮并且操作有故障代码显示,根据故障处理方法处理,处理正常后按盘面"异常复位"钮,变频器显示一切正常,即可运转。

(8)若故障处理不了时,把开关调整到"工频"位置,然后把工频变频转换开关旋转到"工频"位置,最后按原"启动"按钮,此时电动机即可以50Hz转速正常运行。

(二)锅炉部件识别

1. 柱塞泵入口、出口减振器

柱塞泵的入口减振器是气囊式减振器,气囊内充填的气体为氮气,见图2-18(a)。其主要作用是保证入口水的稳定供应,防止泵在吸水时因抽空而形成气蚀。柱塞泵出口减振器是动力式减振器,形状是个球体,其内部装置为两个等径三通,也称迷宫式减振器,见图2-18(b)。它的作用是消除因柱塞泵柱塞往复运动速度不均匀而造成的水流量不均,以使管路压力脉动保持在规定的范围内。

(a)柱塞泵入口减振器　　(b)柱塞泵出口减振器

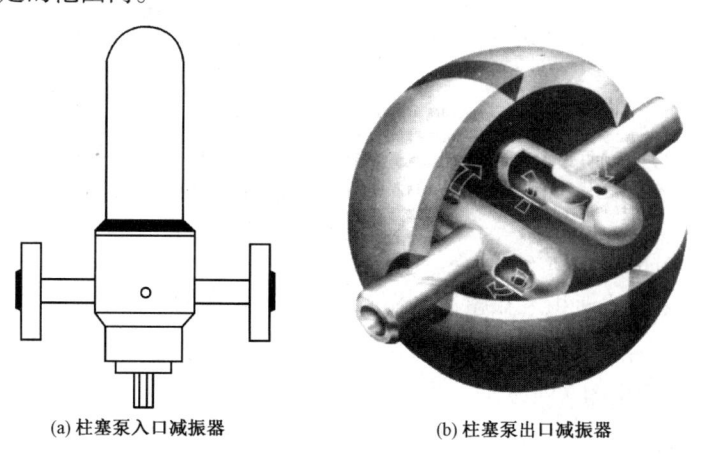

图2-18 柱塞泵入口、出口减振器

2. 安全阀

安全阀是能自动地将锅炉工作压力控制在预定的允许范围之内的安全附件。当锅炉压力超过允许的工作压力时,安全阀会自动开启,并能迅速泄压,直至降到锅炉允许的工作压力时,它才会自动关闭。因此,只要安全阀选配得当、操作正确,即可避免因超压而发生的锅炉事故。在注汽锅炉柱塞泵入口和出口给水管线、辐射段出口蒸汽管线、燃料油蒸汽雾化管线、蒸汽雾化分离器、空气压缩机储气罐,都应安装相应的安全阀,以确保注汽锅炉安全可靠运行。

1)柱塞泵出口安全阀

整个锅炉管束系统具有不同的设计压力和设计温度范围。进口端的水系统与出口端蒸汽系统相比为高压低温,需在靠近泵出口端安装一个安全阀来防止管路系统和泵超压。泵出口安全阀是开放式的,其排泄口必须用管接到低处去,以便任何排放都容易观察到。

泵出口安全阀是弹簧式安全阀的一种。它是由阀座、密封圈、阀体、导向环、垫圈、导向装置、导向螺栓孔、阀杆、弹簧、弹簧垫圈、外壳、阀杆套、调整螺母、阀帽、铅封圈、卡箍构成,如图2-19所示。其作用是避免柱塞泵在超压下运行,其调定值为20.65MPa。当给水压力高于20.65MPa时,安全阀自动开启泄水,使水压降到预定值,保证柱塞泵和管路安全、可靠运行。

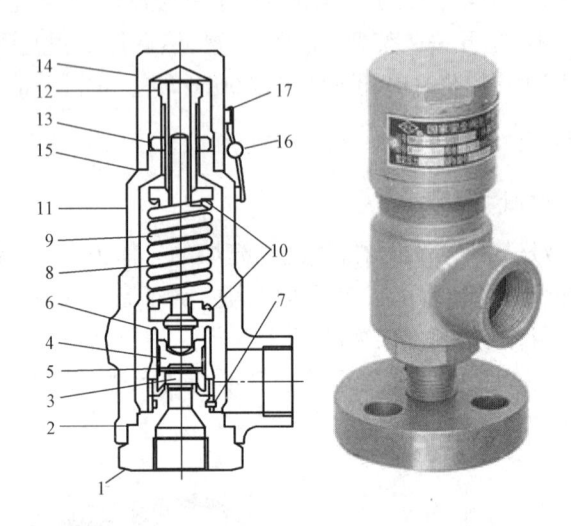

图2-19 柱塞泵出口安全阀

1—阀座;2—密封圈;3—阀体;4—导向环;5,15—垫圈;6—导向装置;7—螺栓孔;8—阀杆;9—弹簧;
10—弹簧垫圈;11—外壳;12—阀杆套;13—调整螺母;14—阀帽;16—铅封圈;17—卡箍

2)辐射段蒸汽出口安全阀

锅炉和给水换热器的面积之和超过$500m^2$时,需要安装两个弹簧式出口安全阀。其中一个阀通常调定为高出锅炉额定工作压力的5%,另一个调定为高出锅炉额定工作压力的8%。

(1)安全阀的结构见图2-20。

它由提升传动装置、压紧螺栓、轭架、弹簧、阀杆、重叠套环、开度止动块、阀芯压环、上调整环、导承、阀瓣环、阀芯、下调整环、阀体等部件组成。

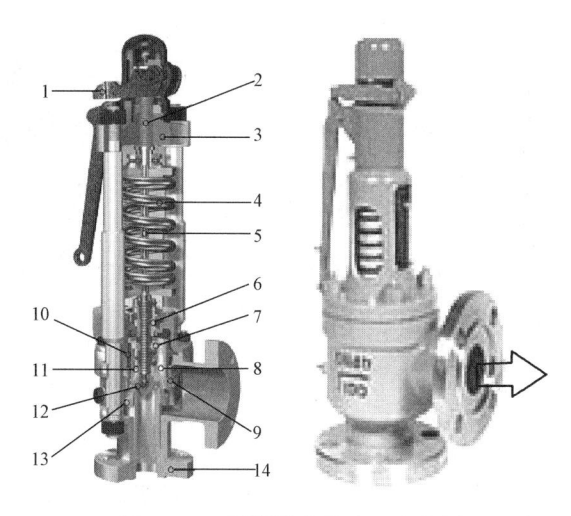

情境二　注汽锅炉的水处理设备及水汽系统

图 2-20　辐射段蒸汽出口安全阀
1—提升传动装置；2—压紧螺栓；3—轭架；4—弹簧；5—阀杆；6—重叠套环；7—开度止动块；
8—阀芯压环；9—上调整环；10—导承；11—阀瓣环；12—阀芯；13—下调整环；14—阀体

（2）安全阀的工作过程。

弹簧式安全阀是通过阀杆将弹簧的弹力压在阀芯上，而弹簧作用力的大小则靠调节螺栓的松紧来加以调整。当锅炉蒸汽（或其他介质）的压力超过弹簧的弹力时，弹簧被压缩，使阀杆上升，阀芯开启。蒸汽（或其他介质）便从阀芯和阀座之间排出，使锅炉蒸汽（或其他介质）的压力降至正常值，此时阀芯在弹簧弹力作用下关闭。

（3）安全阀常见的故障及排除操作。

① 安全阀漏汽（水）。主要原因是阀芯与阀座接触面不严密或阀芯与阀座接触面有脏物及阀杆偏斜等。

② 安全阀到规定压力时不开启。主要原因是阀芯与阀座被粘住了，此时，可做手动排汽试验排除；或安全阀的弹簧调整压力过大，在这种情况下，应重新调整。

③ 安全阀不到规定压力而开启。主要原因是安全阀的弹簧调整压力不够或弹簧失效，弹力不足。此时应重调或更换安全阀。

（4）弹簧式安全阀安装要求。

① 安全阀必须垂直地安装在锅炉受压部位的最高处。

② 在全阀与受压部件之间的连管上，不允许装设阀门或蒸汽引出管。

③ 蒸汽安全阀应装排汽管，排汽管应尽量直通室外并有足够的截面积，保证排汽畅通，在安全阀的排汽管上不允许装设阀门。

④排汽管底部应装泄水管，且应通至安全地点，在泄水管上不允许安装阀门。

3）空气压缩机安全阀

该安全阀（图 2-21）用于防止储气罐和空气压缩机超压，其压力整定值为 1.4MPa。

4）雾化分离器安全阀

该安全阀垂直安装在燃油蒸汽雾化分离器上（图 2-22），避免分离器因超压而损坏，其整定压力为 0.5MPa。

— 61 —

图 2 – 21　空气压缩机安全阀　　　　图 2 – 22　雾化分离器安全阀

3. 回水阀

回水阀即给水旁通阀(图 2 – 23),安装在柱塞泵出口水的旁路管线上,分气动和电动两种。它与锅炉出口的蒸汽压力变送器构成压力闭环(PID)自动控制回路(图 2 – 24)。

图 2 – 23　回水阀

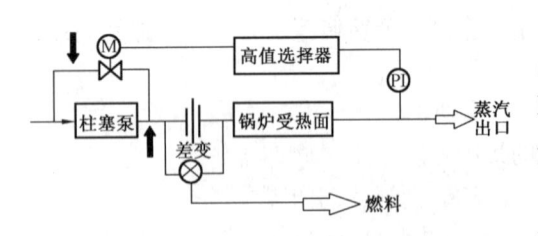

图 2 – 24　锅炉回水自动调节

自动控制过程:蒸汽压力变送器测量蒸汽出口压力,将蒸汽出口压力值与设定值取差,经 PID 调节器计算输出调节值至高值选择器(高值选择器的作用是把两个输入数值,即 PID 输出值与设定好的一个值相比较,其中较高的一个传送到给回水电动阀,而数值较低的被禁止输出)。在正常情况下,输出的数值就是 PID 调节器输出的数值。通过控制锅炉回水电动阀开度达到调节锅炉出口蒸汽压力的目的。当锅炉出口蒸汽压力降低时,通过关小回水电动阀的开度,增加锅炉的进水量,来使锅炉出口蒸汽压力慢慢升高;当锅炉出口蒸汽压力升高时,通过开大回水电动阀的开度,减少锅炉的进水量,来使锅炉出口的蒸汽压力慢慢降低。该过程能自动保持运行中的注汽锅炉出口蒸汽压力稳定。早期生产的注汽锅炉为气动调节回水阀,后期生产的注汽锅炉为电动调节回水阀,目前生产的注汽锅炉采用柱塞泵变频器取代了回水阀。

4. 节流孔板与电动差压变送器

节流孔板也称差压式流量计,它与电动差压变送器及触摸屏显示仪表组合成一体化测量仪表(图2-25),利用流体流经节流孔板时产生的压力差而实现对注汽锅炉给水流量的测量。

1)标准节流孔板

它是一块圆形的中间开孔的金属薄板,开孔边缘非常尖锐,而且与管道和轴线是同心的,用于不同管道内径的标准节流孔板,其结构形式基本是几何相似的(图2-26)。标准节流孔板是旋转对称的,上游侧孔板端面上的任意两点间连线应垂直于轴线。孔板的开孔,在流束进入的一面做成圆柱形,而在流束排出的一面则沿着圆锥形扩散,锥面的斜角为α,当孔板的厚度$\delta > 0.02D$(D为管道内径)时,α应为30°~45°(通常做成45°的居多)。孔板的厚度δ一般要求在3~10mm范围之内。孔板的机械加工精度要求较高。

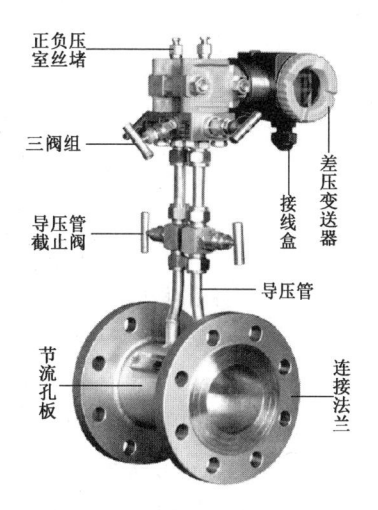

图2-25 节流孔板及电动差压变送器

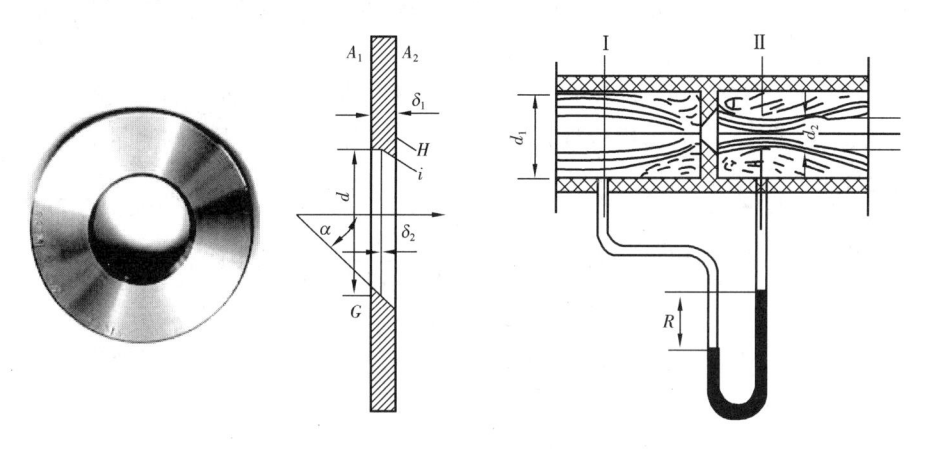

图2-26 标准节流孔板

2)电动差压变送器

电动差压变送器是以电为能源,将被测差压Δp的变化,转换成4~20mA的直流标准信号,送到显示仪表或调节器进行指示、记录或调节。它与节流孔板(图2-25)配合,可连续测量液体、蒸汽和气体的流量。它具有反应速度快、传送距离远等优点。其现场校验操作如下。

(1)校验前的准备及设备连接(图2-27)。

① 打开电动差压变送器三组阀上的平衡阀并关闭节流孔板导压管上的两个截止阀。

② 拆下差变正压室排气丝堵,并在堵头位置接上校表接头。

③ 打开差压变送器下方排气、排液阀,用空气吹净残液后关闭。

④ 接上压力信号源(柱塞泵、指针式压力计、血压计等)及标准压力表。

⑤ 拆下二次显示仪表的输入端子(只拆一端),串联接入标准电流表,检查确认后接通电动差压变送器电源。

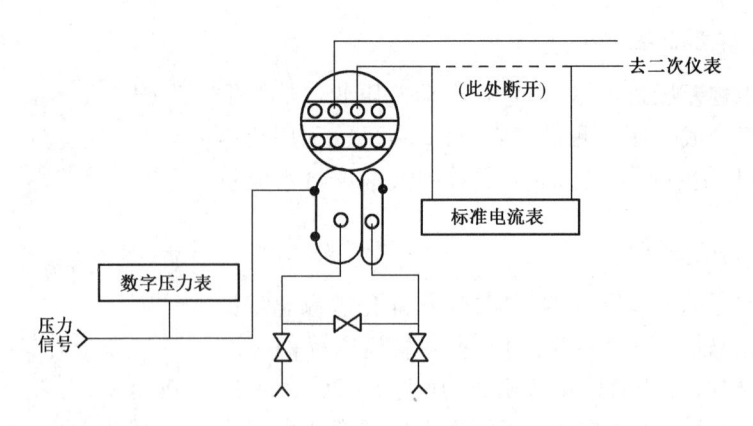

图 2-27 电动差压变送器校验接线图

（2）相对百分误差和变差的校准。

① 通过压力源向被校电动差压变送器的正压室输入压力信号,其数值选电动差压变送器量程范围(0~25kPa)的 0%(0kPa)、25%(6.25kPa)、50%(12.5kPa)、75%(18.75kPa)、100%(25kPa)五个点,作为被校点。

② 平稳增加输入的信号压力,读取(由 0~25kPa 正行程)五个被校点的标准电流表相应的测量值。

③ 使输出信号上升到上限的 105%(26.25kPa)处,停留 1min 左右,使输出信号平稳地减小到最小,再读取(由 25~0kPa 反行程)五个被校点的标准电流表相应的测量值。

④ 计算相对百分误差。

$$正行程 \quad \delta_正 = \frac{|A_正 - A_0|}{输出上限 - 输出下限} \times 100\% \qquad (2-21)$$

$$反行程 \quad \delta_反 = \frac{|A_反 - A_0|}{输出上限 - 输出下限} \times 100\% \qquad (2-22)$$

式中　$\delta_正$——正行程相对百分误差,%；

　　　$\delta_反$——反行程相对百分误差,%；

　　　$A_正$——正行程输出测量值(实测值),mA；

　　　$A_反$——反行程输出测量值(实测值),mA；

　　　A_0——输出信号真实值(公称值),mA。

计算变差:变送器变差就是被校各点(通常为五个点)的正行程、反行程输出的测量值之差的绝对值的最大值与仪表量程范围(输出上限-输出下限)之比的百分数,即：

$$变差 = \frac{|A_正 - A_反|_{最大}}{输出上限 - 输出下限} \times 100\% \qquad (2-23)$$

经校验如果电动差压变送器各校验点的相对百分误差、变差都小于差压变送器设计的精度等级,说明该差压变送器是合格可用的。例如,注汽锅炉的电动差压变送器量程为 0~25kPa,输出电流信号为 4~20mA,精度为 1 级,变差 1%,其校验过程与结果如表 2-7 所示。

情境二　注汽锅炉的水处理设备及水汽系统

表2-7　某电动差压变送器的校验过程及结果

输入压力信号(kPa)		0%	25%	50%	75%	100%
		0	6.25	12.5	18.75	25
输出真实值(mA)		4	8	12	16	20
输出测量值(实测值)(mA)	正行程	4.1	8.1	12.1	16.1	20.1
	反行程	3.95	7.95	11.95	15.95	19.95
相对百分误差(%)	正行程	0.6	0.6	0.6	0.6	0.6
	反行程	0.3	0.3	0.3	0.3	0.3
变差(%)		0.9	0.9	0.9	0.9	0.9

如上表可见，被校电动差压变送器各点的相对百分误差、变差均小于其精度等级值1，所以此差压变送器经校验合格、可用。

5. 电磁流量计

电磁流量计(图2-28)采用机电一体化技术，具有安全准确的测量性能、可靠的控制精度、较宽的各类气体测量范围。电磁流量计是根据法拉第电磁感应定律制造的用来测量管内燃气体积流量的感应式仪表，输出电流信号为4~20mA。

(1)显示形式：现场显示累计流量、瞬时流量、单次流量(回零计数)。

(2)结构：主要由磁路系统、测量导管、电极、外壳、衬里和转换器等部分组成。

① 磁路系统：其作用是产生均匀交流磁场，且是50Hz工频电源激励产生的。

② 测量导管：其作用是让被测介质通过。测量导管必须采用不导磁、低电导率、低热导率和具有一定机械强度的材料制成。

③ 电极：其作用是引出和被测量成正比的感应电势信号。电极一般用非导磁的不锈钢制成，且被要求与衬里齐平，以便流体通过时不受阻碍。它的安装位置宜在管道的垂直方向，以防止沉淀物堆积在其上面而影响测量精度。

④ 外壳：应用铁磁材料制成，是分配励磁线圈的外罩，并隔离外磁场的干扰。

⑤ 衬里：在测量导管的内侧及法兰密封面上，有一层完整的电绝缘衬里。它直接接触被测介质，其作用是增加测量导管的耐腐蚀性，防止感应电势被金属测量导管管壁短路。衬里材料多为耐腐蚀、耐高温、耐磨的聚四氟乙烯塑料、陶瓷等。

⑥ 转换器：由于被测介质流动产生的感应电势信号十分微弱，受各种干扰因素的影响很大，转换器的作用就是将感应电势信号放大并转换成统一的标准信号(4~20mA)并抑制主要的干扰信号。

(3)工作原理：电磁流量计是根据法拉第电磁感应定律进行流量测量的流量计。电磁流量计的优点是压损极小，可测流量范围大。最大流量与最小流量的比值一般为20∶1以上，适

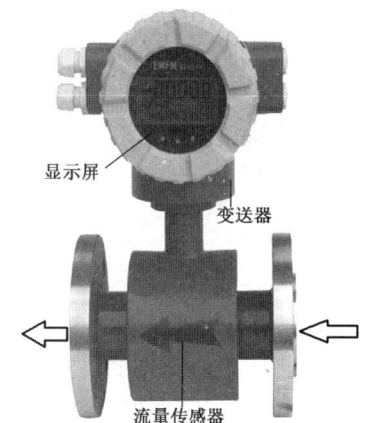

图2-28　电磁流量计

用的工业管径范围宽,最大可达3m,输出信号和被测流量呈线性,精确度较高,可测量电导率不小于5μs/cm的酸溶液、碱溶液、盐溶液、水、污水、腐蚀性液体以及泥浆、矿浆、纸浆等的流体流量,但它不能测量气体、蒸汽以及纯净水的流量。

当导体在磁场中做切割磁力线运动时,在导体中会产生感应电势,感应电势的大小与导体在磁场中的有效长度及导体在磁场中做垂直于磁场方向运动的速度成正比。同理,导电流体在磁场中做垂直方向流动而切割磁感应力线时,也会在管道两边的电极上产生感应电势。感应电势的方向由右手定则判定,感应电势的大小由下式确定:

$$E_x = BDv \tag{2-24}$$

式中 E_x——感应电势,V;
B——磁感应强度,T;
D——管道内径,m;
v——液体的平均流速,m/s。

然而体积流量 q_v 等于流体的流速 v 与管道截面积 $(\pi D^2)/4$ 的乘积,故 $q_v = (\pi D/4B)E_x$。由上式可知,在管道直径 D 已定且保持磁感应强度 B 不变时,被测体积流量与感应电势呈线性关系。

6. 双金属温度计

双金属温度计(图2-29)是一种测量中低温度的现场检测仪表,可以直接测量注汽锅炉生产过程中的-80~500℃范围内的锅炉给水、雾化蒸汽、锅炉燃油等介质温度。工业用双金属温度计主要的元件是一个用两种金属片叠压在一起组成的多层金属片,利用两种不同金属在温度改变时,膨胀程度不同的原理工作。金属片一端受热膨胀时,带动指针旋转,工作仪表便显示出热电势所对应的温度值。

7. 压力表

为了及时准确地反应注汽锅炉水汽系统内部压力的状况,保证锅炉安全可靠的运行,在柱塞泵的入口、差压变送器出口、给水换热器的入(出)口、对流段的入出口及辐射段出口等受压设备和管路上,均装有压力表(图2-30),用以测量锅炉给水或蒸汽的压力。压力表的种类很多,目前注汽锅炉所使用的压力表多为弹簧管式,可用于测量0.1~100MPa的压力。

图2-29 双金属温度计

1)压力表的结构

它主要由弹簧管、支座、外壳、扇齿轮传动机构、指针和刻度盘等组成。

2)压力表的工作原理

当被测介质进入弹簧管内时,由于介质压力的作用,迫使弹簧管发生变形而伸长。其弹性变形位移通过拉杆使扇形齿轮做逆时针偏转,带动中心齿轮顺时针偏转,从而通过指针在刻度盘上显示出被测介质的压力值。

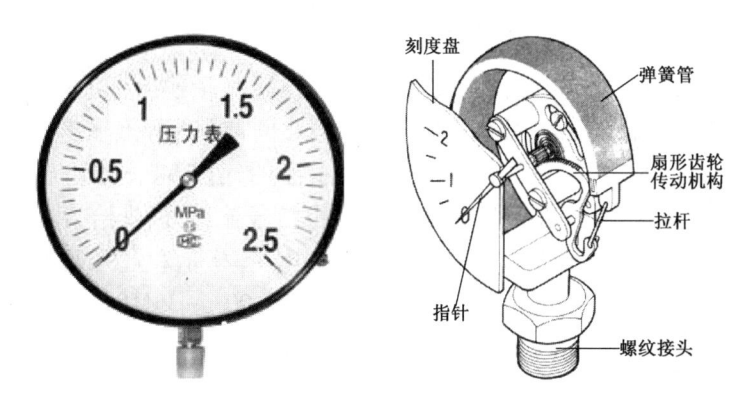

图 2-30　压力表及其结构图

3) 压力表安装要求

(1) 压力表应安装在便于观察和冲洗的地方,力求避免震动、冰冻和热辐射的影响。

(2) 压力表的精度,对工作压力小于 25 个大气压(表压)的锅炉,不应低于 2.5 级;对工作压力不小于 25 个大气压(表压)的锅炉,不应低于 1.5 级。

(3) 压力表的量程应为锅炉工作压力的 1.5~3.0 倍。

(4) 测量蒸汽压力时,压力表下面装有凝水弯,内存一些凝结水,以防蒸汽直接冲入弹簧管而损坏机件。在压力表和存水弯管之间,要装三通阀,以便吹洗和校验压力表。

(5) 长期使用的压力表,每年校核一次,校验后加要上铅封。

8. 热电偶

热电偶(图 2-31)是将温度转换成热电势的一种感温元件,配之以二次仪表,通过测量热电势从而测定温度值。它的传感元件是两种不同成分的导体(称为热电偶丝材或热电极)两端接合成回路,当接合点的温度不同时,在回路中就会产生电动势,这种现象称为热电效应,而这种电动势称为热电势。热电偶就是利用这种原理进行温度测量的,其中直接用作测量介质温度的一端叫作工作端(也称为测量端),另一端叫作冷端(也称为补偿端);冷端与显示仪表或配套仪表连接,显示仪表会指出热电偶所产生的热电势。热电偶实际上是一种能量转换器,它将热能转换为电能。注汽锅炉的排烟温度、炉管管壁温度、蒸汽温度及燃烧器的瓦口温度都是用热电偶温度变送器测量的。

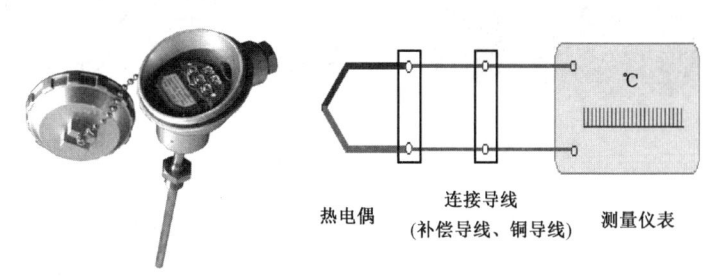

图 2-31　热电偶及简单测温回路

9. 压力变送器

压力变送器（图 2 - 32）是指输出标准信号的压力传感器，是一种接受压力变量按比例转换为标准输出信号的仪表。它能将测压元件传感器感受到的气体、液体等物理压力参数转变成标准的 4～20mA DC 电信号输出，以供给指示报警仪、记录仪、调节器等二次仪表进行测量、指示和过程调节。根据测压范围可分成一般压力变送器（0.001～35MPa）、微差压变送器（0～1.5kPa）、负压变送器三种。

1）电容式压力变送器的工作原理

当被测压力直接作用在测量膜片（即敏感元件）的表面，使膜片产生微小的变形，测量膜片上的高精度电路将这个微小的变形变换成为与压力、激励电压成正比的高度线性的电压信号，然后采用专用芯片将这个电压信号转换为工业标准的 4～20mA 电流信号输出。

图 2 - 32 压力变送器

2）注汽锅炉蒸汽压力变送器测量路径

（1）变送器通过仪表电缆与站控 PLC 的一块模拟量输入（简称 AI）模块的相关端子（即某个 AI 通道的接线端子）连接，构成模拟量数据监测回路。

（2）监测回路将其测量到的信号（4～20mA）输入给 AI 模块的一个相关通道。

（3）带有 CPU 处理器的 AI 模块将通道接收到的 4～20mA 模拟信号进行模数（A/D）转换，转换成数据信号。

（4）站控 PLC 的处理器通过用户编制的数据采集程序，周期性地适时扫描和处理来自 AI 模块相关通道且经过 A/D 转换的数据，并对其进行工程量量化，变成含有工程单位意义的数字，然后传给触摸屏，全时显示注汽锅炉的蒸汽压力数据。

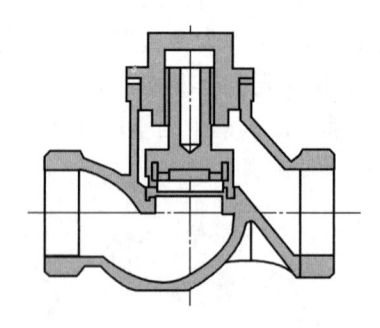

图 2 - 33 单向阀

10. 单向阀

流体只能沿进水口流动，出口介质无法回流，俗称单向阀（图 2 - 33）。为此，在注汽锅炉的给水管线、蒸汽管线、燃油雾化管线上等均装有单向阀。

情境二　注汽锅炉的水处理设备及水汽系统

11. 干度取样冷却器

它是一种逆流热转换器,安装在注汽锅炉辐射段出口,用于冷却测定蒸汽干度取样的炉水(图2-34)。

12. 排污扩容器

排污扩容器(图2-35)为立式圆柱体,扩容器顶端出口与大气相通,用来排放蒸汽,底部出口用来排放炉水。它与注汽锅炉蒸汽放空管线相连,用来减小锅炉放空时因蒸汽压力急剧下降而产生的振动和噪声,也防止蒸汽放空管线在紧急放空时出现意外事故。

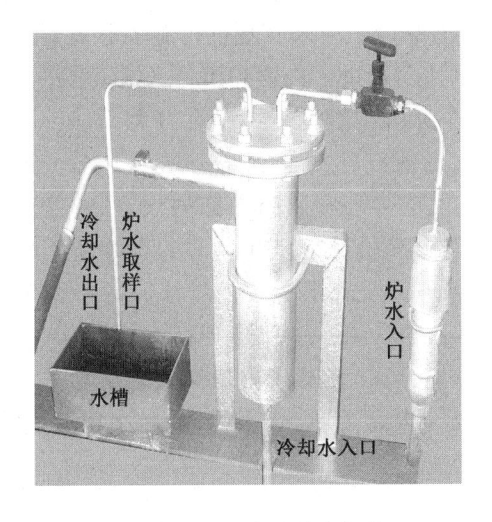

图2-34　干度取样冷却器

图2-35　排污扩容器

13. 球形汽水分离器

随着我国稠油开采的不断深入,用常规锅炉(70%~80%蒸汽干度)注蒸汽的方法已不能满足稠油开采新技术的需要。实践证明,稠油后期的高轮次开采注入高干度(95%)蒸汽可有效提高采收率。目前在用的注汽锅炉,由于受水处理设备技术的限制,锅炉出口最高额定蒸汽干度为80%,实际运行时仅为70%~75%,满足不了稠油蒸汽热力开采,特别是SAGD(重力泄油蒸汽辅助法)的工艺技术条件。为提高注汽锅炉的蒸汽干度,一种方法是将锅炉给水进行除盐处理,这将大大增加水处理设备的投资费用和运行费用,而且受地面条件所限,很难实现,同时还增加了控制系统运行管理的难度;另一种方法是锅炉及水处理设备基本保持不变,在锅炉出口安装一套球形汽水分离器(图2-36),将汽和水分开,分离出的饱和水的热量通过锅炉给水预热器回收,蒸汽则通过计算机进行流量计量、分配控制注入油井。

图2-36　球形汽水分离器

1)球形汽水分离器的结构

球体直径为 2200mm(DN1800mm),球体内设置四个独立的旋风分离器,可根据锅炉负荷增减旋风分离器的开、关数量。为了使进入每个旋风分离器的流量均匀,在球体外设置了分配器。在旋风分离器上部蒸汽出口设置了两级百叶窗二次分离器,可进一步分离出蒸汽中的细小水滴。为测定蒸汽干度,在蒸汽出口设置了饱和蒸汽取样器。由于炉水含盐量很大,在炉水出口处特别设置了排污阀。在旋风分离器入口设置了均汽孔板,其目的是为了防止汽、水流速不均而影响汽水分离效果。

2)球形汽水分离器工作原理

两相流体的分离过程较复杂,往往是靠几种分离的综合效应来实现的。旋风分离器就是综合了离心分离、重力分离、膜式分离的原理来进行汽水分离的。由锅炉出口来的蒸汽沿切线方向进入旋风分离器,使其由直线运动转变为旋转运动,形成离心力(比重力大 17.9~47.5倍),由于汽、水存在重度差,汽在旋风筒中螺旋上升,形成汽柱,而水则被甩向旋风分离器筒壁并旋转下降,在桶内形成抛物面。还有少量水滴被汽流带入旋风筒中部的汽空间,这些水滴在随汽流螺旋上升的过程中,逐渐被甩向壁面。当蒸汽通过旋风筒上部的百叶窗波形板顶帽时,又靠膜式分离湿蒸汽进一步被分离。水则由下部经环形缝中的导流叶片平稳地导入水空间,为防止水流旋转而引起水位偏斜,在筒体底部安装一十字形挡板,用以消除筒内水流的螺旋运动。为进一步将蒸汽中的细小水滴分离出来,在蒸汽出口又安装了水平式百叶窗波形板分离器,经设置在汽、水空间的引出管连续不断地将汽、水引出,最后达到汽、水分离的目的。

3)球形汽水分离器基本参数

根据油田使用条件,其基本参数为:设计压力 21MPa、工作压力 5~21MPa、设计流量 22.5t/h、入口蒸汽干度大于 70%、出口蒸汽干度大于 95%、排水温度不大于 80℃、液位控制为全自动。

4)安全保护及控制系统

球形汽水分离器设置一个与注汽锅炉串联的安全阀,并在锅炉在运行控制过程中设置了超压连锁安全停炉保护装置。其液位控制单元是由差压传感器、液位调节器、调节阀组成,利用液位差压信号间接地检测和控制液位的高度,从而保证了汽水分离的质量。

5)蒸汽流量的计量

为了精确的计量分离后的蒸汽流量,该装置采用了计算机监控系统对分离蒸汽流量实现了实时计量、日报表打印和查询等功能。流量计量主要包括:蒸汽分离后的总计量、各个分支的计量、温度和压力检测及排污水的计量。

6)余热回收与利用

由汽水分离器分离出来的饱和水具有很高的压力和热量,可回收这部分热能,用以提高整个注汽系统热效率。为此,增设了球形汽水分离器的水—水换热器。其换热流程是:由球形汽水分离器分离出来的饱和炉水(370℃),进入水—水换热器的内管,与水—水换热器外管的来自锅炉给水旁路的锅炉给水(20℃)进行热量交换。换热后的炉水水温降至 60℃左右,进入排污口容器,作为污水排掉;换热后的锅炉给水,水温升高到100℃左右,返回对流段入口,用以提高其入口锅炉给水温度。球形汽水分离器是生产高干度注汽的专用设备,其分离干度达到95%以上,满足了高干度注汽的工艺技术条件。

14. 热采井口装置

热采井口装置(图2-37)由蒸汽采油树和油管头组成,油管四通下部与底法兰连接,上部与采油树连接。

二、注汽锅炉水汽系统流程识别

(一)生产湿饱和蒸汽的注汽锅炉水汽流程

生产湿饱和蒸汽的注汽锅炉水汽流程如图2-38所示。

图2-37 热采井口

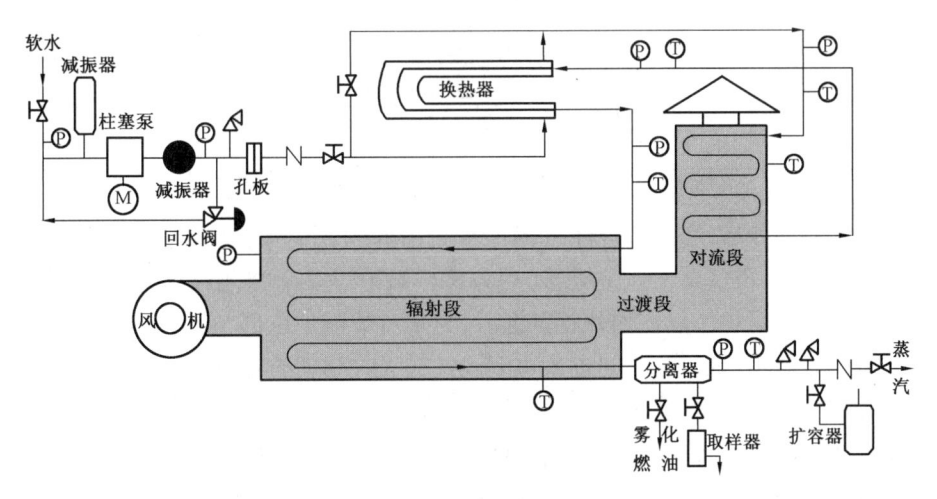

图2-38 生产湿饱和蒸汽的注汽锅炉水汽流程

生水经过水质处理后,变成符合注汽锅炉水质指标的软化水,经入口减振器(气囊式)进入柱塞泵,经泵升压后再经泵出口减振器(动力式)、泵出口安全阀,由节流孔板流量计计量其瞬时流量。计量后的锅炉给水进入换热器的外管升温后,与来自换热器旁路的锅炉给水汇集,共同进入对流段。在吸收烟气的对流热量后,使锅炉给水温度达318℃左右,再进入换热器的内管。换热器内、外管的水由于存在较大温差而进行热量交换,热交换的结果是:使对流段入口锅炉给水温升高到烟气露点温度(116~138℃)以上,再进入对流段继续吸收烟气的对流热而升温;而换热器内管的水温由于损失一部分热量而下降到274℃左右,然后再进入辐射段继续吸收其火焰的辐射热、烟气的对流热而汽化成温度为354℃、压力为17.5MPa、干度达到70%~80%的湿饱和蒸汽。该蒸汽经取样汽水分离器、两个锅炉安全阀、单向阀、截止阀被注入油井。

(二)生产高干度蒸汽的注汽锅炉水汽流程

生产高干度(80%~100%)蒸汽的注汽锅炉水汽流程如图2-39所示。

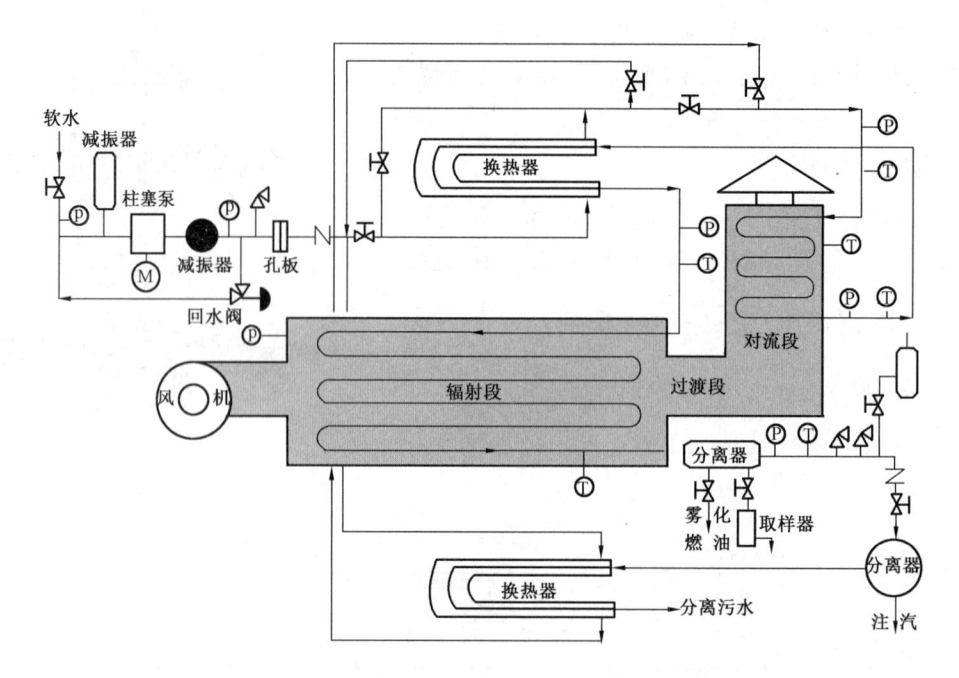

图 2-39 生产高干度蒸汽的注汽锅炉水汽流程

生水经过水质处理后,变成符合注汽锅炉水质指标的软化水,经入口减振器(气囊式)进入柱塞泵,经泵升压后再经泵出口减振器(动力式)、泵出口安全阀,由节流孔板流量计计量其瞬时流量。给水进入锅炉换热器的外管升温后,与来自被锅炉尾部"分离水换热器"加热升温的锅炉换热器的旁路给水汇集,共同进入对流段。在吸收烟气的对流热量后,使锅炉给水温度升高,再进入锅炉换热器的内管。换热降温后,再进入辐射段继续吸收其火焰的辐射热、烟气的对流热而汽化成为合格的蒸汽。蒸汽通过取样分离器、两个锅炉安全阀、单向阀、截止阀,再进入锅炉尾部的球形汽水分离器。在球形汽水分离器内将湿蒸汽分离成干蒸汽+高温炉水。分离后的干蒸汽由注汽管路送入注汽井;分离后的高温炉水(370℃)进入"分离水换热器"的内管,用来加热其外管的来自锅炉换热器旁路的锅炉给水(由 20℃升高到 100℃左右),用以提高对流段入口的锅炉给水温度,从而提高锅炉整体热效率。被分离的炉水经由"分离水换热器"换热降温后,由排水系统排放回收。

(三)过热注汽锅炉水汽流程

过热注汽锅炉水汽流程如图 2-40 所示。

软化水经入口减振器(气囊式)进入柱塞泵,经泵升压后再经泵出口减振器(动力式)、泵出口安全阀,由节流孔板流量计计量其瞬时流量。计量后的锅炉给水进入换热器的外管被加热升温后,与来自换热器旁路的锅炉给水汇集,共同进入对流段。在吸收烟气的对流热量后,使锅炉给水温度达 318℃左右,再进入换热器的内管。与换热器外管的锅炉给水换热后,水温下降到 274℃左右,然后再进入辐射段继续吸收其火焰的辐射热、烟气的对流热而汽化成温度为 354℃、压力为 17.5MPa、干度达到 70%~80% 的湿饱和蒸汽。该蒸汽经过两个蒸汽安全阀,由辐射段出口进入球形汽水分离器,进行汽水分离后变为干蒸汽+高温炉水。干蒸汽经过

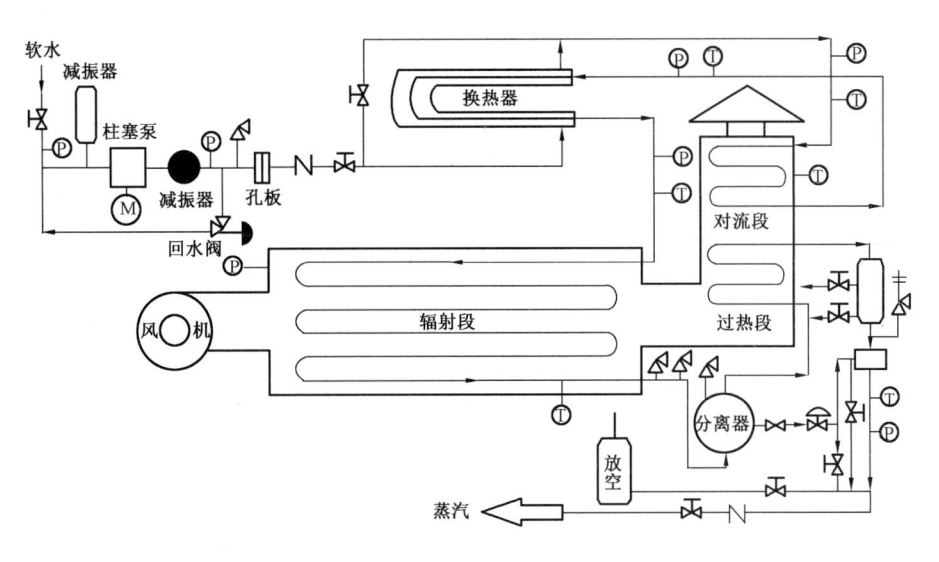

图 2-40　过热注汽锅炉水汽流程

蒸汽流量计再进入注汽锅炉的过热段,与高温烟气进行对流换热后,形成过热蒸汽。过热蒸汽经取样分离器,与经由液位调节阀、喷淋减温器喷出的高温炉水汇集,再经单向阀、截止阀被注入油井。

(四) 超临界注汽锅炉(26MPa)水汽流程

超临界注汽锅炉(26MPa)水汽流程如图 2-41 所示。

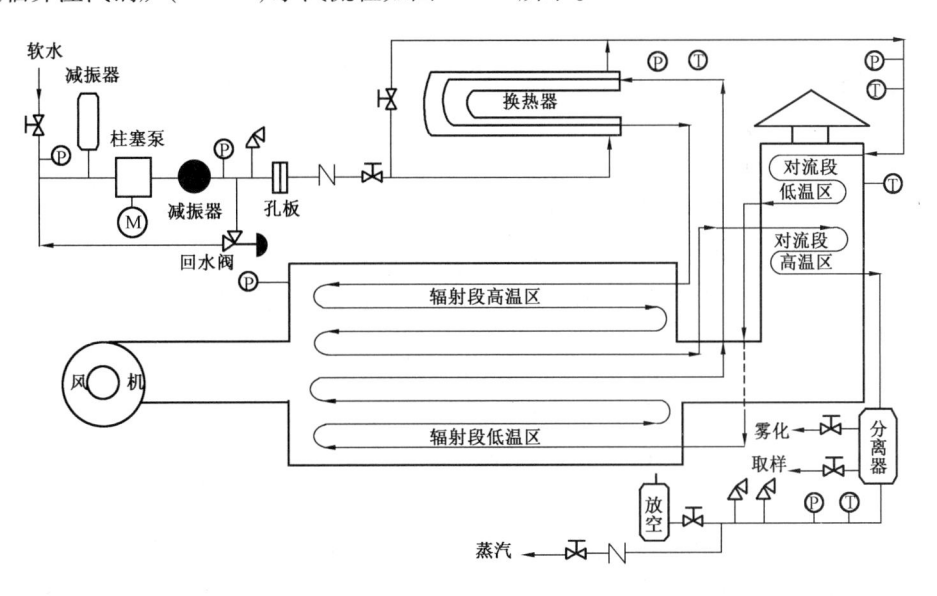

图 2-41　超临界注汽锅炉水汽流程

软化水经入口减振器(气囊式)进入柱塞泵,经泵升压后再经泵出口减振器(动力式)、泵出口安全阀,由节流孔板流量计计量其瞬时流量。计量后的锅炉给水进入换热器的外管被加热升温后,与来自换热器旁路的锅炉给水汇集,共同进入对流段低温区。在这里吸收烟气的对流热量后,再进入辐射段低温区继续吸收火焰的辐射热、高温烟气的对流热而被加热。被加热后的炉水再进入换热器的内管并与换热器外管的锅炉给水进行热量交换,炉水由于损失一部分热量而降温后,再进入辐射段的高温区吸收其火焰的辐射热、烟气的对流热而被继续加热、蒸发、汽化成为湿蒸汽,湿蒸汽再进入对流段的高温区域被进一步汽化成为过热蒸汽。过热蒸汽经取样汽水分离器、两个锅炉安全阀、蒸汽流量计、单向阀、截止阀被注入油井。

基础知识

注汽锅炉的水汽系统的主要任务是不断地向锅炉供给符合水质标准的锅炉给水,并将所产生的湿饱和蒸汽或过热蒸汽注入油井。它是由水处理设备、锅炉及其附属设备、自动控制系统等组成。

一、水蒸气基本知识

在热力工程中,水蒸气是最广泛应用的一种工质,其他许多工业部门的生产工艺过程也常用水蒸气。这是由于水蒸气具有一定的优点,如水容易取得,价格便宜;水蒸气无毒,对人体健康无损害;水蒸气有良好的膨胀、压缩和载热性能等。

在热力工程上使用的水蒸气,最基本的特点是离液态(水)较近,在被冷却或压缩时,很容易变回液态。因而水蒸气的性质上不同于理想气体,故不能当作理想气体看待。

为了讨论水蒸气的性质,先介绍一些在物理学中已学过的一些基本知识及基本概念。

由液体转为蒸气的过程称为汽化。在液体表面进行的汽化过程称为蒸发。在任何温度下,液体表面总是有一些能量较高的分子,它们可以克服邻近分子的引力而脱离液体,逸入液体外的空间,这就是蒸发现象。温度越高,能量较高的分子就越多。既然能量较高的分子在蒸发时离开了液体,液体内分子的平均能量减少而使液体温度降低,如要保持温度不变则必须对其加热。在液体的表面不断有液体蒸发到空间中,而空间中的蒸气分子撞击到液体表面时,它又被液体的分子吸住而回到液体中。当空间中蒸气分子的密度达到一定程度时,在单位时间内逸出液面与回到液体的分子数相等,蒸气与液体的数量保持不变,当汽化速度等于液化速度时,若不对之加热或改变温度,汽化和液化将处于相对的动态平衡,这种平衡状态称为饱和状态,这时蒸气和液体的压力称为饱和压力,而它们的温度称为饱和温度。对应于一定的饱和压力有一定的饱和温度。

如果液体所受的压力小于液体温度所对应的饱和压力,则液体内部就会发生汽化,并形成气泡升至表面爆破而飞入空间。这种液体内部进行的剧烈汽化过程称为沸腾。例如,压力为101325Pa时对应的水的饱和温度为100℃,则在101325Pa的压力下,当水温达到100℃时就会沸腾。

由蒸气转变为液体的过程称为凝结。凝结与汽化是相反的过程。在一定压力下,当蒸气温度降到相应的饱和温度时就发生凝结。凝结生成的液体称为凝结液。

1kg液体完全汽化为同温度的蒸气所需要的热量,叫该液体的汽化潜热,简称汽化热。用符号 r 表示,单位为 kJ/kg。1kg蒸气完全凝结成同温度的液体所放出的热量叫做凝结热。处于饱和状态的蒸气称为饱和蒸气。处在饱和状态的液体称为饱和液体。饱和液体与饱和蒸气的混合物称为湿饱和蒸气,简称湿蒸气。相应地不含有饱和液体的饱和蒸气又称为干饱和蒸气。如果蒸气的温度高于其压力所对应的饱和温度时,则这种蒸气称为过热蒸气。过热蒸气的温度和其压力所对应的饱和温度之差,称为过热度。

(一)水蒸气的产生过程

工程上所用的水蒸气,都是水在各种锅炉中定压加热产生的,因而水蒸气的产生过程,也就是定压汽化的过程(图2-42)。参数一定的锅炉给水,由 a 点进入省煤器,在省煤器中预热,达到沸点开始沸腾。沸腾水由 b 点送入锅炉汽包。水经下降管进入水冷壁并在水冷壁中吸热不断汽化,汽水混合物上升进入汽包,在汽包内进行汽水分离,分离后的干饱和蒸汽由 c 点进入过热器,在过热器中被加热成为具有一定压力和温度的过热蒸汽。过热蒸汽从过热器出口由蒸汽管道送往汽轮机。

为了弄清定压下水蒸气发生过程的规律,用一个更简单明了的实验设备,并维持其定压条件,来代替锅炉(图2-43)。取 1kg 温度为 0℃ 的水,装在带有活塞的汽缸中,活塞外面加一重物,使水承受一个不变的压力,其状态参数为 $p、v_0、t$,对应图中 a 点。外界对冷水加热,水的温度升高,比体积(质量体积)也增加,当水温达到沸点温度 $t_{饱}$ 时,水的内部发生了汽化,水就沸腾了。这时的状态参数为 $p、v'、t_{饱}$,对应图中 b 点。对饱和水继续加热,水沸腾产生大量的蒸汽,汽缸中水量减少而汽量增加,这时水和汽的温度都不变,仍然等于饱和温度 $t_{饱}$。汽缸中为饱和蒸汽与饱和水的混合物,这时的状态参数为 $p、v_x、t_{饱}$,对应图中 x 点,此点为湿饱和蒸汽。再继续对湿饱和蒸汽加热,使汽缸中最后一滴水也变为蒸汽,这种不含液态水的蒸汽称为干饱和蒸汽,状态参数为 $p、v''、t_{饱}$,对应图中 c 点。对干饱和蒸汽继续加热,温度将开始上升,比体积继续增大,此时的蒸汽叫过热蒸汽,状态参数为 $p、v、t$,对应图中 d 点。因此,过热蒸汽是指在一定压力下,温度高于该压力下饱和温度的蒸汽。

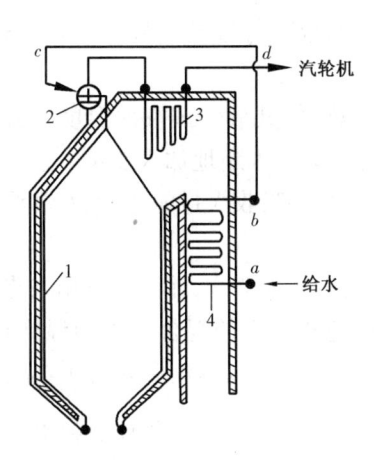

图 2-42 电站锅炉水汽循环
1—水冷壁;2—锅炉汽包;3—过热器;4—省煤器

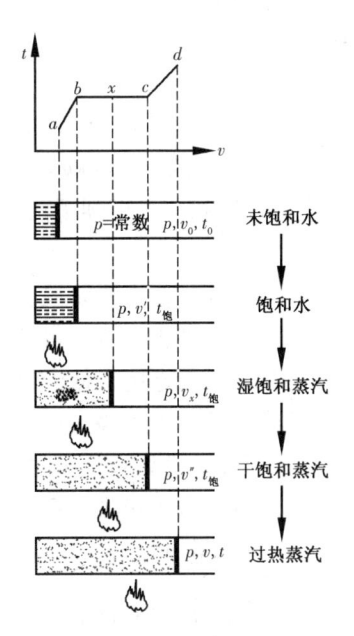

图 2-43 定压水蒸气的形成过程

由图 2-43 可看出,1kg 水变为 1kg 过热蒸汽所经历的一系列状态变化过程,这个过程也就是由量变到质变的过程。

图中 a 点:未饱和水,参数为 p、v、t_0;

b 点:饱和水,参数为 p、v'、$t_饱$;

x 点:湿饱和蒸汽,参数为 p、v_x、$t_饱$;

c 点:干饱和蒸汽,参数为 p、v''、$t_饱$;

d 点:过热蒸汽,参数为 p、v、t。

上述情况说明水蒸气的产生过程可为分三个阶段。

1. 水的等压加热阶段

图 2-43 中 $a→b$ 线段就是水的等压加热阶段,即表示从 0℃ 的未饱和水加热到饱和水。在此过程中,水吸热后,水温升高。所以加入的热量叫作预热热或液体热。1kg 0℃ 的水定压加热为饱和水所吸收的热量称为液体热,用符号 $q_水$(kJ/kg) 表示。因为等压过程所吸收的热量可用焓差来表示:

$$q_水 = h' - h_0 \qquad (2-25)$$

式中 h'——饱和水的焓,kJ/kg;

h_0——未饱和水的焓,kJ/kg。

2. 水的沸腾阶段或等压汽化过程

图 2-43 中 $b→c$ 线段就表示这个过程,它把饱和水完全变成干饱和蒸汽,此时所加入的热量为汽化潜热,用符号 r(kJ/kg) 表示。

$$r = h'' - h' \qquad (2-26)$$

式中 h''——干饱和蒸汽的焓,kJ/kg;

h'——饱和水的焓,kJ/kg。

从沸水到湿饱和蒸汽再到干蒸汽的加热过程是等压的也是等温的过程,这是沸腾阶段很重要的特点。

水到了沸点以后,在沸腾阶段,虽然对饱和水继续加热,使其成为蒸汽而温度不升高。如果停止加热,水也就停止沸腾。可见要保持液体继续沸腾,必须不断地加入热量。这些热量不是用来升高温度的,而是用来使液体汽化的。所以水沸腾时要吸收大量的热量,水和汽的温度都不上升,直到最后一滴水烧干后为止,温度才开始上升。

汽化热一部分用于克服分子之间的引力,使之冲出液面变为蒸汽;另一部分用来克服外力做功,因为沸腾时体积要膨胀。在汽化过程中,饱和水和饱和蒸汽的混合物称为湿饱和蒸汽,两者所占的相对质量,可以用干度 x 和湿度 $(1-x)$ 来表示。1kg 湿蒸汽中含有干蒸汽的质量百分数称为干度,以符号 x 表示:$x = \dfrac{干蒸汽质量}{湿蒸汽质量} \times 100\%$。1kg 湿蒸汽中含有饱和水的质量百分数称为湿度 $(1-x)$。干度是湿蒸汽的一个状态参数,它表示湿蒸汽的干燥程度,x 值越大,则蒸汽越干燥。例如,干饱和蒸汽 $x=1$,饱和水的干度 $x=0$。

3. 过热阶段

该阶段就是干饱和蒸汽的等压过热过程。图 2-43 中 $c \rightarrow d$ 线段就是表示这个过程。对干饱和蒸汽加热,温度升高,此时加入的热量叫作过热热,用符号 $q_{过}$ 表示,单位为 kg/kg。把 1kg 干饱和蒸汽在定压条件下加热成过热蒸汽时所需要的热量叫过热热。

$$q_{过} = h - h'' \tag{2-27}$$

式中 h——过热蒸汽的焓,kJ/kg;
  h''——饱和蒸汽的焓,kJ/kg。

过热蒸汽的温度与该蒸汽压力下的饱和温度之差称为过热度,以符号 D 表示。过热度越高表示蒸汽距饱和状态越远,过热程度也越高。

把水蒸气形成的三个阶段联系起来得出,在定压条件下,把 1kg 0℃ 的水加热到 1kg 温度为 t℃ 的过热蒸汽,所吸收的热量为:

$$q_{总} = q_{水} + r + q_{过} \tag{2-28}$$

式中 $q_{总}$——过热蒸汽总热量,kJ/kg;
  $q_{水}$——液体热,kJ/kg;
  r——汽化潜热,kJ/kg;
  $q_{过}$——过热热,kJ/kg。

由此可见,只要知道过热蒸汽的焓值和给水的焓值,在锅炉中产生蒸汽所需要吸收的热量是容易求得的。即:锅炉中产生蒸汽所需吸收的热量 = 过热蒸汽焓 - 锅炉给水焓。

(二)水蒸气等压汽化过程的 $p-v$ 图

定压下水蒸气产生的过程,用 $p-v$ 图表示出来就能更好地了解水在不同压力下汽化情况的特点。图 2-44 表示出了定压条件下,水蒸气形成过程在 $p-v$ 图上的反映。在这个图上,点 a 是 0℃ 时水的状态,点 b 是饱和水状态,点 x 是湿蒸汽状态,点 c 是干蒸汽状态,点 d 是过热蒸气状态。在 $p-v$ 图上,水蒸气形成的三个阶段,是一条连续的等压线。在整个蒸汽形成过程中,比体积是不断增加的,即 $v > v'' > v_x > v' > v_0$。图上的各条线段、区域和点 k 的意义如下:

(1) 0℃ 的等容线 a、a_1、a_2。此线是连接不同压力下 0℃ 时水的状态而成。表明 0℃ 时水的比体积与压力的关系。在 $p-v$ 图上,因水的压缩性很小,它和纵坐标几乎是平行的,故可以看作是等容线。

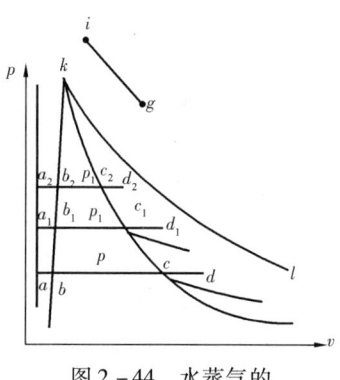

图 2-44 水蒸气的 $p-v$ 图

(2) 下界线 bk (饱和水线)。此线是连接各种压力下的沸点状态 b、b_1、b_2 而成。bk 表示不同压力下饱和水的状态,故称饱和水线或下界线。在这条线上,蒸汽的干度为零即 $x = 0$。在图上,因 v' 随 p 的增加而增大,故下界线 bk 向右边偏斜。

(3) 上界线 ck (干饱和蒸汽线)。此线是连接各种压力下的干饱和蒸汽状态 c、c_1、c_2 而成。ck 表示各种不同压力下干饱和蒸汽的状态,故称干饱和蒸汽线或上界线。在这条线上 $x = 1$。

由于 v'' 是随压力 p 的增加而减小,所以 ck 是向左边偏斜的。

(4)临界点 k。由图可知,随着压力的增加,饱和水与干饱和蒸汽两点之间的距离逐渐缩短。当压力增加到某一数值时,饱和水与干饱和蒸汽之间的距离为零,也就是 b 与 c 两点重合在 k 点,k 点称为临界点。这时饱和水与饱和蒸汽不仅有同样压力和温度,还有相同的比体积。这时饱和水与饱和蒸汽之间的差异完全消失,也就是说在临界点上,汽化的过程消失了。这一特殊的状态点,称为临界状态。所对应的状态参数称为临界参数。不同工质的临界参数也不同。对水来说,临界温度 $t_{临界} = 374.15℃$;临界压力 $p_{临界} = 221.20bar$;临界比体积 $v_{临界} = 0.00317 m^3/kg$。上述三个参数就叫作临界参数。临界温度 $t_{临界}$ 是饱和水与饱和蒸汽可能存在的最高温度,超过这一温度只有过热蒸汽存在。

(5)几个特性区域水蒸气的上界线和下界线把 $p-v$ 图划分为三个区域。

① 未饱和水区:饱和水线 bk 与 $0℃$ 水线之间,为未饱和水区。在这个区域中,每一点都是未饱和水。

② 湿蒸汽区:在饱和水线 bk 与饱和蒸汽线 ck 之间为湿蒸汽区,在这个区域中,每一点都是湿蒸汽状态。

③ 过热蒸汽区:饱和蒸汽线中 ck 的右侧为过热蒸汽区,这一区域中,每一点都表示过蒸汽状态。

(三)水蒸气某些状态参数的确定

1. 水

在工程计算中,可以认为水的比体积与压力无关。因为水的压缩性很小,对于 $0℃$ 的水在任何压力下,它的比体积可取 $v_0 = 0.001 m^3/kg$,此时水的密度 $\rho_0 = 0.00485 kg/m^3$。工程上规定 $0℃$ 的未饱和水,其焓值 $h_0 = 0$。液体热 $q_{液} = h' - h_0$,因为 $h_0 = 0$,所以 $q_{液} = h'$。在定压过程中,$q_{液} = C_p(t_{饱} - t_0)$,在温度和压力不高时,温度和压力对水的比热容影响很小,水的质量定压热容可近似认为是常数,即 $C_p \approx 4.1868 kJ/(kg·K)$。因为 $t_0 = 0℃$,所以 $q_{液} = C_p(t_{饱} - t_0) = 4.1868 t_{饱}$。饱和水的焓,在数值上等于饱和水的温度乘以水的比热容。即 $q_{液} \approx C_p t_{饱} \approx h'$。它只适用于温度不太高时的计算,对于高温度的计算,因水在高温下的质量定压热容大大超过 $4.1868 kJ/(kg·K)$,因此 $h' = C_p t_{饱}$ 的结论也就不适用了。

2. 干饱和蒸汽

没有液态水的饱和蒸汽叫干饱和蒸汽,无色透明,是不稳定状态,吸热而为过热蒸汽,失热而为湿饱和蒸汽,其基本性质是具有饱和水的压力和温度。干饱和蒸汽的状态参数,可由饱和蒸汽表中查出。

3. 湿饱和蒸汽

湿饱和蒸汽是饱和蒸汽与饱和水的混合物,呈白色,其性质是具有饱和水的压力和温度。蒸汽表中未列出湿蒸汽的各状态参数,可利用干度通过简单计算得到。例如:

(1)湿蒸汽的比体积 v_x 的计算。湿蒸汽的比体积是 x kg 饱和蒸汽与 $(1-x)$ kg 饱和水的比体积之和,即:

$$v_x = xv'' + (1-x)v' \tag{2-29}$$

式中 v''——饱和蒸汽的比体积,m^3/kg;
v'——饱和水的比体积,m^3/kg。

因为当 x 值相当大,压力相当低时,$(1-x)v'$ 的数值与 xv'' 相比显得很小,这时可以略去水的比体积不计,一般计算常取 $v_x \approx xv''$。

(2)湿蒸汽的焓 h_x 的计算。依据同样道理湿蒸汽的焓的计算式可写成:

$$h_x = xh'' + (1-x)h' \tag{2-30}$$

式中 h''——饱和蒸汽的焓,kJ/kg;
h'——饱和水的焓,kJ/kg。

4. 过热蒸汽

在同一压力下,温度高于该压力下的饱和温度的蒸汽叫过热蒸汽。过热蒸汽是透明无色的。过热蒸汽不像饱和蒸汽那样容易凝结,过热蒸汽温度越高,它的性质越接近理想气体。过热蒸汽与饱和蒸汽相比,具有更大的做功能力。过热蒸汽的状态参数,可由过热蒸汽表中查得。

(四)水蒸气表

在解决水蒸气热力计算问题时,如果应用数学式来表示,公式很复杂,不适用于工程上的实际计算。人们进行了长期的实验研究和分析计算,把不同压力下饱和水及饱和蒸汽的比体积、焓、熵以及在不同压力和温度下的未饱和水、过热蒸汽的比体积、焓、熵等列成表,以备查用,方便了蒸汽动力装置的热力计算。

水蒸气表主要有两种,一种叫饱和水蒸气表,另一种叫水和过热蒸气表。饱和水蒸气表有两种形式,一种是依据压力制成的,表中第一项是压力(绝对压力),另一种是依据温度而制成的。在这些表中,分别用"'"及"""表示饱和水与干饱和蒸汽的参数值。例如,v'、h'、s' 分别表示饱和蒸汽的比体积、焓、熵的值,而 v''、γ''、h''、s'' 则分别表示饱和蒸汽的比体积、重度、焓、熵的值。另外,表中的 r 为汽化潜热。在这只列出了注汽锅炉常用压力的饱和水蒸气表(表2-8),为了得到表上没有列出的中间压力各参数的数值,可以采用内插法求得。

表2-8 饱和水蒸气表

p(MPa)	t(℃)	v'(m^3/kg)	v''(m^3/kg)	r(kJ/kg)
5.0	263.91	0.0012857	0.03944	777.8
5.5	269.94	0.0013021	0.03564	768.0
6.0	275.56	0.0013185	0.03243	758.4
6.5	280.83	0.0013347	0.02973	749.2
7.0	285.80	0.0013510	0.02737	740.2
7.5	290.5	0.0013673	0.02532	713.4
8.0	294.98	0.0013838	0.02352	722.6
9.0	303.32	0.0014174	0.02048	705.5
10.0	310.96	0.0014521	0.01803	688.7

续表

p(MPa)	t(℃)	v'(m³/kg)	v''(m³/kg)	r(kJ/kg)
11.0	318.04	0.001489	0.01598	671.6
12.0	324.63	0.001527	0.01426	654.9
13.0	330.81	0.001567	0.01277	638.2
14.0	336.63	0.001611	0.01149	620.7
15.0	342.11	0.001658	0.01035	603.1
16.0	347.32	0.001710	0.009318	584.3
17.0	352.26	0.001768	0.008382	565.6
18.0	356.96	0.001837	0.007504	544.0
19.0	361.44	0.001921	0.00668	520.6
20.0	365.71	0.00204	0.00585	490.2
21.0	369.79	0.00221	0.00498	452.5

二、传热学

"凡是有温差的地方就一定有热量的传递,热量总是自发地由高温物体向低温物体传递的"。我们把这种现象称为热传递。在石油的开采和输送过程中,常常遇到各种传热问题。尤其是在稠油的开采和输送上,要采用注汽、加热和保温的方法来改善其生产工艺过程。为此要求从事注汽采油的技术人员必须掌握有关传热学的基本知识。

燃料在锅炉炉膛内燃烧所放出的热量,以各种热交换的方式传递给锅炉各受热面里的低温水或蒸汽。把注汽锅炉辐射受热面炉管展开分析一下其传热过程。热量先由高温火焰、烟气以热辐射和热对流的方式传递给炉管外壁金属表面,温度为 t_1;然后再由炉管外壁以热传导的方式传给炉管内壁,温度降到 t_2;最后由管子内壁以热对流的方式传递给炉管内的水,将其汽化变成蒸汽。根据传热过程的物理本质不同,可把它区分为三种基本方式,即热传导、热对流和热辐射。

(一)导热

1. 导热及其机理

导热是三种热传递方式中最基本的一种(图 2-45)。当固体壁面两侧的温度 t_1 和 t_2 不相等时,热量就会从高温 t_1 侧传向低温 t_2 侧。同样,当一个高温物体与一个低温物体紧密接触时,热量就会从高温物体传向低温物体,这种热传递过程就是导热过程,是物质直接接触的一种传热过程。

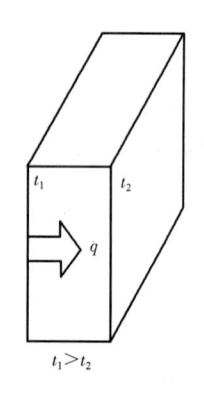

图 2-45 固体壁面的导热

在金属内部存在着自由电子,当金属温度不均匀时,由于自由电子不断运动的结果,热量就会由温度较高的部分传到温度较低的地方。对于纯金属和良好导体,自由电子的运动是产生导热现象的主要原因;对于其他金属,除了自由电子的运动外还有原子和分子在其平衡位置附近的振动。原子、电子、分子是肉眼所见不到的,统称为微观粒子。这种依靠物体中的微粒的运动(称为热运动)而传递热量的过程称为导热,也叫热传导。

导热问题可以分为两类,即稳定导热和不稳定导热。以注汽锅炉为例,在刚起炉点火时,炉内各部分温度逐渐升高,到锅炉运行一段时间后,炉内各处温度就基本保持不变了。前面那种情况,就是温度随时间变化的导热,是不稳定导热;后面那种情况温度不随时间而变化的导热,就是稳定导热。

2. 导热系数

导热系数是物质的一种物理性质,它说明物质的导热能力。导热系数的数值为沿着热流方向的单位长度上,温度每降低1℃时,所能传导的热流密度。不同的物质,随其物理性质的不同,而有不同的导热系数;即使同一物质,在不同温度时其导热系数也不尽相同。导热系数与温度之间的关系是复杂的。当温度变化范围不大时,对于绝大多数物质的导热系数与温度的关系,可以近似地认为是直线关系,即:

$$\lambda = \lambda_0 + bt \tag{2-31}$$

式中 λ——温度为 t℃时的导热系数;
λ_0——0℃时的导热系数;
b——由实验测定的温度系数。

对随温度上升而 λ 值增大的物质,b 为正值,如气体、建筑材料和绝热材料等。对随温度上升而 λ 值减小的物质,b 为负值,如除水以外的大多数液体和金属。在实际计算中,导热系数常取物体平均温度下的数值,并将其作为常数处理,如物体两端的温度为 t_1 和 t_2,其平均导热系数为:$\lambda = \lambda_0 + bt, t = \dfrac{t_1 + t_2}{2}$。导热系数 λ 值的大小依金属、非金属、液体及气体的次序排列,具体数值可查阅有关资料求得。

3. 傅里叶定律

当物体内部有温度梯度存在时,热量就会从高温处向低温处传递,数学家傅里叶在研究了物体的导热现象后提出:单位时间内由高温面传向低温面的热量与温度梯度及传热面积成正比,即 $Q(\text{J/h}) \propto -F\dfrac{\Delta t}{\Delta n}$,将此比例式变成等式就是:

$$Q = -\lambda F \frac{\Delta t}{\Delta n} \tag{2-32}$$

式中 $\dfrac{\Delta t}{\Delta n}$——温度梯度,℃/m;
F——传热面积,m²;
λ——导热系数,W/(m²·K)。

当1m厚的物体,其两面间温度差1℃时,则每秒所经过每平方米截面的热量称为该物体的导热系数,其单位为 W/(m²·K)。

上式为傅里叶定律的数学表达式。在稳定状态下,温度梯度是不变的。若以平壁的热传导为例,如果平壁一边的温度是 t_1,而另一边是 t_2,壁的厚度是 δ,温度梯度为 $\frac{t_1-t_2}{\delta}$,则 τ 时间内所传导的热量为 $Q=\lambda\frac{t_1-t_2}{\delta}F\tau$。由此式说明导热传递的热量与平壁面积大小及导热时间成正比,而与平壁的厚度成反比,称为傅里叶定律。

4. 平壁的导热

在一般应用里,往往要求出单位时间经过每平方米截面的热量,称为热流强度或热流。从上式得,$\frac{Q}{F\tau}=\lambda\frac{t_1-t_2}{\delta}$,式中 $\frac{Q}{F\tau}$ 就是热流,用 q 表示。上式可写成 $q(W/m^2)=\lambda\frac{t_1-t_2}{\delta}$,也可以写成 $q=\frac{t_1-t_2}{\frac{\delta}{\lambda}}$。该公式与电工学中的欧姆定律完全相似。热流 q 相当于电流 I,温差 t_1-t_2 相当于电压或电位差 U,而 $\frac{\delta}{\lambda}$ 相当于电阻 R。因此通常称 $\frac{\delta}{\lambda}$ 为导热阻,其单位为 m·K/W。因此得出一个规律:热流等于平面壁两面温度差被导热阻所除的商。

(二)对流和对流换热

对流换热是热交换三种基本形式之一。这里简单介绍无相变时各种流动方式下的对流换热如何增加或削弱传热过程。在对流传热时,流体可分为自由流动和强制流动两种。若被加热的流体,其运动是由于鼓风机和泵的外力作用而产生的,称为强制流动。因此在强制流动的过程中,工质进出口之间有一定的压力差。若被加热的流体,其运动是由于各部分密度不同而引起的,称为自由流动。加热容器中的水时,水的流动就为自由流动。

在工程技术中,经常会遇到流体流动与固体壁面间的传热情况。这种从流体传递给固体壁或固体壁传递给流体热量的现象,我们称之为放热或散热,亦称为对流换热。所谓对流换热是指当流体与固体表面(或固表面与流体)间有相对运动时的热交换现象。最普通的热传递现象是从一种流体传热到隔墙的一面,再传导至另一面,将热量转交给另一流体,这样一种传递热量的方式即为对流传热。其传热过程和流体的流动有关,即和流体的性质、流道的形状大小、流速冲刷方向等有关。对于管壁内外两侧的对流传热可按下式计算:对于外侧 $Q=\alpha_1 H(t_1-t_{b1})$,对于内侧 $Q=\alpha_2 H(t_{b2}-t_2)$。系数 α 称之为放热系数,表示当流体温度和壁面温度相差 1℃ 时通过单位面积的热量。对于图 2-46 所示的热量由烟气传到水或汽的全过程,烟气传给管子外壁的热量应等于外壁传到内壁的热量,也等于由内壁传给水或汽的热量,即 $Q=\alpha_1 H(t_1-t_{b1})=\frac{\lambda}{\delta}H(t_{b1}-t_{b2})=\alpha_2 H(t_{b2}-t_2)$,解之得 $Q=\frac{1}{\frac{1}{\alpha_1}+\frac{\delta}{\lambda}+\frac{1}{\alpha_2}}H(t_1-t_2)$,通常把 $\frac{1}{\frac{1}{\alpha_1}+\frac{\delta}{\lambda}+\frac{1}{\alpha_2}}$ 表示成 K,称之为传热系数,其单位为 W/(m²·K),此处 K 可用℃代替,把 (t_1-t_2) 表示成 Δt,称之为温压(℃),因此有 $Q=K\cdot\Delta t\cdot H$。分析这个关系式可得出一些有用的结论:

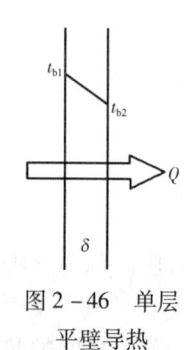

图 2-46 单层平壁导热

(1) 制造锅炉要节省金属,即要用较小的受热面 H 传递同样的热量,有两个途径:一是增加温压 Δt,二是增大传热系数 K。

(2) 为了提高传热效果,常采用表面有肋片或鳍片的受热面。注汽锅炉的对流段由于采用了鳍片管,显然加大了传热面积,提高了传热效果。

(三) 热辐射

热辐射是热量传递的三种基本方式之一,它不同于导热和对流换热,是由电磁波来传递热量的。辐射现象的一个根本特点是辐射能可以在真空中传播,而导热、对流这两种热量传递的方式只有当存在着固体、液体、气体这一类具体物质时才能发生。

物体会因各种不同的原因发出辐射能,这些辐射能在空间以电磁波的形式进行传播。所谓辐射可以理解成物体以电磁波的方式向外传播能量的过程。由于热的原因也可以发出辐射能,在这一过程中物体把它的热能不断地转换成辐射能。一切物体只要其温度高于绝对零度,就会从表面不停地向外界放出辐射能。把由于热的原因直接依靠物体表面发射出能量的一种传热过程称为热辐射。不同的辐射过程所遵循的规律也是不同的。

1. 斯蒂芬—玻尔茨曼定律

为了从数量上表示物体的辐射能力,现引入一个物理量叫辐射能,用字母 E 表示。它是指单位时间内单位辐射表面积,向空间各个方向所辐射出的各种不同波长能量的总值。关于黑体辐射能与温度的关系早在近百年前就从实验和理论的角度予以确定下来了,这一关系式可以表示为:

$$E_s = \sigma_s T^4 \tag{2-33}$$

式中 E_s——黑体的辐射能,W/m^2;
σ_s——黑体的辐射常数,为 $5.699 \times 10^{-8} W/(m^2 \cdot K^4)$;
T——绝对温度,K。

因为通常物体的温度在 100K 以上,其四次方的值计算起来很不方便,所以常将上式改写成:

$$E_s = C_s \left(\frac{T}{100}\right)^4 \tag{2-34}$$

式中 C_s——黑体的辐射系数,为 $5.699 W/(m^2 \cdot K^4)$。

表明黑体的辐射能与其绝对温度的四次方成正比,这一定律即为斯蒂芬—玻尔茨曼定律,又称为四次方定律。

四次方定律是热辐射的一条基本定律,是整个辐射换热计算的基础,为了计算方便和实际应用往往用灰体的计算公式即:

$$E = C \left(\frac{T}{100}\right)^4 \tag{2-35}$$

式中 E——灰体的辐射能力,W/m^2;
C——灰体的辐射系数(其值由实验来决定),$W/(m^2 \cdot K^4)$。

2. 郎伯定律(又称兰伯特定律)

各种物体表面是向各个方向放射辐射能的,但强度并不相同,最强的热辐射能线是垂直于物体表面的。方向与法线成角 Φ 的辐射线所具有的热能与 $\cos\Phi$ 成正比,这就是郎伯定律。由图 2-47 可知,$E_\Phi = E_H \cdot \cos\Phi$。

3. 克希荷夫定律

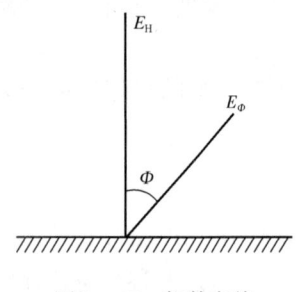

图 2-47 郎伯定律

当辐射线到达物体表面后,部分被吸收,部分被反射。如果有一个单位的辐射能到达物体时,吸收的能量是 A,反射的能量是 R,则如前所述,对于绝大部分工程材料来说,$A + R = 1$;若物体是黑体,则 $A = 1, R = 0$。实验证明,当形状、尺寸、温度都相同时,不同的物体所放射出的辐射能仍然不同,物体的辐射能力与它吸收外界辐射的吸收系数有关。

克希荷夫通过实验证明,在同一温度时,物体的辐射常数与吸收系数成正比,这就是克希荷夫定律。其数学表达式为:$\frac{C}{A}$ = 常数。对黑体来说 $C = C_s = 5.699$,$A = A_s = 1$,$\frac{C}{A} = \frac{C_s}{A_s} = 5.699$,所以 $C = 5.699A$ W/($m^2 \cdot K^4$)。

由上可知,物体有好的吸收能力,也一定有好的辐射能力。也就是说,物体都只吸收它自己所能辐射的辐射能。

下面我们分析一下锅炉内部的火焰辐射。炉内的火焰,不仅包含着作为燃烧生成物的各种气体,同时还含有碳氢化合物气体的分子,碳的小颗粒和一些灰粉等,火焰中的碳氢化合物还会分解,生成碳粒。从上面分析看出,在同一温度下固体的辐射能力一般都比气体的辐射能力大,因此在火焰的气流中混入了悬浮的固体质点(碳等),将使火焰的辐射能力增强,远超过仅含气体的辐射能力。当一些富有挥发成分的燃料燃烧时,火焰中含有分解出来的碳粒数量极多,这样的火焰带有光辉,称为发光火焰。发光火焰的辐射能力远比无光火焰能力大。例如,烟煤燃烧时的黑度可达 0.7,而燃烧重油时黑度可达 0.85。这比单纯气体的辐射能力要大许多倍。

火焰的黑度(实际物体的辐射能与同温度下黑体的辐射能之比即 $\varepsilon = \frac{E}{E_s}$)增大对辐射传热过程是有利的。因此在燃烧含碳氢化合物少的燃料时(例如发生炉煤气),为了提高它的辐射能力,有时采用掺碳的方法,即在炽热的气流中加入含碳氢化合物较多的燃料(如加入重油或焦油),以保证它有足够的光度。当然,应注意到放出过多的碳粒也会使火焰温度降低,相应地会造成整个火焰辐射能力的下降。

锅炉实际运行中炉内的传热过程往往是三种传热形式同时存在,不过对一个具体部位的传热过程而言,要看其主要的传热方式。例如,在炉膛内烟气温度较高,辐射传热占主要地位,这部分受热面积称之为辐射受热面。在尾部烟道中,对流传热占主要地位,这部分受热面称之为对流受热面。

三、热工测量仪表

在工业生产过程中,为了使操作维持在工艺条件范围之内,以求得安全、优质、低耗、高产的效果,需要对工艺生产过程中的压力、流量、物位、温度、物质成分等参数进行自动测量。用来测量这些参数的装置称为测量仪表。仪表是人们在长期生产实践中发展起来的一种技术测量工具,在工业生产中,作为"耳目"与"手足"的各种仪表,其功能的延伸与扩展,可以使我们更有效、更准确地观察和操纵生产设备,了解和控制生产工艺与生产过程,实现自动化。

所谓"热工测量仪表"是指用于热工设备(例如锅炉、汽轮机等)运行工况中,自动测量、调节与控制工艺参数(温度、压力、流量等)的仪表。它是实现生产过程自动化、保证设备安全经济运行必需的装置。

测量就是将被测参数与其相应的测量单位进行比较的过程。对于测量结果,总是希望绝对准确可靠。但是,在实际生产中,难以实现。从仪表上读得的被测参数值与真实值之间会产生一差值,这个差值称为测量误差。

(一) 测量误差

1. 系统误差

这种误差是由于仪表使用不当或测量时外界条件变化等原因所引起的一种测量误差。它是一种有规律的误差。当找出产生误差的原因后,便可通过对测量结果引入适当的修正值而加以消除。例如,用标准孔板测量蒸汽流量,在设计时孔板孔径不相同,测量结果将会产生系统误差。但只要用变化后的蒸汽压力和温度对仪表的指示值进行修正,则可以消除掉系统误差。

2. 疏忽误差

由于测量者在测量过程中疏忽大意所造成的测量误差称为疏忽误差。这类误差的数值是很难估计的,带有这种误差的测量结果是毫无意义的。所以,必须加强工作的责任感,避免发生这类误差。

3. 偶然误差

在对某一参数进行多次重复测量时,即使消除了上述两项误差,每次的测量结果也不会完全相等,即每一个测量值与被测参数真实值之间,仍然会或多或少地存在着一定的差值,这个差值就称为偶然误差。

4. 绝对误差

绝对误差是指仪表的指示值(测量值)$X_{指}$与被测参数的真实值$X_{真}$之差的绝对值。通常表示为:$\Delta = |X_{指} - X_{真}|$。

5. 相对误差

相对误差是指测量的绝对误差与真实值之比。通常表示为:$\sigma = \dfrac{\Delta}{X_{真}}$。这里所讲的真实值,在实际生产中是难以得到的。因此,一般就把用精度较高的标准仪表和精度较低的被校仪表同时对同一参数测量时所得到的两个读数值,分别叫作"真实值"和"测量值",而把这两个读数之差的绝对值,称为测量仪表在其量程范围某一点的绝对误差。可用公式表示为:

$$\Delta = |X - X_0| \tag{2-36}$$

式中　Δ——绝对误差；
　　　X——被校表的读数值；
　　　X_0——标准表的读数值。

(二)仪表的性能指标

1. 仪表的精度

在工业上,经常用仪表的精度等级来表示仪表的准确度。所谓仪表的精度,就是仪表测量结果的准确程度。仪表的准确程度不仅与绝对误差有关,而且还与仪表的量程范围有关系。例如,有两台测量仪表的量程范围分别为0～100℃和0～200℃,绝对误差均为2℃,哪台测温仪表更准确些呢? 不难理解,当然是量程范围大的(即0～200℃)一台比量程范围小的(0～100℃)一台更准确些。因此,工业仪表的误差经常将绝对误差折合成仪表量程范围的百分数表示,称为相对百分误差。

$$\sigma = \frac{|X - X_0|}{标尺上限 - 标尺下限} \times 100\% \qquad (2-37)$$

式中　σ——相对百分误差；
　　　X——被测参数的测量值(指示值)；
　　　X_0——被测参数的真实值。

有时还提到仪表的允许误差,是指仪表在规定的正常情况下的相对百分误差的最大值,以公式表示为:仪表的允许误差 = $\pm \frac{仪表的最大绝对误差}{标尺上限 - 标尺下限} \times 100\%$。

仪表的准确度是分等级的,而等级是按国家统一规定的允许误差大小来划分的。至于仪表的精度等级,则是将仪表的允许误差的"±"及"%"去掉后的数值。例如,某台压力表的允许误差是±2.5%,则该台仪表的精度级就是2.5级。仪表的精度等级以规定的符号形式标在仪表的量程上,如 ⓪⑤ 等。目前,我国生产的仪表的精度级有0.005、0.02、0.05、0.1、0.2、0.35、0.5、1.0、1.5、2.5、4.0等。现场用的电动仪表的精度大多为0.5级。

2. 仪表的变差

在外界条件不变的情况下,用同一台仪表对某一参数进行正、反行程(即从最小到最大,再由最大到最小)测量时,其所得到的仪表指示值是不相等的,同一点测得的正、反行程的两读数之差就叫该点的变差(有的也叫回差,同一点测得正、反行程之差的绝对值叫作回程误差),变差可用下式表示:变差 = $\frac{|X_{正} - X_{反}|_{最大}}{标尺上限 - 标尺下限} \times 100\%$,式中分子部分是正、反行程各点指示值之差中绝对值最大的那一数值。

3. 灵敏度

灵敏度是指仪表对被测参数变化的灵敏程度,或者说是对被测量变化的反应能力,是在稳定状态下,输出变化增量对输入变化增量的比值。

$$S = \frac{\Delta L}{\Delta x} \qquad (2-38)$$

式中　S——仪表灵敏度；

　　　ΔL——仪表输出变化增量；

　　　Δx——仪表输入变化增量。

(三)热工测量仪表分类

热工测量仪表由于用途、原理及结构不同,常按以下几种方法分类：

(1)按被测参数的不同可分为压力测量仪表、流量测量仪表、液位测量仪表、温度测量仪表、成分分析仪表等。

(2)按显示记录形式及功能分为模拟式仪表与数字式仪表,按显示功能分为指示仪表与记录仪表；其中指示仪表有指针指示仪表、数字显示仪表与屏幕显示仪表等；记录仪表有模拟式信号记录仪表、数字式打印记录仪表等,一个仪表可以同时有多种显示功能。

(3)按工作原理分为机械式、电子式、气动式、液动式仪表等。

(4)按使用场合的不同,可分为标准仪表、实验常用仪表、工程用仪表；按装置地点分有就地安装仪表和盘用仪表；按使用方法分有固定式仪表、携带式仪表等。

(四)热工测量仪表的组成及其功能

1. 热工测量仪表的组成

热工生产中使用的各种测量仪表,一般均由测量(传感器)、变送(中间变换器)、显示三个基本环节组成。这些环节可以是各个独立的仪表或装置,也可用导线或管路等传输通道联系起来,组成完整的测量系统。也可以将上述环节组合在一个整体中,成为能独自完成对被测量对象进行测量的仪表,对于这种测量仪表,实质上它具有全部测量系统的功能,但其环节间的界限功能不易明确划分。

1)传感器

传感器是测量系统与被测对象直接发生联系的部分,其作用是感受被测量对象能量的大小,输出一个相应的原始信号,以提供给后续环节。所以,传感器能否准确而快速地给出信号,很大程度上决定了测量系统的测量质量,因此,对传感器应具有以下几方面要求：

(1)输入与输出之间具有稳定而准确的单值函数关系。

(2)应尽量少消耗被测对象的能量,即不干扰或极小干扰被测对象的状态。

(3)非被测量对象(干扰量)对传感器作用时,应使其对输出的影响得以忽略。

2)中间变换器(变送器)

变换器的作用是将传感器输入的信号转换成可以与标准量相比较的信号。如压力表中的杠杆齿轮机构就是变换器,它将弹性元件的小变形转换成指针在标尺上的转动,并与标准量标尺进行比较。在自动化仪表中为了使传感器的输出信号具有远距离传输、线性化与变成统一信号等功能,常把变换器做成独立的仪表,称为变送器。它的输出信号为系列化的单元组合仪表的标准信号,可与同系列的其他仪表相连接组成测量或调节系统。例如：DDZ-Ⅲ型电动单元组合仪表的变送器输出的标准信号为 4~20mA 的直流电流信号,变换器处理输入信号时,除稳定性、准确性要求外,还应使信息损失最小,以尽量减少系统误差。

3）显示装置

显示装置又称测量终端，作用是向观测者显示被测参数的数值和量值，显示可以是瞬时量指示、累积量指示、越限或极限指示（报警），也可以是相应的记录。显示与记录仪表常见的有模拟式、数字式和屏幕式三种。

模拟式显示：最常见的结构是指示器在标尺上移动，连续指示被测量，读数的最低位由测量者估计，存在主观因素，容易产生视差，记录时以曲线形式给出数据。

数字式显示：是直接以数字形式给出被测量值，不会产生视差，记录时可直接打印出数据，在测量中逐渐得到广泛采用，但这种显示直观性、形象性差。

屏幕式显示：是电视技术在测量中的应用，也是目前最先进的显示形式，既能给出曲线，又能给出数字量，或两者同时显示，并且还能同时在屏幕上显示一种或多种参数，有利于比较判断。屏幕式显示具有形象性和易于读数的优点。

2. 测量系统的基本功能

为了测量某一被测对象，往往需要设置由数个仪表或环节组成的测量系统来完成。例如，对蒸汽流量的测量（图2-48），常用标准孔板发出差压信号输入差压变送器，转换成标准电流（4~20mA）信号，通过连接导线传输至积算装置，其输出并接入显示仪表显示被测流量值，同时还可以记录或图示，这就组成完整的蒸汽流量测量系统。任何测量系统都是为实现一定的测量目的，将一定的测量设备按要求进行的组合。所谓测量设备指测量过程中使用的一切设备，包括各种量具、仪表、仪器及在测量过程中所需的各种元件、器件、附属设备、辅助设备、试验设备等。其功能可分为四部分：变换功能、选择功能、比较与运算功能、显示与记录功能。

图2-48 蒸汽流量测量系统方框图

1）变换功能

将被测量量和标准量都变换到双方便于比较的某个中间量。被测量量 x 经变换后与输出量 y 的函数关系（又称变换函数），一般用 $y = f(x)$ 表示，但此式为理想情况，实际物理系统中还有其他影响因素，即干扰量（$g_1, g_2, \cdots, g_m$）以不同程度影响着 y，故有 $y = f(x, g_1, g_2, \cdots, g_m)$。所以变换元件的输入量与输出量之间实际上是一个多变量函数。

2）选择功能

选择功能是测量仪表的重要功能，即仪表应具有选择输入信号，抑制其他一切干扰因素的功能。设计制造仪表时，除特定的输入输出关系外，一般希望尽量减小 $g_1, g_2, \cdots, g_m$ 等影响因素对 y 所起的干扰作用。

3）比较与运算功能

在模拟式仪表中标准量通常表示成仪表的刻度，比较与运算过程由测量者在读数时进行。在数字式仪表中，是先将被测的模拟量转换成数字量，然后与仪表内标准电压脉冲或标准时间脉冲进行比较与运算。比较与运算的过程实际上是脉冲的计算过程。

4)显示与记录功能

将测量结果用指针的转角、记录笔的位移、数字值及符号文字(或图像)等形式显示与记录出来,是人机联系的方法之一,具体方法有指示、记录、打印、图示等多种形式。

(五)压力、流量和温度测量

1. 压力测量

压力就是指均匀垂直地作用在单位面积上的力。它的大小是由受力的面积和垂直作用力的大小决定的。可用数学式表示为:

$$p = \frac{F}{S} \tag{2-39}$$

式中　p——压力;
　　　F——垂直作用力;
　　　S——受力面积。

1)压力的单位

在工程技术中,计算压力的单位如下:

(1)工程大气压:这是工业上目前最常用的单位。即1kg力垂直而均匀地作用在$1cm^2$的面积上所产生的压力,以kgf/cm^2表示。

(2)物理大气压:由于大气压随地点不同变化很大,所以国际上规定,在纬度为45°的海平面上温度为0℃、截面积为$1cm^2$时的大气柱重力压力为一个物理大气压或叫一个"标准大气压"。其数值等于水银密度为$13.6g/cm^3$和重力加速度为$9.8m/s^2$时,高度为760mm的水银柱垂直作用在底面积上的重力压力。

(3)毫米汞柱(mmHg)和毫米水柱(mmH_2O):即在$1cm^2$的面积上分别由1mmHg、$1mmH_2O$的质量所产生的压力。

(4)帕(Pa):帕(Pa)是国际单位制(SI)的压力单位,即1N的力垂直而均匀地作用在$1m^2$的面积上所产生的压力,其表示式为N/m^2。由于多年来的习惯,工程上仍多采用工程大气压。为了便于使用过程中的互相换算,现将几种常用的测压单位之间的换算关系列于表2-9。

表2-9　压力单位换算表

帕(Pa) N/m^2	工程大气压 kg/cm^2	标准大气压 atm	毫米汞柱 mmHg	毫米水柱 mmH_2O	磅力/英寸^2 lbf/in^2(psi)
1	1.0197×10^{-5}	0.9869×10^{-5}	0.7510×10^{-2}	0.10197	1.4503×10^{-4}
0.9807×10^5	1	0.9678	735.56	1.0000×10^4	1.4224×10
1.0133×10^5	1.03323	1	760	1.0333×10^4	1.4696×10
9.806	0.9997×10^{-4}	0.9678×10^{-4}	7.3554×10^{-2}	1	1.4223×10^{-3}
1.332×10^2	1.3595×10^{-3}	1.3158×10^{-3}	1	13.5955	1.934×10^{-2}
0.690×10^4	0.703×10^{-1}	0.6805×10^{-1}	51.715	0.703×10^3	1

2) 压力的表示方法

压力的表示方法有三种:绝对压力、表压力、负压力(真空度)。

(1) 绝对压力:物体所受的实际压力,用 $p_{绝}$ 表示。

(2) 表压:高于气压的绝对压力 $p_{绝}$ 与大气压 $p_{大}$ 之差,用 $p_{表}$ 表示,即 $p_{表}=p_{绝}-p_{大}$。工业上所用的压力指示值多数为表压,即压力表的指示值是绝对压力和大气压力之差,所以绝对压力为表压和大气压力之和,工程上采用表压加 1(以 kgf/cm² 为计量单位时)得到被测压力的绝对值。

(3) 负压力(真空度):当绝对压力低于大气压时的表压,用 $p_{真}$ 表示,即 $p_{真}=p_{大}-p_{绝}=-p_{表}$。

2. 流量测量

在工业生产过程中,为了有效地进行生产操作和控制,经常需要对生产过程中各种介质(液体、气体和蒸汽等)的流量进行测量,以便为操作和经济核算提供依据。所以,流量参数的测量在工业生产中是很重要的。用来测量流量的仪表称为流量计或流量表。流量的大小通常是指在单位时间内通过管道某一截面流体数量的多少,即瞬时流量。一般采用的单位有 t/h、kg/h、m³/h、L/h;而对于在某一段时间内所流过的流体流量的总和,也就是各瞬时流量的累计值,我们把它称为总量,用 t 或 m³ 来作为它的计量单位。目前,工业上所用的流量仪表大致分为四大类。

1) 速度式流量仪表

速度式流量仪表以测量流体在管道内的流速 v 作为测量的依据。假设 F 为已知的管道截面积,那么,流体的体积流量 $Q=vF$,重量流量 $G=Q\gamma$。这里的 γ 是流体的重度。差压式流量计就属于这类流量仪表。

2) 容积式流量仪表

容积式流量仪表是以单位时间内所排出流体的固定容积 V 作为测量依据的。假设单位时间内排出的次数为 n,那么体积流量就是 $Q=nV$;而重量流量则是 $G=nV\gamma$。椭圆齿轮流量计就属于这种仪表。

3) 质量式流时计

质量式流量计是以测量所流过的流体的质量为依据的,它又分为直接式和补偿式两种。它的特点是被测流量不受流体温度、压力、密度、黏度等变化的影响,是一种正处于发展中的仪表。

4) 差压式流量计

差压式(也称节流式)流量计是基于流体流动的节流原理,利用流体流经节流装置时产生的压力差而实现流量测量的。差压式流量计一般是由能将流体的流量变换成差压信号的节流装置(孔板、喷嘴等)和用来测量压差值的差压计或差压变送器及显示仪表组成的。这种流量计,如常用的孔板、喷嘴等节流装置,国内外已把它们标准化了,并称为"标准节流装置"。

(1) 节流装置的流量测量原理。

流体在有节流装置的管道中流动时,在节流装置前后的管壁处,流体的静压力产生差异的现象称为节流现象(图 2-48)。连续流动着的流体,在遇到安插在管道内的节流装置时,由于节流装置的截面积比管道的截面积小,流体的流通面积突然缩小,在压力作用下,流体的流速增大挤过节流孔,形成流束的收缩。当挤过节流孔以后,流速又由于流通面积的变化和流束的扩大而降低。与此同时,在节流装置前后的管壁处的流体静压力就产生差异,形成静压力差 $\Delta p = p_1 - p_2$,且 $p_1 > p_2$。从图 2-49 中可以看出,节流装置的作用在于造成流束的局部收缩,从而产生压差。流过的流量越大,在节流装置前后所产生的压差也越大,因此可以通过测量压差来衡量流体流量的大小。

(2)静压差 Δp 的产生。

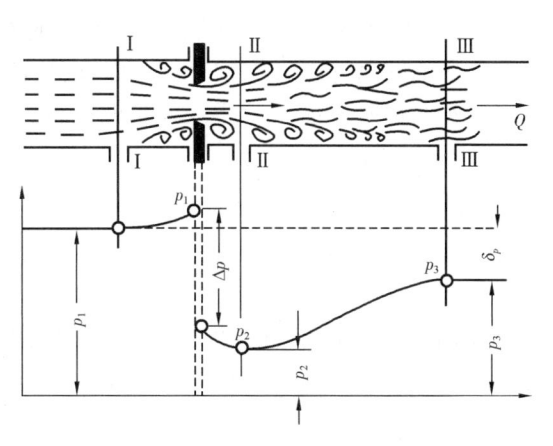

图 2-49 孔板附近流束及压力分布情况

进一步分析流体流经节流装置前后的变化情况可知,沿着管道轴向连续向前流动的流体,由于遇到节流装置的阻挡(近管壁处的流体受到节流装置的阻挡最大),促使流体的一部分动压头转化为静压头,出现了节流装置入口端面靠近管壁处的静压力 p_1 的升高,并且比管道中心处的静压力要大,即形成节流装置入口端面处产生径向压差。这一径向压差使流体产生径向附加速度 v_r,从而改变流体原来的流向。在 v_r 的影响下,近管壁处的流体质点的流向就与管道中心线相倾斜,形成了流束的收缩运动。同时,由于流体运动的惯性,使流束收缩最厉害(即流束最小截面)的位置不在节流装置的节流孔中,而位于节流孔之后,并且随流量的大小而变化。

由于节流装置造成流束的收缩,同时流体又是保持连续流动的状态,因此在流束截面积最小处的流速达到最大。根据伯努利方程式中位能和动能的互相转化原理,在流束截面积最小处,流体的静压力最低。同理,在孔板出口端面处,由于流速已比原来增大,因此静压力仍旧比原来低(即图中 $p_2 < p_1$)。故节流装置入口侧的静压 p_1 比其出口侧的静压 p_2 大,前者称为正压,常以"+"标记,后者称为负压以"-"标记。流量 Q 越大,流束的局部收缩和位能、动能的转化也越显著,因此节流装置两端的压差 Δp 也越大,此即为节流原理。

(3)流量基本方程式。

流量基本方程式是用来表示流量与压差之间定量关系的数学表达式。公式是根据流体力学中的伯努利方程式和连续性方程式推导而来的。流量基本方程式为:

$$Q = \alpha \varepsilon F_0 \sqrt{\frac{2g}{\gamma} \Delta p} \quad \text{m}^3/\text{s} \quad (2-40)$$

$$G = \alpha \varepsilon F_0 \sqrt{2g\gamma \Delta p} \quad \text{kgf/s} \quad (2-41)$$

式中 α——流量系数,它与节流装置形式、取压方式、雷诺数 Re、孔口截面与管道截面积之比和管道内壁粗糙程度有关;

ε——膨胀系数,不可压缩的流体 $\varepsilon = 1$;

F_0——节流装置的开孔面积,mm^2;

g——重力加速度,m/s^2;

γ——流体的重度;

Δp——节流装置前后的压力差,Pa。

由此可知,当 α、ε、d、γ 一定时,流量 Q(或 G)与压差 Δp 的平方根成正比。这里要说明一点,在观察流量表所指示出来的流量数值时要注意,加上开方器后的流量数值与压差是呈线性关系的,若没有加开方器,压差与流量就是非线性的。

3. 温度测量

温度是用来表征物体冷热程度的物理量,是注汽锅炉运行必须测量的重要工艺参数。注汽锅炉上的测温仪表有双金属温度计、热电偶温度计、热电阻温度计,主要用于测量注汽锅炉的排烟温度、蒸汽温度、炉管温度、燃烧器瓦口温度、燃油温度、对流段入出口温度等。热电偶温度计测量精度一般不如热电阻温度计,但热电偶温度计测温范围更宽(特别是高温部分),测量速度快,能够远传 4~20mA 电信号,便于自动控制和集中控制。

资料链接

(1)柱塞泵的工作原理和工作过程是什么?

柱塞泵是利用柱塞的往复运动,使泵的工作室容积发生变化,以此来达到吸入与压出液体的目的。

工作过程(图2-50):当柱塞杆向后(右)移动时,泵腔的工作室容积逐渐增大,形成部分真空(即负压),这时吸入阀在给水压差的作用下克服其阀片弹簧的弹力致使阀片开启,使水充满工作室;此时,由于排出阀弹簧压住阀片的方向与吸入阀相反,因此阀片在水的压差和弹簧的弹力作用下紧紧关闭,这就是泵的吸入过程。当柱塞向前(左)移动时,此时液体已充满工作室,工作室内的液压与吸入端的液压是平衡的,因此吸入阀的阀片在弹簧力的作用下关闭;当柱塞继续向前移动时,工作室容积就会逐渐减小,水受到压缩致水压升高;水压升高到克服排出阀阀片的弹簧弹力和出水管道阻力的情况下,水顶开排出阀的阀片,流向排出管道,这就是泵的排出过程。曲轴旋转一周,每个柱塞往复行程一次,也就是完成一次吸入与排出。三缸柱塞泵有三个柱塞交替工作,即曲轴转一周,每个柱塞各工作一次,所以它的总排量应该是一个柱塞的三倍。

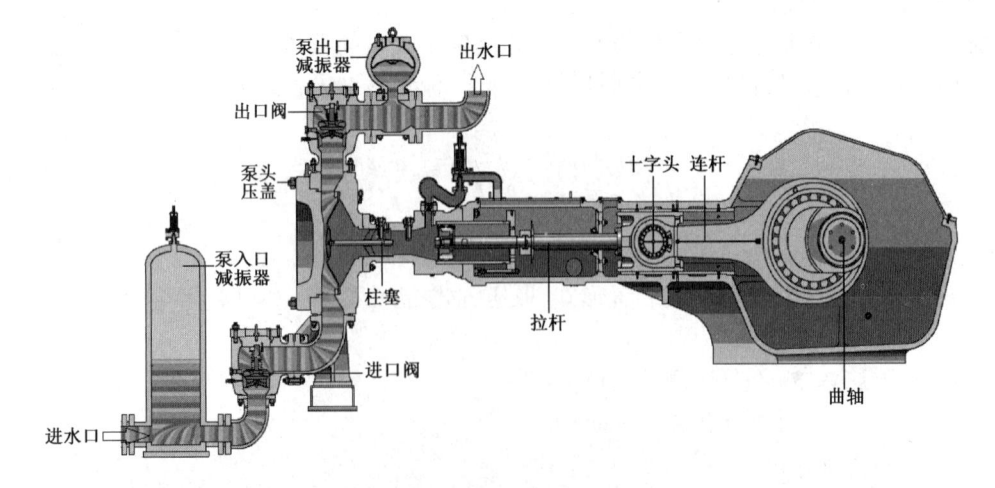

图2-50 柱塞泵工作过程

(2)柱塞泵的运行要求有哪些？

高速往复运动的柱塞泵要求灌注吸入，一般灌注水头为 10mH$_2$O。柱塞泵入口水压不能低于 0.07MPa。柱塞泵是一个容积泵，入口水压低于 0.07MPa 时，会使柱塞泵抽空而产生气蚀，引起泵体的剧烈运动。此外，柱塞泵的入口、出口必须安装减振器和出口安全阀。

(3)节流孔板使用条件是什么？

① 被测介质应充满全部管道截面并连续流动。

② 管道内的流束(流动状态)应该是稳定的。

③ 被测介质在通过孔板时应不发生相变(例如，液体不发生蒸发，溶解在液体中的气体不会释放出来)，同时是单相存在的。对于成分复杂的介质，只有其性质与单一成分的介质类似时，才能使用。

④ 测量气体(蒸气)流量时所析出的冷凝液或灰尘，或测量液体流量时所析出的气体或沉淀物，既不得聚积在管道中的孔板附近，也不得聚积在连接管内。

⑤ 在测量能引起孔板堵塞的介质流量时，必须进行定期清洗。

⑥ 在离孔板前后两端面 2 倍管道内径的管道内表面上，没有任何凸出物和肉眼可见的粗糙与不平现象。

(4)如何绘制注汽锅炉工艺流程图？

工艺流程图也称 PID 图，是借助统一规定的图形符号和文字代号，用图示的方法把注汽锅炉所需的全部设备、仪表、管道、阀门及主要管件，按其各自功能，在满足工艺要求和安全、环保、经济的前提下组合起来，以起到描述工艺装置的结构和功能的作用。因此，它不仅是设计、施工的依据，而且也是企业管理、试运行、操作、维修和开停车等各方面所需要的完整技术资料的一部分。其内容包括：

① 用规定的类别图形符号和文字代号表示工艺过程的全部设备，并进行编号和标注。

② 用规定的图形符号和文字代号详细表示所需的全部管道、阀门、主要管件等，并进行编号和标注。

③ 用规定的图形符号和文字代号表示全部检测、指示、控制、功能仪表，包括一次性仪表和传感器，并进行编号和标注。

④ 用规定的图形符号和文字代号表示全部工艺分析取样点，并进行编号和标注。

⑤ 安全生产、试车、开停车和事故处理等在图上需要说明的事项，工艺系统对自控、管道等有关专业设计要求和关键设计尺寸。通过工艺流程图可知：设备的数量、名称和位号；主要物料(介质)的工艺流程；其他物料的工艺流程；通过对阀门及控制点分析，了解工艺过程的控制情况。

⑥ 工艺流程图的画法如下：

(a)设备的画法与标注。用规定的类别图形符号和文字代号，依据流程自左至右用细实线表示出设备的简略外形和内部特征，设备的外形应按一定的比例绘出。

(b)管道流程线的表示方法。用规定的类别图形符号和文字代号，详细表示所需的全部管道、阀门、主要管件，图中的管道流程线均用粗实线表示。管道流程图上除应绘制流向箭头及用文字标明来源或去向外，还应对每条管道进行标注。施工流程图上的管道应标注三部分，即管道号、管径和管道等级。

(c)阀门及管件的表示方法。管道上的阀门及其他管件应用细实线按标准规定的符号在相应处画出,并标注其规定代号。

(d)仪表控制的画法。仪表控制点以细实线在相应的管道上用符号画出。符号包括图形符号、字母代号和仪表位号,它们组合起来表示工业仪表所处理的被测变量和功能,或表示仪表、设备、元件、管线的名称。

ⓐ 图形符号:仪表(包括检测、显示、控制等仪表)的图形符号是一个细实线圆圈,直径约10mm,需要时允许圆圈断开。必要时,检测仪表或元件也可用象形或图形符号表示。

ⓑ 字母代号:表示被测变量和仪表功能的字母代号。例如,PIC—压力、指示、控制;TI—温度、指示。

ⓒ 仪表位号:在检测控制系统中,构成一个回路的每个仪表,都应有自己的仪表位号。它是由字母和阿拉伯数字组成。第一个字母表示被测变量,后续字母表示仪表的功能。一般用三位或四位数字表示设备号和仪表位号。例如,TI—1101,T 为被测变量字母代号(温度),I 为字母功能代号(指示),11 为设备号,01 为仪表序号。

📖 知识拓展

(1)注汽锅炉供电系统有几种电压?用电总容量是多少?

注汽锅炉上动力电源为 50Hz、380V,控制电源为 220V 交流电,PLC 与点火程序器电源为 110V 交流电,仪表电源为 24V。21.1×10^6 kJ/h 的注汽锅炉用电总容量为 106.6kW;52.8×10^6 kJ/h 的注汽锅炉用电总容量为 220.25kW。

(2)注汽锅炉采用哪种供电方式?有哪些动力设备?

注汽锅炉采用集中供电、集中控制,设备上配有供电盘(图 2-51)。三相四线工频电源接入总空气开关(O 相接入设备接地点),通过标准分线端子板,三相动力电源被分送作为柱塞泵、鼓风机、空气压缩机、电加热器的动力电源,二相电源送入控制变压器。

动力设备有柱塞泵电动机、鼓风机电动机、空气压缩机电动机、电加热器、变频器。设备上控制电源由控制变压器(380V/110V)供给。开关和电动机的动力配线均是塑料绝缘铜芯合股胶线,截面积为 $6 \sim 100 mm^2$ 不等。配线方式:动力线为铁管敷设,二次线为塑料槽板敷设。

(3)何谓空气开关?其容量大小如何?

空气开关又称自动空气短路器,是低压配电系统中应用较多的保护电器之一,当电路发生短路或严重过载以及电压低等现象时,空气开关能自动切断电路。其容量大小见表 2-10。

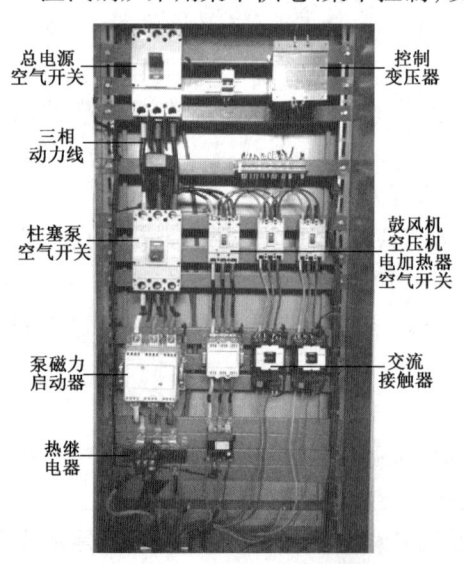

图 2-51 注汽锅炉动力供电盘

情境二　注汽锅炉的水处理设备及水汽系统

表2-10　空气开关的容量

电气设备 锅炉容量	总空气开关	柱塞泵 空气开关	鼓风机 空气开关	空气压缩机 空气开关	电加热器 空气开关
21.1×10^6 kJ/h	250A	250A	50A	15A	20A
52.8×10^6 kJ/h	600A	400A	100A	50A	35A

(4)何谓交流接触器？其组成及各自用途是什么？工作原理是什么？

接触器是一种通用性很强的自动化切换电器，不仅可以频繁控制电动机，还可以控制电容器、电热器等其他电力负载。接触器的作用和刀开关相似，但是接触器不仅能接通和切断电路，还具有低电压保护、控制容量大、适用于频繁操作和远距离控制、工作可靠、寿命长等优点，而刀开关既无上述特点，又只能手动操作。接触器按其触头通过电流的种类可分为交流接触器和直流接触器。注汽锅炉主要使用交流接触器（图2-52）。

交流接触器主要由以下四部分组成：

① 电磁系统：包括吸引线圈、动铁芯和静铁芯；

② 触头系统：包括3组主触头和1~2组常开、常闭辅助触头，它和动铁芯是连在一起互相联动的；

③ 灭弧装置：容量较大的交流接触器都设有灭弧装置，以便迅速切断电弧，免于烧坏主触头；

④ 绝缘外壳及附件：包括各种弹簧、传动机构、短路环、接线柱等。

工作原理：当线圈通电时，静铁芯产生电磁吸力，将动铁芯吸合，由于触头系统是与动铁芯联动的，因此动铁芯带动三条动触片同时运行，触点闭合，从而接通电源。当线圈断电时，吸力消失，动铁芯联动部分依靠弹簧的反作用力而分离，使主触头断开，切断电源。

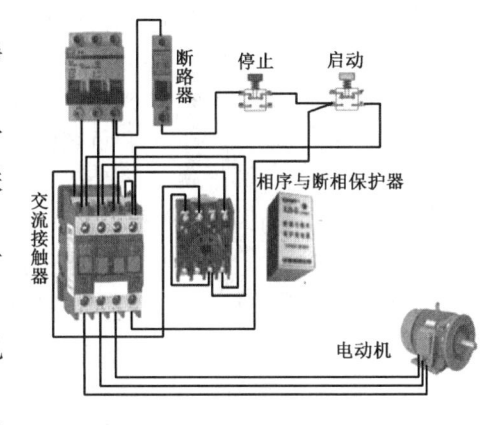

图2-52　交流接触器接线图

(5)何谓热继电器？其工作原理是什么？

热继电器（图2-53）就是利用电流的热效应原理，在出现电动机不能承受的过载时切断电动机电路，为电动机提供过载保护的保护电器。

工作原理：使用热继电器对电动机进行过载保护时，将热元件与电动机的定子绕组串联，将热继电器的常闭触头串联在交流接触器的电磁线圈的控制电路中，并调节整定电流调节旋钮，使人字形拨杆与推杆相距适当距离。当电动机正常工作时，通过热元件的电流即为电动机的额定电流，热元件发热，双金属片受热后弯曲，使推杆刚好与人字形拨杆接触，而又不能推动人字形拨杆。常闭触头处于闭合状态，交流接触器保持吸合，电动机正常运行。

图2-53　热继电器

若电动机出现过载情况,绕组中电流增大,通过热继电器元件中的电流增大使双金属片温度升得更高,弯曲程度加大,推动人字形拨杆,人字形拨杆推动常闭触头,触头断开,交流接触器线圈电路断开,接触器释放、切断电动机的电源,电动机停车而得到保护。

热继电器是由流入热元件的电流产生热量,使有不同膨胀系数的双金属片发生形变,当形变达到一定距离时,就推动连杆动作,使控制电路断开,从而使接触器失电,主电路断开,实现电动机的过载保护。

(6)何谓磁力启动器?

磁力启动器(图2-54)是由钢质冲压外壳、钢质底板、交流接触器、热继电器和相应配线构成,使用时应配用启动、停止按钮开关,并正确连接手控信号电缆。当按下启动按钮时,磁力启动器内安装的交流接触器线圈通电,衔铁带动触点组闭合,接通用电器(一般为电动机)电源,同时通过辅助触点自锁。按下停止按钮时,内部交流接触器线圈失电,触点断开,切断用电器电源并解锁。根据不同的控制需要,磁力启动器也可灵活接线,使其实现点动、换相等功能。内装的热继电器可为所控制的电动机提供过载保护,热继电器的整定电流应符合电动机功率需要。磁力启动器属于全压直接启动,应在电网容量和负载两方面都允许全压直接启动的情况下使用。磁力启动器的优点是操纵控制方便,维护简单,而且比较经济。

(7)锅炉过热蒸汽温度是如何自动控制的?

在锅炉生产运行过程中,当过热蒸汽的温度变化时,通过温度变送器将过热蒸汽温度 t_2 反馈并与设定的过热蒸汽温度 t_1 进行比较,得出偏差 $\Delta t = t_1 - t_2$。送入 PID 调节模块,按一定规律运算后,发出调节温度和给水流量信号(4~20mA)给燃

图2-54 磁力启动器

烧器,通过改变锅炉的燃烧火量,保持锅炉所产生的过热蒸汽的温度恒定,实现了锅炉过热蒸汽温度的自动控制(图2-55)。

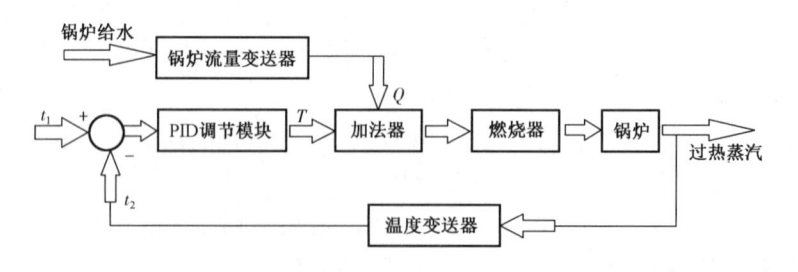

图2-55 锅炉过热蒸汽温度控制方框图

情境三　注汽锅炉的燃烧系统

任务一　注汽锅炉的燃油系统

学习任务

(1) 学习注汽锅炉燃油系统的组成、工艺流程。
(2) 学习注汽锅炉的燃料及其燃烧的基本知识。

学习目标

(1) 能独立识别和操作注汽锅炉燃油系统的设备并排除其故障。
(2) 能熟练绘制注汽锅炉燃油系统工艺流程图。
(3) 能熟练掌握燃料及其燃烧的基本知识与操作技能。

操作技能

一、设备、部件的识别与操作

(一) 油罐

注汽站的油罐(图3-1)是储存燃料油的设备,可为锅炉正常运行提供足够的燃料。它是立式圆柱形金属油罐,是采用钢板材料焊成的容器。罐体、罐内自上而下装有:避雷针、通气孔或呼吸阀、护栏、量油孔、人孔、盘梯、液位计、温度计、加热盘管、脱水阀、排污孔、进出油孔、静电接地装置等。

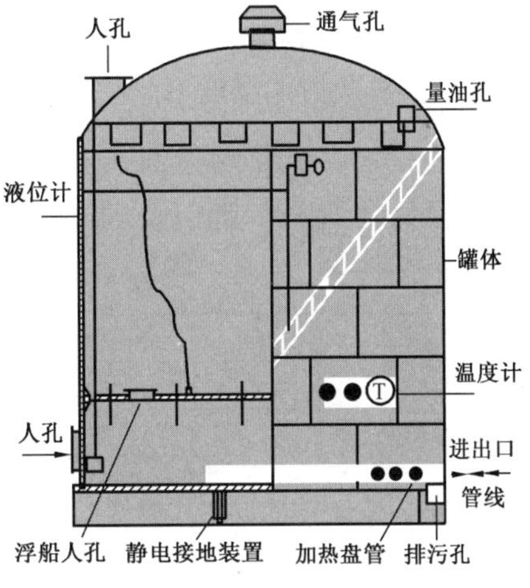

(二) 油泵

注汽锅炉所使用的油泵(图3-2)为 CBT-3.5(20)型、CH-3.3/0.33 型、CH-5/0.33 型齿轮泵。

1. 结构

它主要由齿轮、轴、泵体、泵盖、轴承套、轴端密封等组成。

图3-1　注汽站储油罐

2. 工作原理

齿轮油泵在泵体中装有一对(一个主动、一个被动)回转齿轮,依靠两齿轮的相互啮合,把泵内的整个工作腔分为吸入腔和排出腔两部分。油泵在运转时主动齿轮带动被动齿轮旋转,

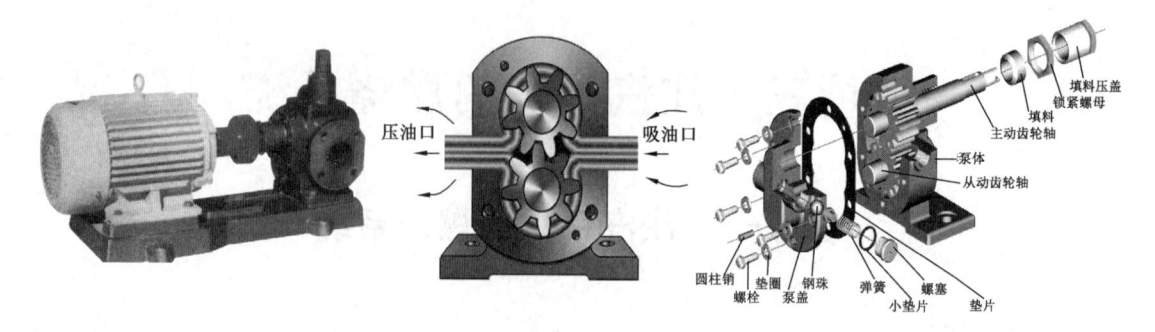

图 3-2 齿轮泵

当齿轮从啮合到脱开时在吸入侧就形成局部真空,液体被吸入。被吸入的液体充满齿轮的各个齿谷并被带到排出侧,齿轮进入啮合时液体被挤出,形成高压液体并经泵排出口排出泵外,实现输送液体的目的。

3. 安装使用

(1)安装管道前应先对管道内壁用清水或蒸汽清洗干净。安装时应避免使管道的重量由泵来承担,以免影响泵的精度及寿命。

(2)油泵应尽量靠近油罐,管道各连接部位不得漏气、漏液,否则会发生吸不上液体的现象。

(3)为防止颗粒、杂质等污物进入泵内,应在吸入口安装金属过滤网,过滤精度为30目/in,过滤面积应大于进油管横截面积3倍以上。

(4)泵进出口管路安装真空表及压力表,以便监视泵的工作状态。

(5)泵不可逆向转动,必须按泵头液体的主轴转向指示牌所示的转向调整电动机的进线相序。

(6)油泵启动前要对泵体预热,输送原油时预热达到45℃;输送渣油时温度达到80℃。

(7)泵输送液体温度不能超过100℃,定期清洗油过滤器,并要保证油罐油位。

4. 常见故障、原因及排除方法

油泵的常见故障、原因及排除方法见表3-1。

表3-1 油泵的常见故障、原因及排除方法

常见故障	可能产生的原因	排除方法
油封漏失	油封磨损严重	更换油封
	泄压孔堵塞	疏通泄压孔
	轴承损坏造成油封损坏	更换轴承
排液量不足	泵效较低	更换泵头
	过滤器堵塞	清洗过滤器
	供油温度低	提高供油温度
	吸入管线漏气	重新连接吸入管线
泵振动大	联轴器不同心	重新调整同心度
	联轴器缓冲胶垫坏	更换缓冲胶垫
	轴承坏	更换轴承

(三)燃油加热器

注汽锅炉燃油加热器的作用是加热燃料油,降低燃油的黏度,使之达到油喷嘴所需要的黏度,即100SSU(赛式黏度)。它分为燃油蒸汽加热器(图3-3)和电加热器(图3-4)两种。

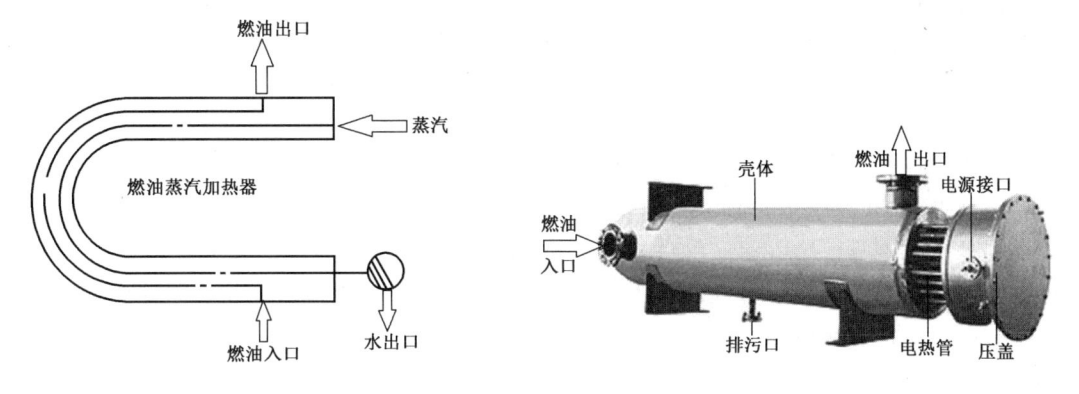

图3-3 燃油蒸汽加热器

图3-4 燃油电加热器

1. 燃油蒸汽加热器

它是双管换热器,蒸汽流经加热器的内管,燃料油流经加热器外管。由于蒸汽与燃料油之间存在较大温度差,所以油、汽之间产生热量交换。热交换的结果,使燃料油温度升高,从而达到了利用蒸汽预热燃油,使之黏度降低的目的。换热后的凝结水经疏水器排入锅炉污水系统。

2. 燃油电加热器

燃油电加热器是由金属壳体和电热管组成。其作用一是锅炉点火初期加热燃油(因此时没有蒸汽,燃油蒸汽加热器用不上);二是锅炉正常运行时,燃油电加热器起补偿作用,即当燃油温度低时,燃油电加热器能够自动启动,从而维持燃油温度在要求范围内,保证锅炉良好的燃烧。21.1×10^6 kJ/h锅炉燃油电加热器的功率为10kW,额定电流为15A;52.8×10^6 kJ/h锅炉燃油电加热器的功率为20kW,额定电流为30A。

(四)注汽锅炉燃烧器

注汽锅炉所用的燃烧器大都采用北美油气两用燃烧器,少数锅炉改用德国扎克燃烧器,20t/h过热注汽锅炉选配EBR9MNV燃烧器。

1. 北美燃烧器

它是一种组装式的全自动燃烧器(图3-5),采用压缩空气或蒸汽作为雾化介质,并配有涡轮鼓风机,燃烧调节比为4:1。

燃烧调节比也叫调节倍数,它是在保证稳定燃烧的条件下,燃烧装置所容许的最大燃烧能力与最小燃烧能力之比。调节比是评价燃烧稳定性的特性指标。

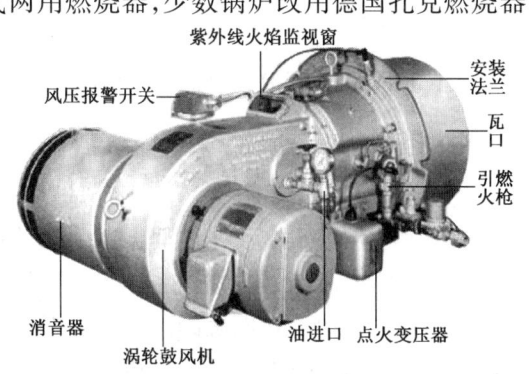

图3-5 注汽锅炉北美燃烧器

燃烧稳定性包含两层含义：一是燃烧室中热量平衡状态的稳定，即单位时间在燃烧室内燃烧放出的热量应该与单位时间向燃烧体系之外散出的热量相平衡，否则燃烧将可能中断；二是指火焰位置的稳定，不回火、不脱火，形成稳定的温度场。一台锅炉的燃烧器，其负荷必须根据炉子热工要求进行调节，但在调节过程中必须保持燃烧稳定。调节比越大，说明燃烧器和燃烧过程的燃烧稳定性越好，即允许在较大的范围内调节负荷且能保持燃烧稳定。燃烧器是由前段、天然气段、风门段和中间段、后段四个基本部分组成（图3-6a）。

1）前段

它包括瓦口和铸铁安装法兰。瓦口一端与进风通道连接，另一端伸入锅炉辐射段。瓦口通过带有开槽的安全孔螺栓，将整个燃烧器固定在锅炉辐射段前墙钢板上。瓦口为合金铸铁，用耐火水泥（耐火水泥能承受1450℃的高温并有良好的绝热性）浇注成型。

天然气环形喷口镶嵌在瓦口与进风通道相接的耐火水泥凹槽内，天然气由此喷入炉膛与助燃空气混合，着火燃烧。瓦口不仅能进一步促使空气与燃料的混合，而且还能通过热辐射加速空气与燃料形成的可燃混合物着火。瓦口耐温1426.7℃，为避免火焰冲刷炉管、炉管卡子和耐火炉衬，燃烧器的火焰应位于炉膛中心位置。

2）天然气段

它包括天然气系统和点火系统。

（1）天然气系统。

燃烧器的底部有一个天然气进口连接天然气蝶阀，蝶阀出口与环形天然气喷口相通。蝶阀开度大小由电动执行器通过连杆机构控制（图3-6b）。

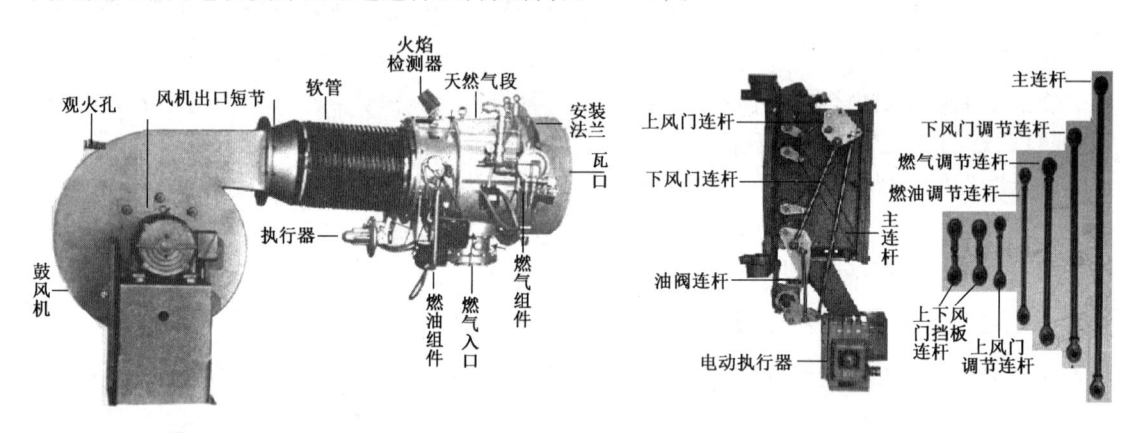

图3-6a　注汽锅炉北美燃烧器　　　　　图3-6b　连杆调节机构

（2）点火系统（图3-7、图3-8）。

点火系统包括一、二级天然气压力调节器（Y600）、ϕ250mm天然气膨胀管、两个引燃电磁阀、点火枪、助燃风管、点火变压器、紫外线火焰检测器等。

① 点引燃火过程。锅炉点火由点火程序器控制，点火变压器以6000V高压电使火花塞的电极打火，此时两个引燃电磁阀同时带电打开，经一级减压后的天然气（14~17.5kPa）进入点火枪细长的针管状引燃枪；经二级减压后的天然气（2~2.5kPa）与来自鼓风机的3.98kPa的助燃空气共同进入点火枪的混合器。在混合器中混合形成可燃气体，可燃气体经文丘里管进

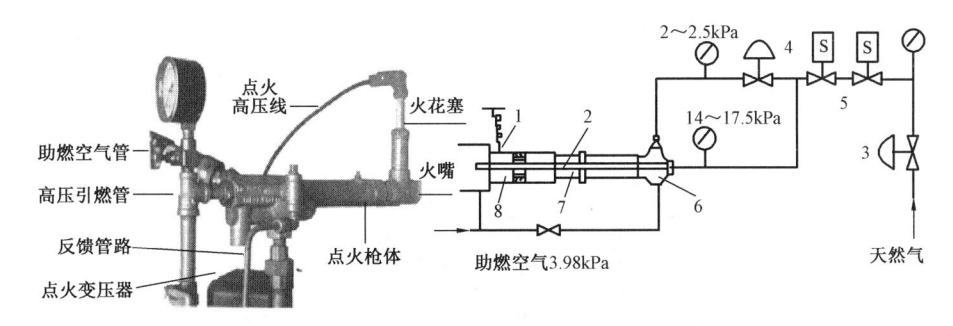

图 3-7 注汽锅炉点火系统

1—火花塞；2—点火枪；3,4—压力调节器；5—引燃电磁阀；6—混燃室；7—助燃风管；8—燃气/空气比调节螺钉

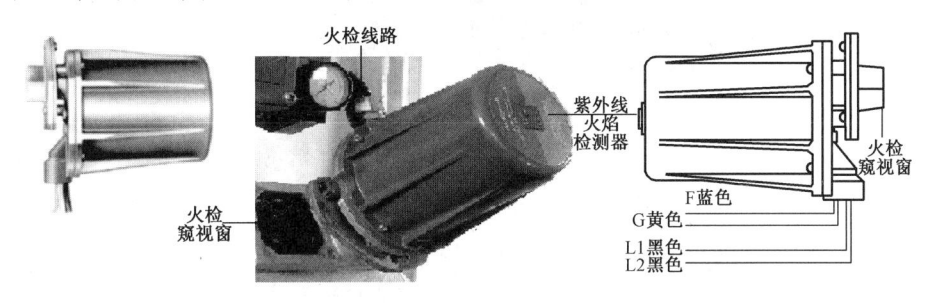

图 3-8 紫外线火焰检测器

入点火室,从其环形针孔喷出时并被火花塞的电火花点燃(点不着火可调节燃气/空气比螺钉,先顺时针旋转关闭,再逆时针旋转2~3圈,使之打开即可)。燃烧的火焰再将针管状引燃枪喷出的一次减压后的高压天然气点燃,形成稳定的点火火炬后,再去点(燃油、天然气)主火焰。

② 点主燃火过程。当紫外线火焰检测器它主要是由探头和信号处理器两部分组成,采用紫外线光敏管作为传感元件。它是一种固态脉冲器件,其发出的信号是自身脉冲频率与紫外辐射频率成正比例的随机脉冲。紫外线光敏管有两个电极,一般加交流高电压。当辐射到电极上的紫外光线足够强时,电极间就产生"雪崩"脉冲电流,其频率与紫外光强度有关,最高达几千赫兹。炉膛灭火时则无脉冲信号)接收到引燃火炬的紫外线信号,由其内部的光敏管将信号转换成 0~4μA 的电信号,经点火程序器的放大器变强后,接通点火程序器的主燃料阀带电端子,使主燃料阀打开并点燃锅炉主火焰。

3) 风门段和中间段

它包括风门与燃料阀连杆机构、调风器(导风孔板)、燃油喷嘴、电动执行器、配线箱、百叶窗调节风门、燃油电动阀、燃油流量调节阀等(图 3-9)。

(1) 风门与燃料阀连杆机构。

空气/燃料的燃烧比、燃烧火焰的形状及长短,由风门与燃料阀连杆机构调定。

(2) 调风器。

调风器也称导风孔板(图 3-10),它是由 $\phi300mm$ 多孔圆形稳燃器(在喷嘴附近造成一个火焰、高温烟气回流区,使燃料从燃烧器喷出后立即被高温的回流点燃,保证了燃烧的稳定性。为使回流区的燃烧不缺氧,在稳燃器上一般都开有隙孔,以此来供给火焰根部少量的空气)、旋转叶片、$\phi150mm$ 燃油喷嘴中心圆孔、旋风口和火焰窥视窗组成。

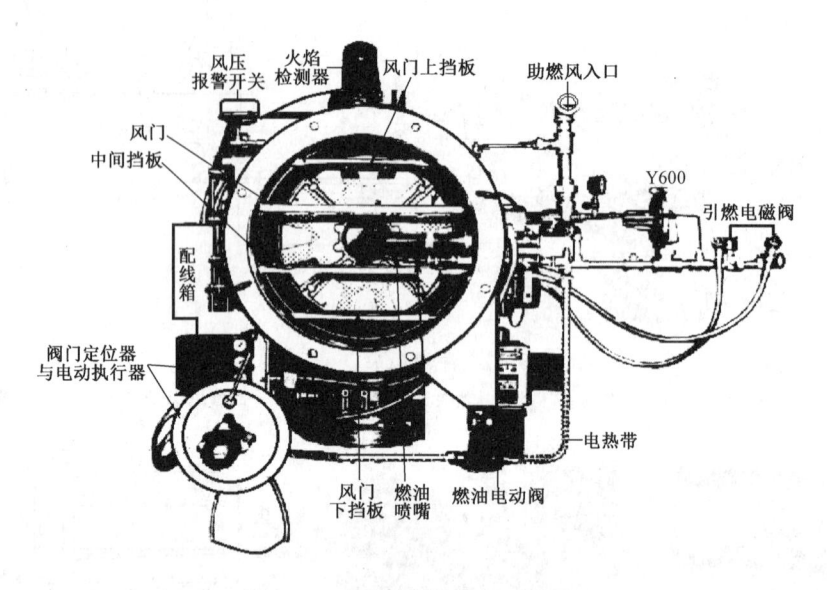

图 3-9 燃烧器风门段和中间段

鼓风机送来的高速燃烧空气(一次风)经 $\phi300mm$ 多孔圆形稳燃器,形成合适的根部风,既提供点火热源,又能防止油雾的热分解。二次风为平行于调风器轴线的高速气流,由于叶片的作用,高速气流通过调风器的叶片和两个叶片之间的旋口喷出时,形成旋转气流并穿入火焰核心,加强后期燃料的混合程度直至完全燃烧。通常情况下,气流的旋转方向与油雾的旋转方向相反。

(3)燃油喷嘴(图 3-11)。

北美燃烧器使用的是高压介质式雾化器,它是利用高速喷射的介质(0.3~1.2MPa 的蒸汽或 0.3~0.6MPa 的压缩空气)冲击油流,并将其吹碎而达到雾化的目的。

图 3-10 调风器

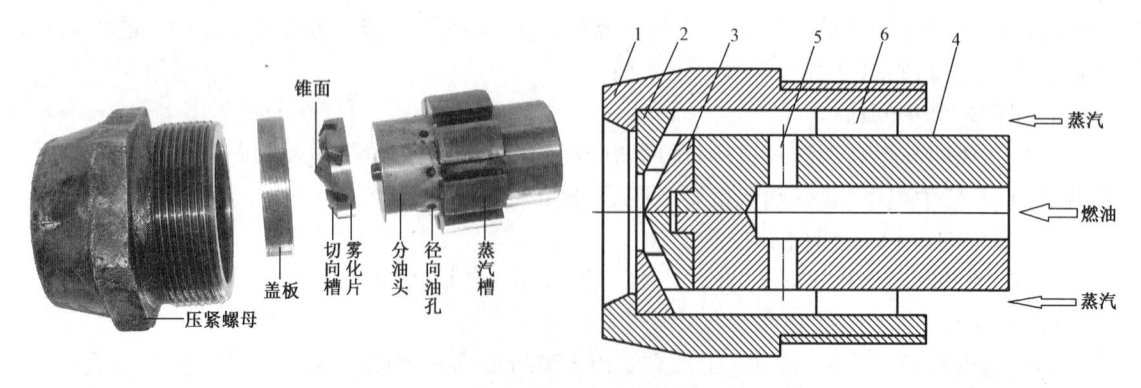

图 3-11 燃油喷嘴
1—压紧螺帽;2—盖板;3—雾化片;4—分油头;5—油孔;6—蒸汽槽

① 结构:它是由压紧螺帽、盖板、雾化片、分油头、油孔、蒸汽槽构成。

② 工作过程:0.4MPa 以上的燃油进入燃油喷嘴的分油头的内孔,再从分油头的径向油孔喷出。0.3~0.35MPa 以上的雾化介质(蒸汽或压缩空气)从压紧螺帽与分油头之间形成的轴向槽道喷出。轴向槽道正对着径向小油孔,燃油与雾化介质相互撞击形成乳化油。乳化油经盖板与雾化片之间圆锥面上的切向槽,具有一定的旋转速度,在盖板中央喷口处被破碎成雾状,形成90°~100°雾化角的油雾($\phi25~30\mu m$)喷入炉膛燃烧。

轴向槽道雾化介质在锅炉点火初由于没有蒸汽,故采用压缩空气。当锅炉运行后,蒸汽的干度达到40%以上时,可进行雾化切换,采用蒸汽做雾化介质,用蒸汽雾化燃料油。

燃烧器稳定燃烧时,从炉后观火孔观察火焰的颜色和形状。燃油的正常火焰为橙黄色,23t/h 的注汽锅炉火焰尺寸为 1.68mm×10.36mm(直径×长度);9.2~11.5t/h 的注汽锅炉火焰尺寸为 1.22mm×5.49mm(直径×长度)。锅炉停炉后,应摇开风道壳,取出油喷嘴,检查有无结焦、积炭现象。同时检查导风孔板上有无结焦、积炭现象。

(4)电动执行器(图 3-12)。

电动执行器是一种能提供直线或旋转运动的驱动装置,即直行程或角行程执行器。它接受来自锅炉的 4~20mA 火量调节信号并动作,通过风门与燃料阀的连杆机构驱动百叶窗风门和燃料阀门按最佳的空气/燃料的燃烧比联动,从而实现火量的自动跟踪和调整,以满足注汽生产的需要。

(5)配线箱。

与燃烧器配套的电气设备、元件有电动执行器、点火变压器、引燃电磁阀、燃油电动阀、燃气电动阀、

图 3-12 电动执行器

燃油雾化电磁阀、放空电磁阀(二位三通)、紫外线火焰检测器、燃烧器风门铰链连锁开关、大小火行程开关、助燃空气微压行程开关、恒功率电加热带等。它们的电源都接到配线箱,再通过电缆线与锅炉控制柜连接。

(6)百叶窗调节风门。

百叶窗调节风门是燃烧器风道系统中的重要设备之一,它用于风道系统中调节燃烧空气流量。百叶窗调节风门的挡板在90°行程内开度变化时,通过管路中的空气流量和压头也相应呈线性改变,以达到调节流量的目的。风门的线性调节特性优良、运行稳定可靠。调节风门外部设计有连杆机构,在电动执行器带动下,使四个挡板叶片转动并呈"八"字形相对方向开启或关闭,开度和流量呈线性调节。

锅炉前吹扫期间风门在电动执行器(20mA)驱动下全开;锅炉在点引燃火和后吹扫期间风门在电动执行器(4mA)驱动下全关;锅炉在运行期间风门在电动执行器(4~20mA)驱动下置于不同的开启位置,提供锅炉燃料完全燃烧所必需的空气需要量。

(7)燃油电动(电磁)阀(图 3-13)。

它们安装在 $\phi15mm$ 的燃油主管路上,是由阀体和电动(电磁)执行器机构组成。它们接受锅炉点火程序器的带电与失电信号指令,对主燃油管路实施通和断两种状态的控制,并保证零泄漏。

(8)燃油流量控制阀。

它是个角阀,带有阀位指示器,由电动执行器通过连杆机构控制其开度(20°~90°),实现对锅炉燃油量的控制与调节。

4)后段

它包括离心式鼓风机、电动机、风机出口短节、挠性连接软管。鼓风机为悬臂式安装,为锅炉燃料燃烧提供充足的助燃空气(图3-14)。

图3-13 燃油电动(电磁)阀

图3-14 燃烧器后段

鼓风机与燃烧器通过挠性软管连接,其规格型号见表3-2。表3-2中的6131G-CR-62.5型燃烧器的6131指双燃料鼓风机,G指火焰尺寸,CR指燃油为原油或渣油,62.5指产生热值为 62.5×10^6 Btu/h。

表3-2 鼓风机与燃烧器规格型号

燃烧器型号	热容量 (kJ/h)	火焰尺寸 (m×m)	燃油量 (L/h)	雾化流量 蒸汽 (kg/h)	雾化流量 空气 (m³/h)	鼓风机 风量 (m³/h)	鼓风机 风压 (kPa)	电动机功率 (kW)	转速 (rpm)
6131FA-CR-25 (9.2t/h)	26.4×10^6 (25×10^6 Btu/h)	1.222×5.49	757	91	48	9910	2.49 (10inH₂O)	15	2900
6131G-CR-62.5 (23t/h)	66×10^6 (62.5×10^6 Btu/h)	1.68×10.36	1631	73	84	21238	3.98 (16inH₂O)	37	1750

2. 扎克燃烧器

德国扎克SKV-150燃烧器(SKV表示转杯雾化器,150表示燃烧器最大出力为12.5MW)是转杯式雾化燃烧器(图3-15)。它的技术基础是热能辅助的多级旋转和空气雾化。该技术能使燃烧器在调节范围内产生高质量的精细油雾滴,通过对一次风、二次风、三次风的准确分布控制,使燃料达到完全燃烧。转杯雾化器的核心部件是旋转的雾化杯。

1)结构

它主要是由油雾化器、轴向导风叶片、控气机构、挠性风管、轴向导风叶片本体、空气外环通道、径向导风叶片、外部调整环、中央风箱(附蝶阀)、内部调节环(附微动开关)、一次风接管、传动装置、皮带护罩、转杯电动机、风机风箱(一次风箱)、燃油分配器、一次风导向装置、盲板控制器、铰链装置、进油旋转接头、机械锁组成。

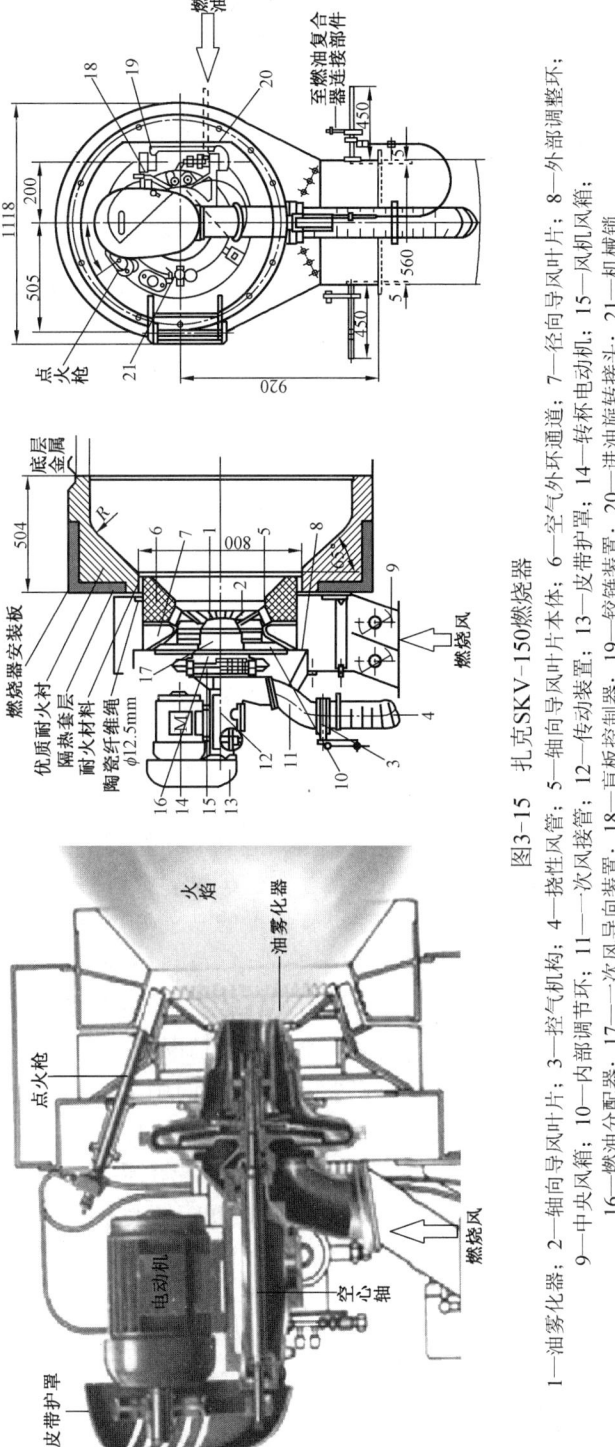

图3-15　扎克SKV-150燃烧器

1—油雾化器；2—轴向导风叶片；3—控气机构；4—挠性风管；5—轴向导风叶片本体；6—空气外环通道；7—径向导风叶片；8—外部调整环；9—中央风管；10—内部调节环；11——次风接管；12—传动装置；13—皮带护罩；14—转杯电动机；15—风机风箱；16—燃油分配器；17——次风导向装置；18—盲板控制器；19—铰链装置；20—进油旋转接头；21—机械锁

2)工作过程

低压燃油进入 6500r/min 旋转的雾化杯，油流在离心力的作用下，形成一层极薄的均质而又封闭的膜，并均匀地分布在雾化杯的内壁。当燃油薄膜从雾化杯口喷出时，在具有较高动能、约占总空气供给量 8% 的一次风作用下形成最细的雾化油雾，产生最佳的燃烧效果。燃烧所需要的空气以一次风、二次风、三次风三种气流进入转杯式燃油雾化器。雾化空气是一次风，燃烧空气是二次风。三次风是一股很小的空气流，它在转杯前形成缓冲区以阻止回火，起到稳定燃烧的作用。

3)特点

它适用的燃料范围非常宽，尤其对高黏度、被污染的燃料更显优势，燃烧效率高、环保指标好、可直接燃烧超稠油。

(1)适合燃烧稠油、超稠油和特稠油的注汽锅炉。

(2)6500r/min 的转杯雾化燃烧器使燃料雾化更精细。

(3)燃烧器的负荷调节范围大，负荷处于 1~10 挡时，锅炉均可平稳运行。

(4)燃烧工况稳定，燃烧充分，不易熄火，安全环保，可实现 CO、NO_x 及固体物的低含量排放。

4)维护保养程序

(1)每天一次。具体工作：检查燃油机和燃油燃气机；清洗转杯；根据油质和运行情况确定设备所需的特别清洗周期；目测功能是否正常。

(2)每周一次。具体工作：检查安全保护装置和火焰监测器；目测燃料的供给；目测风门调节装置、风压调节器、气压调节器、压差调节器、温度调节器的功能是否正常。

(3)每季度一次。具体工作：检查可拆卸、可移动部件，拧紧松动的紧固螺栓；检查复合调节器弧形带装置，清洗并加油；清洁点火枪管道和点火电极，检查点火电缆和插头是否受损；清洁火焰探头；检查燃油和燃油燃气机所有软管是否受损，密封如何。

(4)每半年一次。具体工作：检查风门调节装置的功能和灵活性，空气中粉尘含量高时，要检查轴承；检查燃气阀和燃油阀；检查燃油和燃油燃气机；检查清洁燃油的过滤器；检查火焰监测器的断开时间；检查风道的污染情况，清洁风道；检查稳焰盘，更换密封件；检查 O_2、CO 和 NO_x 的排放限值；检查转杯驱动装置的皮带松紧和劳损情况。

(5)每年一次（或运行 6000h 后）。具体工作：检查伺服电动机；检查驱动装置的运转噪声；检查燃油和燃气电磁阀；检查点火电磁阀。

(6)每两年一次（或运行 12000h 后）。具体工作：如果需要，给驱动电动机轴承加油脂或更新轴承；更新点火电极。

(7)每三年一次（或运行 18000h 后）。更换滚柱轴承。

5)维护保养操作

(1)清洁雾化转杯。清洁周期务必按照设备的具体情况确定。不太脏时用抹布擦干净即可，雾化转杯上积存的污垢要用特种铝制刮刀清除（图 3-16），转杯旋转时不要靠近转杯。

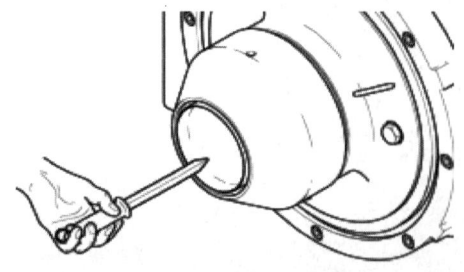

图 3-16　清理雾化杯

(2)风门。风门轴承是由高效聚合物制成的法兰轴承,不用维护保养。检查法兰轴承的磨损情况,清除污垢,不一定上油脂,发现磨损应该更换轴承。

(3)凸轮带调节盘。清洁凸轮带调节盘,上油脂,保证调节盘不偏位。

(4)火焰监测装置。火焰监测装置由火焰探头和分析计算器组成。火焰探头末端有一个光学镜片,该镜片必须对准火焰,且镜片必须清洁、无污染。重装时要注意探头的准确位置。

(五)空气压缩机

空气压缩机是一种用于压缩空气借以提高空气压力,使其具有一定能量的机械,简称压缩机。注汽锅炉上所使用的压缩机主要是活塞式空气压缩机(图3-17)和螺杆式空气压缩机(图3-18)两种。它为注汽锅炉所使用的各种气动仪表、气动阀门和气动执行机构提供气源,同时也用于雾化燃料油和吹扫油管线等。

图3-17 活塞式空气压缩机

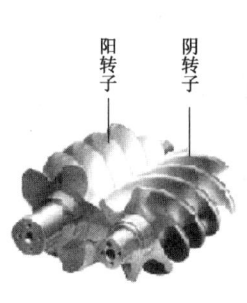

图3-18 螺杆式空气压缩机

1. 空气压缩机结构

(1)活塞式空气压缩机是二、三级压缩,V形结构,由储气罐、曲轴箱、连杆、活塞、汽缸、吸滤器及气阀等零件组成,内部结构如图3-19所示。

(2)螺杆式空气压缩机主要由同步齿轮、阴转子、阳转子、汽缸、推力轴承、挡油环、轴封等零件组成。

2. 工作过程

(1)活塞式空气压缩机由电动机直接驱动压缩机,使曲轴产生旋转运动,通过连杆、制导环和活塞销,使活塞产生往复运动,引起汽缸容积变化。

由于汽缸内压力的变化,通过进气阀使空气经过空气过滤器进入汽缸,在压缩行程中,由于汽缸容积的缩小,压缩空气经过排气

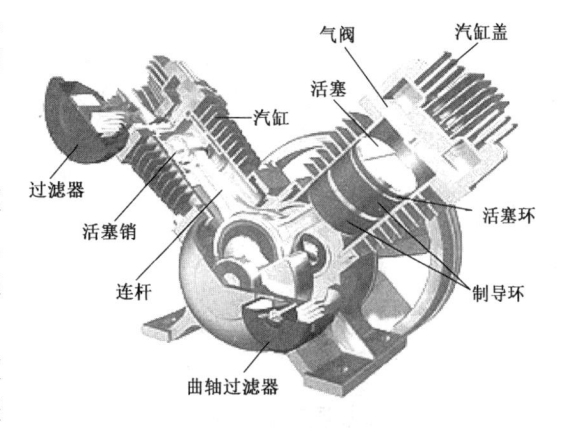

图3-19 活塞式空气压缩机内部结构

阀、排气管、单向阀(止回阀)进入储气罐。当排气压力达到额定压力 0.8MPa 时,由压力开关控制而自动停机。当储气罐压力降至 0.5～0.6MPa 时,压力开关自动接通,并启动空气压缩机。

(2)通常所说的螺杆式空气压缩机即指双螺杆空气压缩机。电动机经联轴器、增速齿轮或皮带带动主转子,由于两转子互相啮合,主转子即直接带动副转子一同旋转,在相对负压作用下,空气吸入,在齿峰与齿沟吻合作用下,气体被输送压缩,当转子啮合面转到与机壳排气口相通时,被压缩气体开始排出。

3. 空气压缩机启动操作

(1)检查确认各部位的阀门是否在正确位置。

(2)检查一切防护装置和安全附件是否处于完好状态。

(3)合上总电源、空气压缩机电源、锅炉仪电控制盘上的控制电源开关,将空气压缩机电源开关打到"开"的位置,空气压缩机启动运转。

(4)缓慢打开排气阀门至完全开启。

4. 空气压缩机停运操作

将空气压缩机电源开关打到"关"的位置,空气压缩机停止运转。关闭排气阀,打开排污阀排除积水后再关闭。

5. 常见故障、原因及排除方法

空气压缩机常见故障、原因及排除方法见表 3-3。

表 3-3 空气压缩机常见故障、原因及排除方法

故障	原因	排除方法
压力不上升	① 吸气阀阀片卡紧或断裂; ② 辅助阀泄漏; ③ 减荷活塞卡紧; ④ 减荷 O 形圈磨损严重	① 检查吸气阀,更换损坏配件; ② 检修辅助阀; ③ 检修减荷系统; ④ 更换 O 形圈
排气量低	① 滤清器堵塞; ② 气阀阀片断裂或卡紧; ③ 离心减荷控制阀泄漏或失调; ④ 活塞环磨损严重	① 清除堵塞物或更换滤芯; ② 检修气阀; ③ 检修离心减荷器; ④ 检修或更换活塞环
空气压缩机停机后, 级间压力表仍有压力值	① 储气罐单向阀泄漏; ② 辅助阀泄漏; ③ 压力表有故障	① 检修单向阀; ② 检修辅助阀; ③ 检修压力表
空气压缩机不减荷	① 减荷器有故障; ② 减荷控制阀泄漏或失调	① 检修减荷器; ② 检修或更换控制阀

(六)燃油压力调节阀

燃油压力调节阀布置在进油母管上,通过调节进油压力来调节油枪的出力。只有循环加

热燃油,才能降低其黏度,达到易于泵送、易于控制、易于良好雾化燃烧的目的。因此,回油调节必不可少。回油调节就是将燃油压力调节阀布置在回油管路上,通过调节回油压力来调节油枪的出力。注汽锅炉燃油系统的燃油压力调节阀为95H(图3-20)和98L(图3-21)两种。

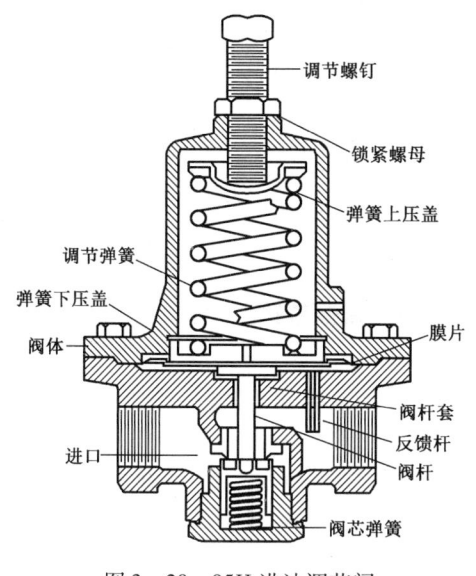

图3-20 95H进油调节阀

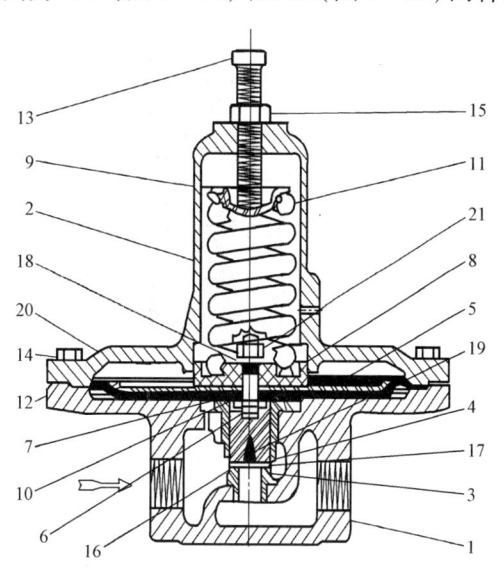

图3-21 98L回油调节阀
1—阀体;2—弹簧外壳;3—座圈;4—阀塞;5—阀塞导杆;
6—推动杆;7—垫圈;8—下部弹簧座;9—上部弹簧座;
10—密封垫;11—减压弹簧;12—隔板;13—调节螺钉;
14—盖螺栓;15,21—锁紧螺母;16,17—O形圈;
18—锁紧垫圈;19—组合阀座主体机械螺栓;20—隔板头

1. 结构

98L油压调节阀主要由阀体、弹簧外壳、座圈、阀塞、阀塞导杆、推动杆、垫圈、下部弹簧座、上部弹簧座、密封垫、减压弹簧、隔板、调节螺钉、盖螺栓、锁紧螺母、O形圈、锁紧垫圈、组合阀座主体机械螺栓、隔板头、锁紧螺母组成。

2. 工作原理

当锅炉燃油压力发生变化时,调节阀的主弹簧、反馈弹簧、膜片相互作用,引起阀芯移动而改变调节阀的开度,保持调节阀出口的燃油压力稳定,使锅炉炉膛内燃烧稳定。

3. 调压操作

调压时先拧松锁紧螺母,然后再顺时针拧紧调节螺钉,使油压升高;逆时针拧松调节螺钉,使油压降低。油压调整完毕,拧紧锁紧螺母,从而保持燃油的输出压力恒定。

(七)燃油温度调节阀

注汽锅炉所使用的燃油温度调节阀是自力式温度调节阀,即25T温度调节阀(图3-22)。它是一种无需外来能源而依靠被控介质自身温度的变化进行自动调节的节能阀门。它属于基地式控制仪表的一种,被安装在燃油蒸汽加热器的蒸汽入口管线上,用于自动调节进入燃油蒸汽加热器的蒸汽流量,从而完成对被加热燃油温度的控制。

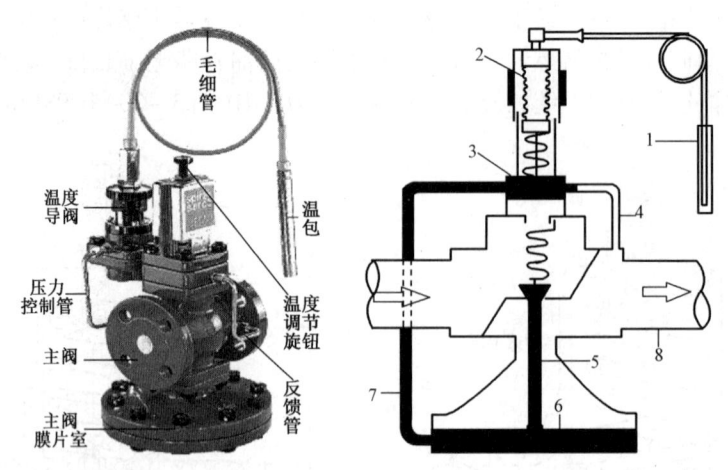

图 3-22　25T 温度调节阀
1—温包；2—波纹管；3—温度导阀；4—反馈导管；5—阀杆；6—膜片室；7—压力控制管；8—主阀

1. 结构

25T 温度调节阀主要由主阀（包括阀杆、膜片室）、感温元件（包括温包、毛细管、波纹管）、压力控制管、温度导阀（温度导阀上有一个温度刻度盘，可用来正确设定温度）、调温旋钮、反馈导管组成。

2. 工作过程

在调节阀动作之前，主阀在弹簧的弹力作用下是关闭的，温度导阀是开启的。

当来自锅炉出口的蒸汽（0.3~0.5MPa）进入温度导阀，并通过压力控制管进入主阀膜片室时，使主阀膜片产生一个向上的推力，使主阀杆克服其弹簧的作用力而向上移动，从而打开主阀，使蒸汽流入燃油蒸汽加热器去加热锅炉燃油。当锅炉燃油温度超高后，温包内的液体或气体受热膨胀，通过毛细管使波纹管的压力增加而膨胀，并向下克服波纹管弹簧的作用力，使温度导阀被关小。这样进入温度导阀的蒸汽流量减小，通过压力控制管的蒸汽压力也随之降低，致使主阀膜片室的压力下降，主阀在其弹簧力的作用下向下移动而关小，进入燃油蒸汽加热器的蒸汽量减少，降低并保持燃油温度至恒定（图 3-23）。

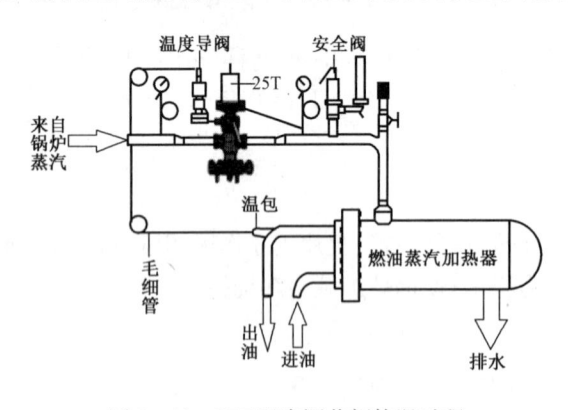

图 3-23　25T 温度调节阀控温过程

3. 投运操作

首先关闭流程上所有的截止阀；旋转温度调节旋钮，使被控的燃油温度达到工艺要求的参数；然后打开蒸汽总管线的阀门及进入 25T 调节阀前的截止阀；再打开 25T 调节阀后的截止阀；待系统本身稳定后，检查被控燃油温度是否为工艺所要求的温度。必要时重新调温度控制旋钮。

情境三　注汽锅炉的燃烧系统

(八)燃油过滤器

在注汽锅炉燃油系统中,油泵入口装有燃油粗过滤器,燃油电加热器出口装有燃油细过滤器。燃油过滤器的作用是滤掉燃油中的杂质,不堵塞燃油喷嘴。按过滤精度(滤去杂质的颗粒大小)的不同,燃油过滤器分为粗过滤器(100μm)、普通过滤器(10~100μm)、精密过滤器(5~10μm)和特精过滤器(1~5μm)四种。锅炉运行工要经常用柴油清洗燃油过滤器的滤网,以避免堵塞(图3-24)。

(九)雾化分离器

雾化分离器(图3-25)是一个长约1m,直径约为0.25m的卧式圆柱形密闭容器,其主要作用是产生二次蒸汽雾化燃料油。在雾化分离器上装有安全阀(其整定压力为1.38MPa)和压力表等安全附件。

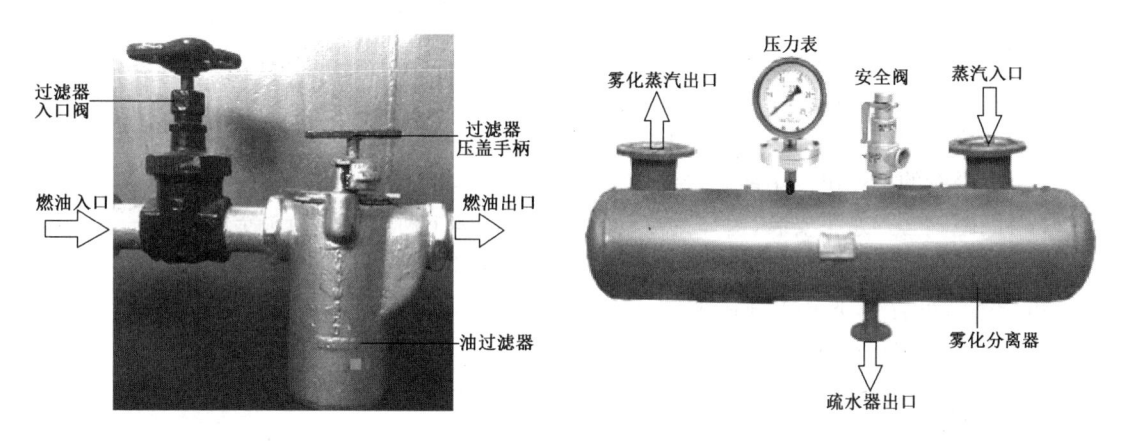

图3-24　燃油过滤器

图3-25　雾化分离器

(十)空气过滤减压器与电磁阀

1. 空气过滤减压器

空气过滤减压器是气动薄膜调节阀组合单元的一种辅助装置,即过滤和减压组合成一体,起到一仪多用的效果。经输入0.3~1.0MPa压缩空气后,可向注汽锅炉的气动仪表、气动执行机构、阀门及阀门定位器提供0.14~0.6MPa范围内任意输出值,并保持压力稳定和气源洁净。

其结构见图3-26,主要由调节螺钉、给定弹簧、膜片、主阀、滤芯、阀杆、排水丝堵等组成。通过调节弹簧压力设定出口压力,利用膜片传感出口压力变化调节主阀节流部位过流面积的大小,实现减压稳压功能。

2. 电磁阀

它是用电磁控制的工业设备,是用来控制流体的自动化基础元件,属于执行器(图3-27),用在工业控制系统中调整介质的方向、流量、速度和其他的参数。注汽锅炉在其燃油雾化管路、引燃管路、燃气放空管路、气动控制管路均设置了直动式切断电磁阀。通电时,电磁线圈产生电磁力把阀芯从阀座上提起,阀门打开;断电时,电磁力消失,弹簧把阀芯压在阀座上,阀门关闭。

图 3-26　空气过滤减压阀　　　　图 3-27　电磁阀

1）电磁阀安装、使用的环境要求
(1)安装场所环境温度应为 51.67℃(125°F)。
(2)电磁阀的工作压力不能超过阀的额定压力。
(3)电磁阀的工作电压不能超过铭牌上的额定电压。
(4)电磁阀必须水平安装,流体的流动方向应与阀体上所标示的箭头指向一致。
2）电磁阀常见故障、原因及排除方法
电磁阀常见故障、原因及排除方法见表 3-4。

表 3-4　电磁阀常见故障、原因及排除方法

故障现象	可能产生的原因	排除方法
电磁阀打不开	① 线圈短路或烧坏; ② 工作压力低; ③ 没电; ④ 管内杂物或杂质限制了阀门开启	① 更换线圈; ② 重新调整压力; ③ 检查电源; ④ 用溶剂清洗阀盘
电磁阀漏气	① 阀座上有脏物或小颗粒杂质; ② 阀芯与阀座接触面不密封	① 清洗电磁阀; ② 检修电磁阀

二、燃油系统流程识别

(一)燃油预热系统工艺流程

1. 燃油预热流程

如图 3-28 所示,燃料油经油过滤器进入油泵,升压后经单流阀进入燃油蒸汽加热器的外管和电加热器。加热器使油温升到 70℃以上(该温度由 25T 温度调节器控制进入加热器内管的蒸汽量实现,冷凝水经疏水器排走),使油压升到 1.05MPa(该压力由 95H 型或 98L 型压力调节器来控制),然后送至锅炉燃烧器进行雾化燃烧。

2. 回油流程

油泵的排量大于锅炉的燃油消耗量,多余的油经压力调节器返回油罐,并加热油罐出口附近的燃油,以减少泵的吸入阻力。锅炉短暂停炉或准备点炉时,燃油预热系统工作,电加热器使燃油升温并进行系统循环,满足锅炉启动运行需要。锅炉停炉时间较长(3d以上),热油泵组可以把油全部送回油罐,并吹扫系统管线,避免堵塞。油泵出口旁路压力调节器的作用是保护油泵免受超压危害,其压力整定为96.5~103kPa。

(二)燃油及其雾化系统的工艺流程

它包括燃油流程及雾化流程(图3-29)。

1. 燃油流程

来自注汽站储油罐的燃油,首先经油泵房的燃油热泵组(预热系统)加热后,燃油温度达到70℃以上,燃油压力达到1.05MPa。然后再进入注汽锅炉本体的燃油蒸汽加热器、燃油电加热器继续加热升温至93℃左右,流经油过滤器、油流量控制阀、燃油电动阀进入燃烧器的油喷嘴,与雾化空气或蒸汽混合后,喷入炉膛燃烧。当供油量大于锅炉所燃用的燃油消耗量时,多余的油经回油溢流阀送往回油管线。

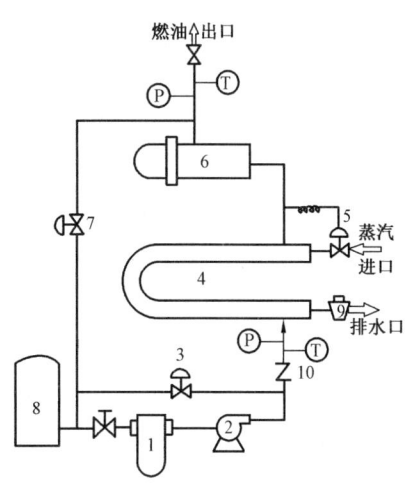

图3-28 燃油预热系统流程
1—过滤器;2—油泵;3,5,7—压力调节器;
4—燃油蒸汽加热器;6—电加热器;
8—油罐;9—疏水器;10—单流阀

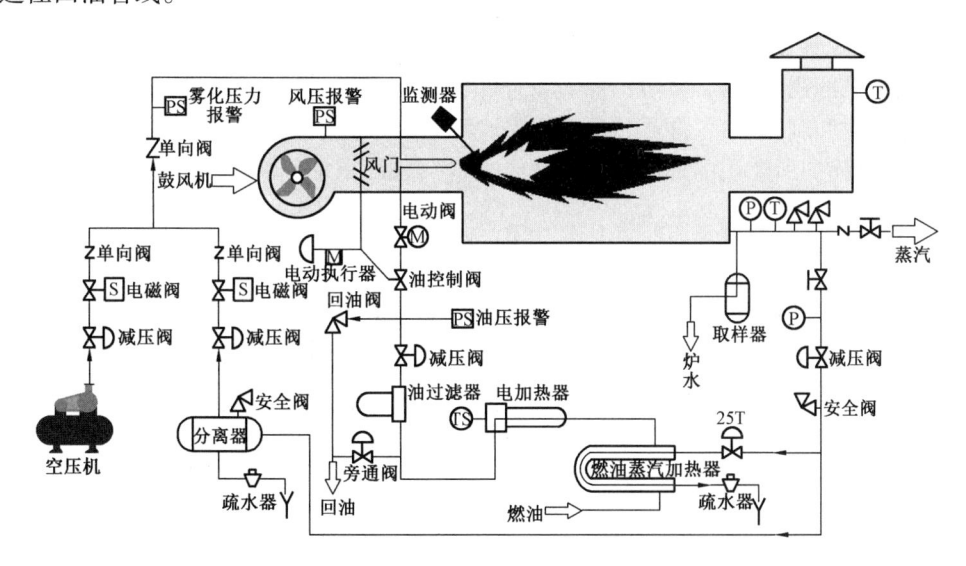

图3-29 燃油及其雾化系统工艺流程

2. 燃油雾化流程

烧油时,采用空气雾化和蒸汽雾化两种方式。这是因为锅炉在启炉初期没有蒸汽,故先用空气雾化燃油。雾化空气由空气压缩机提供,其压力为350~480kPa。雾化空气经减压阀下压力降至240kPa,流经空气雾化电磁阀和单向阀,通过燃油雾化总软管进入油喷嘴,将燃油破碎成油雾喷进炉膛燃烧。当锅炉已经产生蒸汽，并且蒸汽干度达到40％以上时，便可进行雾化方式切换。切换时应使风门处于小火位置，以防切换过程中造成灭火。来自锅炉辐射段出口的雾化蒸汽，经三级减压装置压力降至0.5MPa后进入燃油蒸汽雾化分离器，蒸汽被二次汽化和汽水分离产生干蒸汽。干蒸汽流经减压阀，压力被降至400～420kPa，再通过蒸汽雾化电磁阀、单向阀、燃油雾化总软管进入燃油喷嘴，将燃油雾化并喷入炉膛燃烧。燃油雾化总管线上还安装了雾化压力低报警开关，其整定值为172kPa。也就是说当燃油雾化压力低于172kPa时，锅炉将自动发出报警信号。

基础知识

一、锅炉燃料的基本知识

燃料能通过燃烧即化学或物理反应，释放出能量的物质。其放出热量的计算公式为：

$$Q_{放} = mq \tag{3-1}$$

式中　m——燃料的质量；

q——燃料的热值。

燃料被广泛应用于工农业生产和人民生活，燃料有许多种。按形态燃料可以分为固体燃料（如煤炭、木材）、液体燃料（如汽油、煤油、石油）、气体燃料（如天然气、煤气、沼气）。按类型燃料可以分为化石燃料（如石油、煤、油页岩、甲烷、油砂等）、生物燃料（如乙醇、生物柴油等）、核燃料（如铀235、铀233、铀238、钚239、钍232等）。按获得方法燃料分为天然燃料和人工燃料（经过一定加工处理）。

其中最常见的锅炉燃料为煤炭、焦炭、石油、天然气、煤气等。随着科技的发展，人类正在更加合理地开发和利用燃料，并尽量追求环保、节约、减排。

目前，注汽锅炉所燃用的燃料主要是液体燃料（石油、重油、乳化油、煤焦油）和气体燃料（天然气、热煤气）两种。

（一）石油

石油又称原油，是从地下深处开采的棕黑色可燃黏稠液体，主要是各种烷烃、环烷烃、芳香烃的混合物。它是古代海洋或湖泊中的生物经过漫长的演化形成的混合物，与煤一样属于化石燃料。我国石油资源集中分布在渤海湾、松辽、塔里木、鄂尔多斯、准噶尔、珠江口、柴达木和东海陆架八大盆地，其可采资源量为$17.2×10^8$t，占全国的81.13％。

石油的性质因产地而异，密度为0.8～1.0g/cm³，黏度范围很宽，凝点差别很大（30～-60℃），沸点范围为常温到500℃以上，可溶于多种有机溶剂，不溶于水，但可与水形成乳状液。

不同油田的石油成分和外貌区别很大，石油的常用衡量单位为桶（bbl），即42gal，折合约158.98L。因为各地出产的石油的密度不尽相同，所以一桶石油的重量也不尽相同。一般一吨石油大约有7bbl，轻质油则为7.1～7.3bbl不等。石油主要被用作燃油和汽油，是目前世界上最重要的一次能源之一。

油田把石油作为注汽锅炉的燃料油，其主要技术和质量指标有黏度、凝点、含硫量、闪点、水分、灰分、机械杂质和热值。

1. 黏度

黏度是燃料油最主要的性能指标,是划分燃料油等级的主要依据。它是对流动性阻抗能力的度量,它的大小表示燃料油的易流性、易泵送性和易雾化性能的好坏。目前国内较常用的是40℃运动黏度(馏分型燃料油)和100℃运动黏度(残渣型燃料油)。油品运动黏度(其符号为ν)是油品的动力黏度(其符号为μ)和密度的比值,其单位是Stokes,即斯托克斯,简称斯。当流体的动力黏度为1P,密度为1g/cm^{3}时,运动黏度为1斯托克斯。CST是Centistokes的缩写,意思是厘斯,即1斯托克斯的百分之一。

燃油的黏度随温度的升高而降低,所以先将燃油加热降黏,使其达到燃油喷嘴所要求的黏度,即100ssu(赛氏黏度)或小于2.77×10^{-5} m^2/s,以保证燃油雾化质量。

2. 凝点

燃油在冷却过程中,油温逐渐降低,使燃油丧失其流动性,直至发生凝固时的温度称为凝点。它是表示燃油在低温下流动性能的重要指标。燃油凝点越高,低温流动性越差。当油温低于凝点时,就无法在管道中输送。为确保燃油系统在寒冷季节能正常工作,必须选用凝点较低的燃油,或采取加热保温等措施。油中含有石蜡时会使凝点升高,一般重质燃油凝点较高,轻质燃油凝点较低。

3. 含硫量

燃料油中的含硫量过高会引起金属设备腐蚀和环境污染。根据含硫量的高低,燃料油可以划分为高硫(大于3.5%)、中硫和低硫(小于1%)燃料油。

4. 闪点

当燃油温度升高时,液面析出油蒸气增加,如用火焰接近油液表面,可能会出现短暂的闪火,燃油的这个可能出现闪火的最低温度就称为闪点。其特点是火焰一闪即灭,达到闪点温度的油品尚未能提供足够的可燃蒸气以维持持续的燃烧,仅当其再行受热而达到另一更高的温度时,一旦与火源相遇方构成持续燃烧,此时的温度称燃点或着火点。虽然如此,但闪点已足以表征油品着火燃烧的危险程度,习惯上也正是根据闪点对危险品进行分级。显然闪点越低越危险,越高越安全。

5. 水分

水分的存在会影响燃料油的凝点,随着含水量的增加,燃料油的凝点逐渐上升。此外,水分还会影响燃料的燃烧性能,可能会造成炉膛熄火、停炉等事故。

6. 灰分

灰分是燃烧后剩余不能燃烧的产物,它覆盖在锅炉受热面上,使其传热能力下降。

7. 机械杂质

机械杂质会堵塞过滤网,造成抽油泵磨损和喷油嘴堵塞,影响正常燃烧。

8. 热值(发热量)

单位质量的燃料完全燃烧时放出的热量,称为燃料的发热量或燃料的热值,用Q表示,其单位是 J/kg。燃料有不同的分析基准,因而也有不同基质的发热量。通常采用的是应用基发热量,用 Q_y 表示。燃料和各种基质的发热量之间可以通过公式来进行换算。燃料的发热量分为高位发热量和低位发热量。当 1kg 燃料完全燃烧所生成的水蒸气都凝结成水时,燃料放出的全部热量,称为燃料的高位发热量,用 Q_g 表示;当 1kg 燃料完全燃烧,生成的水蒸气未凝结成水时燃料放出的热量,称为燃料的低位发热量,用 Q_d 表示。故高位、低位发热量之间的差别,在于是否包括燃料燃烧时所生成的水蒸气所含的那部分汽化潜热。

在锅炉运行中,由于烟气温度高于 100℃ 一般都不会凝结,因此水蒸气中所包含的汽化潜热并不能释放出来,故实际能被锅炉利用的只是燃料的低位发热量。在我国的锅炉燃烧技术中,也通常采用低位发热量。我国重油发热量为 37.656~43.932MJ/kg(或 9000~10500kcal/kg);煤的发热量为 12.552~29.288MJ/kg(或 3000~7000kcal/kg)。

(二)乳化油

21 世纪,中国作为人口大国,随着人民生活水平的提高,能耗水平也在迅速提高。而天然石油的储量却是有限的,在积极探索新能源的同时,节约石油势在必行。乳化油既是节能油也是改善环境的绿色燃料油。注汽锅炉所燃用的乳化油是将 70%~90% 的燃油(重油),加 30%~10% 的水,再加 0.5%~1% 的添加剂,而后通过专用设备进行乳化。使油液成为油包水型分子基团,该分子基团的颗粒一般为 0.5~10μm,颗粒越小、越均匀,乳化油的稳定期越长,一般为 1~6 个月。乳化油其流动性好于原油;比原油难于着火,闪点 >120℃;低位发热量为 27~29MJ/kg;在 5~70℃ 之外其稳定性急剧下降,直至破乳(油水分离即破乳),破乳后将失去其性能。

乳化油燃烧过程的物理作用即所谓"微爆"理论。油包水型分子基团,油是连续相,水是分散相。由于油的沸点比水高,受热后水总是先达到沸点而蒸发或沸腾。当油滴中的压力超过油的表面张力及环境压力之和时,水蒸气将冲破油膜的阻力使油滴发生爆炸,形成更细小的油滴,这就是所说的微爆或称二次雾化。爆炸后的细小油滴更容易燃烧,因此,油液燃烧更完全,使注汽锅炉达到节能的效果。化学作用即水煤气反应,在缺氧条件下,燃料中由于高温裂解产生的碳粒子,能与水蒸气反应生成 CO 和 H_2,使碳粒子能充分燃烧,提高了燃烧效率,降低了排烟中的烟尘含量。

(三)煤焦油

煤焦油是煤干馏过程中得到的黑色黏稠产物,具有特殊臭味。煤焦油的相对密度为 1.18~1.23,开口闪点为 200℃ 左右,微溶于水,溶于苯、乙醇、乙醚、氯仿、丙酮等多数有机溶剂。按焦化温度不同所得的煤焦油可分为:低温(450~650℃)煤焦油;中温(600~800℃)煤焦油;高温(900~1000℃)煤焦油。它对环境有危害,对大气可造成污染。

在能源使用中主要利用它的热能,因此,习惯上都采用热量来做为能源的共同换算标准。由于煤、油、气等各种燃料质量不同,所含热值不同,为了便于对各种能源进行计算、对比和分析,必须统一折合成标准燃料。标准燃料是计算能源总量的一种模拟的综合计算单位。标准燃料可分为标准煤、标准油、标准气等。国际上一般采用标准煤、标准油指标较多。我国以煤为主,采用标准煤为计算基准,即将各种能源按其发热量折算为标准煤,并规定标准煤的应用基低位发热量为 7000kcal/kg。

注汽锅炉在运行工况相同的条件下,燃用不同的燃料其燃料消耗量是不同的。但都可以用标准燃料的计算公式换算成标准燃料耗量,从而就能正确地比较注汽锅炉设备运行的经济性。标准燃料消耗量的计算公式为:

$$B_{bz} = \frac{BQ_{ar.net}}{Q_{ar.net}} \tag{3-2}$$

式中　B_{bz}——标准燃料消耗量,kg/h;
　　　B——实际燃料消耗量,kg/h;
　　　$Q_{ar.net}$——实际燃料的收到基低位发热量,kJ/kg。

二、燃料的燃烧

所谓的燃烧,就是燃料中可燃成分与空气中的氧气发生剧烈的高速化学反应并放出热量的过程。因此,要使锅炉内的燃料燃烧得迅速而且完全,应具备的基本条件,即燃烧四要素是:有相当高的温度;有充足的氧气供应;可燃物质与氧气有良好的接触;要有充分的燃烧时间。

(一)燃料燃烧所需的空气量

没有空气,燃料是不可能燃烧的。燃料中的可燃元素是碳、氢和硫,每一种可燃元素燃烧都需要一定的空气量。例如,碳完全燃烧时的化学反应式为:12kgC + 22.41m³O_2 = 22.41m³ CO_2,即 1kg 碳完全燃烧需要的氧气量为 1.866m³(标准状况下),燃烧后生成的二氧化碳为 1.866m³,因 1kg 燃料中含有 $\frac{C_{ar}}{100}$kg 碳,所以 1kg 燃料中碳完全燃烧必需的氧气量为 $1.866\frac{C_{ar}}{100}$m³;氢完全燃烧时的化学反应式为:4.032kg H_2 + 22.41m³ O_2 = 44.82m³H_2O,即 1kg 氢完全燃烧需氧量为 5.56m³,燃烧后生成 11.1m³水蒸气,因而 1kg 燃料中氢完全燃烧必需的氧气量为 $5.56\frac{H_{ar}}{100}$m³;硫完全燃烧时的化学反应式为:32kg S + 22.41m³ O_2 = 22.41m³ SO_2,即 1kg 硫完全燃烧时需要的氧量为 0.7m³,燃烧后生成的二氧化硫为 0.7m³,因而 1kg 燃料中硫完全燃烧必需的氧气量为 $0.7\frac{S_{ar}}{100}$m³。由此可知,各种燃料由于成分不同,完全燃烧所需要的空气量也不相同。

1. 理论空气的需要量

燃料燃烧所需要的氧气,一般都取自空气。1kg(或1m³)的收到基燃料完全燃烧且没有剩余氧气存在时所需要的空气量,称为理论空气需要量 V_0,标准状况下,单位是 m³/kg(或 m³)。其理论推导计算公式为:$V_0 = 0.0889(C_{ar} + 0.375S_{ar}) + 0.265H_{ar} - 0.0333O_{ar}$,以此计算的空气量是不含水蒸气的理论干空气量。

2. 实际空气需要量

在锅炉实际运行中,由于燃烧设备不完善及其他因素的影响,燃料与空气的混合不可能达到完全理想的程度,如果仅按理论空气量供空气,必然会使一部分燃烧因遇不到氧气而不能完全燃烧。为了保证燃料能够完全燃烧,实际供给燃料燃烧的空气量要比理论空气量 V_0 多。这多供应的一部分空气量叫作过剩空气量 ΔV,理论空气量加上过剩空气量就是燃料燃烧所需的实际空气需要量 V,单位是 m^3/kg。

3. 过量空气系数

实际供给的空气量 V 与理论空气量 V_0 之比,称为过量空气系数 α(在空气侧用 β 表示),即:

$$\alpha(或 \beta) = \frac{V}{V_0} = \frac{21}{21 - O_2} > 1$$

空气过量系数是锅炉运行中非常重要的指标之一。空气过量系数太大,表示空气太多,这将使烟气量增加。由于过量空气并不参加燃烧,在锅炉内白白被加热后从烟囱排出,增加了排烟热损失,同时也使风机耗电量增加。空气过量系数太小,则不能保证完全燃烧。因此对运行中的锅炉,采用氧化锆氧量分析仪在线检测烟气中的含氧量(图 3 - 30),用来确定和调整过量空气系数的大小,以保证锅炉燃烧工况在最佳过量空气系数 α_1'' 下运行。对于运行中的油田注汽锅炉,烧石油时 α_1'' = 1.15 ~ 1.2(即 O_2 = 3% ~ 4%);烧重油时 α_1'' = 1.2 ~ 1.3(即 O_2 = 4% ~ 5%);烧天然气时 α_1'' = 1.05 ~ 1.15(即 O_2 = 1% ~ 3%);烧煤气时 α_1'' = 1.05 ~ 1.1(即 O_2 = 1% ~ 2%);烧煤时 α_1'' = 1.3 ~ 1.5(即 O_2 = 5% ~ 7%)。

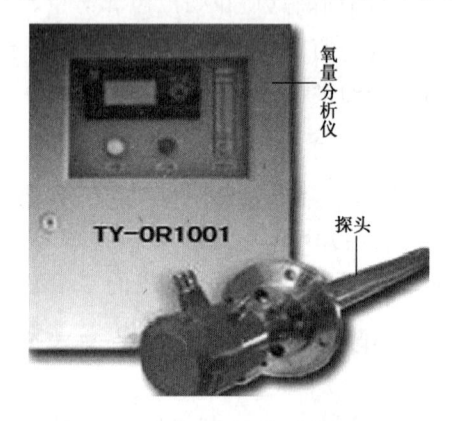

图 3 - 30　氧量分析仪

(二)燃烧速度

燃烧速度是指单位时间烧掉的燃料量,可用化学反应速度来表示。锅炉内的燃烧反应,其氧化剂一般是空气,但燃料的形态有多种。当燃料与氧化剂属于同一形态,称为均相燃烧或单相燃烧;当燃料与氧化剂不属于同一形态,称为多相燃烧。

无论是哪种燃烧方式,其锅炉内的燃烧化学反应可用如下的通式来表示:$aA + bB \leftrightarrow gG + hH$。式中左边的物质 A 和 B 分别表示燃料和氧化剂,右边的 G 和 H 分别表示燃料燃烧的两种产物,a、b、g、h 分别表示燃料和氧化剂的化学计数量。实践证明,任何化学反应都是同时在正反两个方向进行的。对于燃烧反应,随着反应的进行,燃料和氧气的浓度降低,而生成物的浓度在升高。因此,由反应物到生成物的正向反应速度逐渐减小,而由生成物至反应物的逆向反应速度在提高。当正向反应速度(用常数 k_1 表示)和逆向反应速度(用常数 k_2 表示)相等时,化学反应达到平衡,其正、逆向反应速度之比称为平衡常数即 $k_c = \frac{k_1}{k_2}$。燃烧速度的快慢与燃料的反应活化能、反应物浓度和反应温度有关。它们的关系可用阿累尼乌斯(Arrhenius)定律表示:

$$k = k_o e^{-\frac{E}{RT}} \tag{3-3}$$

式中 k——反应速度常数;

k_o——频率因子,相当于单位浓度,反应物质分子间的碰撞频率及有效碰撞次数的系数;

E——反应活化能,其值可由实验确定,kJ/kmol;

R——通用气体常数,$R = 8.314$ kJ/(kmol·K);

T——反应温度,K。

1. 燃料的反应活化能

由于燃料的多数反应都是双分子反应,双分子反应的首要条件是两种分子必须相互接触、相互碰撞。阿累尼乌斯指出,分子间的碰撞不是都能发生化学反应的,只有那些碰撞能量足以破坏现存化学键并建立新的化学键的才是有效的。为使某一化学反应得以进行,分子所需的最低能量称为活化能,以 E 表示。能量达到或超过活化能 E 的分子称为活化分子。活化分子的碰撞才是发生反应的有效碰撞,所以反应只能在活化分子之间进行。

如图 3-31 所示,要使反应物由 A 变成燃烧产物 G,参加反应的分子必须首先吸收活化能 E_1,达到活化状态。数目较多的活化分子产生碰撞,发生反应而生成燃烧产物,并放出比 E_1 更多的能量 E_2,而燃烧产物净放热量为 Q。在一定温度下,某种燃料的活化能越小,这种燃料的反应能力就越强,即使在较低的温度下也容易着火和燃尽。燃料活化能的大小是决定燃烧反应速度的内因条件,一般燃料化学反应的活化能为 42~420kJ/kmol。通常挥发分含量高的燃料(如烟煤),其活化能较小,而挥发分含量较少的燃料(无烟煤),其活化能较高。

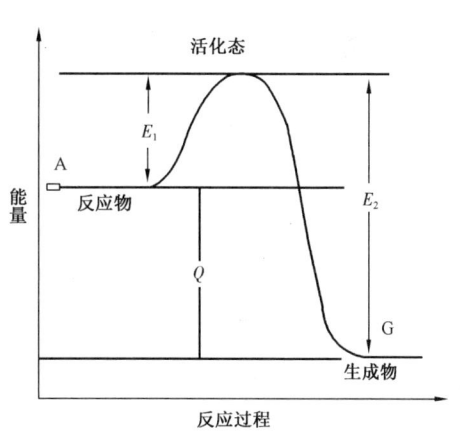

图 3-31 化学反应分子能量变化

2. 反应物的浓度

燃料在实际燃烧过程中,在炉膛各处、在燃烧反应的各个阶段,参加燃烧反应的物质浓度变化是很大的。在燃料着火区,可燃物浓度比较高,而氧气的浓度比较低(图 3-32)。这主要是为了维持着火区的高温状态,使燃料进入炉膛内迅速着火。如果着火区过分缺氧,则燃烧就

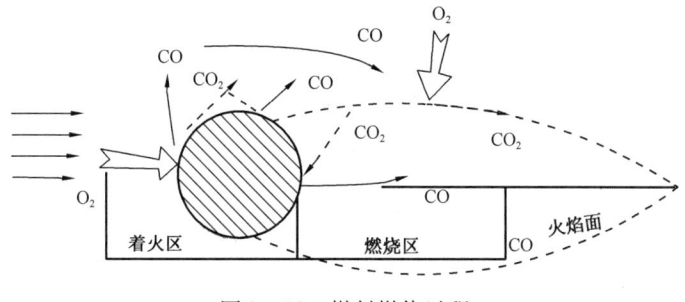

图 3-32 燃料燃烧过程

会终止。因此,在着火区控制燃料与空气的比例达到恰到好处的状态,是实现燃料尽快着火和连续着火的重要条件。

例如,高温条件下可燃物与氧气应有较高的化学反应速度(视为化学条件),但氧气浓度下降(即氧气和可燃物的接触混合速度,视为物理条件),可燃物得不到充足的氧气供应,结果燃烧速度也必然下降。因此,只有在化学条件和物理条件都比较适应的情况下,才能获得较快的燃烧速度。

3. 反应温度

温度对化学反应的影响十分显著。随着反应温度的升高,分子运动的平均动能增加,活化分子数量大大增加,有效碰撞频率和次数增多,因而反应速度加快。对活化能越大的燃料,提高炉膛温度,就能越加显著地提高燃料的燃烧速度。

(三)连锁反应

气体燃料在燃烧反应过程中,有时在温度极低的场合下,反应仍可以以很高的速度进行。也不需要给反应物质施加能量,使活化分子的数量增多。这种反应是多种化学反应,并且是连续性的。在连续反应过程中,可以自动产生一系列活化中心,这些活化中心不断繁殖,经过一系列中间过程,整个燃烧反应就像链一样一节一节传递下去,故称该反应为连锁反应。连锁反应是一种高速反应,例如当温度超过500℃时,氢的燃烧就会表现爆炸反应。

由此可见,连锁反应的过程包括:(1)链的形成——由原作用物质产生活化中心;(2)链的分支——活化中心与原物质作用,除了生成最终产物外,又生成两个或两个以上的活化中心;(3)链的中断——活化中心消失。在固体燃料的燃烧过程中,这种连锁反应也是存在的,主要是它的燃烧中间产物如一氧化碳、碳氢化合物和氧气的反应,但其反应过程相当复杂。

(四)燃烧程度

燃烧程度即燃料燃烧的完全程度。当燃料中的可燃物质全部和氧气化合生成二氧化碳、二氧化硫和水蒸气,并放出全部热量时,称为燃料的完全燃烧。当燃料中的可燃物质没有完全和氧气化合,燃料中的热量没有全部放出时,称为燃料的不完全燃烧。燃料的燃烧程度可用燃烧效率表示,即输入锅炉的热量(Q_r)扣除机械不完全燃烧损失的热量(Q_1)和化学不完全燃烧损失的热量(Q_2)后占输入锅炉热量的百分比,用符号 η_r 表示,并可用下式计算:

$$\eta_r = \frac{Q_r - Q_1 - Q_2}{Q_r} \times 100\% \qquad (3-4)$$

(五)燃烧区域

根据反应物浓度、化学反应速度、炉膛温度等燃烧条件的不同,燃烧分为三个不同区域。

1. 动力燃烧区

当炉膛温度低于1000℃时,炭粒表面的化学反应速度较慢,燃烧所需的氧气量较少,相对而言氧气向炭粒表面扩散速度就很快,氧气的供应十分充足,提高扩散速度对燃烧速度影响不大。燃烧速度 ω 主要取决于炉膛温度和燃料的化学反应速度,见图3-33中的Ⅰ区,图中 d 为炭粒直径。

2. 扩散燃烧区

当炉膛温度低于1400℃时,燃料的化学反应速度较快,而扩散速度相对较小,此时燃烧速度主要决定于炉内氧气对燃料的扩散情况,对于固体燃料而言即取决于燃料与气流的相对速度和燃料颗粒直径,把这种燃烧情况叫作扩散燃烧,或者说燃烧处于扩散区,见图3-33中的Ⅲ区。例如,燃烧煤、焦炭、重油等燃料,炉膛温度高于1400℃,大多都属于扩散燃烧。此时只要加强通风,就能提高燃烧速度。

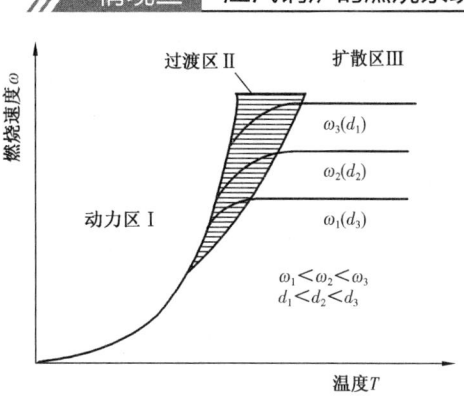

图3-33 速度及浓度随温度变化

3. 过渡燃烧区

介于动力区和扩散区之间,提高炉膛温度和提高扩散速度都可以提高燃烧速度。若扩散速度不变,只提高炉膛温度,则燃烧过程向扩散区转化;若炉膛温度不变,只提高扩散速度,则燃烧过程向动力区转化,见图3-33中的Ⅱ区。

综上所述,在温度较低的动力区,扩散速度远远大于化学反应速度,提高燃烧速度的主要措施是提高炉膛温度,而扩散工况的变化对燃烧过程的影响是很小的;在高温的扩散燃烧区,化学反应速度远远大于扩散速度,提高燃烧速度的主要措施是提高扩散速度,而炉膛温度的变化对燃烧过程的影响很小;在过渡区,提高扩散速度和炉膛温度都可使燃烧速度增大。

三、油的燃烧

油是一种液体燃料。液体燃料的沸点总是低于它的着火温度,因此液体燃料的燃烧总是在蒸气状态下进行的。实际上直接参加燃烧的不是液体状态的"油",而是"油气",这是液体燃料燃烧的共同特点。

具有一定压力、温度的燃料油,通过油嘴喷入炉膛后(图3-34),被雾化成大量细小的油粒,然后吸收炉膛内的高温热量逐渐蒸发分解而变成油气,再与进入炉膛内的燃烧空气混合,形成了可燃气体混合物便开始着火燃烧,形成火焰。燃烧产生的热量有一部分由火焰传递给油,使油不断蒸发而燃烧。因此,油的燃烧过程可分成:燃料油的雾化;油粒的蒸发和分解;油气与空气混合物的形成;可燃气混合物的着火和燃烧。

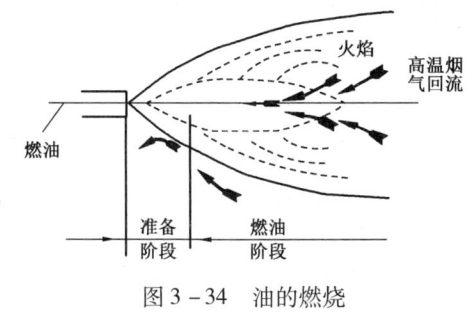

图3-34 油的燃烧

由此可知,要加强油的燃烧,必须增大油的蒸发表面积。为此,锅炉燃油时,总是将油雾化成细小的油滴后再燃烧。所谓的燃油雾化就是将预热后的燃油通过油喷嘴使其破碎成大量细小油滴的过程。其雾化目的是增加单位质量燃料油与空气、烟气及火焰接触的表面积,为油的迅速而完全燃烧创造条件。

(一)燃油雾化质量指标

燃油雾化质量的好坏可由雾化粒度与均匀度、雾化角和油流密度等参数来衡量。

1. 雾化粒度与均匀度

雾化粒度是指雾化后油滴直径的大小;均匀度是指雾化后的油滴群中,油滴直径的一致程度。它们是衡量燃油雾化质量的主要指标。雾化油滴越小越有利于燃油的完全燃烧(图3-35)。油滴的燃烧必须在油气和空气的混合状态下进行,其燃烧所需要的时间和它的直径的平方成正比,即:

$$t = \frac{d^2}{k} \tag{3-5}$$

式中　t——燃尽时间,s;
　　　d——油滴的直径,mm;
　　　k——燃烧速度常数,mm^2/s。

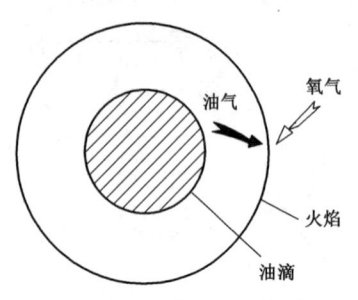

图3-35　油滴燃烧过程

例如,假定从油喷嘴喷出的油滴平均直径是0.2mm,而最大油滴直径是1mm,取燃烧速度常数 $k=1mm^2/s$,则对于平均直径的油滴,燃尽时间是 $t=0.2^2/1=0.04s$;而对于最大油滴,燃尽时间则需要 $t=1^2/1=1s$。也就是说,最大油滴直径比平均油滴直径大五倍,而它的燃尽时间却要大25倍。由此可见,燃油的雾化粒度与均匀度对燃烧有重大影响。

2. 雾化角

在油喷嘴出口,油滴有一个轴向速度,同时还具有一个切向速度(见图3-34)。所以油雾离开喷嘴出口后立即扩展成环锥形,油雾两边界切线所形成的夹角称为雾化角。由于油雾的扩展,油雾四周的压力高于中心压力,其所形成的负压使油雾收缩。因此,油雾的边界线不是直线。雾化角的大小对合理配风有很大影响。雾化角太小,中心回流区小,空气与油雾的混合推迟并变差;雾化角太大,油雾会穿过空气区,除造成混合不良外,油滴还有可能直接喷射到炉管(水冷壁管)上而出现结焦。一般燃油喷嘴的雾化角控制在80°~90°。

3. 油流密度

油流密度是指单位时间内通过垂直于油雾速度方向的单位面积上的燃油体积,单位是 $cm^3/(s \cdot cm^2)$。要求沿圆周方向油流密度分布均匀;油雾中心的油流密度不能太大,否则不利于良好的配风。

(二)燃油雾化机理

(1)油流本身的紊流脉动:流体的流动速度较高时,其流动状态为紊流。这时流动介质的分子不仅随流体做定向运动,而且分子微团做横向或其他方向的运动,这种现象叫紊流脉动。

(2)油流高速旋转产生的离心力:油流进入燃烧器雾化喷嘴的旋流室后,高速旋转,在旋流室中形成一个空心气体旋涡。由于旋转速度很高,油流离开喷孔后立即扩展成伞形。而且在离心力的作用下,克服油的内力,将油破碎成大量、细小的油滴。

（3）油滴与气体的相对运动：当油滴与炉膛中的空气、烟气在较高的相对速度上相冲击时，会进一步被破碎成更细小的油滴。

（4）油压骤降后的汽化作用：在雾化喷油嘴中的高压油由喷嘴喷入炉膛后，油压骤降，油中某些成分将局部汽化，在出口油膜中出现气泡，使油膜破裂，因而油流更容易雾化成细小油滴。

（三）炉膛内影响油雾燃烧工况的因素

（1）对流的影响。炉膛内气流速度比较高，是紊流气流。无数分子微团做不规则的紊流脉动。特别是粒径大的油滴，由于质量比较大，不能随气体分子一起脉动。于是油滴和气体之间产生了相对速度，使火焰向油滴的传热加强，使油滴的蒸发加快，从而也加快了燃烧。气流速度越高，油滴的燃烧速度也越快。实践证明，在雾化质量相同的条件下，如果燃烧器出口风速过低，在火焰尾部可以发现大量雪片状火星，这是有未烧完的大油滴在继续燃烧的表现。但如果风速较高，这种火星就可能不出现。这说明风速高可以使燃烧加快。

（2）炉膛内的氧气浓度和温度是不均匀的，温度高可以使燃烧加快，而氧气浓度低则将使燃烧速度减慢。

（3）油雾中的油滴大小是不均匀的。油雾中有些油滴靠得比较近，它们的火焰又可能有相互影响。

目前锅炉燃烧大多采用低（负）氧燃烧技术（所谓的低氧燃烧就是使燃料在炉内总体过量空气系数较低的工况下燃烧）。空气过剩量相对较少，油雾与空气混合稍有不均匀，就可能造成燃油的燃烧不完全。因此，不仅要适当提高空气速度，而且还要加强油雾和空气的混合。

资料链接

（1）注汽锅炉燃料油、重油的成分指标是什么？其过热锅炉燃料设计消耗量是多少？

① 燃料油成分：碳 84.71%，氢 11.97%，氧 0.62%，氮 0.34%，硫 1.06%，水分 1.3%。

② 燃烧重油时，燃油必须去除杂质和水分，以保证达到如表 3-5 所示的指标。

表 3-5 注气锅炉重油成分指标

名称	单位	参数
低位发热值	J/kg	≥3.35×10^7(20℃)
闭口闪点	℃	≥100
灰分	%	≤0.3
水分	%	≤0.2
机械杂质	%	≤2.5
硫含量	%	≤0.5
黏度	m^2/s	32×10^{-6}(100℃)

在锅炉运行时，燃油供给应是连续不断的，并且燃油种类及成分不应任意变动，运行时燃油的炉前进口油压力不得低于 0.7MPa，且作为燃烧所用燃料，其进入燃烧器喷嘴时黏度必须达到 100SSU（赛式黏度）以下。燃油系统入口处油压一般为 0.7~1.0MPa，油温在 65℃左右。

③ 锅炉所烧的燃油低位发热量为 9792kcal/kg 时,其设计消耗量如表 3-6 所示。

表 3-6 过热锅炉燃油设计消耗量

锅炉出力	燃料消耗量	过热温度	单位耗量
20t/h	1520kg/h	350℃	76kg/t

(2) 什么是锅炉的热平衡?

锅炉热平衡研究燃料的热量在锅炉中的利用情况,即有多少热量被有效利用,有多少热量变成了热量损失,以及这些热量损失的原因。其目的是为了有效地提高锅炉的热效率。

① 锅炉热平衡方程。

锅炉产生蒸汽或热水的热量主要来源于燃料燃烧放出的热量。但是由于种种原因,送入锅炉内的燃料不可能完全燃烧,并且燃料所放出的热量也不可能全部有效地用于生产蒸汽或热水,其中必有一部分热量损失掉了。为了确定锅炉的热效率,就需要建立在正常工况下的锅炉热量的收、支平衡关系,通常称为热平衡。

锅炉的热平衡是以 1kg 固体燃料或液体燃料为单位进行讨论的。1kg 燃料带入炉内的热量、锅炉有效利用热量和损失热量之间的关系见式 (3-6)。

$$Q_r = Q_1 + Q_2 + Q_3 + Q_4 + Q_5 + Q_6 \quad (3-6)$$

式中 Q_r——燃料实际带入锅炉的热量,kJ/kg;

Q_1——锅炉有效利用热量,kJ/kg;

Q_2——排烟热损失,kJ/kg;

Q_3——未燃烧的可燃气体所带走的热量或气体不完全燃烧热损失(化学不完全燃烧热损失),kJ/kg;

Q_4——未燃完的固体燃料所带走的热量或固体不完全燃烧热损失(机械不完全燃烧热损失);

Q_5——锅炉炉体的散热损失;

Q_6——其他热量损失。

如果在上述等式两边别除以 Q_r 则锅炉热平衡可用百分数来表示,即 $q_1 + q_2 + q_3 + q_4 + q_5 + q_6 = 100\%$,式中 $q_1 = \frac{Q_1}{Q_r} \times 100\%$,$q_2 = \frac{Q_2}{Q_r} \times 100\%$,$q_3 = \frac{Q_3}{Q_r} \times 100\%$,$q_4 = \frac{Q_4}{Q_r} \times 100\%$,$q_5 = \frac{Q_5}{Q_r} \times 100\%$,$q_6 = \frac{Q_6}{Q_r} \times 100\%$。

锅炉热效率为:$\eta_{gl} = q_1 = 100\% - (q_2 + q_3 + q_4 + q_5 + q_6)$。1kg 燃料带入锅炉的热量 Q_r,一般为燃料的应用基低位发热量,即 $Q_r = Q_{dw}^y$。锅炉的热效率就是工质所吸收的热量占燃料完全燃烧时所放出的热量的百分比。锅炉的热效率是锅炉的重要的性能及经济指标,它反映了锅炉的完善性、先进性。

② 锅炉的各种热量损失。

认真分析锅炉各种热量损失的产生原因,对于设计新型锅炉,改造旧锅炉以及保证锅炉的正常运行都是很重要的。

(a)排烟热损失。

排烟热损失是锅炉的一项主要热损失,对于小型锅炉来说更是如此。影响排烟热损失的因素主要是排烟温度的高低和过剩空气量的多少。锅炉排出的烟气带有大量的热量,排烟温度越高,所带走的热量就越多。排烟温度每增高 10~25℃,锅炉效率相应地减少 1%。当排烟温度为 400~500℃ 时,排烟热损失可达 30%~40%。

造成锅炉排烟温度过高的原因是多方面的,如锅炉结构不合理,受热面布置过少,受热面上的积灰和积垢过厚,锅炉超负荷运行等都可造成排烟温度过高。较合理的排烟温度为 180~200℃。此外,影响排烟热损失的另一个因素是过量空气量。如送风量过大,燃料分布不均,造成排烟量增大,随着排烟量的增大,排烟热损失也就增大。在设计和改造锅炉时,适当布置锅炉的受热面,在运行中有效地控制炉膛过量空气系数,密封烟道的漏风处,是降低排烟热损失的主要途径。

(b)化学不完全燃烧热损失。

液体燃料燃烧时,燃料中的可燃气体在炉膛内燃烧。如果部分可燃气体没有燃尽就随烟气排走,这就造成了燃料的化学燃烧不完全热损失。在送风量不足、燃料与空气混合不充分、炉膛容积小、炉温太低等情况下,都可能造成供氧不足;可燃气体在炉膛内停留时间过短或达不到着火点,这些都能使可燃气体不能完全燃烧,从而造成热损失。

(c)机械不完全燃烧热损失。

在燃用固体燃料的锅炉排走的灰渣和随烟气带出的飞灰中,都含有未烧完的燃料颗粒和炭粒。这些没有燃烧的固体可燃物所储有的热量称为锅炉的机械不完全燃烧热损失,它也是锅炉的一项主要热损失。液体燃料和气体燃料的机械不完全燃烧热损失为零。

从分析可知,以上三项热损失大小与过剩空气量的多少有关。过量空气系数太大,会使排烟热损失增大,但化学不完全燃烧热损失和机械不完全燃烧损失却相应地降低了;反之,如过量空气系数变小,排烟热损失虽然降低了,但是化学不完全燃烧热损失和机械不完全热损失却增加了。因此,使锅炉的以上三项热损失之和为最小时的过量空气系数为最佳过量空气系数。

(d)炉体的散热损失。

当锅炉运行时,炉体、钢架、管道和其他附件的表面温度都比周围空气温度高,此时炉体表面向外散热。炉体外表面积越大,保温性能就越差,散热量也就越大。一般炉体表面温度应不高于周围空气温度 50℃。

(e)其他热量损失。

锅炉的其他热损失是指灰渣带走的物理热损失和冷却热损失。当燃用固体燃料时,因从锅炉中排除还具有相当高温度的灰渣而造成的热量损失称为灰渣物理热损失。锅炉的某些部件,它们一面吸收烟气的热量,另一面又被水或空气冷却,而水或空气带走的热量又不能送回锅炉系统中应用,这就造成了锅炉的冷却热损失。

(3)什么是锅炉燃料消耗量?如何计算?举例说明。

锅炉每小时燃用的燃料质量称为锅炉的燃料的消耗量,用符号 B 表示。它主要取决于锅炉的容量、燃料的发热量和锅炉的热效率。其计算公式为:

$$B = \frac{D\Delta H}{\eta_{gl} Q_d} \tag{3-7}$$

式中　B——燃料的消耗量,kg/h;

　　　D——锅炉额定蒸发量,kg/h;

　　　ΔH——锅炉出口蒸汽的焓与锅炉给水的焓差,kcal/kg;

　　　η_{gl}——锅炉的热效率,%;

　　　Q_d——燃料的低位发热量,kcal/kg。

例如,SG50-NDS-27型锅炉,其额定输出热量为50MMBtu/h(锅炉容量22.5t/h) = 50 × 1055.06 = 52753MJ/h ÷ 4.18 = 12620000kcal/h,锅炉的 η_{gl} = 85%,燃油的 Q_d = 9800kcal/kg,天然气的 Q_d = 8800kcal/m³,锅炉燃油、燃气的消耗量各是多少?每吨蒸汽的燃油、燃气的消耗量各是多少?

解:

锅炉燃油消耗量:$B = \dfrac{D\Delta H}{\eta_{gl} Q_d} = 12620000 ÷ 0.85 ÷ 9800 = 1515 \text{kg/h} = 1.515 \text{t/h}$。该锅炉每生产一吨合格蒸汽所消耗的燃油量(锅炉单耗)$b = 1.515 ÷ 22.5 = 0.0673 \text{t} = 67.33 \text{kg}$。

该锅炉燃气消耗量:$B = \dfrac{D\Delta H}{\eta_{gl} Q_d} = 12620000 ÷ 0.85 ÷ 8800 = 1687.17 \text{m}^3/\text{h}$。该锅炉每生产一吨合格蒸汽所消耗的燃气量(锅炉单耗)$b = 1687.17 ÷ 22.5 = 74.99 \text{m}^3$。

(4)锅炉烟气分析的目的是什么?烟气分析方法有哪些?如何计算?

锅炉烟气是气体和烟尘的混合物,是污染大气的主要污染源。烟气的成分很复杂,其中包含水蒸气、SO_2、N_2、O_2、CO、CO_2、碳氢化合物以及氮氧化合物等。烟尘包括燃料的灰分、煤粒、油滴以及高温裂解产物等。因此,烟气对环境的污染是多种毒物的复合污染。对人体产生危害的多是直径小于10μm的飘尘,尤其以1~2.5μm的飘尘危害性最大。

解决和预防烟气污染的有效途径:改烧清洁燃料(天然气、页岩气、洁净煤气等);使燃料尽可能充分燃烧。

因此,测定运行中的锅炉所产生的烟气成分和比体积,可以了解锅炉燃料是否完全燃烧(即化学未完全燃烧损失的大小)、燃烧的条件(炉膛出口过量空气系数的大小)以及烟道漏风等情况。这对判断炉内燃烧工况、进行燃烧调整以及改进燃烧设备都是非常重要的。

目前监测分析烟气污染物的工具包括便携式烟气分析仪和在线烟气检测仪。

烟气分析仪能够分析国家标准 GB 13271—2014《锅炉大气污染物排放标准》规定的烟气中各类污染物排放量,包括二氧化硫(SO_2)、氮氧化物(NO_x)、粉尘等。

① 便携式烟气分析仪。

它是在奥氏分析仪的改进型,是一种利用不同的化学吸收剂逐次对烟气中各项组分进行吸收,来达到对烟气成分进行分析的工具。

(a)结构。

便携式烟气分析仪包括一个量管、三个吸收瓶、一个水准瓶和一个液封瓶。

(b)测量准备。

ⓐ 吸收液的配制:称取100g固体KOH溶于200mL蒸馏水中,配成浓度为30%的KOH溶液。1mLKOH可吸收40mL的 CO_2,溶液中有白色结晶析出说明溶液已被饱和,应更换新的吸收液;称取20g焦性没食子酸,溶于60mL蒸馏水中,并将其先装入吸收瓶内,再称取190gKOH

固体溶于 130mL 蒸馏水中,然后装入已盛有焦性没食子酸溶液的吸收瓶中,最后倒入少量液状石蜡以隔绝空气,1mL 该溶液可吸收 12mL 的 O_2;称取 35gNH_4Cl_2,溶于 100mL 蒸馏水中,再加入 40mL NH_4OH,配成碱性氯化亚铜溶液,过滤后立即倒入插有铜丝的吸收瓶中,1mL 该溶液可吸收 15mL 的 CO。

ⓑ 装溶液:X_1 吸收瓶盛装 200mLKOH 溶液,用以吸收 CO_2;X_2 吸收瓶盛装 200mL 焦性没食子酸钾溶液,用以吸收 O_2;X_3 吸收瓶盛装 200mL 氯化亚铜铵溶液,用以吸收 CO_2;将水准瓶内装入 200mL5% 硫酸溶液,加甲基橙数滴,使溶液呈现红色,作为指示剂溶液;再把液封瓶及保温套中注满蒸馏水,以起到液封和保温作用。

(c)烟气试样的采集(图 3-36)。

用吸气双连球取样,把吸气管插入烟囱测孔,使吸气管的进气口迎着烟气排出方向。将排气管和储气球胆进气口用夹子夹紧,用手反复挤压双连球,将烟气连同吸气管中的残余气体一起吸入下球,待下球充满气体后,打开排气管夹子,将这部分混合气体排出,再用夹子夹紧,继续吸气。打开储气球胆夹子,反复挤压,至球胆充满烟气。最后将球胆夹子夹紧,取下后待用。

(d)操作(图 3-37)。

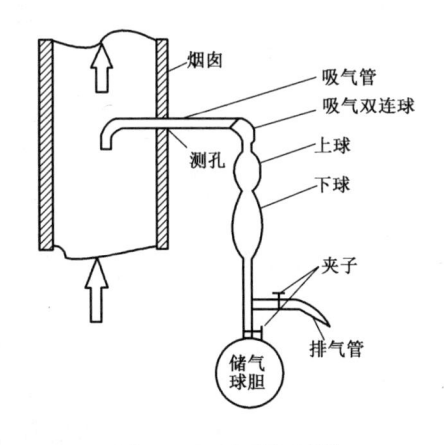

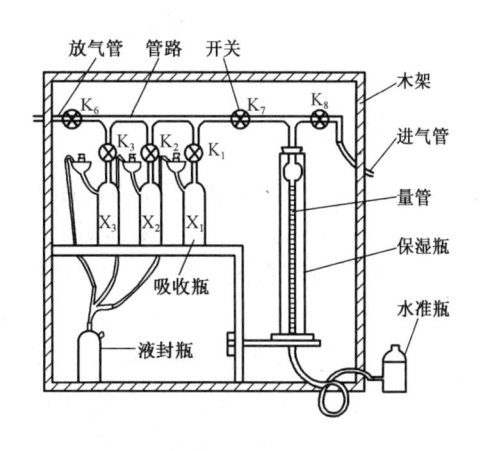

图 3-36 取烟气试样　　图 3-37 便携式烟气分析仪

ⓐ 用水准瓶分别调节各吸收瓶吸收夜的液面,使其充满至阀门处。

ⓑ 关闭 K_1 至 K_6,打开 K_7、K_8,提高水准瓶使指示液充满量管,将管路中的空气排出。把烟气试样接入分析仪的进气管。

ⓒ 关闭 K_7,打开 K_6、K_8,降低水准瓶,使烟气吸入量管。然后打开 K_7,提高水准瓶,用吸入的烟气清洗整个管路后关闭 K_6、K_7、K_8。

ⓓ 清洗完毕,提高水准瓶使量管充满指示液,打开 K_8 并降低水准瓶,准确吸入烟气 100mL 后,关闭 K_8。

ⓔ 打开 K_7、K_1,提高水准瓶,将烟气压入吸收瓶 X_1 内。然后再降低水准瓶,使烟气又被吸回量管中。经过 3~4 次压入和吸回过程后,将烟气吸入量管内并关闭 K_1。把水准瓶靠近量管,使两液面在同一高度,记下此时量管中液面读数。每次打开 K_1 重复上法操作,直到量管中液面读数不变,即说明 CO_2 已被完全吸收,记下读数 V_1。

ⓕ 然后再打开 K_2,按上述方法进行 O_2 的测定,记下读数 V_2。

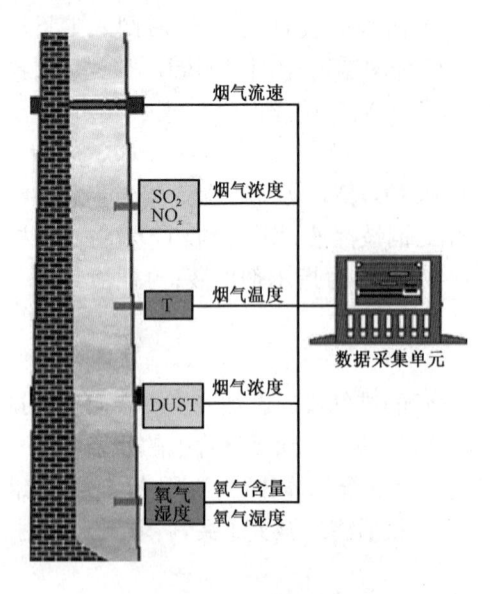

图 3-38 在线烟气检测仪

ⓖ 最后打开 K₃，进行 CO 的测定并记下读数 V_3。

（e）计算方法。

按 CO_2、O_2、CO 的顺序进行烟气样品的吸收测定，并准确记录每次吸收后的烟气试样的容积，即 V_1、V_2、V_3。$\eta(CO_2) = \dfrac{100-V_1}{100} \times 100\% = (100-V_1)\%$；$\eta(O_2) = \dfrac{V_1-V_2}{100} \times 100\% = (V_1-V_2)\%$；$\eta(CO) = (V_2-V_3) \times 100\%$。

② 在线烟气检测仪。

在线烟气检测仪又称烟气污染源连续检测仪（图 3-38），是利用电化学传感器连续分析测量 CO_2、CO、NO_x、SO_2 等烟气含量。仪表实时显示烟气成分的含量，同时也可通过 4～20mA 信号将测量结果传送至其他仪表或设备。

📖 知识拓展

（1）注汽锅炉通风系统的作用是什么？离心式风机的结构及各部件作用是什么？工作原理是什么？风机的基本性能参数有哪些？画出风机控制电路图。

① 锅炉的通风系统为锅炉提供燃料燃烧时所需要的空气并排走燃烧后的烟气，它由鼓风机、烟囱组成。

② 离心式风机的结构（图 3-39）：它主要由机壳、叶轮、电动机、吸气口、排气口和支架等组成。

（a）机壳：风机的机壳由钢板焊制而成，呈蜗壳状，其通道随着叶轮的旋转方向而逐渐扩大。为了制造方便，轴向断面都做成宽度不变的矩形。机壳的作用是把叶轮甩出来的气体集中并输送到排气口。从叶轮中流出来的气体在外壳中做等速运动，这样可以消除气流在离开叶轮时的螺旋运动。为了将叶轮产生的动能变为气体的静压，减少排气的阻力，在风机出口处常接上一段扩散管，与外壳连接，并向叶轮中心倾斜。为适应气流的分布，其倾斜角一般为6°～8°。

（b）叶轮：叶轮是风机的主要部件之一。它由前盘、叶片和轮毂等组成。前盘与后盘之间夹装叶片，前、后盘与叶片之间形成通道，气体由叶轮中心吸入。由于叶轮的旋转作用，强迫气流在蜗形外壳内转动，并产生离心力，从而使气体顺着排气口排出。

③ 离心式风机的工作原理：离心式风机是利用气体的离心力来工作的。在电动机带动叶轮转动时，强迫叶片之间的气体一起转动。旋转的气体在自身质量所产生的离心力的作用下由叶轮中心向外壳壁甩出，最后从风

图 3-39 右旋90°离心式风机

机出口排出。在气体被压出的同时,叶轮中心形成了真空状态。因此,外界空气可从风机的进口自动补入。这样连续地吸入气体及排出气体,就完成了风机吸送气体的功能。

④ 离心式风机的基本性能参数:在风机的机壳上,制造厂都钉上一块铭牌。它标出风机的流量、风压、电动机容量、转速和效率等,它们都是电动机的基本参数。风机只有在规定的参数范围内使用,才会取得较好的经济效益。

(a)风机流量(风量):风机流量是指单位时间内风机能够输送的空气或烟气的体积。通常以符号 Q 表示,单位是 m^3/s 或 m^3/h。当知道风道的截面积 F 与空气在风道中的流速 v 时,可以求出风机的流量。其关系式如下:$Q = vF$,当知道 Q 与 F 时,亦可求出流速 v。

(b)风机压头(风压):风机压头是指风机出口处与入口处的风压差,单位是 Pa,通常用符号 P 或 H 表示。风机出口与入口处的风压由静压与动压组成。静压为该点与周围大气压力的差。静压与动压之和称为全压。风机出口处的全压是用于克服出口以后各管所产生的阻力;而入口处的全压是用于克服入口以前各管路的阻力。风机的压头一般是指风机出口处全压与入口处全压之差。

在风机分类中,将全压头 H 小于 0.98kPa 的风机称低压风机;H 为 0.98~2.94kPa 的风机称高压风机。

(c)轴功率、有效功率和电动机容量:风机的功率是指风机轴功率即电动机通过联轴器传至风机轴上的功率,通常用 N 表示。电动机的输出功率为电动机容量。如果风机与电动机用联轴器直接连接,则电动机的输出功率(电机容量)和风机的输入功率(轴功率)相等。考虑到风机在使用中可能出现的超负荷现象和风机的启动载荷,所以通常电动机容量都比风机功率大些。由于风机从电动机得到的轴功率中必有一部分能量消耗在风机本身上,因此把风机实际传递给气体的功率叫风机的有效功率,以 N_{yx} 表示。

(d)效率:风机的效率是指风机的有效功率与轴功率 N 的比值,用符号 η 表示,即:$\eta = \frac{N_{yx}}{N} \times 100\%$。为了提高风机效率,应尽量减少风机的内部损失。目前小型离心式风机的效率一般为 60%~85%;而国产 4-72 型、4-73 型后弯空心机翼叶片离心式风机的效率可高达 94% 左右,故称其为高效风机。

(e)转速:转速是风机每分钟转动的转数,用 n 表示。常用风机的转速有 400r/min、580r/min、730r/min,高效风机的转速可达 1450r/min。当风机转速变化时,其流量、风压、功率都随之变化。

⑤ 风机的控制电路见图 3-40。

(2)鼓风机的安装与使用要求有哪些?常见故障、原因及排除方法是什么?

① 鼓风机的安装与使用要求。

(a)鼓风机安装支撑面要求坚固、平整;

(b)鼓风机安装必须水平,连接部件牢固;

(c)鼓风机运行中要检查风机电动机的电流变化,预防事故发生;

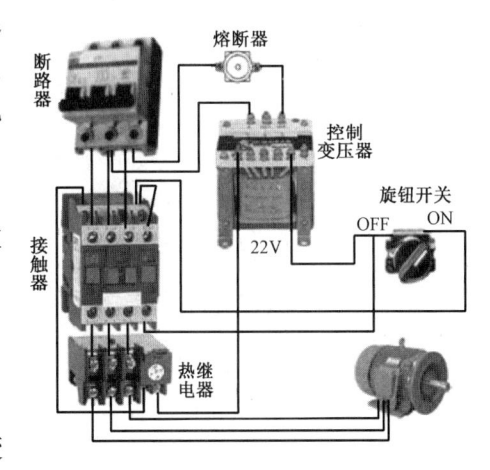

图 3-40 风机的控制电路图

(d)定期检查轴承温度(80℃),定期更换润滑油;

(e)定期清理叶轮上的积灰;

(f)定期紧固鼓风机的连接部件及支撑件。

② 常见故障、原因及排除方法见表3-7。

表3-7 鼓风机的常见故障、原因及排除方法

故障	原因	排除方法
风机输出流量不足	① 风门开度过小; ② 吸入口堵塞; ③ 电动机转速过低	① 调节风门控制系统; ② 清理吸入口杂物; ③ 更换新电动机
鼓风机振动	① 支撑面的刚度不够或不牢固; ② 转子或叶轮不平衡; ③ 叶轮磨损或夹杂异物	① 更换支撑面或重新加固; ② 重新调整部件的动、静平衡; ③ 更换叶轮或清理叶轮
电动机温升过高	① 电动机输入电压低; ② 润滑不良; ③ 轴承磨损	① 调节电压到规定范围; ② 更换润滑油; ③ 更换轴承

(3)注汽锅炉燃油喷嘴有哪几种?简述其工作过程。

注汽锅炉燃油喷嘴有机械雾化燃油喷嘴和转杯式燃油喷嘴两种。

① 机械雾化燃油喷嘴(图3-41):它是由雾化片、旋流片、分流片构成。锅炉燃油首先经

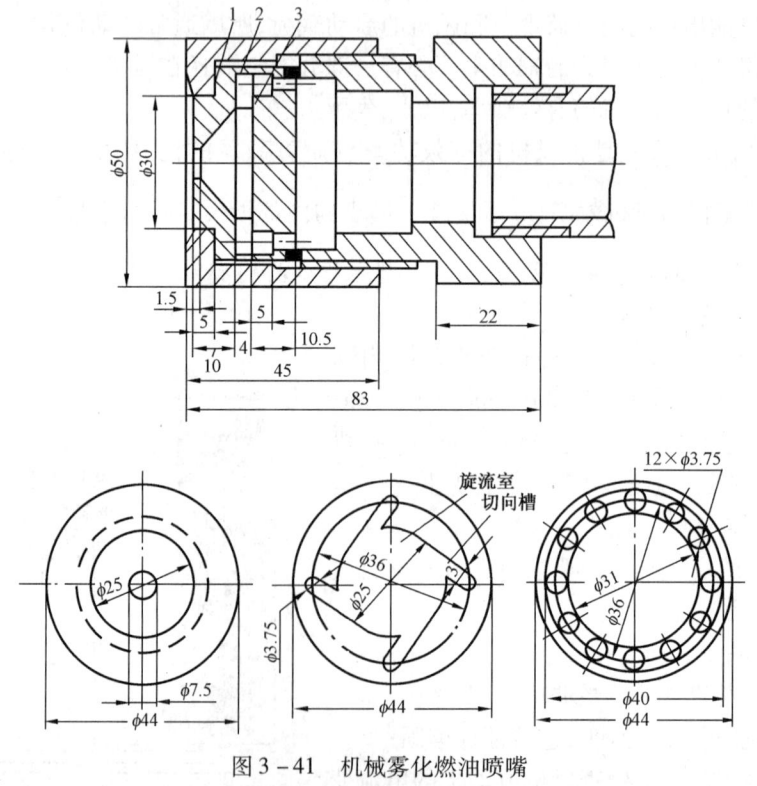

图3-41 机械雾化燃油喷嘴
1—雾化片;2—旋流片;3—分流片

过分流片上的小孔流到一个环形槽中,然后经过旋流片的切向槽切向流入旋流片中心的旋流室,油在旋流室内高速旋转,最后从雾化片的喷口喷出并雾化成细小的油滴。机械雾化燃油喷嘴只能用改变进油压力的方法来调节油量,在低负荷时,进油压力低,雾化质量就差,调节幅度较小。

② 转杯式燃油喷嘴(图3-42):它是由空心轴、风机叶轮、一次风导流叶片、一次风机叶轮、电动机、传动皮带、轴承构成。

它的旋转部分是由高速(3000~6000r/min)的转杯和通油的空心轴组成。轴上还有一次风机叶轮,它在高速旋转下能产生较高压力的一次风,转杯是一个耐热空心圆锥体。燃油通过空心轴内的油管进入高速旋转的转杯的内壁,在离心力的作用下,油从杯口四周甩出,高速的一次风把油雾化得更细,一次风通过导流片后做旋转运动,旋转方向与燃油的旋转方向相反,从而达到更佳的雾化效果。这种喷嘴对油的杂质不敏感,可允许油的黏度高一些,雾化油滴较粗,但油滴大小和分布比较均匀,雾化角较大,火焰较宽,进油压力低,易于控制。

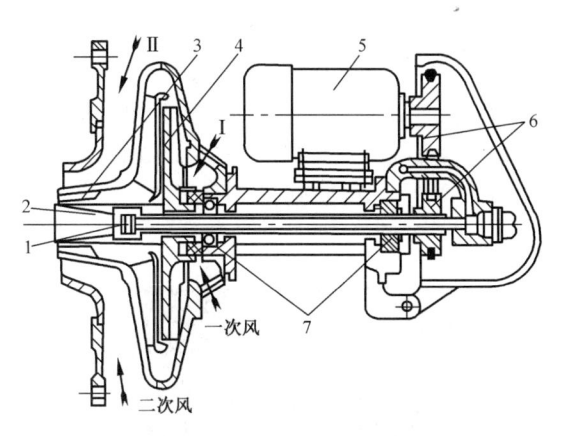

图3-42 转杯式燃油喷嘴
1—空心轴;2—风机叶轮;3——次风导流叶片;
4——次风机叶轮;5—电动机;6—传动皮带;7—轴承

缺点是由于具有高速旋转的机构,对材料、制造要求较高。

任务二 注汽锅炉的燃气系统

学习任务

(1)学习注汽锅炉燃气系统的组成、工艺流程。
(2)学习注汽锅炉的燃料及其燃烧的基本知识。

学习目标

(1)能独立识别和操作注汽锅炉燃气系统的设备并排除其故障。
(2)能独立并熟练绘制注汽锅炉燃气系统工艺流程图。
(3)能熟练掌握燃料及其燃烧的基本知识。

操作技能

一、设备、部件的识别与操作

天然气作为锅炉燃料具有使用方便、火力强、热效率高和对环境污染小的优点,另外用天然气作燃料还较易实现锅炉运行的自动化。注汽锅炉燃气系统主要由炉膛、燃烧器、天然气引燃管路、天然气主燃管路以及锅炉控制件等组成。

(一)天然气瓦(喷)口

燃烧器底部的 φ250mm 天然气管路和燃烧器瓦口连接(图3-43)。在瓦口与进气道相接的端面上,用耐火水泥铸成360°的凹槽并嵌入瓦口根部,8 个 55mm×35mm 方形天然气喷口对称布置在360°凹槽中。天然气由此喷入炉膛与助燃空气混合并着火燃烧。良好的火焰是青蓝色,火焰尖端为黄色,火焰长度为辐射段长度的1/4。

(二)天然气调节蝶阀

蝶阀又叫翻板阀,是一种结构简单的调节阀(图3-44),主要由阀体、蝶板和密封圈组成,在管道上主要起切断和节流作用。蝶板由阀杆带动,若转过90°,便能完成一次启闭。改变蝶板的偏转角度,即可控制介质的流量。

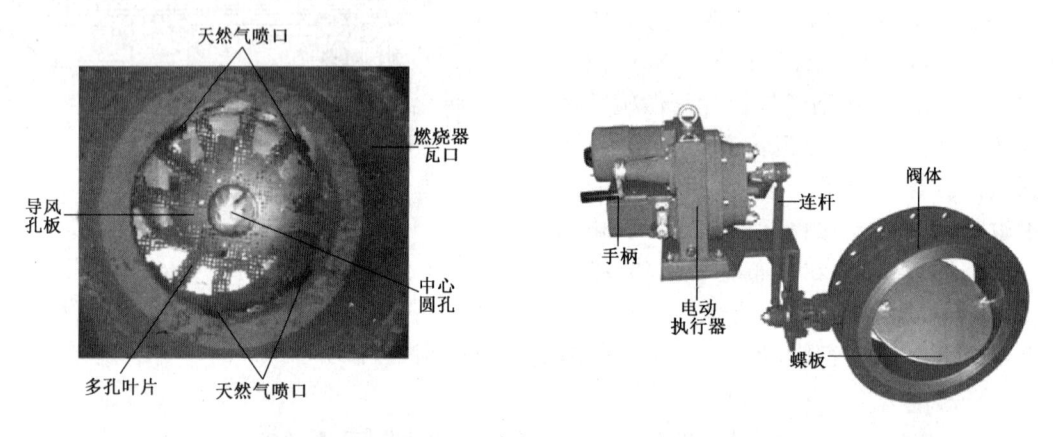

图3-43 燃烧器瓦口

图3-44 蝶阀与电动执行器

注汽锅炉燃气系统的蝶阀(φ250mm)设置在主燃气管路的膨胀管中,其蝶板轴臂通过连杆与角行程电动执行器相连。电动执行器接收锅炉火量调节器的 4~20mA 信号而动作,从而带动蝶阀的蝶板绕其自身的轴线旋转(其起始开度通常设置为20°,即4mA—20°、20mA—90°),达到调节天然气流量的目的,并保持锅炉火量稳定。

(三)Y600 自力式调压阀

Y600 自力式调压阀(图3-45)是一种无需外加驱动能源,依靠介质自身的能量进行自动调节的节能型仪表,能在流量发生变化时保持压力的恒定。该调压阀安装完毕后设定好压力值即可投入自动运行,所以得到了越来越广泛的使用。它是由阀座、阀杆、杠杆、滑动推杆、过压弹簧、皮托管、呼吸口、调节螺钉构成。它安装在注汽锅炉燃气系统的引燃管路上,用于燃气压力的一、二级调节。经其调节后的一级引燃压力为 14~17.5kPa(14.7kPa),二级引燃压力为 2~2.5kPa(1.47kPa)。

(四)133L 型气体调压阀

133L 型气体调压阀(图3-46)安装在注汽锅炉燃气系统主燃管线上,用于调节主燃天然气的压力,并保持稳定,即无论天然气流量和上游压力如何变化,都能保持下游压力稳定。

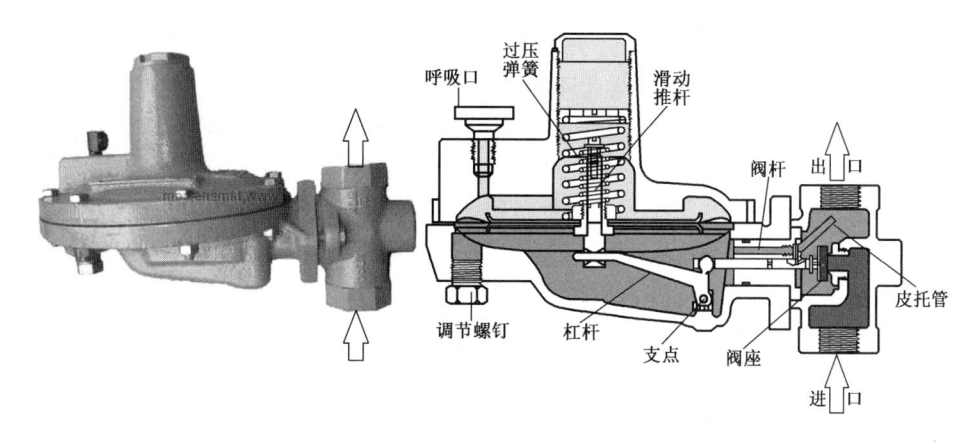

图 3-45　Y600 自力式调压阀

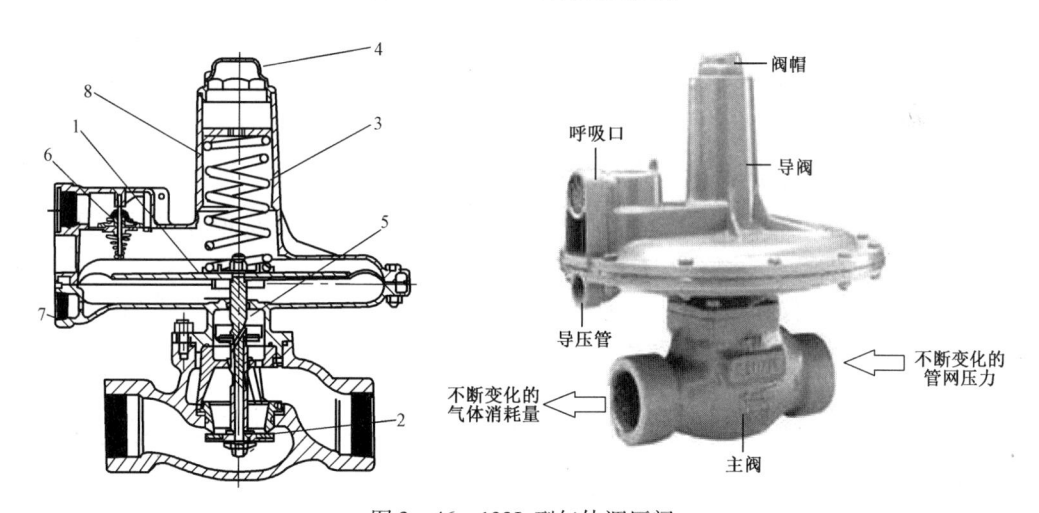

图 3-46　133L 型气体调压阀
1—平衡膜片；2—阀塞；3—压紧弹簧；4—阀帽；5—阀杆；6—排气阀；7—信号管；8—导阀

1. 结构

它由平衡膜片、阀塞（阀盘）、压紧弹簧、阀帽、阀杆、排气阀、连接到下游管道的信号管、导阀组成。

2. 调压阀受力平衡

向下的作用力：p_1（弹簧力）$+ p_2$（天然气入口压力）$\times$ 阀口截面积。

向上的作用力：p_3（天然气出口压力）$\times$ 膜片截面积 $+ p_4$（天然气出口压力）$\times$ 阀口截面积。

向下的作用力和向上的作用力处于平衡状态的要求：燃气需求量的变化→决定下游管网压力的变化→向上作用力的增大或减小→阀口开度大小（图 3-47）。

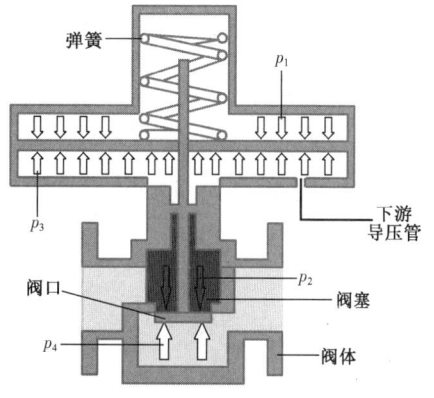

图 3-47　调压阀的受力平衡

3. 工作过程

燃气管网没有供气之前,133L型气体调压阀的主阀在大膜片弹簧力的作用下是开启的,并且开度最大。燃气从入口端经过主阀进入出口端,当下游压力建立起来时,部分气体经过下游导压管返回进入膜片室,使膜片产生一个向上的作用力。该力克服弹簧的作用力使阀杆连同阀塞一起上移,使阀门开度关小。随着燃气需求量的变化而导致下游管网压力的变化,经过几次反复自动调节后,主阀阀口开度大小恒定,出口燃气压力趋于稳定。若要改变出口压力,只要调整导阀的调节螺钉,改变弹簧的压缩程度,出口压力就相应得到改变。

此调压阀设有排气阀,它的作用是在膜片向上移动时,膜片上压室的气体受压并克服排气阀的上弹簧作用力而打开,与大气连通;而当膜片向下移动时,膜片上压室的压力变小,大气压力克服排气阀的下弹簧作用力而打开,与大气相通。由此可见,排气阀的用途是消除膜片钟摆现象,尽快达成新的平衡。

4. 技术参数

133L型气体调压阀出口压力为498Pa～14kPa;使用的最大入口压力为414kPa,短时间内可调到860kPa。

5. 安装要求

(1)调压阀在安装前要检查装运过程中是否有损坏,阀体与阀座是否清洁,并吹扫工艺管线中的水锈和其他杂质。

(2)排气口有筛网保护,以防止昆虫或外界杂质进入;安装时应防止堵塞及雨水、冰和其他杂质的进入;排气管要少接弯头和接头,而且管线要尽量短,直径要尽可能大一些,以使排气畅通无阻。

(3)调压阀在投入运行前安装好下游控制导压管,下游控制导压管的直径应大于0.0127m,取压点应在调压阀后面5～10倍管径的直管段;在下游控制导压管上要装一个针阀,以防止减压阀的波动。

6. 常见故障、原因及排除方法

133L型气体调压阀的常见故障、原因及排除方法见表3－8。

表3－8　133L型气体调压阀常见故障及排除方法

故障现象	产生的原因	排除方法
输出不受调节,超出工作范围	① 膜片坏了; ② 阀体中或天然气中有矿渣等硬物把蝶阀垫住,不能上下移动	① 更换膜片; ② 检查阀体
输出不稳定	① 天然气压力出现变化; ② 用气量或用火量不正常; ③ 反馈导管或膜片室漏气	① 调天然气压力,使之正常; ② 调用气量或用火量,使之正常; ③ 检查膜片

(五)燃气电动阀

电动阀(图3－48)是自控阀门中的高端产品,是由电动执行机构(线圈、磁铁或电动机)和阀门(刀阀)组合而成。

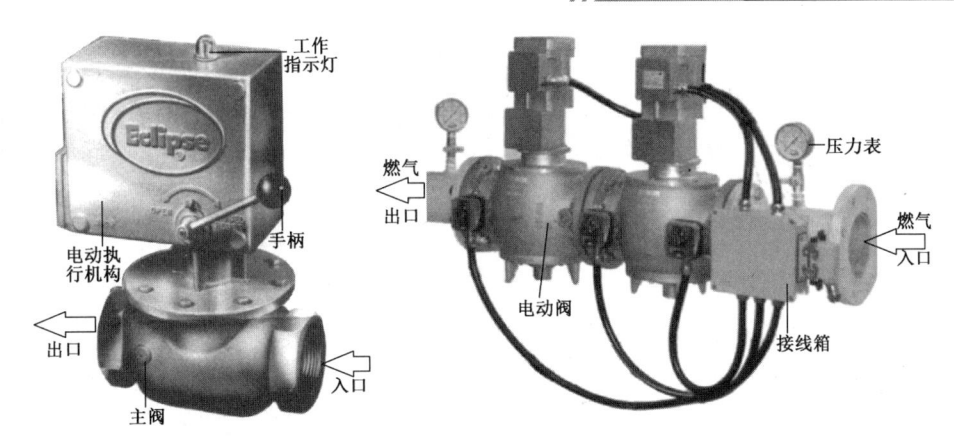

图 3-48 电动阀

它是以电能作为动力,在电动执行机构驱动下,对阀门实施通、断两种状态的控制,即带电打开,失电关闭。注汽锅炉燃气管线上设置两个电动阀,在锅炉引燃火炬点着后,锅炉点火程序器使两个主燃电动阀带电打开,主燃气管路通,天然气被引燃火炬点着,使锅炉主火焰建立。

带有手柄的电动阀,在电动阀带电时,需人工扳动电动阀的手柄(先顺时针搬动使其复位关闭,然后再逆时针搬动使其打开,此时电动阀视窗口显示"OPEN"字样)才能打开。

1. 电动阀的接线

电动阀有 F/R/N 三条线,F 代表正向动作(或者打开动作)控制线,R 代表反向动作(或者关闭动作)控制线,N 代表地线。

2. 电动阀安装和使用要求

(1)使用环境温度应在 -28.89～54.44℃(-20～130°F)。

(2)在电动阀安装期间不能在阀体上支撑管线而使其受力。

(3)气体流动的方向必须按照阀体上所标示的箭头指向。

3. 电动阀打不开原因及排除方法

(1)原因:保持线圈损坏;天然气压力超过额定值;电动执行机构(线圈或电机)坏了;电动阀没有带电等。

(2)排除方法:更换电动阀的保持线圈;把天然气入口管线上的手动阀门关掉,等电动阀门打开后再打开手动阀;更换电动阀的线圈;查找电动阀没带电的原因。

(六)天然气流量计

天然气流量计(图 3-49)为旋进旋涡流量计,采用最新微处理技术,具有功能强、流量范围宽、操作维修简单、安装使用方便等优点。

图 3-49 旋涡流量计

1. 结构

它是由文丘里管表体、旋涡发生体、温压传感器、除旋整流器、智能流量积算仪等部件组成。

2. 工作原理

在流体管道中,垂直插入一个柱形阻挡物,在其后部(相对于流体流向)两侧就会交替地产生旋涡。随着流体向下游流动形成旋涡列,称之为卡门涡街。我们把产生旋涡的柱形阻挡物定义为旋涡发生体,实验证明,在一定条件下旋涡的分离频率与流体的流速成线性关系。因而,只要检测出旋涡分离的频率,即可计算出管道内流体的流速或流量。

3. 主要特点

(1)内置式压力、温度、流量传感器,安全性能高,结构紧凑,外形美观。

(2)就地显示温度、压力、瞬时流量和累积流量。

(3)采用新型信号处理放大器和独特的滤波技术,有效地剔除了压力波动和管道振动所产生的干扰信号,大大提高了流量计的抗干扰能力,使小流量具有出色的稳定性。

(4)特有时间显示和实时数据存储的功能,无论什么情况,都能保证内部数据不会丢失,可永久性保存。

(5)整机功耗极低,能凭内电池长期供电运行,是理想的无需外电源的就地显示仪表。

(6)防盗功能可靠,具有密码保护,防止参数改动。

(7)表头可180°随意旋转,安装方便。

(七)Y形过滤器

Y形过滤器(图3-50)安装在燃气管路入口,用以滤除天然气中的杂质。打开封盖可以取出滤芯进行定期清洗。

(八)压力控制开关

注汽锅炉的燃气压力、燃油雾化压力等均由L404单刀单掷压力开关控制(图3-51)。当压力升到设定值时,开关自动断开并发出报警信号。其工作压力范围为0.138~2.068MPa;负回差范围为103~276kPa。

(九)天然气手动切断阀

天然气手动切断阀是金属硬密封蝶阀(图3-52),它安装在天然气管路入口处,用于切断燃气。

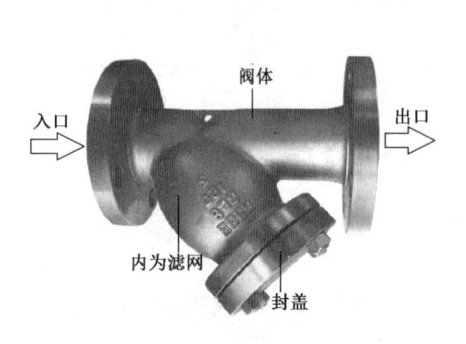

图3-50 Y形过滤器　　图3-51 压力控制开关　　图3-52 天然气手动切断阀

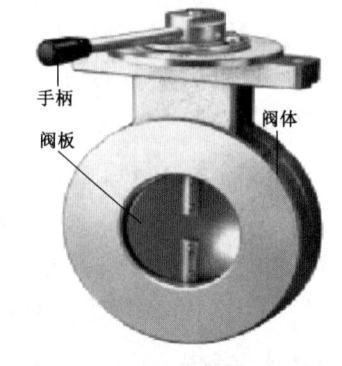

二、天然气系统的工艺流程识别

来自管网的天然气,其燃气压力为 0.14MPa 以上,经过手动切断蝶阀→Y 形过滤器→天然气流量计→天然气压力低报警开关(其整定压力为 0.07MPa,天然气入口压力低于 0.07MPa 时,报警并连锁锅炉停炉)分为两路,即天然气引燃流程、天然气主燃流程(图 3-53)。

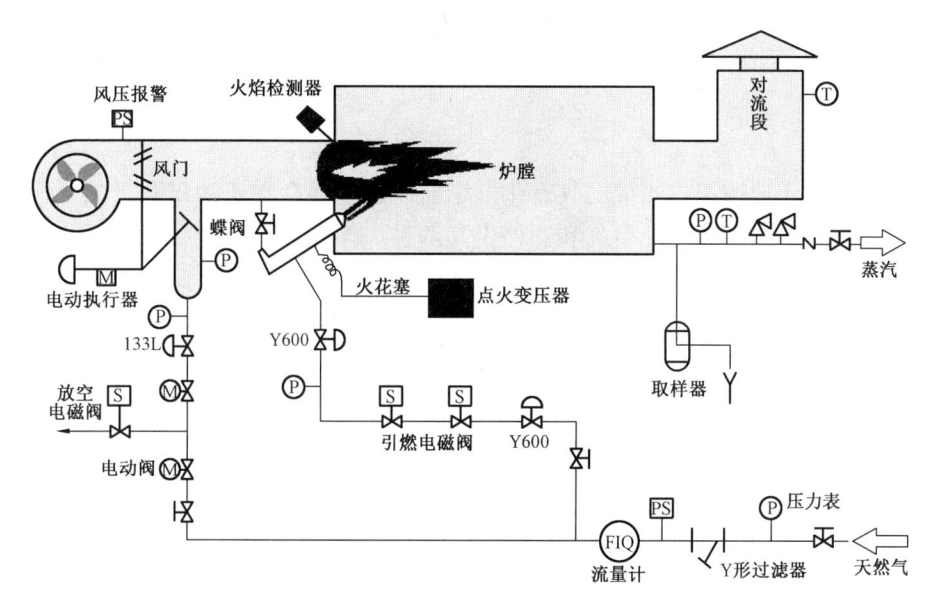

图 3-53 燃气系统工艺流程

(一)天然气引燃流程

天然气经手动球阀进入一级 Y600 压力调节阀,将气压降低到 14～17.5kPa(14.7kPa)。通过两个引燃电磁阀,一路进入燃烧器点火枪细长的针管状引燃枪,另一路则通过二级 Y600 压力调节阀,将气压进一步降到 2～2.5kPa(1.47kPa),并与来自鼓风机的 3.98kPa 的助燃空气共同进入点火枪的混合器,在点火枪混合器中混合形成可燃气体。可燃气体经文丘里管进入点火室,从其环形针孔喷出时并被火花塞的电火花点燃。燃烧的火焰再将针管状引燃枪喷出的一次减压后的高压天然气点燃,形成稳定的点火火炬后,再去点天然气主火焰。

(二)天然气主燃流程

天然气经手动球阀,通过两个燃气电动阀,进入 133L 型气体调压阀,将天然气压力稳定在 1.5kPa。进入 ϕ250mm 的膨胀管(其作用是扩容稳压缓冲),经燃气调节蝶阀,进入燃烧器的燃气喷口并喷入炉膛,被引燃火点着燃烧。蝶阀和风门的开度由电动执行器联动控制。锅炉停炉时,两个主燃电动阀失电迅速关闭,同时放空电磁阀打开排气。

基础知识

天然气是一种优质、高效、清洁的燃料,其着火温度相对较低,火焰传播速度快,燃烧速度快,极易实现自动输气、混合、燃烧过程。其主要优缺点是:(1)基本无污染、无灰分,含氮量和含硫量都比煤和液体燃料要低很多,燃烧环保;(2)容易实现自动化调节,对负荷变化适应快,可实现低氧燃烧,提高锅炉热效率;(3)与液体燃料相比,气体燃料输送是管道直供,使燃气系统简单,操作管理方便;(4)缺点是与空气按一定比例混合会形成爆炸性气体,故对安全性要求较高。

油田注汽锅炉所燃用的气体燃料主要是天然气,由于我国油气资源进口依存度逐年升高,油气资源价格屡创新高,为降低稠油开采成本和减少油气资源进口,有的油田注汽锅炉已成功地改烧热煤气。

一、天然气

天然气是一种主要由甲烷组成的气态化石燃料。它主要存在于油田和天然气田,也有少量出于煤层。天然气又可分为伴生气和非伴生气两种。伴随原油共生,与原油同时被采出的油田气叫伴生气;非伴生气包括纯气田天然气和凝析气田天然气两种,在地层中都以气态存在。凝析气田天然气从地层流出井口后,随着压力和温度的下降,分离为气液两相,气相是凝析气田天然气,液相是凝析液,叫凝析油。与煤炭、石油等能源相比,天然气在燃烧过程中产生能影响人类呼吸系统健康的物质极少,产生的二氧化碳仅为煤的40%左右,产生的二氧化硫也很少。天然气燃烧后无废渣、废水产生,具有使用安全、热值高(一般可达 33500~37700kJ/m^3)、洁净等优势。

天然气蕴藏在地下多孔隙岩层中,主要成分为甲烷,密度为 0.75~0.8kg/m^3,比空气轻,具有无色、无味、无毒的特性。若天然气在空气中浓度为 5%~15%,遇明火即可发生爆炸,这个浓度范围即为天然气的爆炸极限。爆炸在瞬间产生高压、高温,其破坏力和危险性都是很大的。

天然气在常压下,冷却至约 -162℃ 时,则由气态变成液态,称为液化天然气(Liquefied Natural Gas,LNG)。LNG 的主要成分为甲烷,还有少量的乙烷、丙烷以及氮气等。天然气目前的储藏和运输主要方式是压缩运输。压缩天然气(CNG)体积能量密度约为汽油的26%,而液化天然气(LNG)体积能量密度约为汽油的72%,是压缩天然气(CNG)的两倍还多。由于压缩天然气的压力高,带来了很多安全隐患。

我国天然气资源集中分布在塔里木、四川、鄂尔多斯、东海大陆架、柴达木、松辽、莺歌海、琼东南和渤海湾九大盆地,其可采资源量为 $18.4 \times 10^{12} m^3$,占全国的 83.64%。

天然气作为注汽锅炉的燃料,不可避免会有需要量的波动,这就要求供应上具有调峰作用。

(一)天然气的燃烧

世界经济快速增长的同时,也付出了巨大资源和环境代价。节能减排势在必行,促进能源与环境协调发展,走持续发展的新型工业化道路,必须使用清洁能源。天然气作为一种重要的工业锅炉的燃料,其安全及燃烧对环境造成的污染备受关注。天然气的燃烧特点如下:

(1)燃气和空气都是气体,燃烧很容易进行。其燃烧过程是:燃气和空气的混合→着火→燃烧。没有雾化与汽化过程,只有同空气混合和燃烧过程。

(2)燃气发热量高。燃用发热量高的燃气,其空气需要用量也大。例如,在标准状态下

$1m^3$ 天然气或液化石油气需 $10\sim 25m^3$ 的空气,因此要使燃气充分燃烧,需要大量空气与之混合。

(3)燃气的热容量比煤小得多,只要很小的外界热源就能将其加热至着火点,并以瞬时着火形态出现,故有爆燃的危险性。

各种气体燃料都是混合气体,它们是由不同成分气体组成的,其着火温度没有固定的数值,它取决于所含成分的性质以及所占比例的大小。燃气与空气的混合方式,对燃烧的强度、火焰长度和火焰温度都有很大的影响。根据混合方式的不同,燃气的燃烧方法可分为三种,即扩散式燃烧、部分预混式燃烧、完全预混式燃烧。

1. 扩散式燃烧

此种燃烧方法即燃气与空气不预先混合,而是在燃气喷嘴口相互扩散混合燃烧。整个燃烧过程所需的总时间近似等于燃气与空气之间扩散混合的时间。扩散燃烧有层流扩散和紊流扩散两种,前者是分子之间的扩散,燃烧强度较低;后者是气体分子团之间的扩散,燃烧强度相对较高,可用于小容量工业锅炉。扩散式燃烧的优点是燃烧稳定,不易发生回火和脱火,且燃烧设备结构简单;但其火焰较长,过量空气系数偏大,燃烧速度慢,易产生不完全燃烧,使锅炉受热面积炭。

2. 部分预混式燃烧

部分预混式燃烧也称半预混式、大气式或引射式燃烧。即燃烧前先将一部分空气与燃气混合(一次空气过量系数在 $0.2\sim 0.8$ 之间变动),然后进行燃烧。因为一次空气是依靠一定速度和压力的燃气从喷嘴喷出的引射作用从大气中引入的,所以称这种燃烧方法为大气式或引射式燃烧。这种燃烧方法的优点是燃烧火焰清晰,燃烧强化,热效率高,但燃烧不稳定,对一次空气的控制及燃烧组分要求较高。燃气锅炉的燃烧器,一般多采用此种燃烧方法。

3. 完全预混式燃烧

它是在部分预混式燃烧的基础上发展起来的,是按一定比例先将燃气和空气均匀混合(一次过量空气系数为 $1.05\sim 1.10$),再经燃烧器喷嘴喷入炉膛燃烧。由于预先混合均匀,所以完全预混式燃烧在较小的过量空气系数下实现完全燃烧,因此燃烧温度很高,火焰传播速度较快,但火焰稳定性较差,易发生回火。

(二)爆炸及爆炸极限

物质自一种状态骤然转变成另一种状态,并在瞬间释放出大量的能量同时产生巨大声响及亮光的现象称为爆炸。迅速的燃烧(约万分之几秒)和大量燃烧产物的形成,包括能量释放及产物膨胀在内的剧烈的物理、化学行为是燃烧爆炸,亦称爆炸。爆炸也包括气体或蒸气在瞬间膨胀的现象。

1. 爆炸分类

爆炸可分为物理性爆炸和化学性爆炸两种。

1)物理性爆炸

这种爆炸是由物理因素而引起的。物质因状态或压力发生突变而强力崩裂的爆炸称为物理爆炸。例如蒸汽过热引起的锅炉爆炸,压缩气体、液化气体超压引起的爆炸等,都属于物理性爆炸。物理性爆炸前后物质的性质及化学成分均不改变。

2）化学性爆炸

由于物质发生极迅速的化学反应,产生高温高压而引起的爆炸称为化学性爆炸。化学爆炸前后物质的性质和成分发生了根本的变化。化学爆炸按所发生的化学变化,可分为以下三类：

（1）简单分解爆炸：引起简单分解爆炸的爆炸物在爆炸时并不一定发生燃烧反应,爆炸所需的热量是由爆炸物质本身分解时产生的。

（2）复分解爆炸：这类爆炸伴有燃烧现象,燃烧所需的氧气由爆炸物分解时供给。

（3）爆炸性混合物爆炸：所有可燃气体与空气混合所形成的混合物的爆炸均属此类。这类爆炸需要一定条件,如爆炸性物质的含量、氧气含量及激发能源等。因此,此类爆炸极普遍,造成的危害也较大。

天然气（液化石油气）的爆炸一般属于气体混合物爆炸。液化石油气与空气混合,达到一定浓度时,遇着火源即能发生爆炸燃烧。其爆炸为两种类型：即敞露式混合爆炸和密闭容器内混合爆炸。前者多发生在室内,当液化石油气泄漏以后,经过较长时间的扩散挥发,与空气形成爆炸性混合物（进入爆炸极限范围）,遇到导爆因素（如明火等）立即爆炸,室内突发火团,伴有巨响,门窗破裂,物品强震破坏,甚至可掀翻屋顶。这都是使用不当或疏于防漏检查而导致的事故。

密闭容器内的爆炸非常危险。爆炸时,容器裂成碎片四处飞射,伴有声光,有很强的破坏力。这类事故往往是因为容器内存有液化石油气,空气进入,充分扩散混合具备爆炸条件。容器置换违章、管道阀门不严、未经动火分析而进行焊接作业,经常导致这种恶性事故。

2. 爆炸极限

可燃性气体与空气组成的混合物,并不是在任何比例下都可以燃烧或爆炸的,而是具有严格的混合比例,且因条件的变化而改变。

可燃气体与空气的混合物遇着火源能够发生爆炸燃烧的浓度范围称爆炸浓度极限,爆炸燃烧的最低浓度称爆炸浓度下限,最高浓度称爆炸浓度上限。爆炸极限一般可用可燃气体在混合物中的体积百分数来表示,有时也用单位体积气体中可燃物的含量来表示（g/m^3 或 mg/L）。

二、热煤气

煤气是从煤转化而来的可燃气体。注汽锅炉所燃用的煤气是发生炉热煤气,也称粗煤气,是煤在煤气发生炉内汽化反应所产生的（图3-54）。

固体原料煤由提升机置入储煤仓,经自动加煤机加入煤气发生炉。煤随煤气发生炉的运行向下移动,在与从炉底进入的汽化剂（空气+蒸汽）逆流相遇的同时,受炉底燃料层高温气体加热,发生氧化、还原反应,产生热煤气

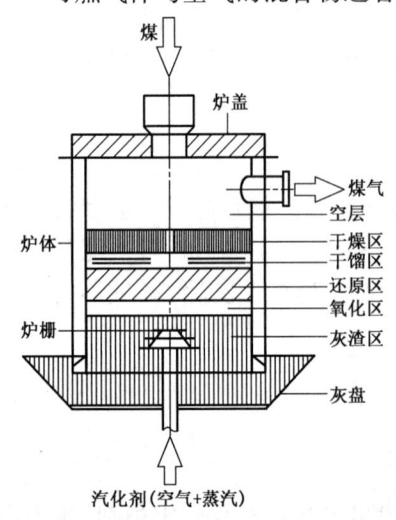

图3-54 煤气发生炉工作原理

（粗煤气）。此粗煤气（热值约为5.74MJ/m³；温度为400~450℃；压力为1500Pa；成分为：一氧化碳约占28.71%，氢气约占11.78%，甲烷约占3.4%，氮气约占51.27%，二氧化碳约占3.84%，碳氢化合物约占0.84%，氧气约占0.16%，极少量的气态焦油和较少量的灰等；相对密度是1.25）经过除尘后，可直接供注汽锅炉燃烧使用。

我国是石油、天然气进口大国，而国内各油田的注汽锅炉又是燃烧油气资源的大户。各油田的注汽锅炉、加热锅炉如能大规模地改烧热煤气，不仅为国家节约大量的油气资源，而且充分环保地利用了我国丰富的煤炭资源，在减少温室气体排放的同时，创造可观的经济效益和巨大的社会效益。

资料链接

(1) YZG20-9.8/350-D过热注汽锅炉燃烧器的技术参数有哪些？其主要结构是什么？

燃烧器为ENERGY-EBR 9MNV型介质雾化燃烧器，满足过热注汽锅炉负荷在40%~100%波动时的需要，以300号以下重油及天然气为燃料。其点火装置、引燃及主燃联动、火焰检测、过程跟踪等一系列设置保证燃烧器可靠运行。主要技术参数如表3-9所示。

表3-9 燃烧器的主要技术参数

型号	EBR 9MNV	备注
最大出力	19.6MW	
鼓风机电动机功率	75kW	
燃料类型	燃油、燃气	300号以下重油
火焰长度（10挡可调）	2.9~5.3m	
火焰直径（10挡可调）	1.3~2.3m	
风量	25000m³/h	
雾化方式	蒸汽或空气	
耗油量	351~1755kg/h	
耗气量	248~1981m³/h	
雾化蒸汽耗量	60kg/h	
雾化压力	≤10bar	

ENERGY-EBR 9MNV型介质雾化燃烧器主要由燃烧器主体、瓦口、油枪、燃油管路及阀门、雾化管路及阀门、燃气管路及阀门、点火枪、风门调节装置、火焰检测器、配接线电箱、点火变压器、观火孔等部件组成（图3-55）。

(2) 锅炉燃烧器使用过程中安全注意事项有哪些？

根据燃气在炉膛内的燃烧特性，在燃气锅炉燃烧器使用过程中，要注意各阶段的安全使用问题。

① 预吹扫：燃烧器在点火前，必须有一段时间的预吹风，把炉膛与烟道中余气吹除。因为燃烧器工作炉膛内不可避免地有余留的燃气，若未进行预吹风而点火，有发生爆炸的危险。必须把余气吹除干净，保证燃气浓度不在爆炸极限内。预吹风时间设置为30s，由锅炉点火程序器控制。

图 3-55 EBR 9MNV 燃烧器

② 自动点火:燃烧器采用电火花点火,高压点火变压器产生电弧,要求其输出电压为 6000V,电流不小于 15mA,点火时间为 5s。

③ 燃烧状态监控:燃烧状态必须予以动态监控,一旦火焰探测器感测到熄火信号,必须在极短时间内反馈到燃烧器,燃烧器即进入保护状态,同时切断燃气供给。火焰探测器要能正常感测火焰信号,既不要敏感,也不要迟钝。因为敏感,燃烧状态如有波动易产生误动作。迟钝则导致反馈火焰信号滞后,不利于锅炉安全运行。一般要求从熄火到火焰探测器发出熄火信号的响应时间不超过 0.2s。

④ 点火失败后的保护:燃烧器点火时,先引燃火炬,再点主燃火。如果点不着火,火焰探测器检测不到火焰信号,燃烧器进入自我保护状态。从点火到进入保护状态的时间要适当,既不能过短也不能过长。若过短,来不及形成稳定火焰;过长,点不着火时造成大量燃气时入炉膛。一般要求在通入燃气 2~3s,燃烧器对火焰探测器感测的火焰信号进行判断,未着火则进入保护状态,着火则维持燃烧。

⑤ 燃烧器熄火保护:燃烧器在燃烧过程中,若意外熄火,燃烧器进入保护状态。由于炉膛是炽热的,燃气进入易发生爆燃,故须在极短时间内进入保护状态,切断燃气供给。从发生熄火到燃烧器进入保护状态,该过程的响应时间要求不超过 1s。

⑥ 燃气压力高低限保护:燃气燃烧器稳定燃烧有一定范围,只允许燃气压力在一定范围内波动。限定燃气高低压的目的是确保火焰稳定性,即不脱火、不熄火也不回火,同时限定燃烧器的输出热功率,保证设备安全经济运行。当燃气压力超出此范围,应锁定燃烧器工作。燃烧器一般用气体压力开关检测压力信号,并输出开关量信号,用以控制燃烧器的相应工作。

⑦ 空气压力不足保护:燃气燃烧器设计热强度大,其燃烧方式采用鼓风强制式。如果风机发生故障造成空气中断或空气不足,立即切断燃气,否则会发生炉膛爆燃或向风机回火。因此在提高风机质量的同时,燃气控制必须与空气压力连锁,当空气压力不足时,应立即切断燃气供给。一般用气体压力开关检测空气压力信号,并输出开关量信号,用以控制燃气电动(磁)阀的相应工作。

⑧ 断电保护:燃烧器在工作过程中突然断电,必须立即切断然气供给,保护设备安全。燃气控制电动(磁)阀必须是常闭型的,一旦断电,自动关闭切断燃气供给。电动(磁)阀关闭响应时间不大于5s。

⑨ 预防燃气泄漏事故的措施。燃气泄漏可能引起锅炉爆炸,解决燃气炉内泄漏问题有以下几个办法:

① 加强预吹风时间和吹风量,吹除炉内燃气;

② 燃气管路采用两个电动(磁)阀串联结构,提高系统安全性;

③ 设置管路泄漏检测装置,在点火前对燃气管路进行检测,若燃气泄漏达到一定量即锁定燃烧器工作。

(3) 如何减少注汽锅炉的 CO_2 排放量?

① 提高能源利用率。CO_2 的排放与能源利用率有关,能源利用率每提高1%,就可减少大约2% CO_2 的排放量。因此提高能源利用率和转化率,既可降低能源生产和利用成本,又可有效降低污染物和 CO_2 排放量,是实现减排最为现实的途径。具体方法如下:

(a) 燃油改为燃天然气、热煤气,而使锅炉热效率得到提高,从而减少 CO_2 排放量。

(b) 提高锅炉热效率关键是提高燃烧效率、降低排烟热损失。采用换热强度高的锅炉尾部受热面(如热管换热器),以降低排烟温度。

(c) 加强锅炉运行管理,保持受热面干净,提高其换热效率。

② 注汽锅炉技术升级。将现有的注汽锅炉技术升级为过热注汽锅炉,即采用二次中间再热,提高锅炉循环热效率,进而降低了燃料消耗,减少 CO_2 排放量。

(4) 怎样控制注汽锅炉燃烧所产生的 NO_x?

① 低过量空气燃烧(LEA):也叫低氧燃烧,是使燃料在炉内总体过量空气系数较低的工况下燃烧,可降低15%~20% NO_x 生成。

② 浓淡偏差燃烧(图3-56):是基于过量空气系数对 NO_x 的变化关系,使部分燃料在空气不足条件下燃烧即燃料过浓或"富燃"燃烧,另一部分燃料在空气过量条件下燃烧,即燃料过淡或"富氧"燃烧,以抑制 NO_x 的生成,但会造成燃烧器的结焦而影响锅炉运行的可靠性。

③ 空气分级燃烧(图3-57):基本原理是将燃料的燃烧过程分阶段完成。在第一阶段,将从主燃烧器供入炉膛的空气量减少到总燃烧空气量的70%~75%(相当于理论空气量的80%),使燃料先在缺氧的富燃料燃烧条件下燃烧。此时第一级燃烧区内过量空气系数小于1,因而降低了燃烧区内的燃烧速度和温度水平。因此,不但延迟了燃烧过程,而且在还原性气氛中降低了生成 NO_x 的反应率,抑制了 NO_x 在这一燃烧中的生成量。为了完成全部燃烧过程,完全燃烧所需的其余空气则通过布置在主燃烧器上方的专门空气喷口,亦称为"火上风"喷

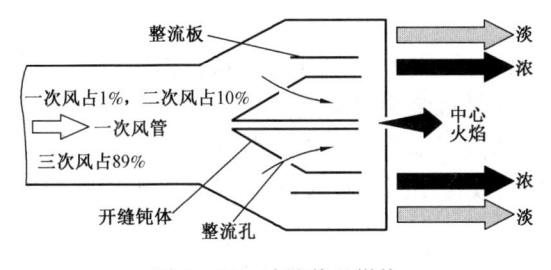

图3-56 浓淡偏差燃烧

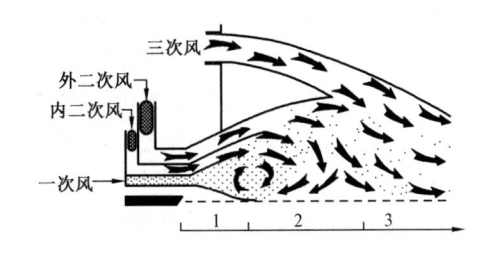

图3-57 空气分级燃烧

口送入炉膛,与第一级燃烧区在"贫氧燃烧"条件下所产生的烟气混合,在过量空气系数大于1的条件下完成全部燃烧过程。由于整个燃烧过程所需空气是分两级供入炉内,故称为空气分级燃烧法。

这一方法弥补了简单的低过量空气燃烧的缺点。在第一级燃烧区内的过量空气系数越小,抑制NO_x的生成效果越好,但不完全燃烧产物增多,导致燃烧效率降低,引起结渣和腐蚀的可能性大。因此,为保证既能减少NO_x的排放,又保证锅炉燃烧的经济性和可靠性,必须正确组织空气分级燃烧过程。

(5)注汽锅炉燃烧的天然气成分指标是什么?其过热锅炉燃料设计消耗量是多少?

注汽锅炉以天然气为燃料,天然气应经过脱水、脱油、脱硫、除尘、干燥等处理过程,杂质含量满足表3-10的规定。

表3-10 天然气经处理后杂志含量应满足的规定

名称	单位	参数
硫化氢	mg/m³	<20
氨	mg/m³	<50
焦油及灰分	mg/m³	<10
汞	mg/m³	<50(冬季),<100(夏季)
一氧化碳	%	<10
硫	%	<0.3(0.098MPa、-30℃时饱和含湿量)

锅炉在运行时,天然气供给应是连续不断的,并保持压力不低于0.1MPa。如果天然气成分发生了比较大的改变,应适当进行调整。锅炉燃烧热值为8500kcal/kg的天然气时,天然气消耗量如表3-11所示。

表3-11 锅炉中天然气的热值为8500kcal/kg时的天然气消耗量

锅炉出力	燃料消耗量	过热温度	单位耗量
20t/h	1760m³/h	350℃	88m³/t

知识拓展

(1)注汽锅炉安全运行控制装置的如何整定?

① 蒸汽泄压安全阀:锅炉和给水换热器的面积之和超过500m² 时,需要安装两个安全阀,其中一个阀通常调定为高出锅炉工作压力的5%,另一个调定为高出8%。例如,一个阀门调为18.03MPa,而另一个调为18.52MPa。

② 供水泵安全阀:锅炉对整个锅炉管束系统具有不同的设计压力和设计温度范围。进口端的水系统与出口端蒸汽系统相比为高压低温,在靠近泵出口端安装一个安全阀来防止管路系统和泵超压。液体安全阀通常是向下排泄,不像蒸汽排放阀那样突然鸣叫,但是它们的设定值(20.65MPa)是接近的。供水泵安全阀不能用管线接回到泵吸入口去,但是必须用管接到低处去,以便任何排放都容易观察到。

③ 空气压缩机安全阀:该安全阀用于防止储气罐和空气压缩机超压,其压力整定值

为1.4MPa。

④ 低压蒸汽安全阀:用于蒸汽雾化和一定型号的对流段吹灰器,其压力整定为0.5MPa。

(2)燃烧器的自控如何调整(以23t/h为例)?

调整电动执行器执行机构的输出特性:

① 燃料/空气比。在电动执行器的伺服电机已校验合格的情况下,手动调节水量为最大注汽量,注汽压力可不要求,然后调节火量控制信号为4~20mA,调节风门连杆机构,对应风门从全关至全开,即0°~90°。然后给定火量控制信号为8mA(风门开度的25%),调整控制燃料阀的连杆的行程,改变燃料量,用烟气分析仪测量烟道烟气中O_2为2%~4%(过量空气系数为1.1~1.2)。同样调整火量控制信号为20mA即风门全开,再测量烟道烟气中O_2含量,并计算出过量空气系数。若该值大于1.2,则可增加燃料阀的行程或提高燃料压力,降低过量空气系数使其为1.2左右,反复调整好为止。最后再给定火量控制信号12mA(风门开度的50%),测量烟气中的O_2含量,计算出过量空气系数,记录风门、燃料阀二者的线性规律,其误差若小于10%即为合格。若误差大于10%,还要再进一步调整。

② 燃料/水量比。在调整好燃料/空气比之后,再调整水与燃料的比值,即水火跟踪。目的是保证在水量变化的时候始终都能保持80%的蒸汽干度。调整方法如下:

注意在保持燃料与空气的比例不变的情况下,手动调节水量分别为40%、60%、80%的情况下调节火量,使蒸汽干度均为80%,记下这三点的风门开度(在风门挡板上加一开度指针)。有了干度合格的三个点后,下一步就要调整同步跟踪。这时可以冷调(即不用启动锅炉),调整电动执行器伺服电机的输入信号分别等于水量为40%、60%、80%时的电信号,而电动执行器的输出信号推动连杆机构正好对准风门的三点开度,冷调即完成。这时可启动锅炉测试给水燃料比的自动跟踪结果,一般都能满足要求。

(3)燃烧器燃烧系统压力调整参数是多少?

① 燃气:一级Y600压力调节阀进口压力0.14MPa以上,出口压力为14~17.5kPa(14.7kPa);二级Y600压力调节阀进口压力为14~17.5kPa(14.7kPa),出口压力为2~2.5kPa(1.47kPa);133L气体调压阀最大进口压力为414kPa(短时间可调到860kPa),出口压力为498Pa~14kPa(锅炉运行时其出口压力稳定在1.5kPa)。

② 重油:油系统压力为0.86MPa;油泵进口温度为46℃;95H或98L压力调节器出口压力为0.58~0.68MPa;燃油加热器出口温度为120~144℃,其他油品为70~93℃;溢流阀最小位置3.75,溢流阀最大位置7;燃油喷嘴压力低0.25MPa,燃油喷嘴压力高0.38MPa;雾化空气压力低0.25MPa,雾化空气压力高0.28MPa。

情境四　注汽锅炉的自动化系统与智能操作系统

任务一　注汽锅炉的自动化系统

学习任务

(1)学习注汽锅炉自动化装置的组成、功能、工作过程。
(2)学习注汽锅炉自动化的基本知识、电气自动化和程序自动化过程。

学习目标

(1)能独立识别和操作注汽锅炉自动化装置并排除其故障。
(2)能独立并熟练识别和查找注汽锅炉电气自动化和程序自动化路线图。
(3)能熟练掌握注汽锅炉自动化的基本知识与操作技能。

技能操作

注汽锅炉的自动化是指机器设备、系统或过程(生产、管理过程)在没有人或较少人的直接参与下,按照人的要求,经过自动检测、信息处理、分析判断、操纵控制,实现预期目标的过程。

生产自动化的目的:
(1)加快生产速度,降低生产成本,提高产品产量和质量。
(2)减轻劳动强度,改善劳动条件。
(3)保证生产安全,防止事故发生或扩大,达到延长设备使用寿命、提高设备利用能力的目的。
(4)能根本改变劳动方式,提高工人技术水平,消灭体力劳动和脑力劳动差别。

自动化的主要内容:
自动检测(利用各种检测仪表对主要工艺参数进行测量、指示或记录)→自动保护(自动信号和连锁保护系统:生产过程中,由于一些偶然的影响,导致工艺参数超出允许的变化范围而出现不正常工况时,就可能会引起事故。为此,常对某些关键性参数设有自动信号连锁装置)→自动操纵(根据预先规定的步骤自动地对生产设备进行某种周期性操作)→自动控制(自动排除各种干扰因素对工艺参数的影响,使它们始终保持在规定的数值上,保证生产维持正常或最佳工艺操作状态,是自动化生产核心部分)。

一、自动化装置的识别

(一)检测仪表

用来准确而及时地检测注汽生产过程中的各有关参数(例如,压力、温度、流量)的技术工具称为检测仪表(图4-1)。它们分别安装在注汽锅炉的水汽系统、燃烧系统的各仪表检测点上,用于测量注汽锅炉的给水压力、泵入出口压力及其润滑油压力、对流段入出口压力、辐射段入出口压力、蒸汽压力、燃油压力、燃油雾化压力、燃气压力、给水流量、蒸汽流量、蒸汽温度、烟气温度、炉管温度、燃烧器瓦口温度、燃油温度、对流段入口温度等。

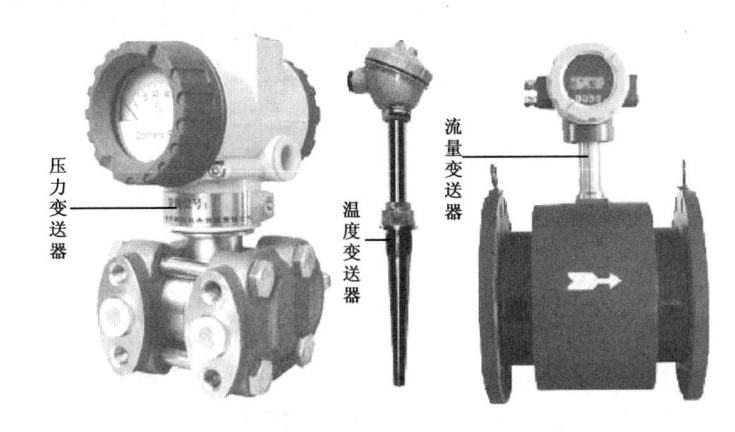

图4-1 注汽锅炉检测仪表

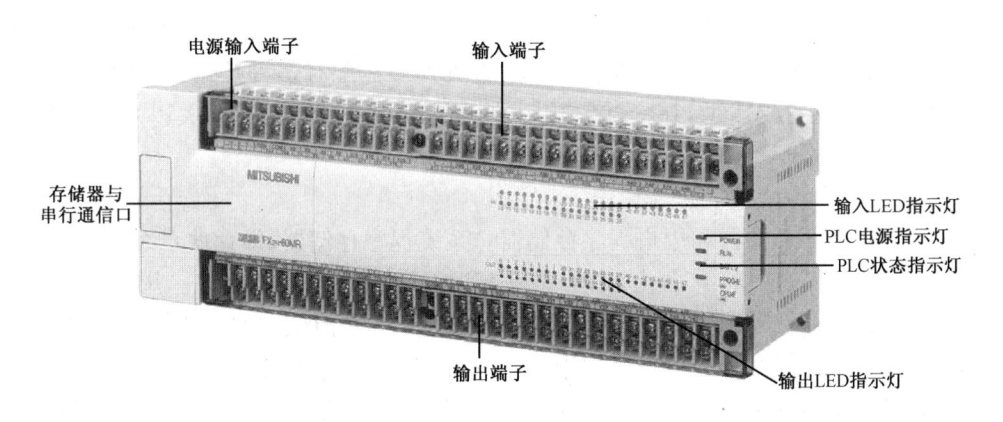

图4-2 PLC主机

(二)PLC

PLC即可编程序控制器(图4-2),它是以单片机技术为核心,以计算机技术、网络通信技术为一体的注汽锅炉自动控制平台。

它是一种数字运算操作的电子系统,实质是一种专用于工业控制的计算机,它的硬件结构基本上与微型计算机相同。

1. 组成

PLC 是由中央处理器 CPU、存储器、输入/输出模块、电源及编程器等部分组成(图4-3)。

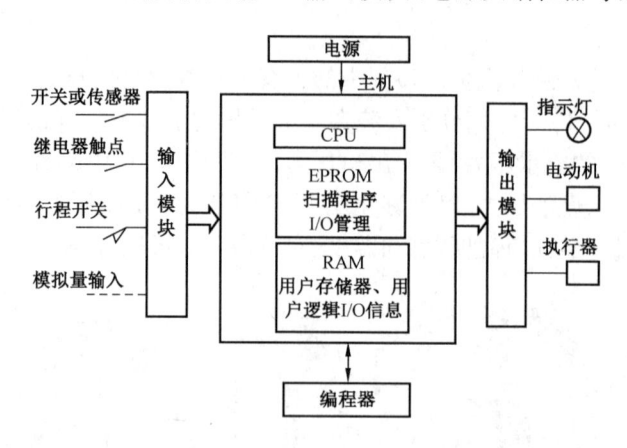

图 4-3　PLC 组成框图

1)中央处理器 CPU

中央处理器 CPU 是 PLC 的控制中枢。它按照 PLC 系统程序赋予的功能接收并存储从编程器键入的用户程序和数据;检查电源、存储器、I/O 以及警戒定时器的状态,并能诊断用户程序中的语法错误。当 PLC 投入运行时,首先它以扫描的方式接收现场各输入装置的状态和数据,并分别存入 I/O 映象区,然后从用户程序存储器中逐条读取用户程序,经过命令解释后按指令的规定执行逻辑或算数运算,并将运算的结果送入 I/O 映象区或数据寄存器内。等所有的用户程序执行完毕之后,最后将 I/O 映象区的各输出状态或输出寄存器内的数据传送到相应的输出装置,如此循环运行,直到停止运行。中央处理器配有多种接口,主要用于与编程器通信,也能和外部设备或其他 PLC 通信。中央处理器模板都具有运行开关以及运行和故障的指示灯。

2)存储器

它包括系统程序存储器和用户程序存储器。系统程序存储器,即存放系统软件的存储器。系统程序由厂家在制造时将其固化在 ROM 或 EPROM 内,用户不能修改。用户程序存储器,即存放应用软件的存储器,其内部分为程序区和数据区。程序区存放用户编写的控制程序,此程序可由用户修改、增删存储内容,故使用 RAM 存储器。用户存储器的数据区用来存放输入数据、输出数据、中间变量,提供计时器、计数器、寄存器及系统程序所使用和管理的系统状态和算法信息。当 PLC 处在编程工作方式下,用户程序可通过编程器的键盘输入到 RAM 的指定区域(图4-4)。

3)输入/输出模块

输入/输出模块是 PLC 的中央处理器与外部现场进行通信的界面。输入模块把外部信号转换成中央处理器可以接收的信号,并传送给中央处理器。输出模块把输出信号传送到外部现场。一台 PLC 可以配置一个或几个输入/输出模块。一个模块能够接收及传送信号的数目称为输入、输出点数。输入、输出点数的总和称为 PLC 的 I/O 点数。PLC 的每个输入、输出点(称端子)均有确定的地址(厂家固定的编码),以便访问。

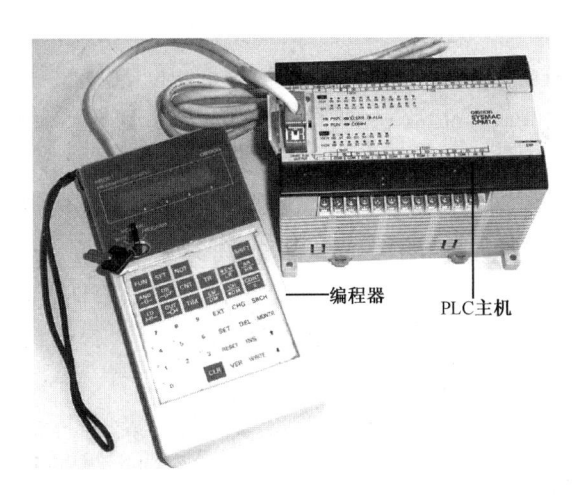

情境四　注汽锅炉的自动化系统与智能操作系统

图 4-4　编程器

4）电源

PLC 的电源在整个系统中起着十分重要的作用。如果没有一个良好的电源,系统是无法正常工作的,所以可编程控制器的处理器单元都配置了后备电源,当电源掉电时,后备电源保证存于 RAM 中的程序不会丢失,同时也保证重新上电时,系统能从当前状态继续运行。

5）编程器

编程器是人—机通信专用工具。通过编程器,可以编制、调试、运行应用程序,可以测试、诊断 PLC 的运行状态,也可以在控制过程中修改控制参数。它是由键盘、显示器、智能处理器及外部设备(软盘驱动器、硬盘驱动器)等组成,并有通信接口与 PLC 相连(已被计算机取代)。编程器主要功能有以下三个:

(1)编程。PLC 的应用程序可以使用语句表语言、梯形图语言及其他专用高级语言来编程。一般编程器具有上述一种或多种语言的编译系统。人们能使用编程器的键盘,在编程器的屏幕或显示器上输入和显示应用程序,并借助于编程器的编辑功能,编辑和修改应用程序,最后将编辑完的应用程序下装至 PLC,也可以利用存储器(软磁盘、EPRROM 芯片、盒式磁带等)将程序保存起来。

(2)与 PLC 对话。在程序编辑完成和下装后,要对新编程序进行调试,调试人员可以用编程器的单步执行程序、连续执行程序和中断等功能和手段验证编制的应用程序是否正确,并可随时修改参数(例如定时器或计数器的设定值等)和显示操作人员需要掌握的各种信息。在出现故障情况下,可以利用编程器来查找故障的原因。因此,在程序正确运行之前,编程器是人—机对话的重要手段。

(3)参与 PLC 的过程控制。在一般情况下当程序调试结束并确认正确无误之后,编程器与 PLC 脱机,以后的程序执行和对被控对象的控制,可以完全由 PLC 自己来完成。在某些情况下,特别是进行过程控制时,用户也可以让编程器参与控制,将编程器作为工作站使用,可以用编程器来启动、停止、监控系统,故障时用编程器进行手动操作及修改某些控制参数等。

2. 注汽锅炉 PLC 的用途

(1)开关量的逻辑控制。这是 PLC 最基本功能,它取代传统的继电器电路,对锅炉实现逻辑控制、顺序控制。

(2)模拟量控制。在锅炉注汽生产过程当中,温度、压力、流量等参数都是连续变化的模拟量。PLC 实现模拟量(Analog)和数字量(Digital)之间的 A/D 转换及 D/A 转换。PLC 厂家都生产配套的 A/D 和 D/A 转换模块,使 PLC 用于模拟量控制。

(3)过程控制。过程控制是指对锅炉蒸汽温度、压力、流量等模拟量的闭环控制。作为工业控制计算机,PLC 能编制各种各样的控制算法程序,完成闭环控制。PID 调节是一般闭环控制系统中用得较多的调节方法。PID 处理一般是运行专用的 PID 子程序,PLC 都有 PID 功能模块。

(4)数据处理。PLC 具有数学运算(含矩阵运算、函数运算、逻辑运算)、数据传送、数据转换、排序、查表、位操作等功能,可以完成锅炉运行数据的采集、分析及处理。这些数据可以与存储在存储器中的设定值比较,完成一定的控制操作,并协调注汽锅炉燃烧器和点火程序器的运行。也可以利用通信功能将数据传送到别的智能装置或将它们打印制表。

(5)通信及联网。PLC 都具有通信接口,通信非常方便。

3. PLC 工作过程

PLC 工作过程分为三个阶段,即输入采样、用户程序执行和输出刷新。完成上述三个阶段称作一个扫描周期。在整个运行期间,PLC 的 CPU 以一定的扫描速度重复执行上述三个阶段。

(1)输入采样阶段。在输入采样阶段,PLC 以扫描方式依次地读入所有输入状态和数据,并将它们存入 I/O 映象区中相应的单元内。输入采样结束后,转入用户程序执行和输出刷新阶段。在这两个阶段中,即使输入状态和数据发生变化,I/O 映象区中相应单元的状态和数据也不会改变。因此,如果输入是脉冲信号,则该脉冲信号的宽度必须大于一个扫描周期,才能保证在任何情况下,该输入均能被读入。

(2)用户程序执行阶段。在用户程序执行阶段,PLC 总是按由上而下的顺序依次地扫描用户程序(梯形图)。在扫描每一条梯形图时,又总是先扫描梯形图左边的由各触点构成的控制线路,并按先左后右、先上后下的顺序对由触点构成的控制线路进行逻辑运算,然后根据逻辑运算的结果,刷新该逻辑线圈在系统 RAM 存储区中对应位的状态;或者刷新该输出线圈在 I/O 映象区中对应位的状态;或者确定是否要执行该梯形图所规定的特殊功能指令。

在用户程序执行过程中,只有输入点在 I/O 映象区内的状态和数据不会发生变化,而其他输出点和软设备在 I/O 映象区或系统 RAM 存储区内的状态和数据都有可能发生变化,而且排在上面的梯形图,其程序执行结果会对排在下面的凡是用到这些线圈或数据的梯形图起作用;相反,排在下面的梯形图,其被刷新的逻辑线圈的状态或数据只能到下一个扫描周期才能对排在其上面的程序起作用。

(3)输出刷新阶段。当扫描用户程序结束后,PLC 就进入输出刷新阶段。在此期间,CPU 按照 I/O 映象区内对应的状态和数据刷新所有的输出锁存电路,再经输出电路驱动相应的外接设备,此时才是 PLC 的真正输出。PLC 的扫描周期等于自诊断、通信、输入采样、用户程序执行、输出刷新等所有时间的总和。

(三)点火程序器

1. BC7000L100 型点火程序器

BC7000L100 是一种智能化的计算机系统(图 4-5),它能对燃烧天然气、油、煤气或混合燃料的单台燃烧器实施全自动控制。它的控制和逻辑元件是一台高度可靠性的微型计算机。

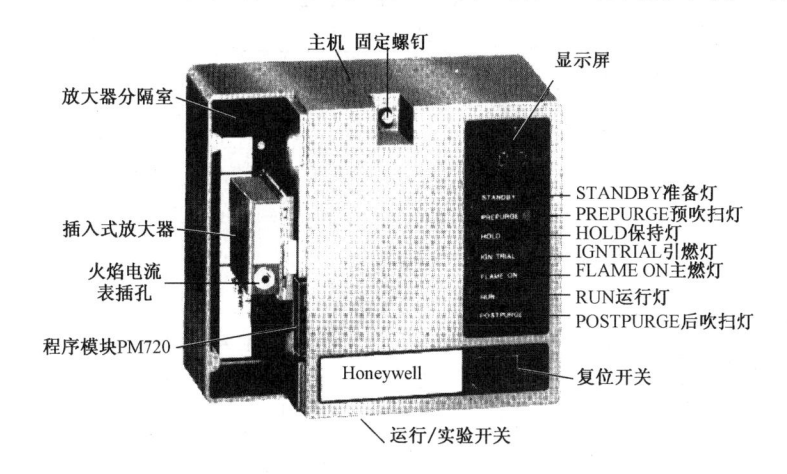

图 4-5　BC7000L100 点火程序器

1)组成

它是由主机、接线端子底座(图 4-6、图 4-7)、程序模块 PM720、插入式放大器(火焰检测器送来的信号放大后推动主燃料阀继电器 2K 动作)、电源变压器(由 120V 变为 22.5V)、继电器(1K、2K、3K、4K、5K、6K、7K、8K、9K,工作电源为 120V)、显示屏、复位开关、放大器分隔室、运行/实验开关等组成。

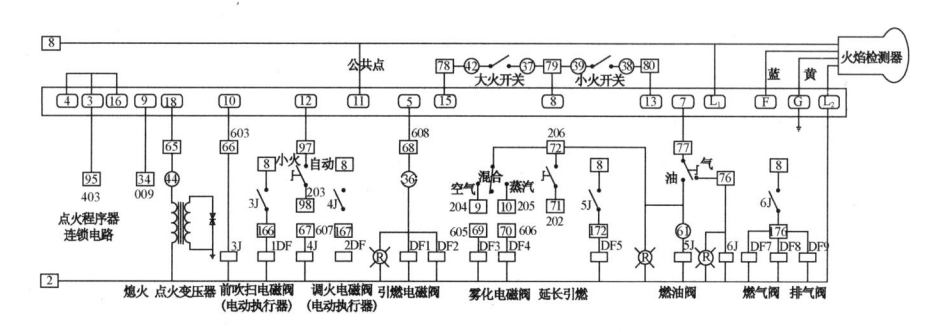

图 4-6　BC7000L100 点火程序器端子底座接线图

2)功能

BC7000L100 点火程序器控制系统的功能包括:自动的燃烧器操作程序(包括前吹扫、点引燃火、点主燃火、引燃火灭、自动调火、正常运行六个步骤)、火焰检测、状态显示、先出信号、自动诊断和节能。

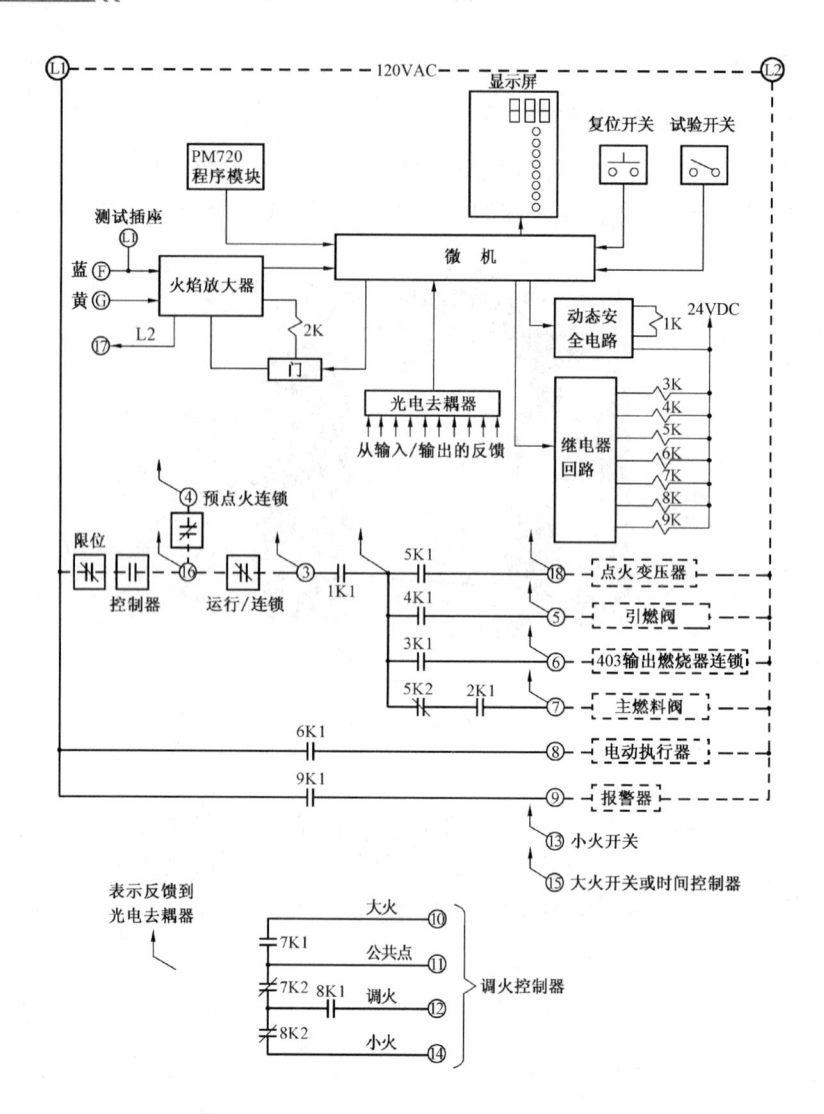

图4-7　BC7000L100点火程序器内部接线方框图

(1)动态自动检测功能。

对系统的运行做连续检测,保证正常运行。

(2)安全功能。

安全功能包括:动态自检测逻辑、扩展的自动点火检测、动态输入检测、闭环输出检测、大火吹扫、开关试验、小火启动开关试验、抗干预性的定时和逻辑。

(3)先出信号和系统诊断功能。

能够提供数字显示,同时能显示操作代码和程序循环的时间。

(4)单独显示安全停炉原因的故障代码功能。

该功能能把代码保持,以使确认故障原因,并在燃烧器控制程序下进行启动。

(5)程序状态的液晶功能。

程序状态的液晶功能的显示能使操作者看到程序位置的信息和报警信息。

（6）节能功能。

节能功能以降低不必要吹扫热损失。

（7）BC7000L100 的通用性系统底盘能提供任何标准型的燃烧器程序操作和定时，可以配置插入式 PM720 程序模块。

（8）系统的底盘可以插入七种标准型固态火焰放大器中的任何一种。

（9）功能试验开关能在试点火期间预吹扫结束后使程序暂停，并在运行周期内驱动调火（燃烧量）开关到小火状态。

（10）计算机技术保证可靠的长期运行。

3）BC7000L100 点火程序器的配套设备

与点火程序配套共同完成注汽锅炉自动点火过程的配套设备如下：

（1）紫外线火焰检测器（检测接收火焰信号并将其转化为 0～4μA 电信号，输出给点火程序器的放大器）。

（2）点火变压器（由 120V 变为 6000V，火花塞的电极间隙为 1.6～2.4mm）。

（3）两个引燃电磁阀（由点火程序器控制，并于 60～80s 点引燃火期间带电打开）。

（4）主燃料阀：包括主燃油电动（或电磁）阀，两个主燃气电动阀（由点火程序器控制，并于 70s 带电打开）。

（5）吹扫电磁阀 VBP（锅炉前吹扫期间带电并接通气源，使气动执行器驱动风门至全开位置。改用电动执行器的锅炉无吹扫电磁阀）。

（6）调火电磁阀 VBV（95s 后带电并接通气源，使气动执行器工作并进行自动调火。改用电动执行器的锅炉无调火电磁阀）。

（7）电（气）动执行器限位开关（即风门大火位置开关与小火位置开关）。

（8）灭火报警系统 AR4（灭火即使锅炉燃料阀失电关闭，锅炉转入后吹扫程序）。

4）主要技术特性

BC7000L100 点火程序器能够实现所有的火焰安全保护功能，保持在安全、信号、自动诊断和节能等领域内的先进性。

（1）安全程序。

由于 BC7000L100 计算机燃烧器控制系统的主要工作是保证燃烧的安全，计算机运行时间中的 60% 是在进行几种不同的，然而又是相互牵连的安全检查工作。在运行中 BC7000L100 每秒钟内至少要进行 400 次以上的安全检查，监视整个燃烧器控制系统的运行情况。例如，计算机操作、程序存储和执行、定时、输入信号、逻辑操作、输出指令等。这证明 BC7000L100 能够进行基本的燃烧安全监控，达到最大限度的安全。

（2）安全停炉连锁（配置 PM720L）系统。出现以下情况时，安全停炉连锁系统工作：

① 在预吹扫期间的最初 10s 以后检测到火焰信号时（F00）。

② 预吹扫开始，电动执行器（燃烧量控制机构）受指令走向大火位置以后，大火吹扫开关不能在 30s 内闭合上时（F01）。

③ 在预吹扫期间预点火连锁断开时（F03）。

④ 在小火保持期内火焰检测器检测到火焰信号时（F10）。

⑤ 在预吹扫（10s 以后）、点火或运行期间保持连锁断开时（F04、F14、F34、F44、F54）。

(3)动态自检安全电路。

BC7000L100计算机燃烧器控制系统的主要安全措施是动态自检安全电路,这是一种完全独立的多功能安全电路,能监督计算机的运行,保证正常工作。计算机能对自身及其有关硬件进行测试,执行全面的安全检测程序。任何出错可被计算机检测出来,导致停炉或者使动态安全继电器(1K)把所有的安全临界负载断电。

(4)扩展的安全启动检查。

把传统的安全启动检查扩大到包括备用状态(循环周期以外)时的火焰信号检测和预点火输出电路的检测。

循环周期以外(即备用状态)的火焰信号检测是一种能检测火焰检测子系统(火焰检测器和放大器)状态的功能。如果由于边缘的或错误的火焰检测元件(或者是真有火焰的状态下)造成一个火焰存在的假象,显示器上会出现一个代码,并防止燃烧器启动。假如这种情况继续存在30s以上,会停炉并通知操作者。

预点火输出电路检测能够保证刚刚要试验点火之前,所有安全临界负载(阀和点火端子)会全部断电。在预吹扫结束时(进入试验点火程序之前),动态安全继电器(1K1)通电,点火变压器、引燃阀、主燃阀端子立即由预点火输出电路检测是否处于断电状态。假如这些端子通电,则会安全停炉。

(5)电路状态检测。

① 动态输入检测。动态输入检测功能对负载端子进行全系统的输入电路检查,保证系统能判明外部控制器件、限位和连锁装置的真实状态。这种自检工作每分钟要进行上千次,任何输入端检出故障,计算机会执行安全停炉并把相应的故障代码通知操作者。

② 闭环输出检测。闭环输出检测功能能够鉴别所有安全临界输出电路端子的完整性。若这些负载工作不正常,则会立即执行安全停炉。

③ 动态安全继电器测试。此功能能够检查继电器1K1的开关性能,在预吹扫期间(端子不通电),就在继电器1K1下游的电路状态装置接受检查,鉴别是否在断电状态。在预吹扫刚结束(但在试点火之前)后,动态安全继电器通电,上游和下游电路状态装置同时接受检查。相比之下,有误即会安全停炉。

(6)大火吹扫和小火启动开关测试。

① 大火吹扫开关测试。当电动执行器接受指令走向大火位置的瞬间,大火吹扫开关测试功能对吹扫位置的连锁开关进行检查。假如此开关呈旁路、熔接住或其他形式的永久闭合状态,则本系统会自动增加30s的时间,使燃烧量控制机构有更多的时间驱动风门挡板,在开始吹扫定时以前,把风门转到或接近全开位置。当大火开关闭合时,吹扫定时计时开始。

② 小火启动开关测试。预吹扫结束瞬间,即会检查小火启动开关。假如此开关呈旁路、熔接住或其他形式的永久闭合状态,则本系统会自动增加30s的时间,使燃烧量控制机构有更多时间驱动风门挡板,在进行点火期间把风门转到或接近小火启动位置。当小火开关闭合以后,点火即会开始。

(7)小火启动监督。

在进入点火状态之前以及点燃引燃火焰的最后5s内,小火启动开关是受到监控的。

(8)火花终止的鉴别。

为保证尽快终止火花(5s 的点火和引燃火焰建立,以及 5s 的"只建立引燃火焰"),火花终止期是受到监控的。

(9)抗干预性。

所有安全和逻辑的安排时间是不能碰的,它们不能被改变或消除。

(10)强制性吹扫。

假如点火开始(或在整个程序中燃料阀在任何时间内曾经通过电)以后发生过停炉,则一定要进行一次后吹扫。

5)先出信号和自诊断

控制和燃烧器系统的启动、故障检查和维修可以通过 BC7000L100 燃烧器控制系统的先出信号和自诊断功能来支持。

(1)先出信号。

先出信号能对造成安全停炉的原因以一个"故障代码"形式通知操作者;或者把燃烧器控制程序中不能启动或不能继续进行的原因加以鉴别,以一个"保持代码"的形式通知操作者。所有的现场输入电路都受到监测,包括火焰信号放大器和燃烧量控制开关的位置。本系统能够区别七种火焰失效的状态,能够检测出由于跳动或边缘限位和连锁造成的难以发现的间断并通知操作者。

(2)多功能通告显示器。

它能显示预吹扫、点火以及后吹扫程序期内经过的时间,作为一种外加的辅助功能。假如在某一预定时期内发生安全停炉(保持代码或故障代码与时间交替显示),它会提示一个程序内时间。

(3)自诊断。

自诊断对 BC7000L100 计算机燃烧器控制系统的"先出信号"增加一种能区分现场(外部装置)和内部(有关系统内部)问题的功能。不论是火焰检测子系统造成的故障,还是插入式程序模块自身故障或系统底座造成的故障,多功能智通告显示器均能加以区别并做出显示。

(4)程序状态指示灯(发光二极管)。

程序中的各个操作步骤,如"准备""预吹扫""保持""点火""火焰建立""运行""后吹扫"均能由发光二极管显示,并能通过发光复位按钮执行安全停炉。

6)通告信息和故障诊断

BC7000L100 的通告信息和故障诊断代码汇总见表 4-1。

表 4-1 BC7000L100 的通告信息和故障诊断代码汇总

代码	系统故障	建议检查内容
H70	准备期间有火焰信号	(1)检查辐射段内应无火焰; (2)测试火焰信号放大器; (3)测试紫外线火焰检测器; (4)检查火焰检测器的接线
H73	预点火连锁装置断开	(1)检查预点火连锁装置和接线; (2)检查电动(磁)燃料阀及其接线

续表

代码	系统故障	建议检查内容
H74	运行连锁装置断开	(1)检查运行连锁装置和接线; (2)检查空气量、燃料压力等
F00	预吹扫期错误的火焰信号	(1)检查辐射段内应无火焰; (2)测试火焰信号放大器; (3)测试紫外线火焰检测器; (4)检查火焰检测器的接线
F01	大火吹扫开关有故障	(1)检查大火开关、电动执行器和接线; (2)检电动执行器伺服机、连杆机构和接线
F03	预吹扫期间预点火连锁断开	(1)检查预点火连锁和接线; (2)检查电动(磁)燃料阀及其接线
F04	预吹扫期间停炉/运行连锁断开	(1)检查停炉/运行连锁装置及其接线(例如空气量开关和燃料压力开关); (2)检查空气量、燃料压力等
F10	预吹扫结束小火保持期间错误的火焰信号	(1)检查辐射段应无火焰; (2)测试火焰信号放大器; (3)测试紫外线火焰检测器; (4)检查火焰检测器的接线
F11	小火开关故障	(1)检查小火开关、调节机构和接线; (2)检查燃料量控制电动机、连接杠杆和接线
F13	小火保持期间预点火连锁断开	(1)检查预点火连锁装置和接线; (2)检查电动(磁)燃料阀及其接线
F14	预吹扫结束小火保持期间停炉/运行连锁断开	(1)检查停炉/运行连锁装置及其接线(例如空气量开关和燃料压力开关); (2)检查空气量、燃料压力等
F30	辅助(引燃)火焰失败	(1)检查引燃阀及其操作情况; (2)检查引燃燃料供应情况; (3)检查点火变压器、火花塞电极、火焰检测器、检测器光敏管、火焰信号放大器
F31	辅助试点火时小火开关断开	(1)检查小火开关、调节机构及接线; (2)检查电动执行器、连杆和接线
F34	辅助试点火时停炉/运行连锁断开	(1)检查停炉/运行连锁装置及其接线(例如空气量开关和燃料压力开关); (2)检查空气量、燃料压力等
F35	辅助测试状态下火焰失败	(1)调节辅助燃料压力,重复辅助燃料调节试验; (2)检查辅助阀接线和阀门动作; (3)检查燃料供应情况; (4)检查点火变压器、火花塞电极、火焰检测器、检测器光敏管、火焰信号放大器

续表

代码	系统故障	建议检查内容
F40	主火焰点火失败	(1)检查主燃料供应情况及电路接线; (2)检查引燃火应能点燃主火焰(进行引燃火调节试验); (3)检查检测元件对主火焰的敏感和反应能力; (4)检查火焰信号放大器; (5)检查主燃料阀开启后的引燃火燃烧情况
F44	主火焰试点火时 停炉/运行连锁断开	(1)检查停炉/运行连锁装置及其接线(例如空气量开关和燃料压力开关); (2)检查空气量、燃料压力等
F50	运行期间火焰熄灭	(1)检查主燃料供应情况; (2)检查火焰检测器和火焰信号放大器
F54	运行期间停炉/运行连锁断开	(1)检查停炉/运行连锁装置及其接线(例如空气开关和燃料压力开关); (2)检查空气量、燃料压力等
F70	准备期间错误的火焰信号	(1)检查炉膛内应无火焰; (2)测试火焰信号放大器; (3)测试火焰检测器; (4)检查火焰检测器的接线
F73	预点火连锁不能闭合	(1)检查预点火连锁装置及其接线; (2)检查燃料阀及其接线
F81	断续(脉动)预点火连锁	(1)检查预点火连锁装置及其接线; (2)检查预点火连锁触点
F82 F83 F85 F86 F87	断续(脉动)燃烧器 控制器/限位开关	(1)检查燃烧器控制器/限位开关及接线; (2)检查燃烧器控制器和限位开关的触点
F84	断续(脉动)停炉/运行连锁	(1)检查停炉/运行连锁装置及其接线; (2)检查停炉/运行连锁触点
F90	程序模块失效	(1)拆下并重新安装程序模块,重新调整 BC7000L100; (2)调换 PM720 程序模块; (3)调换 BC7000L100 计算机燃烧器控制系统
F97	电源频率不同步	(1)重新调整 BC7000L100 计算机燃烧器控制系统; (2)检查主电源和辅助电源的线路频率; (3)检查采用的 PM720 程序模块是否正确
F99 FA8 FAA FAb FAC FAd FAE FAF Fb8 Fb9 FbA Fbb Fbc FA9	内部线路有故障	(1)检查底盘上接线是否有误; (2)确认临界负载端子未与外部电源通电或短路; (3)拆下并重新安装 PM720 程序模块,重新调整 BC7000L100; (4)调换 PM720 程序模块; (5)重新调整 BC7000L100;假如显示器上重新出现这些代码,则应调换 BC7000L100

续表

代码	系统故障	建议检查内容
FOF	在预吹扫期间阀门或点火端子上出现线路电压	(1)检查底盘上接线是否有误; (2)确认临界负载端子未与外部电源通电或短路
FIF	在小火保持期间,阀门或点火端子上出现线路电压	(1)拆下并重新安装 PM720 程序模块,重新调整 BC7000L100; (2)调换 PM720 程序模块; (3)重新调整 BC7000L100,如果显示器上重新出现这些代码,则应更换 BC7000L100
	显示器上出现空白,或没有意义的故障代码。状态指示灯显示了错误信息,而燃烧器电动机仍在运转	重新调整 BC7000L100。若仍出现左列情况,则应更换 BC7000L100

2. RM7800 系列燃烧程序控制器

7800 系列燃烧程序控制器可用于大、中型燃烧设备。它包括燃烧程序控制器(EC7800 或 RM7800)(图 4-8)、火焰信号放大器、信息显示板、前吹扫时间控制插片、通用机座等部件。与其他燃烧控制产品比,具有极强的通用性、燃烧过程记录、动态部件自检、过程信号的远传及远端控制、状态及报警显示、报警处理提示等特点。

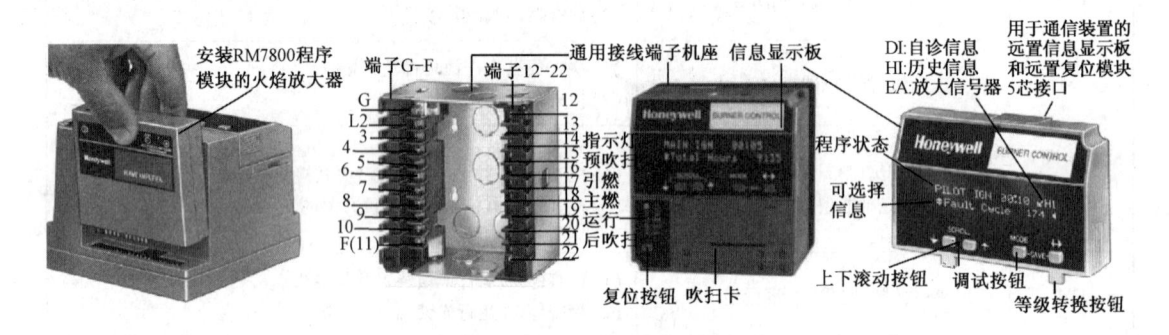

图 4-8 RM7800 点火程序器
G,L2,3,4,5,6,7,8,9,10,F(11),12,13,14,15,16,17,18,19,20,21,22—接线端子

注汽锅炉使用的是 RM7800L(110Vac)型燃烧程序控制器(点火程序器),用于替代 BC7000L100。

它是由通用接线端子机座 Q7800A1005(控制柜安装)、R7800A/B/C 插入式火焰放大器、S7800A 工作状态信息显示面板、ST7800A 吹扫时间定时卡(30s)等组成。

1)通用接线端子机座

RM7800 点火程序器担负着锅炉自动点火的执行、监控、检测、故障报警全过程,是保证注汽锅炉安全运行的重要点火程序控制设备。它是升级版的智能型燃烧程序控制系统,能够准确地巡回检测故障点并予以报警显示,减少故障检修时间,节约成本。

RM7800 通用接线端子:端子 G、L2、4、F(11)可连接紫外线火焰检测器;端子 3 可连接熄火报警装置;端子 5 可连接电动执行器的伺服电动机(前吹扫电磁阀);端子 6、7 可连接点火程序器连锁电路;端子 8 可连接引燃电磁阀;端子 9 可连接主燃油阀;端子 10 可连接点火变压器;端子 12 可连接大火开关;端子 13 可连接中火开关;端子 14 可连接小火开关;端子 15 可连接调火开关;端子 16、17 可连接备用;端子 18 可连接小火开关;端子 19 可连接大火开关;端子 20 可连接预燃点火连锁装置;端子 21、22 可连接辅助连锁装置(中断的/周期性的辅助控制阀、一级燃油阀或启动输入电路)。

2)插入式火焰放大器

它会反映出来自紫外线火焰检测器的整流信号,以指示火焰的出现。

(1)火焰信号电压(直流电压)范围是 0.0~5.0Vdc,最小可接受电压是 1.25Vdc。

(2)火焰失败反应时间为 0.8~1.0s。

(3)火焰信号测量(图 4-9):当将放大器插在 7800 系列程序器模块时,两个测试插口,即正极和负极,应位于放大器顶部。这些插口是用来检测火焰信号强度的。用一个 1MΩ/V 的伏特欧姆表来测量火焰信号强度。连接正极伏特欧姆表探针(红色的)到放大器的正极测试插口(+);连接负极伏特欧姆表探针(黑色的)到放大器的负极测试插口(-)。测试插口使用标准的直径为 0.180in 的电压伏特欧姆表探测,要求有最小 1.25Vdc 的火焰信号。

3)S7800A 工作状态信息显示面板

信息显示面板显示的第一行包括燃烧器程序(准备、吹扫、引燃、主燃、运行、后吹扫)

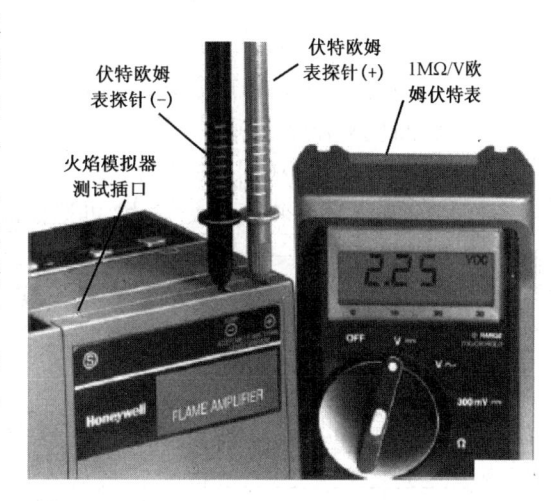

图 4-9 火焰信号的测量

的当前状态。以分秒显示时间信息(吹扫、引燃、主燃、后吹扫)、保持信息(后吹扫保持)和停运信息(停运、错误代码、错误信息和程序)。第一行的最右端,有时是空的,有时会显示一个小箭头指向第二行,箭头后面是一个 2 个字母的代码,即 DI 表示自诊信息;Hn 表示错误历史记录(n 表示错误后的记录号);EA 表示放大信号器。当显示箭头和两个字母的代码时,表示第二行正显示一个可选择的信息子菜单。第二行会显示一个可选择的或一个先取信息。可选择的信息提供火焰强度、系统状态指示、系统或自诊及故障检修的信息。先取信息是有关信息的插入语,并提供一个详细的信息来支持程序状态信息。先取信息也可以是一个停运信息。先取信息代替可选择信息来支持程序状态信息,它可以在 60s 后代替一个可选择的信息,如果它或停运信息仍然存在。7800 系列程序起模块的 LED(连锁荧光管)为程序器模块的程序提供了明确可见的显示。LED 通电的同时,显示相应的程序状态。信息显示面板上有四个功能不同的按钮(上滚动、下滚动、调试和等级转换)。当"调试"和"等级转换"按钮被同时按下,表示使用"保留"功能。

(1)上下滚动按钮↕(图 4-10)。

上下滚动按钮是用来滚动显示可选择信息的。在信息显示面板的第二行的左下角上出现一个双向箭头(↕),它代表上下滚动按钮。按下"上下滚动按钮",可以每次显示一个可选择

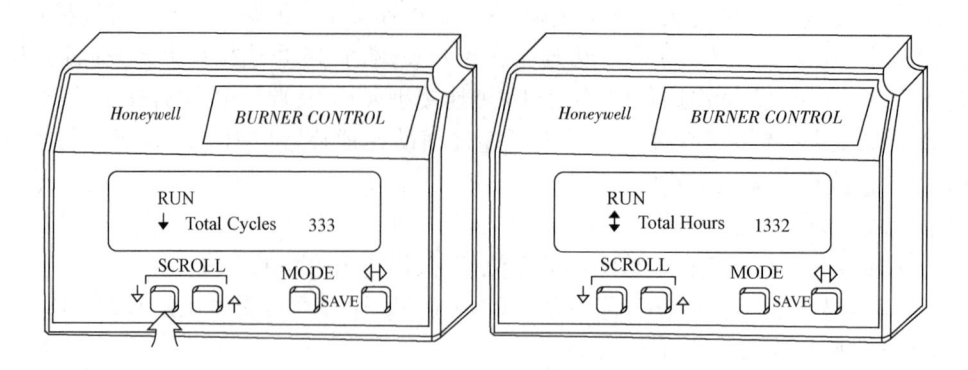

图 4-10 上下滚动按钮

信息,或者控制它以每2s一个的速度显示所有的可选择信息。当显示完最后一条可选择信息后,信息显示面板又开始重新显示第一条可选择信息。

(2)等级转换按钮↔(图4-10)。

等级转换按钮是用来显示从第一级可选择信息转换到显示子一级的可选择信息。等级转换按钮也可以将显示子一级的可选择信息转换到显示第一级可选择信息。若在显示面板的第二行右下角,有一个符号(<),则表示有子一级的可选择信息。

(3)调试按钮(图4-11)。

调试按钮用于快速从一个第二行的可选择信息中打开一个第二行的先取信息,60s暂停功能也可用于这一任务。只有第二行存在先取信息或停运信息时,调试按钮才起作用。

(4)保留功能。

保留功能可使使用者在电源未恢复时,找到他所想要的可选择信息。当恢复通电时,第二行恢复显示最近一条被保留的可选择信息。保留功能的实施方法是:先按住"调试"按钮,不要松开并同时按下"等级转换"按钮,这时,第二行会简单地显示

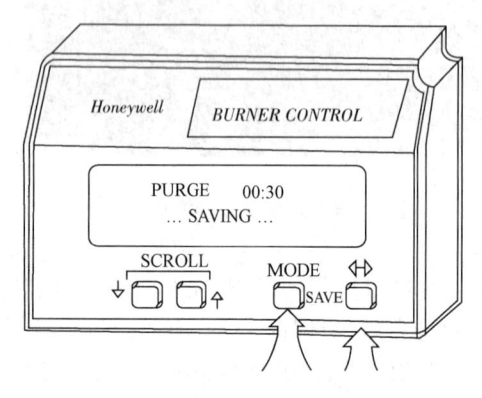

图 4-11 MODE 调试按钮

"SAVE",以确认两个按钮都已被按下。第二行的可选择的信息分两个等级显示,字母 n 代表数值,字母 T 代表接线柱号,字母 X 代表程序器的尾标字母。

4)ST7800A 吹扫时间定时卡

确认ST7800A吹扫时间定时卡(图4-12)的定时时长符合锅炉的时长要求(30s)。把它对准程序器模块上的插口,并且将其插入程序器模块凹槽中的插口里。

5)RM7800 程序器模块检验测试

7800系列程序器模块接通电源时,大部分终端连接物上都有线电压。因此,在拆除或安装7800系列程序器模块或信息显示面板连接器之前,必须断开总电源开关。在开始启动灭火检验和辅助减弱测试以前,确保所有的手动关闭器阀门被关闭。限制辅助试验的时间不超过10s。在燃料到达燃烧器喷嘴后,限制试图点燃主燃烧器的时间不超过2s。

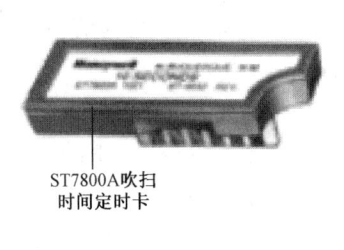

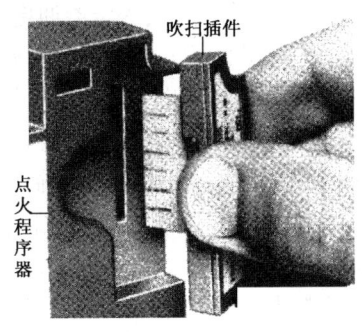

情境四 注汽锅炉的自动化系统与智能操作系统

图 4-12 吹扫时间定时卡

(1) 初步检验。
① 程序器的配线连接正确,且所有螺栓都已拧紧。
② 火焰检测器清洁,安装定位正确。
③ 放大器和火焰检测器的结合正确。
④ 放大器和吹扫时间定时卡安插牢固。
⑤ 燃烧器安装完成,并且已准备就绪点火,燃料管路已被吹扫。
⑥ 燃烧室和烟道中没有燃料和燃料烟雾。
⑦ 系统总电源开关接通。
⑧ 只有程序器模块通电时,出现停运,才能用复位按钮复位。
⑨ 运行/检测开关在"运行"位置。
⑩ 系统在准备状态下,且准备信息显示在信息显示面板上。
⑪ 所有限制器和连锁装置被复位。

(2) 启动时熄火的检查。
它必须紧跟在"初步检验"后面实施。
① 断开总开关,确保手动主燃料阀关闭器关闭,打开手动辅助关闭器阀门。如果辅助动力装置是在手动主燃料阀关闭器之前,轻轻地打开主燃料阀来支持辅助燃气流动。确保主燃料刚好在燃烧器入口内部。
② 闭合总开关并且通过升高运行控制器的着火点来引出对热的需求,进而启动系统。7800 系列程序器模块应进入启动程序。
③ 使程序前进到引燃阶段(如果使用了信息显示面板,则程序状态会显示在它上面),引燃指示灯亮,应该出现点火火花,辅助(引燃)火焰应被点燃,如果引燃成功,引燃指示灯亮。进行再次循环以重新检查熄火和引燃火焰信号。
④ 如果辅助火焰在 10s(剪开结构跳线后是 4s)内没有建立完成,会发生安全关闭。使程序完成循环。
⑤ 按下复位按钮,使系统再循环一次。如果引燃仍不成功,进行以下点火装置/辅助阀调整:
(a) 断开总开关,并从底盘上拆除 7800 系列程序器模块。
(b) 在底盘上将 L1 跳线到点火装置接线柱上。

(c)闭合总电源开关,只给点火变压器通电。

(d)如果点火火花较弱且不是连续的,断开总开关,调整火花塞的点火电极间隙(1.6~2.4mm),确保点火电极清洁,再闭合总电源开关,并观察点火火花。

(e)出现一个连续的火花后,断开总开关并在底盘上从 L1 号电源接线柱到辅助接线柱(8号或21号)间,增加一个跳线。如果辅助控制阀的导线在(b)步中被断开,请重新接上。

(f)闭合总开关,给点火变压器和辅助控制阀通电,如果引燃不成功,并且火花持续不断,调整压力调节器直至引燃成功。

(g)如果引燃正常并且持续着火,断开总开关并从底盘接线柱上拆除跳线。

(h)重新安装7800系列程序器模块,闭合总开关,使程序前进到引燃阶段,辅助(引燃)火焰应被点燃,引燃指示灯亮。

⑥ 引燃时测量火焰信号,如果引燃火焰信号不稳定或未达到最小值 1.25Vdc,可调整引燃火焰大小或调整火焰检测器的视角,来提供最大并且稳定的火焰信号。

⑦ 再次循环以检验熄火和引燃火焰信号。

⑧ 当主燃指示灯亮时,确保自动主燃料阀打开。然后慢慢地打开手动燃料关闭器阀门,并观察主燃烧器火焰点火。当主燃烧器火焰建立完成,在进行"RUN(运行)"程序的同时进行燃烧器调整,以便使火焰稳定并符合热量的输入范围。

⑨ 如果主燃烧器火焰在5s内没有建立完成,关闭手动燃料关闭器阀门,再次循环以重新检查熄和引燃火焰信号。

⑩ 慢慢地打开手动燃料关闭器阀门并再试一遍熄火(第一次试验可能要求吹扫线路并为燃烧器提供足够的燃料)。

⑪ 如果主燃烧器火焰在5s内没有建立完成,关闭手动主燃料关闭器阀门。检查所有燃烧器的调整状态。

⑫ 如果进行两次点燃主燃烧器火焰试验仍未成功,进行如下操作:

(a)检查是否使用了不合适型号的辅助阀。

(b)检查在低火力处是否有过量的燃气。

(c)检查是否有足够的低火力燃料流动。

(d)检查燃料供应压力是否正常。

(e)检查阀的运转是否正常。

(f)检查引燃火焰状况是否正常。

⑬ 再次循环以检验熄火和引燃火焰信号。

⑭ 当主燃指示灯亮时,确保自动主燃料阀打开。然后慢慢地打开手动燃料关闭器阀门,并观察主燃烧器火焰点火。当主燃烧器火焰建立完成,在进行"RUN(运行)"程序的同时进行燃烧器调整,以便使火焰稳定并符合热量的输入范围。

⑮ 通过断开燃烧器连锁开关,或降低运行控制器的着火点来关闭系统。确保主火焰熄灭。确保所有的自动燃料阀关闭。

⑯ 通过闭合燃烧器开关或升高运行控制器的着火点来重新启动系统。遵守在引燃期间进行辅助火焰建立,在主燃期间进行主火焰建立,并且都在正常熄火时间内完成的原则。测量火焰信号,在"RUN(运行)"期间,继续检验火焰信号是否正常。在高火力和低火力位置及调

节时,如果可以,都要检验火焰信号。

⑰ 完成这些测试后,断开总开关,并从底盘接线柱、限制器/控制器或开关上拆除所有跳线,使系统恢复正常运转。

(3) 辅助减弱测试。

测试的目的是确认主燃烧器能被可保持在火焰放大器里的最小辅助火焰所点燃,并且能使已燃指示灯亮。清洁火焰检测器,以确保它能检测到最小引燃火焰。如果使用了检验放大器或自检放大器和 $1M\Omega/V$ 的计量器,在每次放大器自检或检验开闭器时,火焰信号有波动。

如果使用了低燃料压力限制器,可打开它。如果这样,在测试期间,使用跳线越过它们。

① 断开总开关,关闭手动主燃料关闭器阀门。

② 连接一个压力计(在减弱测试期间测量辅助燃气压力),打开手动辅助关闭器阀门。

③ 闭合总开关,在系统发出热需求时启动系统,升高运行控制器的着火点。此时 7800 系列程序器模块的程序应该启动并且"前吹扫阶段(如果使用了辅助装置)"开始。

④ 在中断的辅助用具中,引燃指示灯亮了以后,给运行/检测开关定位在"TEST(检测)"位置来中止程序。引燃着火以后,引燃指示灯亮。

⑤ 慢慢地将辅助压力器调小,注意看压力计的读数,当已燃指示灯熄灭时,立即停止。注意辅助压力计在最小位置时,迅速开大辅助压力计,直到引燃指示灯再次亮起来(如果运行/检测开关在"检测"位置,且持续 15s 都没有出现火焰,程序器模块会自动关闭),或火焰信号增长到 1.25Vdc。

⑥ 慢慢地将辅助压力器调小,注意看压力计的读数,确认在引燃指示灯熄灭时,辅助燃气压力计的读数在准确的点上。

⑦ 快速增加辅助压力,直到引燃指示灯亮或火焰信号增长到 1.25Vdc。然后将辅助压力慢慢调小,以获得一个刚好在掉电点以上的读数。

⑧ 如果使用了运行/检测开关,将其定位到"RUN(运行)"位置,使程序运行。当主燃指示灯亮时,确保自动主燃料阀打开;然后平稳地打开手动主燃料关闭器阀门(或其他被使用了的手动关闭器阀门),并观察主燃烧器点火。如果主燃烧器火焰建立完成,恢复系统正常运转(这一步需要两个人操作,一个人打开手动阀,另一个人观察点火)。

⑨ 如果主燃烧器火焰在 5s 内没有建立完成,需关闭手动主燃料关闭器阀门,并断开总开关。

⑩ 闭合总开关重新循环燃烧器程序,并且在引燃期间,通过使用运行/检测开关来停止程序。

⑪ 通过增加燃料的流动,来扩大辅助火焰,直到平稳的火焰出现。

⑫ 重新给火焰扫描器显示管定位或使用通气口,直到辅助火焰信号电压为 1.25~1.50Vdc。

⑬ 当主燃烧器着火稳定时,且同时辅助阀在小火的位置,此时断开压力计,并且将辅助燃气流阀开大到设备生产商推荐的程度。

⑭ 如果使用了旁路跳线,要从底盘接线柱、限制器/控制器或开关上拆除它们。

⑮ 从头至尾运行一个系统循环来检验系统是否正常运转。

⑯ 恢复系统正常运转。

(4)安全关闭测试。

在所有测试完成时,实施这项检验。如果使用了外部报警装置,应将其打开。按下程序器模块上的复位按钮来重新启动系统。

① 在"准备"或"前吹扫"期间(仅适用于 RM7800、EC/RM7840、RM7838B、EC7810、EC7820、EC/RM7830、EC/RM7850),打开一个预燃连锁装置,即 *预燃连锁装置* 错误被显示在信息显示面板上,显示错误代码 10 或 33,预示着错误出现并发生安全关闭。

② 在"前吹扫""引燃""主燃"或"运行"期间打开一个停运连锁装置,即 *停运连锁装置* 错误显示在信息显示面板上,显示错误代码 11、12、21 或 29,预示着错误出现并发生安全关闭。

③ 从"运行"阶段进入"准备"阶段 40s 后进行火焰检测,错误代码为 9。火焰检测时间为 10～30s,进入前吹扫阶段:在从运行阶段进入准备阶段 40s 后,模拟一个火焰,使火焰信号电压水平在 1.25Vdc 以上,也要为前吹扫模拟一个火焰信号,持续 10～30s;*火焰探测* 错误显示在信息显示面板上,显示错误代码 9、15 或 18,意味着出现错误并发生安全关闭。

④ 引燃点火失败。

(a)关闭辅助和主燃料手动关闭器阀门;

(b)循环运转燃烧器;

(c)自动辅助阀应被通电,但辅助阀不能点火;

(d) *辅助火焰失败* 错误显示在信息显示面板上,错误代码为 28,持续显示 4s 或 10s,预示错误出现并发生安全关闭。这个时间取决于辅助阀通电后,在辅助火焰建立期间所选择的跳线结构。

⑤ 主燃点火失败。

(a)打开手动辅助阀,关闭主燃料手动关闭器阀门;

(b)按下复位按钮,启动系统;

(c)引燃火应着火,且火焰信号应该至少为 1.25Vdc,但主燃烧器不能着火;

(d)在中断的辅助火焰熄灭后,在放大器和程序器模块的火焰失败反应时间内,火焰信号应下降到 1.25Vdc 以下;

(e) *主火焰点火* 错误显示在信息显示面板上,显示错误代码 19,意味着出现错误并发生安全关闭。

⑥ 运行期间火焰失败。

(a)打开主燃料手动关闭器阀门,并打开手动辅助关闭器阀门,按下复位按钮;

(b)启动系统,且主燃烧器点火正常;

(c)程序在正常"运行"期至少 10s 后,且同时主燃烧器着火,关闭主燃料手动关闭器阀门,以熄灭主燃烧器火焰;

(d)在主火焰、辅助火焰熄灭后,在放大器和程序器模块的火焰失败反应时间内,火焰信号应下降到 1.25Vdc;

(e) *主火焰失败* 的错误显示在信息显示面板上,显示错误代码 17,意味着出现错误并发生安全关闭;

(f)在后吹扫阶段的第一个 5s 后打开一个预燃连锁装置,打开主燃料手动关闭器阀门和手动辅助关闭器阀门,按下复位按钮。*预燃连锁装置*错误显示在信息显示面板上,显示错误代码33,意味着出现错误并发生安全关闭。

如果任何一个程序器模块在这些测试中没有成功关闭,应采取有效措施,参考故障检修和程序器模块自诊信息,并回到所有检验测试的开始阶段。当所有检验测试都完成时,将所有开关都恢复到初始状态。

6) RM7800 点火程序器的特性

(1) 极强的通用性;

(2) 有通信接口功能;

(3) 由微电脑芯片技术提供长期可靠的运转;

(4) 以双行 20 字符格式显示系统状态先出通知及自诊信息;

(5) 由 24 号限制器和连锁荧光管(LED)显示先出放大信息;

(6) 能显示运转和错误信息的现场和远程通知。

7) RM7800 点火程序器的燃烧器控制器数据

(1) 程序状态;

(2) 程序时间;

(3) 控制状态;

(4) 停运/报警状态;

(5) 火焰信号强度;

(6) 放大的通知状态;

(7) 操作的全部循环;

(8) 操作的全部时间;

(9) 最近六次火焰失败历史记录。

① 火焰失败时运行的循环时间;

② 火焰失败时扩大的通知数据时间;

③ 火焰失败的信息和代码;

④ 火焰失败时的运行时间;

⑤ 火焰失败时的程序状态;

⑥ 火焰失败时的程序运行时间。

8) RM7800 点火程序器自诊信息

有了程序器模块自诊功能和先出通知,故障检修控制系统更容易发现设备的错误。除了一个绝缘的单刀单掷(开关)报警装置(声音通知),程序器模块还通过在信息显示面板上显示一个错误代码和错误/停滞信息,来提供一个可视的通知。程序器模块为系统故障检修提供了127 条自诊信息(表 4-2)。

信息显示面板显示一个程序状态信息指示,如准备、吹扫、引燃、主燃、运行和后吹扫。可选择信息也提供设备的当前状态和历史信息的可视指示,如火焰信号、全部循环数、全部时间、失败历史记录、自诊信息和放大信号器(如果使用了)接线柱状态。有了这些信息,大多数问题都能被诊断出来。自诊信息中的可用信息包括装置类型、装置下标、软件修正、制造编号、火焰放大器类型、火焰失败反应时间、可选择的跳线结构状态、运行/检测开关状态和接线柱状态。

表 4-2　RM7800 停滞和错误信息摘要

错误代码	系统失败	推荐的故障检修
错误 1 *无吹扫插片*	在吹扫插片槽里未插入吹扫插片	① 确保吹扫插片位置正确。 ② 检查程序器模块上的吹扫插片和接触器是否有损坏或被污染。 ③ 给程序器模块复位并定序。 ④ 如果错误代码再次出现,重新插入吹扫插片。 ⑤ 给程序器模块复位并定序。 ⑥ 如果错误仍然存在,更换吹扫插片
错误 2 *交流电频率/噪声*	过度噪声或装置在频率较慢的交流电路中运行	① 检查程序器模块和信息显示面板的接头。 ② 给程序器模块复位并定序。 ③ 检查程序器模块电源,并保证频率和电压都符合使用范围中的规定。 ④ 检查适当的后备电源
错误 3 *交流电线掉电*	检测到交流电掉电	
错误 4 *交流电频率*	装置在过快的交流电路中运行	
错误 5 *低线电压*	检测到低交流电线电压	
错误 6 *吹扫插片错误*	在开始计时时,吹扫插片时间改变	① 确保吹扫插片安装在正确位置。 ② 检查程序器模块上的吹扫插片和接触器是否有损坏或被污染。 ③ 给程序器模块复位并定序。 ④ 如果错误代码再次出现,更换吹扫插片。 ⑤ 给程序器模块复位并定序。 ⑥ 如果错误仍然存在,更换程序器模块
错误 7 *火焰放大器*	火焰未出现就开始火焰传感	① 检查接线,校正所有错误。确保火焰传感器的导线在单独的导线管中。检查接入火焰检测器导线的干扰(声)。 ② 确保火焰检测器和火焰放大器相适应。 ③ 拆除火焰放大器并检查连接物。给火焰放大器复位。 ④ 给程序器模块复位并定序。 ⑤ 如果再次出现错误代码,更换火焰放大器。 ⑥ 如果错误仍然存在,更换火焰检测器。 ⑦ 如果错误仍然存在,更换程序器模块
错误 8 *火焰燃放大器/开闭器*	在开闭器—检验或放大器—检验期间,当没有火焰信号时,开始火焰传感	
错误 9 *火焰探测*	在准备阶段中,没有预期火焰进行火焰传感	① 检查火焰在燃烧室是否出现,校正所有错误。 ② 检查接线,校正所有错误。确保火焰传感器的导线在单独的导线管中。检查接入火焰检测器导线的干扰(声)。 ③ 拆除火焰放大器并检查连接物。给火焰放大器复位。 ④ 给程序器模块复位并定序。 ⑤ 如果再次出现错误代码,更换火焰放大器/或火焰检测器。 ⑥ 如果错误仍然存在,更换火焰检测器。 ⑦ 如果错误仍然存在,更换程序器模块

情境四　注汽锅炉的自动化系统与智能操作系统

续表

错误代码	系统失败	推荐的故障检修
错误10 *预燃连锁装置*	准备阶段预燃连锁装置发生错误	① 检查接线,并校正所有错误。 ② 检查预燃连锁装置开关,确保其工作正常。 ③ 检查燃料阀操作。 ④ 给程序器模块复位并定序,观察预燃连锁装置状态。 ⑤ 如错误代码仍存在,更换程序器模块
错误11 *运行连锁装置开*	运行连锁装置在不恰当的程序中通电	① 检查接线以确保连锁装置被正确地接在6号和7号接线柱之间。校正所有错误。 ② 给程序器模块复位并定序。 ③ 如果错误仍存在,测量6号和G(接地)号接线柱之间的电压,然后再测7号和G(接地)号接线柱之间的线电压。当控制器关闭时,6号接线柱出现了线电压可能是由于控制器开关损坏或跳接了。 ④ 如果第①至第③步都正确,且当控制器关闭时,在7号接线柱上有线电压,并且存在错误,检查运行连锁装置、停运连锁装置或气流开关是否焊接或跳接。校正所有错误。 ⑤ 如果第①至第④步都无误,更换程序器模块
错误12 *停运连锁装置开*	停运连锁装置在不恰当的程序中通电	
错误13 *气流开关接通*	在准备阶段出现燃料气流开关错误	
错误14 *高火力开关*	在前吹扫期间,高火力连锁装置开关闭合失败	① 检查接线并校正所有错误。 ② 给程序器模块复位并定序。 ③ 既可以使用手动电动机电位计,也可以用运行/检测开关的选项来将电动机驱动到高火位位置。使程序前进到前吹扫阶段,将电动机驱动到高火位位置,且运行/检测开关在"检测"位置。在这种状态下,调整高火力开关以确保其正常闭合。 ④ 在前吹扫阶段且驱动到高火力位置状态时,测量19号和G(接地)接线柱之间的电压。应存在线支持电压。如果没有电压,可能是开关调整得不正确或开关坏了,并需要更换。 ⑤ 给程序器模块复位并定序。如果19号接线柱和高火力开关之间出现电压且错误仍存在,更换程序器模块
错误15 *火焰探测*	在准备阶段,在无预期火焰时传感火焰	① 检查火焰在燃烧室里没有出现,校正所有错误。 ② 确保火焰检测器和火焰放大器相适应。 ③ 检查接线并校正错误。 ④ 拆除火焰放大器并检查连接物。火焰放大器复位。 ⑤ 给程序器模块复位并定序。 ⑥ 如果代码再次出现,更换火焰放大器和/或火焰检测器。 ⑦ 如错误仍存在,更换程序器模块
错误16 *灭火定时*	在辅助火焰建立期未检测到火焰	① 测量火焰信号,如存在,确保它符合使用范围。按生产商说明对燃烧器进行任何有必要的调整。 ② 确保火焰放大器和火焰检测器相适应。 ③ 如果代码再次出现,更换火焰放大器和/或火焰检测器。 ④ 如错误仍存在,更换程序器模块
错误17 *主火焰失败*	在运行期间,火焰建立完成并持续至少10s后主火焰失败	① 检测主燃料阀和连接物。 ② 确保燃料压力足够为燃烧室提供燃料。 ③ 检验火焰检测器扫描器,保证贯穿燃烧器火力等级有足够的火焰信号

续表

错误代码	系统失败	推荐的故障检修
错误18 *火焰探测*	在前吹扫阶段,开闭器打开无预期火焰时进行火焰传感	① 检验在燃烧室里是否出现火焰,校正所有错误。 ② 确保火焰放大器和火焰检测器相适应。 ③ 检查接线并校正错误。确保F线和G线在单独的导线管中,并且不受杂散干扰噪声干扰。 ④ 拆除火焰放大器并检查连接物。重新装上火焰放大器。 ⑤ 给程序器模块复位并定序。 ⑥ 如果代码再次出现,更换火焰放大器和/或火焰检测器。 ⑦ 如错误仍存在,更换程序器模块
错误19 *主火焰点火*	火焰在主火焰建立期或运行期间的第1个10s内熄灭	① 检测主燃料阀和连接物。 ② 确保燃料压力足够为燃烧室提供燃料。 ③ 确保火焰检测器的位置能够获得所需的火焰信号强度;复位并再循环
错误20 *低火力切断*	前吹扫期间低火力连锁开关闭合失败	① 检查接线并校正错误。 ② 给程序器模块复位并定序。 ③ 既可以使用手动电动机电位计,也可以使用运行/检测开关选项,将电动机驱动到低火力位置。使程序进到前吹扫阶段,驱动到低火力位置,并调节到"检测"位置。调试低火力开关,确保其正常闭合。 ④ 在前吹扫阶段并处于低火力状态时,测量18号和G(接地)号接线柱之间的电压。应出现线电压,如未出现,说明开关调试不正确或开关已损坏,需要更换。 ⑤ 给程序器模块复位并定序,如果低火力开关和18号接线柱间有线电压且错误仍存在,更换程序器模块
错误21 *运行连锁装置*	在前吹扫阶段,运行连锁装置出现错误	① 检查接线并校正错误。 ② 检查风扇。确保通风口无阻且正在通气。 ③ 确保连锁装置开关正常工作并且所有开关触点都无污染物。 ④ 给程序器模块复位并定序到前吹扫阶段(如果可以,将运行检测开关调到"检测"位置)。测量7号和G(接地)号接线柱之间的电压,应有线电压。 ⑤ 如果第① 至第④步都正确但错误仍存在,更换程序器模块
错误22 *停运连锁装置*	在前吹扫阶段,停运连锁装置出现错误	
错误23 *气流开关*	在前吹扫阶段,燃料气流连锁装置出现错误	
错误24 *呼叫检修*	当火焰连锁装置(程序器模块)应关闭时,它却开启	检查F号导线线路。确保线路在它的导线管中,并且与可发出噪声的电路隔离
错误25 *呼叫检修*	当火焰连锁装置(程序器模块)应开启时,它却关闭	
错误26 *手开阀开关切断*	当手开阀开关应被接通时,它切断了(仅RM7838B)	① 检查接线并校正错误。 ② 确保手开阀开关完全打开。 ③ 确保手开阀开关运行正常且开关触点无污染物。 ④ 给程序器模块复位并定序。 ⑤ 确保当手开阀开关关闭时提供一个电子路径。确认程序器模块的17号接线柱通电。 ⑥ 如果第① 至第⑤步都正确但错误仍存在,更换程序器模块

情境四　注汽锅炉的自动化系统与智能操作系统

续表

错误代码	系统失败	推荐的故障检修
错误27 *启动开关接通*	在前吹扫阶段启动开关接通（仅RM7838A、RM7838B）	① 持续开太久。 ② 检查接线。确定启动开关连接正确。 ③ 确保启动开关运行正常并且开关触点无污染物。 ④ 给程序器模块复位并定序到前吹扫阶段；将运行/检测开关调到"检测"位置。确保在前吹期间6号接线柱未通电。 ⑤ 如果第①至第④步都正确但错误仍存在，更换程序器模块
错误28 *辅助火焰失败*	辅助火焰失败	① 检查辅助阀接线和运转。校正所有错误。 ② 检查燃料供应。 ③ 检查辅助压力并重复辅助减弱测试。 ④ 检查点火变压器电极、火焰检测器、火焰检测器视阈和火焰放大器。 ⑤ 如果第①至第④步都正确但错误仍存在，更换程序器模块
错误29 *停运连锁装置*	停运连锁装置错误	① 检查接线并校正所有错误。 ② 检查风扇。确保通风口无阻且正在通气。 ③ 确保停运连锁装置开关正常工作，并且所有开关触点都无污染物。 ④ 给程序器模块复位并定序到前吹扫阶段（如果可以，将运行检测开关调到"检测"位置）。测量7号和G（接地）号接线柱之间的电压，应有线电压。 ⑤ 如果第①至第④步都正确但错误仍存在，更换程序器模块
错误30 *运行连锁装置*	运行连锁装置错误	① 检验运行连锁装置，包括气流开关和连接物。 ② 确保运行连锁装置（包括气流开关）运行正常，并且所有开关触点都无污染物。 ③ 给程序器模块复位并定序到前吹扫阶段（如果可以，将运行检测开关调到"检测"位置）。测量7号和G（接地）号接线柱之间的电压，应有线电压。 ④ 如果第①至第③步都正确但错误仍存在，更换程序器模块
错误31 *低火力开关切断*	运行期间低火力开关闭合失败（仅RM7838B）	① 检查接线并校正错误。 ② 给程序器模块复位并定序。 ③ 既可以使用手动电动机电位计，也可以使用运行/检测开关选项，将电动机驱动到低火力位置。使序前进到运行阶段，驱动到低火力位置，并调节到"检测"位置。在此状态下调试低火力开关，确保其正常闭合。 ④ 在运行阶段并驱动到低火力状态时，测量18号和G（接地）号接线柱之间的电压。应出现线电压。如未出现，说明开关调试不正确或开关已损坏，需要更换。 ⑤ 给程序器模块复位并定序，如果低火力开关和18号接线柱间有线电压且错误仍存在，更换程序器模块

续表

错误代码	系统失败	推荐的故障检修
错误 32 ＊气流开关＊	燃料气流开关连锁装置错误	① 检查接线并校正所有错误。 ② 检查风扇，确保通风口无阻且正在通气。 ③ 确保气流连锁装置开关正常工作并且所有开关触点都无污染物。 ④ 给程序器模块复位并定序到前吹扫阶段(如果可以,将运行检测开关调到"检测"位置)。测量 7 号和 G(接地)号接线柱之间的电压,应有线电压。 ⑤ 如果第①至第④步都正确但错误仍存在,更换程序器模块
错误 33 ＊预燃连锁装置＊	预燃连锁装置错误	① 检查接线并校正所有错误。 ② 检查预燃连锁装置开关并确保它们运行正常。 ③ 检查燃料阀。阀门必须在 5s 内关闭。 ④ 给程序器模块复位并定序。 ⑤ 在准备阶段或前吹扫阶段,测量 20 号和 G(接地)号接线柱之间的电压。对于 EC/RM7810、EC/RM7820、EC/RM7830、EC/RM7850,测量 17 号和 G 号接线柱之间的电压。应有线电压。如未测到线电压,可能是预燃连锁装置开关坏了,需要更换。 ⑥ 如果错误仍存在,更换程序器模块
错误 34 ＊控制器接通＊	控制器输入电路在不正当时间通电	① 检查接线并校正所有错误。 ② 给程序器模块复位并定序。 ③ 如果错误仍存在,更换程序器模块
错误 35 ＊呼叫检修＊	当安全程序器应该开启时它却关闭或熔断丝熔断	① 给程序器模块复位并定序。如果错误再次出现,更换程序器模块,但是要保证检测错误代码中描述的相应接线柱的过载。 ② 如果错误在下一个循环中未再次出现,检查通过相应接线柱上的负载接入程序器模块的电子干扰声。 ③ 检查活跃的停运连锁装置。 ④ 如果错误仍存在,更换程序器模块
错误 36 ＊呼叫检修＊	当主阀接线柱应该通电时它却断电	
错误 37 ＊呼叫检修＊	当辅助(点火装置)阀应该通电时它却断电	
错误 38 ＊呼叫检修＊	当点火装置接线柱应当通电时它却断电	
错误 39 ＊呼叫检修＊	V2S 阀接线柱(通常是 21 号接线柱)在它应该通电时断电	

续表

错误代码	系统失败	推荐的故障检修
错误40 *呼叫检修*	当安全程序器应当被关闭时它却开启	
错误41 *主阀通电*	当主阀接线柱应该断电时它却通电	① 拆除系统电源,切断燃料供应。 ② 检查是否有错误代码中描述的可能使接线柱通电的接线错误。校正所有错误。 ③ 重新给系统通电;给程序器模块复位并定序。 ④ 如果错误仍存在,更换程序器模块。 ⑤ 当错误被校正以后,打开燃料供应
错误42 *辅助阀通电*	当辅助阀(点火装置)应该断电时它却通电	
错误43 *点火装置通电*	当点火装置应该断电时它却通电	
错误44 *辅助阀2通电*	V2S阀接线柱作为辅助阀使用,当它应该断电时却通电	
错误45 *低火力开关切断*	低火力连锁装置开关闭合失败或延缓闭合	① 检查接线,并校正所有错误。 ② 给程序器模块复位并定序。 ③ 既可以使用手动电动机电位计,也可以使用运行/检测开关选项,将电动机驱动到低火力位置。使程序前进到运行阶段,驱动到低火力位置,并调节到"检测"位置。在此状态下调试低火力开关,确保其正常闭合。 ④ 在运行阶段并驱动到低火力状态时,测量18号和G(接地)号接线柱之间的电压。应出现线电压。如未出现,说明开关调试不正确或开关已损坏,需要更换。 ⑤ 如果第① 至第④ 步都正确但错误仍存在,更换程序器模块
错误46 *火焰放大器类型*	(1)在装置通电时,从放大器输入的火焰失败反应时间(FFRT)或类型改变; (2)在辅助阀具中使用了标准的放大器; (3)在RM7890程序器模块上,一个有3sFFRT的放大器与再点火选项连用	① 拆除装置的电源。 ② 重新安装火焰放大器并给程序器模块复位和定序。 ③ 仅对于EC/RM7890,如果使用了一个有3sFFRT的放大器,确保跳线JR2被完全剪开。如果跳线JR2是完整的(选择了再点火选项),使用一个0.8sFFRT的放大器。 ④ 仅对于RM7838B,确保使用一个开闭器检验型火焰放大器,同时选择辅助阀控制选项
错误47 *跳线改变*	结构跳线与启动样板不同	① 检验跳线的连接。确保剪断的跳线被完全拆除。 ② 给程序器模块复位并定序。 ③ 如果错误仍存在,更换程序器模块
错误48 *延时的MV通电*	V2S阀接线柱作为延时的主阀使用,当它应该断电时却通电	① 拆除系统电源,关闭燃料供应。 ② 检查接线并校正所有错误。 ③ 检查V2S燃料阀和它的连接物。确保开关正常工作并且没有被跳接或焊接。 ④ 给程序器模块复位并定序。 ⑤ 如果错误仍存在,更换程序器模块

续表

错误代码	系统失败	推荐的故障检修
错误49 *手开阀开启*	手动开关在它应该关闭时却开启	①拆除系统电源,关掉燃料供应。 ②检查接线并校正所有错误。 ③检查手动开关和它的连接物。确保开关正常工作并且没有被跳线或焊接。 ④给程序器模块复位并定序。 ⑤如果错误仍存在,更换程序器模块
错误50 *跳线错误*	程序逻辑探测到一个非法程序跳线组合,例如,如果剪开跳线JR1或JR2是正确的,但是不能同时剪开,这个错误会在两个跳线都被剪开时出现(仅RM7888)	①参考安装说明中合适的跳线组合来检查跳线。 ②确保被剪开的跳线已完全拆除。 ③给程序器模块复位并定序。 ④如果错误仍存在,更换程序器模块
错误51 *火焰太强*	火焰信号阀太高以至于无效	①确保火焰检测器和火焰放大器组合正确。 ②拆除火焰放大器并检查连接物。复位火焰放大器。 ③给程序器模块复位并定序。 ④检查火焰检测器瞄准位置,复位并循环。 ⑤确保在F号导线中没有由于线路引起的点火噪声出现。 ⑥测量火焰强度。确保它符合使用范围。如不符合,参考火焰放大器和/或火焰检测器检验程序。 ⑦如错误代码再次出现,更换火焰放大器和/或火焰检测器。 ⑧如错误仍存在,更换程序器模块
错误52 *呼叫检修*	辅助阀2(21号接线柱)应该开启时却关闭	①检查21号接线柱和连接物。确保此阀运转正常。 ②给程序器模块复位并定序。 ③如果错误仍存在,更换程序器模块
错误53 *停运开关*	停运输入错误 (仅 EC/RM7810、7820、7830、7850)	①检查接线并校正所有的错误。 ②检验停运开关并确保它工作正常。 ③给程序器模块复位并定序。在准备阶段或前吹扫阶段,测量20号和G(接地)号接线柱之间的电压。应有电压。如无电压,停运开关可能损坏,需要更换。 ④如果错误仍存在,更换程序器模块
错误54 *燃料压力计*	燃料压力计错误 (仅 Fulton 脉冲)	①检查接线并校正所有的错误。 ②检验燃料压力计开关并确保它工作正常。 ③给程序器模块复位并定序。 ④在准备阶段或前吹扫阶段,测量20号和G(接地)号接线柱之间的电压。应有电压。如无电压,燃料压力计开关可能损坏,需要更换。 ⑤如果错误仍存在,更换程序器模块

续表

错误代码	系统失败	推荐的故障检修
错误55 *吹扫风扇开关打开*	吹扫风扇开关应关闭时却打开（仅Fulton脉冲）	① 检查接线并校正所有错误 ② 检查18号接线柱上的吹扫风扇和它的连接物。确保此开关运转正常且没有被跳接或焊接。 ③ 给程序器模块复位并定序。 ④ 如果错误仍存在,更换程序器模块
错误56 *阻塞通风口*	阻塞通风口错误（仅Fulton脉冲）	① 检查接线并校正所有的错误。 ② 检验阻塞通风口开关并确保它工作正常。 ③ 给程序器模块复位并定序。 ④ 在前吹扫阶段,测量7号和G(接地)号接线柱之间的电压。应有电压。如无电压,阻塞通风口开关可能损坏,需要更换。 ⑤ 如果错误仍存在,更换程序器模块
错误57 *吹扫风扇关闭*	吹扫风扇应被打开时却关闭（仅Fulton脉冲）	① 检查18号接线柱上的吹扫风扇和连接物,确保此开关工作正常。 ② 给程序器模块复位并定序。 ③ 如果错误仍存在,更换程序器模块
错误58—66 *呼叫检修*	无用错误	—
错误67 *AC相位*	L1和L2混接/调换（仅EC/RM7810、EC/RM7820、EC/RM7830、EC/RM7850）	检查L1和L2,适当调整相位
错误68 *预燃连锁装置*	预燃连锁装置错误	① 检查接线并校正所有错误。 ② 检查预燃连锁装置开关并确保此开关工作正常。 ③ 检查燃料阀。阀门必须在5s内关闭。 ④ 给程序器模块复位并定序。 ⑤ 在准备阶段或前吹扫阶段,测量17号和G(接地)号接线柱之间的电压。应有电压。如无电压,预燃连锁装置开关可能损坏,需要更换。 ⑥ 如果错误仍存在,更换程序器模块
错误69—70 *呼叫检修*	无用错误	—
错误71 *动态低火力开关*	低火力开关闭合,高火力开关必须断开（仅RM7850）	① 检查火力等级位置开关(通常在Modutrol©电动机中)并确保其运转正常。 ② 检查接线,校正所有错误。 ③ 给程序器模块复位并定序。 ④ 如果错误仍存在,更换程序器模块
错误71 *限制器完成*	限制器输入装置(7号接线柱)应该开启时却关闭（仅RM7888）	① 检查限制器,确保它们在复位后饱和。 ② 检查接线底盘7号接线柱上的电子连接物。 ③ 复位程序器模块。 ④ 如果错误仍存在,更换程序器模块

续表

错误代码	系统失败	推荐的故障检修
错误 72 *动态高火力开关*	高火力开关闭合,低火力开关必须断开(仅 EC/RM7850)	① 检查火力等级位置开关(通常在 Modutrol Ⓒ电动机中)并确保其运转正常。 ② 检查接线,校正所有错误。 ③ 给程序器模块复位并定序。 ④ 如果错误仍存在,更换程序器模块
错误 72 *2 号特殊功能*	2 号特殊功能输入装置(17 号接线柱)应该开启时却关闭	① 检查 PLC 的 2 号特殊功能的运转。 ② 检查接线底盘 17 号接线柱上的电子连接物并确认当 2 号特殊功能被激活时出现电源。 ③ 复位程序器模块。 ④ 如果错误仍存在,更换程序器模块
错误 73 *3 号特殊功能*	3 号特殊功能输入装置(19 号接线柱)应该开启时却关闭	① 检查 PLC 的 3 号特殊功能的运转。 ② 检查接线底盘 19 号接线柱上的电子连接物并确认当 3 号特殊功能被激活时出现电源。 ③ 复位程序器模块。 ④ 如果错误仍存在,更换程序器模块
错误 75 *火焰验证反馈*	火焰指示反馈装置(21 号接线柱)应该开启时却关闭;或当它应当关闭时却开启	① 拆除 21 号接线柱上的导线,并复位程序器模块。 ② 如果错误仍存在,更换程序器模块。 ③ 重新连接 21 号接线柱上的导线,如错误仍存在,校验接线
错误 105 *呼叫检修*	程序器模块自测失败	① 给程序器模块复位并定序。 ② 如果错误再次出现,切断程序器模块电源后,再重新通电;给程序器模块复位并定序。 ③ 如果错误仍存在,更换程序器模块
错误 106 *呼叫检修*	程序器模块自测失败	
错误 107 *呼叫检修*	程序器模块火焰信号反复查对失败	
错误 109 *呼叫检修*	负循环测试失败,缺少接地或线电压相位调整不当	① 确保安装场所有一个良好的接地且所有的接地都完整正确。 ② 确保程序器模块和所有的负载都在相同的线电压相位上运转。 ③ 给程序器模块复位并定序。 ④ 如错误仍存在,更换程序器模块
错误 110 *呼叫检修*	结构跳线与储存的值不同	① 检查跳线连接物。确保它们符合初始选项且剪开的跳线要完全拆除。 ② 给程序器模块复位并定序。 ③ 如果错误仍存在,更换程序器模块。 ④ 结构跳线必须在运行的前 200h 选择。如果在运行了 200h 后改变了结构跳线,停运错误 110 会发生。如程序器模块不能被复位,则必须更换

续表

错误代码	系统失败	推荐的故障检修
错误111 ＊呼叫检修＊	程序器模块测试失败	① 检查跳线连接物。确保它们符合初始选项且剪断的跳线要完全拆除。 ② 给程序器模块复位并定序。 ③ 如果错误仍存在,更换程序器模块
错误112—126 ＊呼叫检修＊	程序器模块自测失败	① 给程序器模块复位并定序。 ② 如果错误仍存在,更换程序器模块
错误127 ＊呼叫检修＊	安全程序器反馈电路状态不当	① 给程序器模块复位并定序。 ② 如果错误仍存在,更换程序器模块

二、自动化程序与程序控制电路的识别

(一)23~50t/h 注汽锅炉 C200H 系列 PLC 程序清单识别

地址	指令	数据
00000	LD	25400→1min 脉冲位
00001	AND	00602→连锁启停
00002	LD CNT	001→后吹扫计时器
00003	CNT	005→前吹扫计时器 0005→前吹扫5min
00004	LD	25400→1min 脉冲位
00005	AND NOT	00602→连锁启停
00006	LD	00602→连锁启停
00007	CNT	001→后吹扫计时器 0020→后吹扫20min
00008	LD NOT CNT	001→后吹扫计时器
00009	OR	00000→柱塞泵开关手动
00010	AND	00001→柱塞泵开关自动
00011	AND NOT	01013→柱塞泵润滑油压低报警
00012	AND NOT	01014→进口水压低报警
00013	OUT	00400→给水泵辅助继电器 R1
00014	LD	00400→给水泵辅助继电器 R1
00015	TIM	002→鼓风机延时启动计时器 0050→5s
00016	LD NOT CNT	0001→后吹扫计时器
00017	AND TIM	002→鼓风机延时启动计时器
00018	AND	00003→鼓风机开关自动
00019	OR	00002→鼓风机开关手动

00020	OUT	00401→鼓风机辅助继电器R2
00021	LD	00110→启动复位按钮PB1
00022	OR	00600→前吹扫灯
00023	AND NOT CNT	005→前吹扫计时器
00024	AND	00602→连锁启停
00025	OR	01008→试灯按钮PB2
00026	OUT	00600→前吹扫灯
00027	LD NOT CNT	001→后吹扫计时器
00028	AND NOT	00602→连锁启停
00029	OR	01008→试灯按钮PB2
00030	OUT	00604→后吹扫灯
00031	LD CNT	005→前吹扫计时器
00032	AND	00007→给水泵辅助触点
00033	OUT	00402→变频调水（调水电磁阀）
00034	LD NOT CNT	005→前吹扫计时器
00035	OUT	00603→电动执行器的大火开关（前吹扫电磁阀）
00036	LD NOT	00602→连锁启停
00037	AND NOT	01003→消音按钮PB3
00038	OUT	00404→报警铃
00039	LD	00115→消音按钮PB3
00040	OR	01003→消音按钮PB3
00041	AND NOT	00602→连锁启停
00042	OUT	01003→消音按钮PB3
00043	LD CNT	005→前吹扫计时器
00044	AND	00602→连锁启停
00045	AND	00007→给水泵辅助触点
00046	AND	00008→鼓风机辅助触点
00047	AND	00005→点火开关
00048	AND	备用
00049	AND	备用
00050	AND	备用
00051	OUT	00403→燃烧器电路连锁
00052	LD	01007→试灯按钮PB2
00053	OR	00111→试灯按钮PB2
00054	AND NOT CNT	007→试验灯控制计时器
00055	OUT	01007→试灯按钮PB2

00056	LD	01007→试灯按钮 PB2
00057	AND NOT	25502→1s 脉冲位
00058	LD NOT	01007→试灯按钮 PB2
00059	CNT	007→试验灯控制计时器0006→6s
00060	LD	01007→试灯按钮 PB2
00061	AND NOT	25502→1s 脉冲位
00062	LD NOT	01007→试灯按钮 PB2
00063	CNT	008→试验灯延时计时器0001→1s
00064	LD	01008→试灯按钮 PB2
00065	AND NOT	25502→1s 脉冲位
00066	LD NOT	01007→试灯按钮 PB2
00067	CNT	009→试验灯通计时器0003→3s
00068	LD	00200→蒸汽压力低旁路开关
00069	OUT	01000→蒸汽压力低旁路开关
00070	LD CNT	008→试验灯延时计时器
00071	AND NOT CNT	009→试验灯通计时器
00072	OUT	01008→试灯按钮 PB2
00073	LD	01010→电源故障
00074	AND	01001→仪用空压低报警
00075	AND	01002→管温高报警
00076	AND	01005→烟温高报警
00077	AND	01011→燃烧器瓦口温度高报警
00078	AND	01012→燃烧器门打开报警
00079	AND	01013→给水泵润滑油压力低报警
00080	AND	01014→进口水压力低报警
00081	AND	01100→鼓风压力低报警
00082	AND	01101→火焰故障报警
00083	AND	01102→蒸汽压力低报警
00084	AND	01104→蒸汽压力高报警
00085	AND	01105→蒸汽温度高报警
00086	AND	01106→雾化压力低报警
00087	AND	01107→燃油压力低报警
00088	AND	01108→燃油温度低报警
00089	AND	01109→燃气压力低报警
00090	AND	01110→水流量低报警
00091	AND	00005→点火开关
00092	AND	00602→连锁启停

00093	OR	00110→电源故障
00094	OUT	00602→连锁启停
00095	LD NOT CNT	010→润滑油压力低、水流量低、鼓风压力低报警延时计时器
00096	OR	00012→给水泵润滑油压力低报警
00097	OUT	01013→给水泵润滑油压力低报警
00098	LD NOT	01114→第一个报警输出
00099	AND NOT	01013→给水泵润滑油压力低报警
00100	OR NOT	00110→电源故障
00101	AND	00407→给水泵润滑油压力低报警
00102	AND NOT	01200→试灯按钮
00103	OR	01008→试灯按钮 PB2
00104	OUT	00407→给水泵润滑油压力低报警
00105	LD	00007→给水泵辅助触点
00106	AND	25502→秒钟脉冲
00107	LD	00110→启动复位按钮 PB1
00108	CNT	010→润滑油压力低、水流量低、鼓风压力低报警延时计时器 0020→20s
00109	LD	00015→仪用空压低报警
00110	OUT	01001→仪用空压低报警
00111	LD NOT	01114→第一个报警输出
00112	AND NOT	01001→仪用空压低报警
00113	OR NOT	00110→启动复位按钮 PB1
00114	AND	00609→仪用空压低报警
00115	AND NOT	01200→试灯按钮
00116	OR	01008→试灯按钮 PB2
00117	OUT	00609→仪用空压低报警
00118	LD	00100→管温高报警
00119	OUT	01002→管温高报警
00120	LD NOT	01114→第一个报警输出
00121	AND NOT	01002→管温高报警
00122	OR NOT	00110→启动复位按钮 PB1
00123	AND	00500→管温高报警
00124	AND NOT	01200→试灯按钮
00125	OR	01008→试灯按钮 PB2
00126	OUT	00500→管温高报警

00127	LD	00101→烟温高报警
00128	OUT	01005→烟温高报警
00129	LD NOT	01114→第一个报警输出
00130	AND NOT	01005→烟温高报警
00131	OR NOT	00110→启动复位按钮 PB1
00132	AND	00501→烟温高报警
00133	AND NOT	01200→试灯按钮
00134	OR	01008→试灯按钮 PB2
00135	OUT	00501→烟温高报警
00136	LD	00102→燃烧器瓦口温度高报警
00137	OUT	01011→燃烧器瓦口温度高报警
00138	LD NOT	01114→第一个报警输出
00139	AND NOT	01011→燃烧器瓦口温度高报警
00140	OR NOT	00110→启动复位按钮 PB1
00141	AND	00502→燃烧器瓦口温度高报警
00142	AND NOT	01200→试灯按钮
00143	OR	01008→试灯按钮 PB2
00144	OUT	00502→燃烧器瓦口温度高报警
00145	LD	00006→燃烧器门打开
00146	OUT	01012→燃烧器门打开报警
00147	LD NOT	01114→第一个报警输出
00148	AND NOT	01012→燃烧器门打开报警
00149	OR NOT	00110→启动复位按钮 PB1
00150	AND	00406→燃烧器门打开报警
00151	AND NOT	01200→试灯按钮
00152	OR	01008→试灯按钮 PB2
00153	OUT	00406→燃烧器门打开报警
00154	LD	00004→给水压力低
00155	OUT	01014→进口水压力低报警
00156	LD NOT	01114→第一个报警输出
00157	AND NOT	01014→进口水压力低报警
00158	OR NOT	00110→启动复位按钮 PB1
00159	AND	00408→进口水压力低报警
00160	AND NOT	01200→试按钮灯
00161	OR	01008→试灯按钮 PB2
00162	OUT	00408→进口水压力低报警
00163	LD	00103→水流量低报警

00164	OR NOT CNT	010→润滑油压力低、水流量低、鼓风压力低报警延时计时器
00165	OUT	01110→水流量低报警
00166	LD NOT	01114→第一个报警输出
00167	AND NOT	01110→水流量低报警
00168	OR NOT	00110→启动复位按钮 PB1
00169	AND	00503→水流量低报警
00170	AND NOT	01200→试灯按钮
00171	OR	01008→试灯按钮 PB2
00172	OUT	00503→水流量低报警
00173	LD	00104→鼓风压力低报警
00174	OR NOT CNT	010→润滑油压力低、水流量低、鼓风压力低报警延时计时器
00175	OUT	01100→鼓风压力低报警
00176	LD NOT	01114→第一个报警输出
00177	AND NOT	01100→鼓风压力低报警
00178	OR NOT	00110→启动复位按钮 PB1
00179	AND	00504→鼓风压力低报警
00180	AND NOT	01200→试灯按钮
00181	OR	01008→试灯按钮 PB2
00182	OUT	00504→鼓风压力低报警
00183	LD NOT	00009→火焰故障报警
00184	OUT	01101→火焰故障报警
00185	LD NOT	01114→第一个报警输出
00186	AND NOT	01101→火焰故障报警
00187	OR NOT	00110→启动复位按钮 PB1
00188	AND	00405→火焰故障报警
00189	AND NOT	01200→试灯按钮
00190	OR	01008→试灯按钮 PB2
00191	OUT	00405→火焰故障报警
00192	LD	00105→蒸汽压力低报警
00193	OR NOT	01000→蒸汽压力低旁路开关
00194	OUT	01102→蒸汽压力低报警
00195	LD NOT	01114→第一个报警输出
00196	AND NOT	01102→蒸汽压力低报警
00197	OR NOT	00110→启动复位按钮 PB1
00198	AND	00505→蒸汽压力低报警

00199	AND NOT	01200→试灯按钮
00200	OR	01008→试灯按钮 PB2
00201	OUT	00505→蒸汽压力低报警
00202	LD	00106→蒸汽压力高报警
00203	OUT	01104→蒸汽压力高报警
00204	LD NOT	01114→第一个报警输出
00205	AND NOT	01104→蒸汽压力高报警
00206	OR NOT	00110→启动复位按钮 PB1
00207	AND	00506→蒸汽压力高报警
00208	AND NOT	01200→试灯按钮
00209	OR	01008→试灯按钮 PB2
00210	OUT	00506→蒸汽压力高报警
00211	LD	00014→蒸汽温度高报警
00212	OUT	01105→蒸汽温度高报警
00213	LD NOT	01114→第一个报警输出
00214	AND NOT	01105→蒸汽温度高报警
00215	OR NOT	00110→启动复位按钮 PB1
00216	AND	00411→蒸汽温度高报警
00217	AND NOT	01200→试灯按钮
00218	OR	01008→试灯按钮 PB2
00219	OUT	00411→蒸汽温度高报警
00220	LD	00201→燃料选择开关
00221	OUT	00201→燃料选择开关
00222	LD	01006→燃料选择开关
00223	AND NOT	00010→雾化压力低报警
00224	AND	00206→燃油阀
00225	OUT TIM	004→雾化压力低延时报警计时器 0100→10s
00226	LD	01006→燃料选择开关
00227	AND NOT TIM	004→雾化压力低延时报警计时器
00228	OR NOT	01006→燃料选择开关
00229	OUT	01106→雾化压力低报警
00230	LD NOT	01114→第一个报警输出
00231	AND NOT	01106→雾化压力低报警
00232	OR NOT	00110→电源故障
00233	AND	00409→雾化压力低报警
00234	AND NOT	01200→试灯按钮

00235	OR	01008→试灯按钮 PB2
00236	OUT	00409→雾化压力低报警
00237	LD	00107→燃油压力低报警
00238	AND	01006→燃料选择开关
00239	OR NOT	01006→燃料选择开关
00240	OUT	01107→燃油压力低报警
00241	LD NOT	01114→第一个报警输出
00242	AND NOT	01107→燃油压力低报警
00243	OR NOT	00110→电源故障
00244	AND	00508→燃油压力低报警
00245	AND NOT	01200→试灯按钮
00246	OR	01008→试灯按钮 PB2
00247	OUT	00508→燃油压力低报警
00248	LD	00108→燃油温度低报警
00249	AND	01006→燃料选择开关
00250	OR NOT	01006→燃料选择开关
00251	OUT	01108→燃油温度低报警
00252	LD NOT	01114→第一个报警输出
00253	AND NOT	01108→燃油温度低报警
00254	OR NOT	00110→电源故障
00255	AND	00509→燃油温度低报警
00256	AND NOT	01200→试灯按钮
00257	OR	01008→试灯按钮 PB2
00258	OUT	00509→燃油温度低报警
00259	LD	00109→燃气压力低报警
00260	OR	01006→燃料选择开关
00261	OUT	01109→燃气压力低报警
00262	LD NOT	01114→第一个报警输出
00263	AND NOT	01109→燃气压力低报警
00264	OR NOT	00110→启动复位按钮 PB1
00265	AND	00510→燃气压力低报警
00266	AND NOT	01200→试灯按钮
00267	OR	01008→试灯按钮 PB2
00268	OUT	00510→燃气压力低报警
00269	LD	00110→启动复位按钮 PB1
00270	OR	01010→电源故障
00271	OUT	01010→电源故障

00272	LD NOT	01114→第一个报警输出
00273	AND NOT	01010→电源故障
00274	OR NOT	00110→启动复位按钮
00275	AND	00601→电源故障
00276	AND NOT	01200→试灯按钮
00277	OR	01008→试灯按钮 PB2
00278	OUT	00601→电源故障
00279	LD	00406→燃烧器门打开报警
00280	OR	00407→给水泵润滑油压力低报警
00281	OR	00408→进口水压力低报警
00282	OR	00409→雾化压力低报警
00283	OR	00411→蒸汽温度高报警
00284	OR	00500→管温高报警
00285	OR	00501→烟温高报警
00286	OR	00502→燃烧器瓦口温度高报警
00287	OR	00503→水流量低报警
00288	OR	00504→鼓风压力低报警
00289	OR	00506→蒸汽压力高报警
00290	OR	00508→燃油压力低报警
00291	OR	00509→燃油温度低报警
00292	OR	00510→燃气温度低报警
00293	OR	00609→仪用空压低报警
00294	LD	01115→第一个报警输出
00295	AND NOT	00110→电源故障
00296	OUT	01115→第一个报警输出
00297	LD	00601→电源故障
00298	OR	00405→火焰故障报警
00299	OR	00505→蒸汽压力低报警
00300	OR	01115→第一个报警输出
00301	OR LD	01114→第一个报警输出
00302	AND NOT	00110→电源故障
00303	OUT	01114→第一个报警输出
00304	LD	01007→试灯按钮 PB2
00305	OUT	01200→试灯按钮
00306	END→结束

(二)23~50t/h 注汽锅炉 C200H 系列 PLC 程序梯形图识别

PLC 程序梯形图见图 4-13。

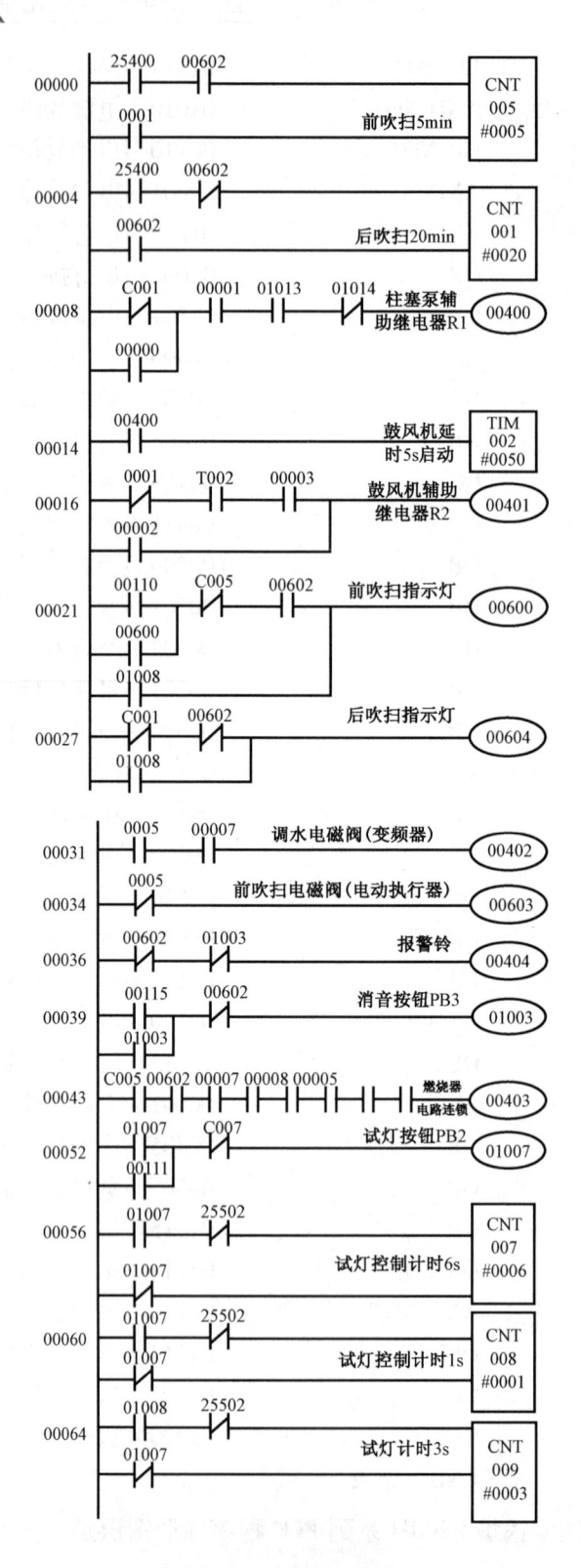

图 4-13　PLC 程序梯形图

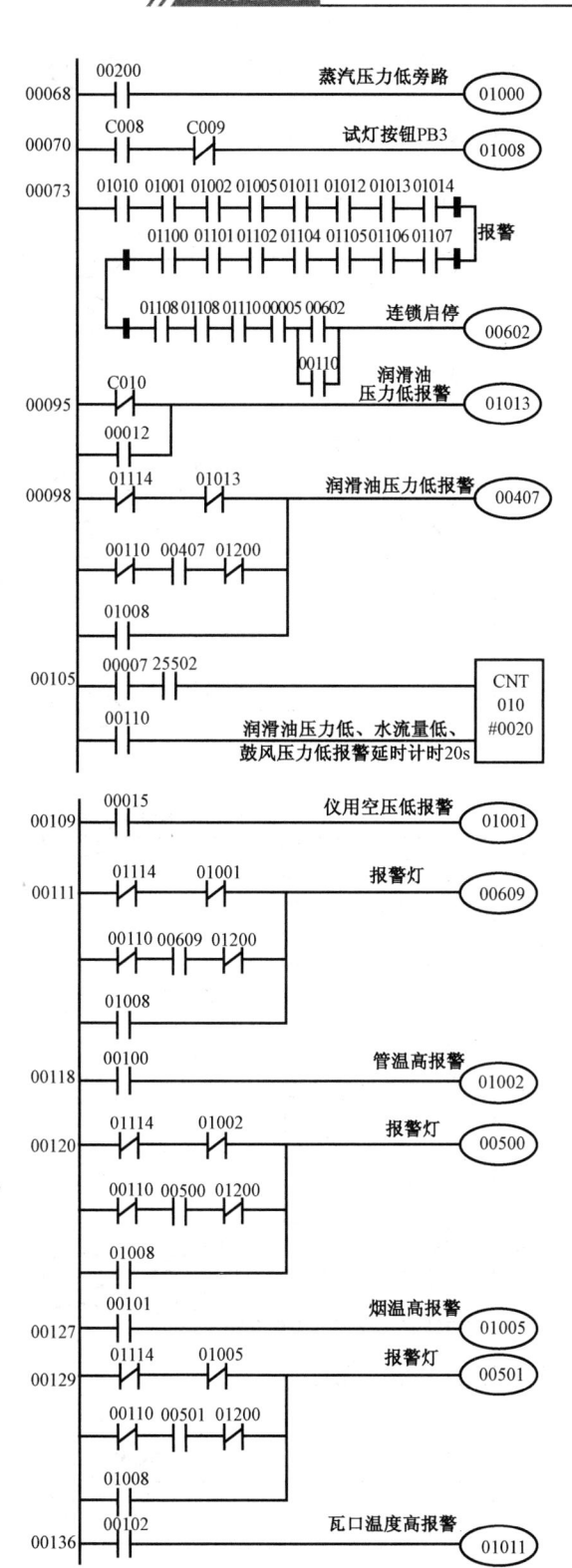

图 4-13 PLC 程序梯形图(续)

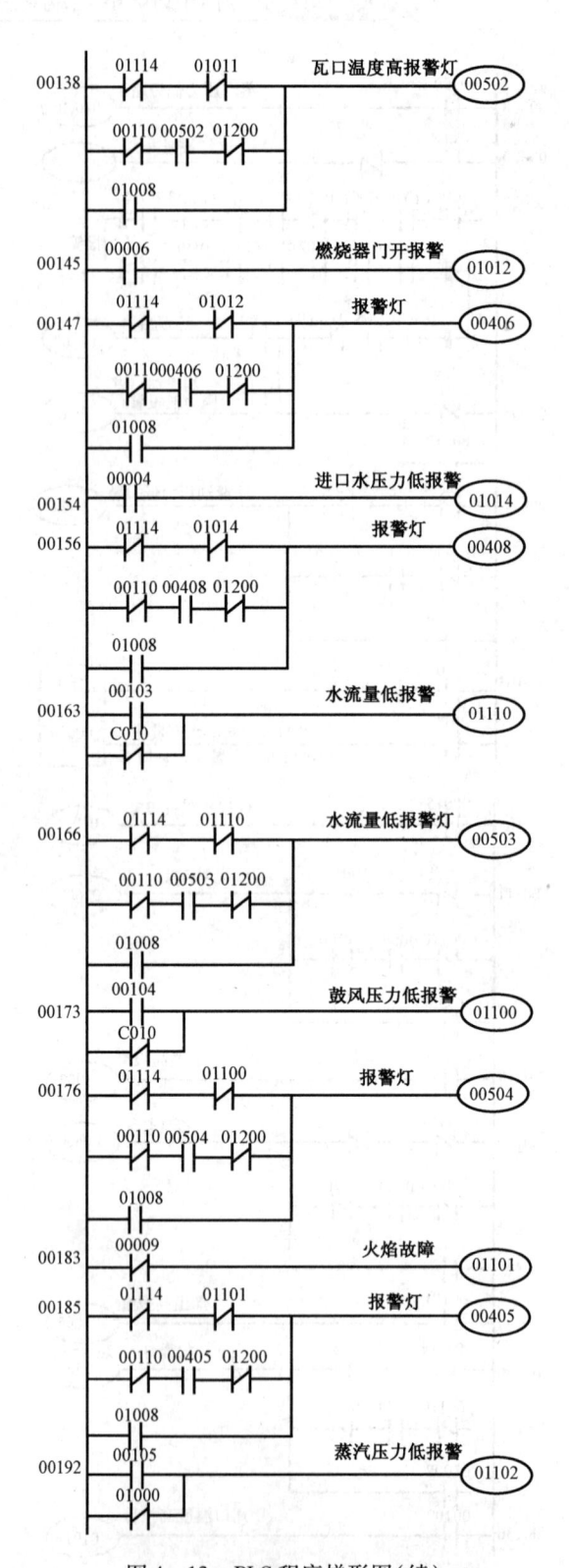

图 4-13　PLC 程序梯形图(续)

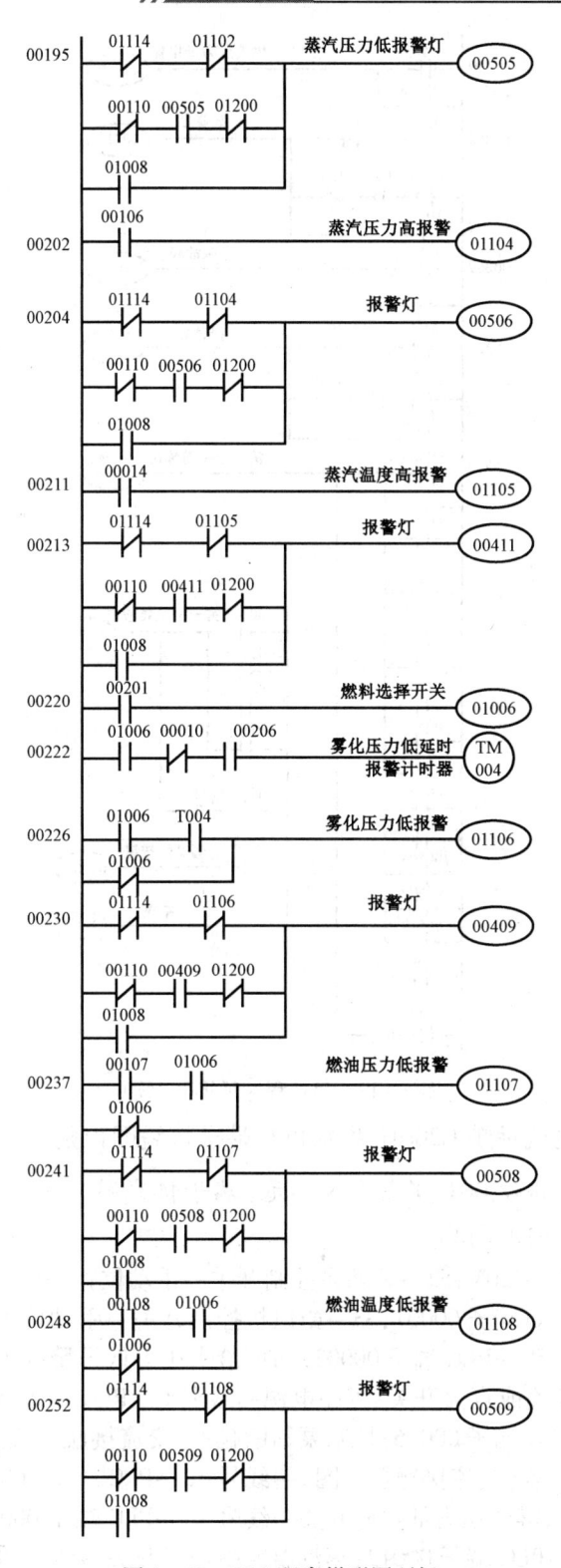

情境四　注汽锅炉的自动化系统与智能操作系统

图 4-13　PLC 程序梯形图(续)

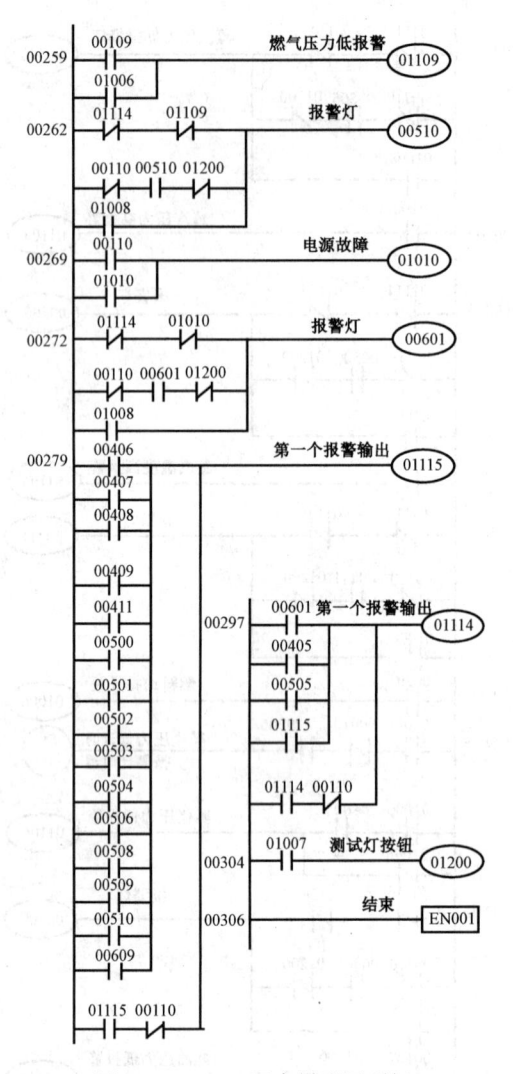

图 4-13　PLC 程序梯形图(续)

(三) 23～50t/h 注汽锅炉 C200H 系列 PLC 端子接线图识别

1. PLC 输入模块(000、001、002 输入单元)端子接线图

(1) 000 输入单元(图 4-14)。

S1→控制电源开关→220V;S2→柱塞泵控制开关→手动位置→线号 12→PLC 端子 00000,自动位置→线号 84→PLC 端子 00001;S3→鼓风机控制开关→手动位置→线号 57→PLC 端子 00002,自动位置→线号 58→PLC 端子 00003;锅炉给水压力低报警开关→线号 17→PLC 端子 00004;S9-连锁电路开关或点火开关、程序电源→线号 6→PLC 端子 00005;燃烧器门开铰链报警开关→线号 56→PLC 端子 00006;柱塞泵辅助触点(交流接触器线圈)→线号 99→PLC 端子 00007;鼓风机辅助触点(交流接触器线圈)→线号 62→PLC 端子 00008;火焰故障报警→线号 34→PLC 端子 00009;雾化压力低报警开关→线号 16→PLC 端子 00010;柱塞泵润滑油压力低报警开关→线号 23→PLC 端子 00012;蒸汽温度高报警开关→线号 28→PLC 端子 00014;仪用空气压力低报警开关→线号 19→PLC 端子 00015;COM→公共端子。

情境四 注汽锅炉的自动化系统与智能操作系统

(2)001 输入单元(图 4-15)。

炉管管壁温度高报警→线号 20→PLC 端子 00100;烟气温度高报警→线号 21→PLC 端子 00101;燃烧器瓦口温度高报警→线号 22→PLC 端子 00102;锅炉给水流量低报警开关→线号 24→PLC 端子 00103;燃烧空气压力低报警开关→线号 25→PLC 端子 00104;蒸汽压力低报警开关→线号 26→PLC 端子 00105;蒸汽压力高报警开关→线号 29→PLC 端子 00106;燃油压力低报警开关→线号 52→PLC 端子 00107;燃油温度低报警→线号 53→PLC 端子 00108;燃气压力低报警→线号 55→PLC 端子 00109;启动/复位按钮 PB1→线号 71→PLC 端子 00110;测试灯按钮 PB2→线号 9→PLC 端子 00111;报警消音按钮 PB3→线号 18→PLC 端子 00115;COM→公共端子。

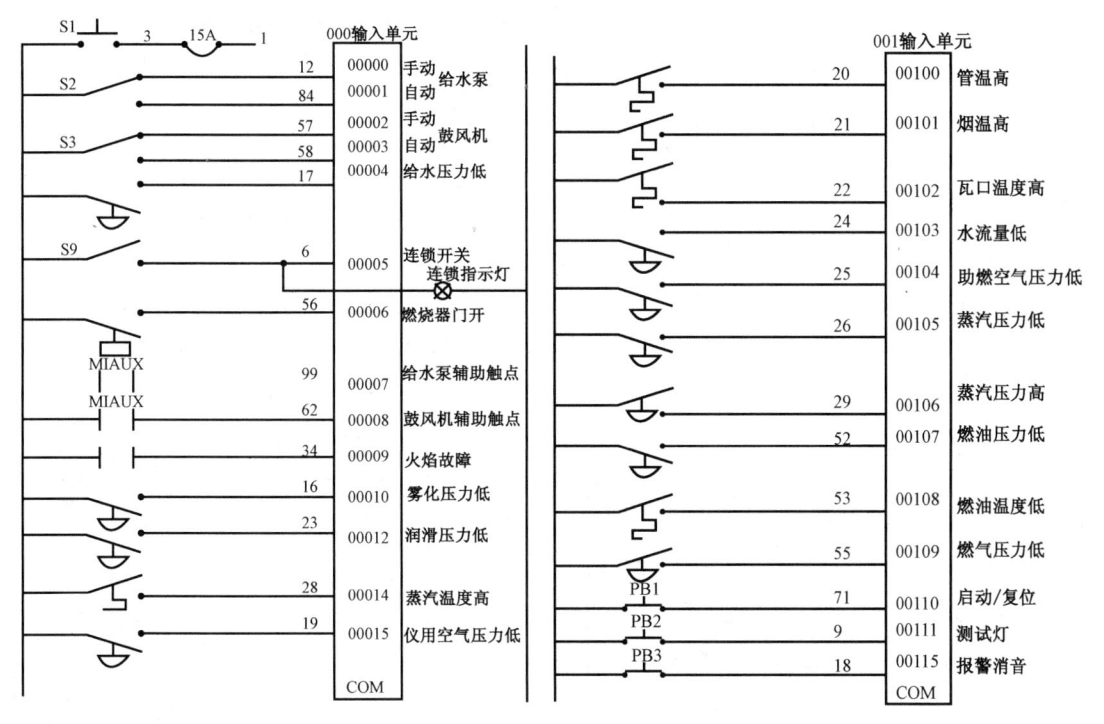

图 4-14 000 输入单元接线端子 　　　图 4-15 001 输入单元接线端子

(3)002 输入单元(图 4-16)。

S7→蒸汽压力低旁路开关→线号 27→PLC 端子 00200;燃料选择开关→燃气位置→线号 73→PLC 端子 00201→燃油位置→线号 72→PLC 端子 00206;BC7000 点火程序器输出→风门关→线号 67→PLC 端子 00207;主燃料阀开→线号 77→PLC 端子 00208;COM→公共端子。

2. PLC 输出模块(004、005、006 输出单元)端子接线图

(1)004 输出模块(图 4-17)。

柱塞泵连锁 R1→PLC 端子 00400;鼓风机连锁 R2→PLC 端子 00401;调水电磁阀(变频器)→PLC 端子 00402;接点火程序器 BC7000 端子 3→PLC 端子 00403;报警铃→PLC 端子 00404;灭火报警灯→PLC 端子 00405;燃烧器门打开报警灯→PLC 端子 00406;柱塞泵润滑油压力低报警灯→PLC 端子 00407;锅炉给水压力低报警灯→PLC 端子 00408;燃油雾化压力低报警灯→PLC 端子 00409;蒸汽温度高报警灯→PLC 端子 00411;COM→公共端子;柱塞泵启动

器 M1→86 号线→连锁 R1;鼓风机启动器 M2→87 号线→连锁 R2。

(2)005 输出单元(图 4-17)。

炉管管壁温度高报警指示灯→线号 32→PLC 端子 00500;烟气温度高报警指示灯→线号 33→PLC 端子 00501;燃烧器瓦口温度高报警指示灯→线号 35→PLC 端子 00502;锅炉给水流量低报警指示灯→线号 39→PLC 端子 00503;鼓风压力低报警指示灯→线号 40→PLC 端子 00504;蒸汽压力低报警指示灯→线号 42→PLC 端子 00505;蒸汽压力高报警指示灯→线号 43→PLC 端子 00506;柱塞泵润滑油压力低报警指示灯→线号 36→PLC 端子 00507;燃油压力低报警指示灯→线号 46→PLC 端子 00508;燃气压力低报警指示灯→线号 49→PLC 端子 00510;燃油压力高报警指示灯→线号 48→PLC 端子 00511;前吹扫工作指示灯→线号 98→PLC 端子 00600;COM→公共端子。

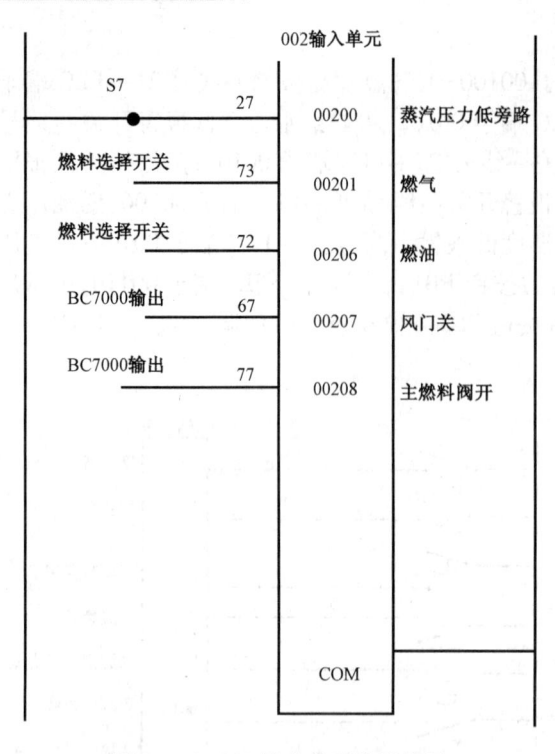

图 4-16 002 输入单元接线端子

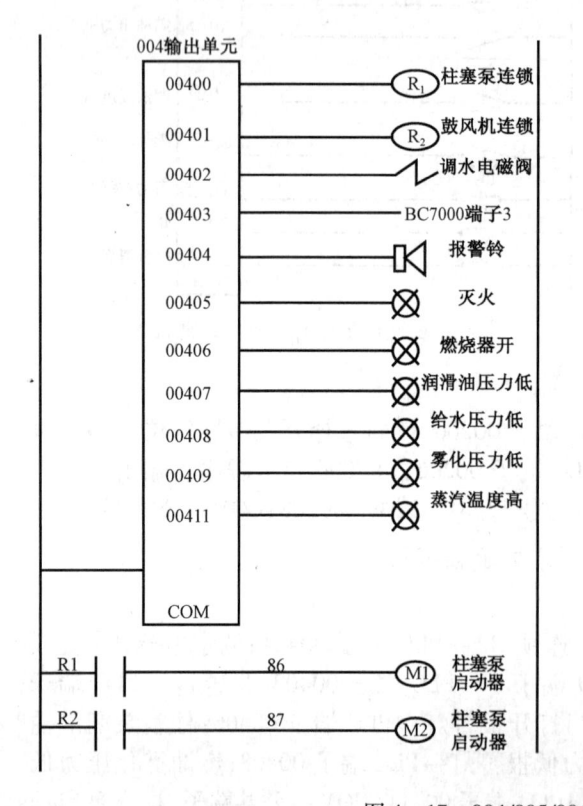

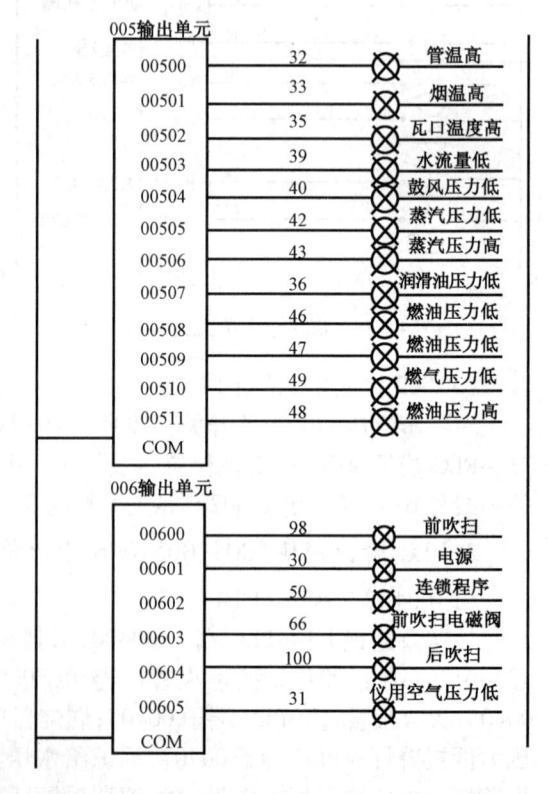

图 4-17 004/005/006 输出单元接线端子

(3)006 输出单元(图 4-17)。

前吹扫工作指示灯→线号 98→PLC 端子 00600;控制电源工作指示灯→线号 30→PLC 端子 00601;连锁电路(程序电源)工作指示灯→线号 50→PLC 端子 00602;前吹扫电磁阀工作指示灯→线号 66→PLC 端子 00603;后吹扫工作指示灯→线号 100→PLC 端子 00604;仪用空气压力低报警指示灯→线号 31→PLC 端子 00605;COM→公共端子。

3. BC7000 点火程序器端子接线图

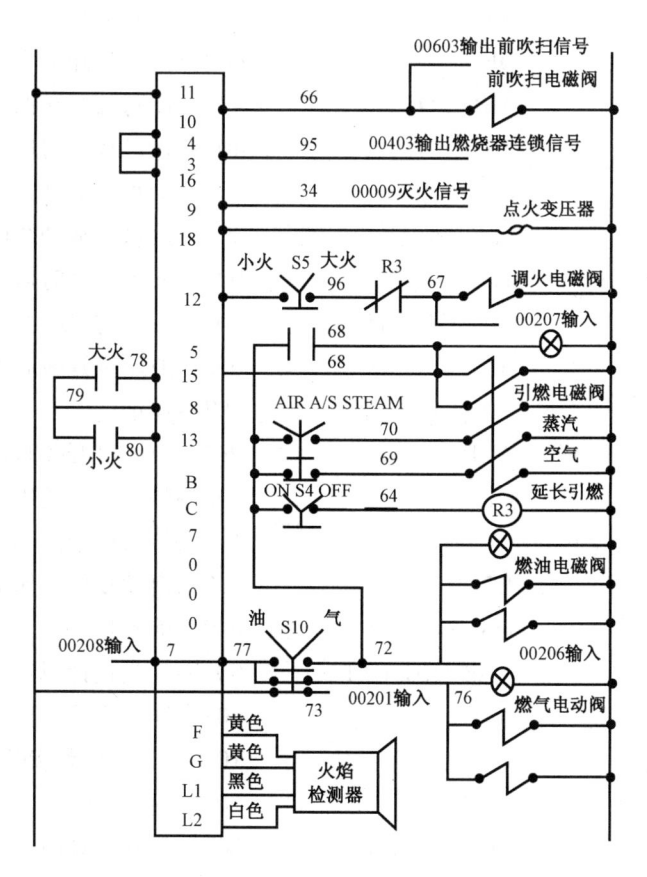

端子 11→公共端子;端子 10→66 号线→PLC00603 输出端子→前吹扫电磁阀;端子 4、3、16 串联→95 号线→PLC00403 输出端子→燃烧器连锁信号;端子 9→34 号线→PLC0009 输入端子→灭火信号;端子 18→65 号线→点火变压器;端子 12→96 号线→S5 调火开关→调火电磁阀→接 67 号线的 PLC00207 输入端子;端子 5→68 号线→引燃电磁阀、引燃指示灯;PLC 输入端子 00208、00206、00201→端子 7→77 号线→S10 油、气选择开关→接 76 号线(燃油阀、燃气阀、指示灯)、72 号线→S13 雾化选择开关、S4 延长引燃开关;端子 8、15→78 号线→大火开关;端子 8、13→80 号线→小火开关;F(蓝色)、G(黄色)、L1(黑色)、L2(白色)→紫外线火焰检测器(图 4-18)。

图 4-18 BC7000 点火程序器端子接线图

(四) 9.2~23t/h 注汽锅炉 C200H 系列 PLC 程序清单识别

地址	指令	数据
00000	LD	25400→1min 脉冲位
00001	AND	602→连锁启停
00002	LD CNT	001→后吹扫计时器
00003	CNT	005→前吹扫计时器
		0005→前吹扫 5min
00004	LD	25400→1min 脉冲位
00005	AND NOT	602→连锁启停
00006	LD	602→连锁启停
00007	CNT	001→后吹扫计时器
		0020→后吹扫 20min
00008	LD NOT CNT	001→后吹扫计时器
00009	AND	001→柱塞泵开关自动
00010	OR	000→柱塞泵开关手动
00011	AND NOT	407→柱塞泵润滑油压力低报警
00012	AND NOT	408→进口水压力低报警
00013	OUT	400→给水泵辅助继电器 R1
00014	LD	400→给水泵辅助继电器 R1
00015	TIM	002→鼓风机延时启动计时器 0050→5s
00016	LD NOT CNT	0001→后吹扫计时器
00017	AND TIM	002→鼓风机延时启动计时器
00018	OR NOT	602→连锁启停
00019	AND	003→鼓风机开关自动
00020	OR	002→鼓风机开关手动
00021	OUT	401→鼓风机辅助继电器 R2
00022	LD	110→启动复位按钮 PB1
00023	OR	600→前吹扫灯
00024	AND NOT CNT	005→前吹扫计时器
00025	AND	602→连锁启停
00026	OR	1008→试灯按钮 PB2
00027	OUT	600→前吹扫灯
00028	LD NOT CNT	001→后吹扫计时器
00029	AND NOT	602→连锁启停
00030	OR	1008→试灯按钮 PB2
00031	OUT	604→后吹扫灯

00032	LD CNT	005→前吹扫计时器
00033	AND	007→给水泵辅助触点
00034	OUT	402→变频调水（调水电磁阀）
00035	LD NOT CNT	005→前吹扫计时器
00036	OUT	603→电动执行器的大火开关（前吹扫电磁阀）
00037	LD NOT	602→连锁启停
00038	AND NOT	1003→消音按钮 PB3
00039	OUT	404→报警铃
00040	LD	115→消音按钮 PB3
00041	OR	1003→消音按钮 PB3
00042	AND NOT	602→连锁启停
00043	OUT	1003→消音按钮 PB3
00044	LD	203→允许调火输入
00045	OUT	1201→调火开关
00046	LD	202→延长引燃
00047	OUT	1202→延长引燃开关
00048	LD	1201→调火开关
00049	AND NOT	1202→延长引燃开关
00050	OUT	607→调火电磁阀
00051	LD	1202→延长引燃开关
00052	OUT	608→引燃电磁阀
00053	LD	204→空气雾化输入
00054	OUT	1203→雾化选择开关（空气）
00055	LD	205→蒸汽雾化输入
00056	OUT	1204→雾化选择开关（蒸汽）
00057	LD	206→燃油阀输入
00058	OUT	1206→油、气选择开关（燃油）
00059	LD NOT	1203→雾化选择开关（空气）
00060	LD NOT	1204→空气雾化电磁阀
00061	LD	1206→油、气选择开关（燃油）
00062	OUT	1205→油、气选择开关（气）
00063	LD	1203→雾化选择开关
00064	OR	1205→蒸汽雾化电磁阀
00065	OUT	605→空气雾化电磁阀
00066	LD	1204→空气雾化电磁阀
00067	OR	1205→蒸汽雾化电磁阀

00068	OUT	606→蒸汽雾化电磁阀
00069	LD CNT	005→前吹扫计时器
00070	AND	602→连锁启停
00071	AND	007→给水泵辅助触点
00072	AND	008→鼓风机辅助触点
00073	AND	005→点火开关
00074	OUT	403→燃烧器电路连锁
00075	LD	1007→试灯按钮 PB2
00076	OR	111→试灯按钮 PB2
00077	AND NOT CNT	007→试验灯控制计时器
00078	OUT	1007→试灯按钮 PB2
00079	LD	1007→试灯按钮 PB2
00080	AND NOT	25502→1s 脉冲位
00081	LD NOT	1007→试灯按钮 PB2
00082	CNT	007→试验灯控制计数器0006→6s
00083	LD	1007→试灯按钮 PB2
00084	AND NOT	25502→1s 脉冲位
00085	LD NOT	1007→试灯按钮 PB2
00086	CNT	008→试验灯延时计时器0001→1s
00087	LD	1008→试灯按钮 PB2
00088	AND NOT	25502→1s 脉冲位
00089	LD NOT	1007→试灯按钮 PB2
00090	CNT	009→试验灯通计时器 0003→3s
00091	LD	200→蒸汽压力低旁路输入
00092	OUT	1000→蒸汽压力低旁路开关
00093	LD CNT	008→试验灯延时计时器
00094	AND NOT CNT	009→试验灯通计时器
00095	OUT	1008→试灯按钮 PB2
00096	LD	1010→电源故障
00097	AND	1001→仪用空压低报警
00098	AND	1002→管温高报警
00099	AND	1005→烟温高报警
00100	AND	1011→燃烧器瓦口温度高报警
00101	AND	1012→燃烧器门打开报警
00102	AND	1013→给水泵润滑油压力低报警
00103	AND	1014→进口水压力低报警
00104	AND	1100→鼓风压力低报警

00105	AND	1101→火焰故障报警
00106	AND	1102→蒸汽压力低报警
00107	AND	1104→蒸汽压力高报警
00108	AND	1105→蒸汽温度高报警
00109	AND	1106→雾化压力低报警
00110	AND	1107→燃油压力低报警
00111	AND	1108→燃油温度低报警
00112	AND	1109→燃气压力低报警
00113	AND	1110→水流量低报警
00114	AND	0005→点火开关
00115	AND	602→连锁启停
00116	OR	110→电源故障
00117	OUT	602→连锁启停
00118	LD NOT CNT	010→润滑油压力低、水流量低、鼓风压力低报警延时计时器
00119	OR	012→给水泵润滑油压力低报警
0020	OUT	1013→给水泵润滑油压力低报警
00121	LD NOT	1114→第一个报警输出
00122	AND NOT	1013→给水泵润滑油压力低报警
00123	OR NOT	110→电源故障
00124	AND	407→给水泵润滑油压力低报警
00125	AND NOT	1200→试灯按钮
00126	OR	1008→试灯按钮 PB2
00127	OUT	407→给水泵润滑油压力低报警
00128	LD	007→给水泵辅助触点
00129	AND	25502→秒钟脉冲
00130	LD	110→启动复位按钮 PB1
00131	CNT	010→润滑油压力低、水流量低、鼓风压力低报警延时计时器 0020→20s
00132	LD	015→仪用空压低报警
00133	OUT	1001→仪用空压低报警
00134	LD NOT	1114→第一个报警输出
00135	AND NOT	1001→仪用空压低报警
00136	OR NOT	110→启动复位按钮 PB1
00137	AND	609→仪用空压低报警
00138	AND NOT	1200→试灯按钮

00139	OR	1008→试灯按钮 PB2
00140	OUT	609→仪用空压低报警
00141	LD	100→管温高报警
00142	OUT	1002→管温高报警
00143	LD NOT	1114→第一个报警输出
00144	AND NOT	1002→管温高报警
00145	OR NOT	110→启动复位按钮 PB1
00146	AND	500→管温高报警
00147	AND NOT	1200→试灯按钮
00148	OR	1008→试灯按钮 PB2
00149	OUT	500→管温高报警
00150	LD	602→连锁启停
00151	OUT	610→连锁灯
00152	LD	101→烟温高报警
00153	OUT	1005→烟温高报警
00154	LD NOT	1114→第一个报警输出
00155	AND NOT	1005→烟温高报警
00156	OR NOT	110→启动复位按钮 PB1
00157	AND	501→烟温高报警
00158	AND NOT	1200→试灯按钮
00159	OR	1008→试灯按钮 PB2
00160	OUT	501→烟温高报警
00161	LD	102→燃烧器瓦口温度高报警
00162	OUT	1011→燃烧器瓦口温度高报警
00163	LD NOT	1114→第一个报警输出
00164	AND NOT	1011→燃烧器瓦口温度高报警
00165	OR NOT	110→启动复位按钮 PB1
00166	AND	502→燃烧器瓦口温度高报警
00167	AND NOT	1200→试灯按钮
00168	OR	1008→试灯按钮 PB2
00169	OUT	502→燃烧器瓦口温度高报警
00170	LD	006→燃烧器门打开
00171	OUT	1012→燃烧器门打开报警
00172	LD NOT	1114→第一个报警输出
00173	AND NOT	1012→燃烧器门打开报警
00174	OR NOT	110→启动复位按钮 PB1
00175	AND	406→燃烧器门打开报警

00176	AND NOT	1200→试灯按钮
00177	OR	1008→试灯按钮 PB2
00178	OUT	406→燃烧器门打开报警
00179	LD	004→给水压力低
00180	OUT	1014→进口水压力低报警
00181	LD NOT	1114→第一个报警输出
00182	AND NOT	1014→进口水压力低报警
00183	OR NOT	110→启动复位 PB1
00184	AND	408→进口水压力低报警
00185	AND NOT	1200→试按钮灯
00186	OR	1008→试灯按钮 PB2
00187	OUT	0408→进口水压力低报警
00188	LD	103→水流量低报警
00189	OR NOT CNT	010→润滑油压力低、水流量低、鼓风压力低报警延时计时器
00190	OUT	1110→水流量低报警
00191	LD NOT	1114→第一个报警输出
00192	AND NOT	1110→水流量低报警
00193	OR NOT	110→启动复位按钮 PB1
00194	AND	503→水流量低报警
00195	AND NOT	1200→试灯按钮
00196	OR	1008→试灯按钮 PB2
00197	OUT	503→水流量低报警
00198	LD	104→鼓风压力低报警
00199	OR NOT CNT	010→润滑油压力低、水流量低、鼓风压力低报警延时计时器
00200	OUT	1100→鼓风压力低报警
00201	LD NOT	1114→第一个报警输出
00202	AND NOT	1100→鼓风压力低报警
00203	OR NOT	110→启动复位按钮 PB1
00204	AND	504→鼓风压力低报警
00205	AND NOT	1200→试灯按钮
00206	OR	1008→试灯按钮 PB2
00207	OUT	504→鼓风压力低报警
00208	LD NOT	009→火焰故障报警
00209	OUT	1101→火焰故障报警
00210	LD NOT	1114→第一个报警输出

00211	AND NOT	1101→火焰故障报警
00212	OR NOT	110→启动复位按钮 PB1
00213	AND	405→火焰故障报警
00214	AND NOT	1200→试灯按钮
00215	OR	1008→试灯按钮 PB2
00216	OUT	405→火焰故障报警
00217	LD	105→蒸汽压力低报警
00218	OR NOT	1000→蒸汽压力低旁路开关
00219	OUT	1102→蒸汽压力低报警
00220	LD NOT	1114→第一个报警输出
00221	AND NOT	1102→蒸汽压力低报警
00222	OR NOT	110→启动复位按钮 PB1
00223	AND	505→蒸汽压力低报警
00224	AND NOT	1200→试灯按钮
00225	OR	1008→试灯按钮 PB2
00226	OUT	505→蒸汽压力低报警
00227	LD	106→蒸汽压力高报警
00228	OUT	1104→蒸汽压力高报警
00229	LD NOT	1114→第一个报警输出
00230	AND NOT	1104→蒸汽压力高报警
00231	OR NOT	110→启动复位按钮 PB1
00234	AND	506→蒸汽压力高报警
00235	AND NOT	1200→试灯按钮
00236	OR	1008→试灯按钮 PB2
00237	OUT	506→蒸汽压力高报警
00238	LD	014→蒸汽温度高报警
00239	OUT	1105→蒸汽温度高报警
00240	LD NOT	1114→第一个报警输出
00241	AND NOT	1105→蒸汽温度高报警
00242	OR NOT	110→启动复位按钮 PB1
00243	AND	411→蒸汽温度高报警
00244	AND NOT	1200→试灯按钮
00245	OR	1008→试灯按钮 PB2
00246	OUT	411→蒸汽温度高报警
00247	LD	201→燃料选择开关
00248	OUT	1006→燃料选择开关
00249	LD	1006→燃料选择开关

00250	AND NOT TIM	004→雾化压力低延时报警计时器
00251	OR NOT	1006→燃料选择开关
00252	OUT	1106→雾化压力低报警
00253	LD NOT	1114→第一个报警输出
00254	AND NOT	1106→雾化压力低报警
00255	OR NOT	110→电源故障
00256	AND	409→雾化压力低报警
00257	AND NOT	1200→试灯按钮
00258	OR	1008→试灯按钮 PB2
00259	OUT	409→雾化压力低报警
00260	LD	107→燃油压力低报警
00261	AND	1006→燃料选择开关
00262	OR NOT	1006→燃料选择开关
00263	OUT	1107→燃油压力低报警
00264	LD NOT	1114→第一个报警输出
00265	AND NOT	1107→燃油压力低报警
00266	OR NOT	110→电源故障
00267	AND	508→燃油压力低报警
00268	AND NOT	1200→试灯按钮
00269	OR	1008→试灯按钮 PB2
00270	OUT	508→燃油压力低报警
00271	LD	108→燃油温度低报警
00272	AND	1006→燃料选择开关
00273	OR NOT	1006→燃料选择开关
00274	OUT	1108→燃油温度低报警
00275	LD NOT	1114→第一个报警输出
00276	AND NOT	1108→燃油温度低报警
00277	OR NOT	110→电源故障
00278	AND	509→燃油温度低报警
00279	AND NOT	1200→试灯按钮
00280	OR	1008→试灯按钮 PB2
00281	OUT	509→燃油温度低报警
00282	LD	109→燃气压力低报警
00283	OR	1006→燃料选择开关
00284	OUT	1109→燃气压力低报警
00285	LD NOT	1114→第一个报警输出
00286	AND NOT	1109→燃气压力低报警

00287	OR NOT	110→启动复位按钮 PB1
00288	AND	510→燃气压力低报警
00289	AND NOT	1200→试灯按钮
00290	OR	1008→试灯按钮 PB2
00291	OUT	510→燃气压力低报警
00292	LD	110→启动复位按钮 PB1
00293	OR	1010→电源故障
00294	OUT	1010→电源故障
00295	LD NOT	1114→第一个报警输出
00296	AND NOT	1010→电源故障
00297	OR NOT	110→启动复位按钮
00298	AND	601→电源故障
00299	AND NOT	1200→试灯按钮
00300	OR	1008→试灯按钮 PB2
00301	OUT	601→电源故障
00302	LD	406→燃烧器门打开报警
00303	OR	407→给水泵润滑油压力低报警
00304	OR	408→进口水压力低报警
00305	OR	409→雾化压力低报警
00306	OR	411→蒸汽温度高报警
00307	OR	500→管温高报警
00308	OR	501→烟温高报警
00309	OR	502→燃烧器瓦口温度高报警
00310	OR	503→水流量低报警
00311	OR	504→鼓风压力低报警
00312	OR	506→蒸汽压力高报警
00313	OR	508→燃油压力低报警
00314	OR	509→燃油温度低报警
00315	OR	510→燃气温度低报警
00316	OR	609→仪用空压低报警
00317	LD	1115→第一个报警输出
00318	AND NOT	110→电源故障
00319	OUT	1115→第一个报警输出
00320	LD	601→电源故障
00321	OR	405→火焰故障报警
00322	OR	505→蒸汽压力低报警
00323	OR	1115→第一个报警输出

00324	OR LD	1114→第一个报警输出
00325	AND NOT	110→电源故障
00326	OUT	1114→第一个报警输出
00327	LD	1007→试灯按钮 PB2
00328	OUT	1200→试灯按钮
00329	END→结束	

(五)9.2~23t/h 注汽锅炉 C200H 系列 PLC 的梯形图及图中各编码的识别

1. PLC 梯形图中各编码的识别

由 PLC 控制的注汽锅炉,不仅要会识别 PLC 的模块接线及其端子分布图、程序控制电路图,而且还要会识别 PLC 的程序梯形图及其程序清单。只有这样,才能明白注汽锅炉的自动控制过程及 PLC 程序的工作过程,以确保注汽锅炉安全、连续生产运行。在梯形图中,PLC 的外接输入、内部继电器、外接输出各编码含义见表4-3。

表4-3 PLC 的外接输入、内部继电器、外接输出编码含义

外接输入	内部继电器	外接输出	内容
00000			柱塞泵开关手动
00001			柱塞泵开关自动
00002			鼓风机开关手动
00003			鼓风机开关自动
00005			点火开关
00007			柱塞泵辅助触点
00008			鼓风机辅助触点
00110			启动复位按钮 PB1
00111	01007、01008、01200		试灯按钮 PB2
00115	01003		消音按钮 PB3
00200	01000		蒸汽压力低旁路开关
00201	01006		燃料选择开关
		00400	柱塞泵辅助继电器 R1
		00401	鼓风机辅助继电器 R2
		00402	调水电磁阀
		00403	燃烧器电路连锁
		00404	报警铃
		00600	前吹扫灯
		00602	连锁启停
		00603	前吹扫电磁阀
		00604	后吹扫灯

续表

外接输入	内部继电器	外接输出	内容
00012	01013	00407	柱塞泵润滑油压力低报警
00015	01001	00609	仪用空压低报警
00100	01002	00500	管温高报警
00101	01005	00501	烟温高报警
00102	01011	00502	燃烧器瓦口温度高报警
00006	01012	00406	燃烧器门打开报警
00004	01014	00408	进口水压力低报警
00103	01110	00503	水流量低报警
00104	01100	00504	鼓风压力低报警
00009	01101	00405	火焰故障报警
00105	01102	00505	蒸汽压力低报警
00106	01104	00506	蒸汽压力高报警
00014	01105	00411	蒸汽温度高报警
00010	01106	00409	雾化压力低报警
00107	01107	00508	燃油压力低报警
00108	01108	00509	燃油温度低报警
00109	01109	00510	燃气压力低报警
00110	01010	00601	电源故障
00206	01206		燃油阀
00203	01201		调火开关
00202	01202		延长引燃开关
		00607	调火电磁阀
		00608	引燃电磁阀
00204	01203	00605	空气雾化电磁阀
00205	01204	00606	蒸汽雾化电磁阀
	01115、01114		第一个报警输出
	25502		1s时钟脉冲
	25400		1min时钟脉冲

2.9.2~23t/h注汽锅炉C200H系列PLC的梯形图

9.2~23t/h注汽锅炉C200H系列PLC的梯形图见图4-19。

(六)9.2~23t/h注汽锅炉程序控制电路原理图的识别

9.2~23t/h注汽锅炉程序控制电路原理图见图4-20。

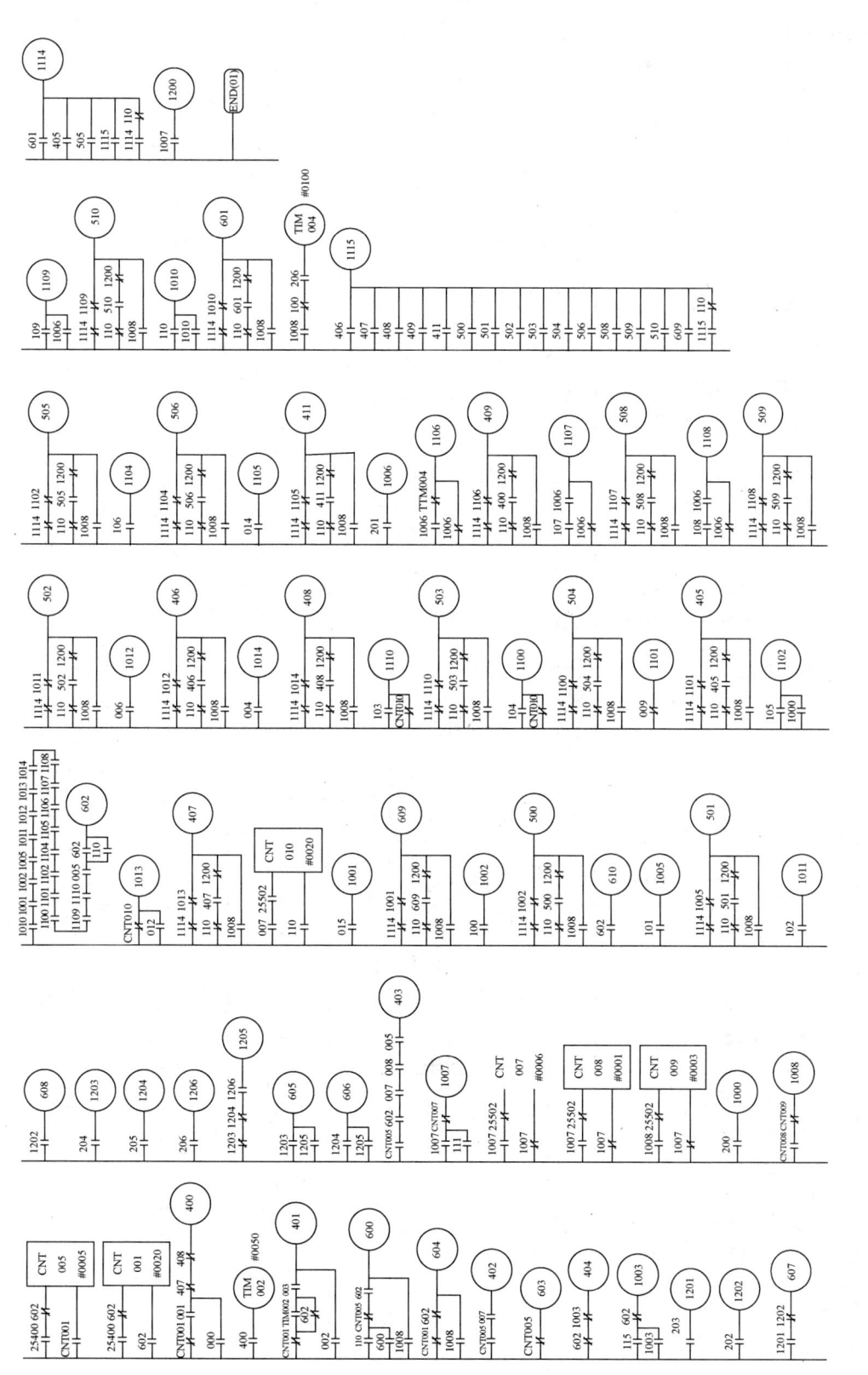

图4-19 9.2~23t/h注汽锅炉C200H系列PLC梯形图

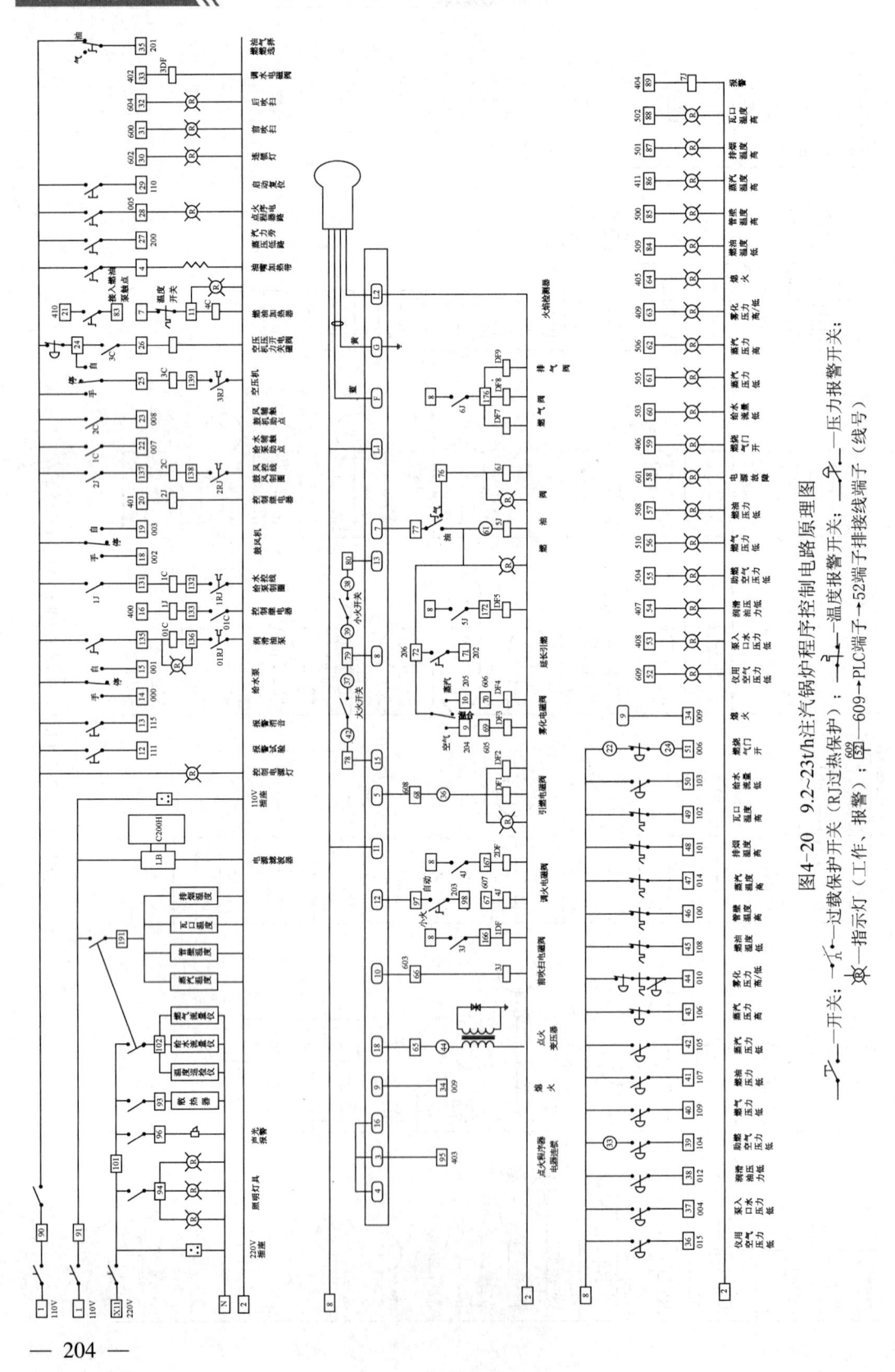

图4-20 9.2~23t/h注汽锅炉程序控制电路原理图

情境四 注汽锅炉的自动化系统与智能操作系统

📖 基础知识

注汽锅炉之所以能安全可靠、连续稳定的运行,是因为它具有较高的自动控制与自动调节系统。

一、自动控制与自动调节系统

自动控制与自动调节是用仪表等自动化装置分别模拟人的眼(检测)、脑(运算或思考)和手(执行)。它是由测量元件与变送器、自动调节器、执行器、调节装置所控制的生产设备即调节对象组成。

(一)测量元件与变送器

它是用以感受被测工艺参数并将其转换成调节器或显示仪表所需要的标准的、统一的输出信号的装置,在自动调节系统中,它起着"眼睛"的作用。其准确度及灵敏度直接影响自动调节系统的调节质量。

(二)自动调节器

自动调节器是把测量元件或变送器送来的信号与工艺上需要保持的参数给定值进行比较,得出偏差。根据偏差的大小及变化趋势,按预先设计好的运算规律进行运算后,输出相应的信号给执行器。它有以下几种类型:

(1)比例调节器(P调节器)。比例调节器输出的变化信号与被调参数的偏差信号成比例。其特点是调节及时,克服干扰能力强,但过渡过程终了存在余差。适用于只要求在一定范围内变化的液位及不太重要的蒸汽压力。

(2)比例积分调节器(PI调节器)。比例积分调节器的输出变化量与输入偏差的积分成比例。其积分调节作用强弱用积分时间T_i表示。T_i大,作用弱;T_i小,作用强。比例积分调节器的特点是积分作用使过渡过程结束时无余差,稳定性降低,回复时间较长。适用于工艺参数不允许有余差的系统。

(3)比例积分微分调节器(PID调节器):比例积分微分调节器的特点是微分作用对克服容量滞后有显著效果。在比例的基础上加入微分作用能增加稳定性,再加上积分作用就可以清除余差。但对于滞后很小的对象,应避免加入微分作用,否则会导致系统的不稳定。

总之,无论用什么调节器,比例度、积分时间、微分时都要适当选取,才能获得良好的过渡过程。

(三)执行器

执行器通常指控制阀,能自动地根据自动调节器送来的信号值改变阀门的开启度。

二、自动调节系统的方块图

在研究自动调节系统时,为了更清楚地表示出系统各个组成部分之间的相互影响和信号联系,一般都用方块图来表示自动调节系统的组成和作用(图4-21)。

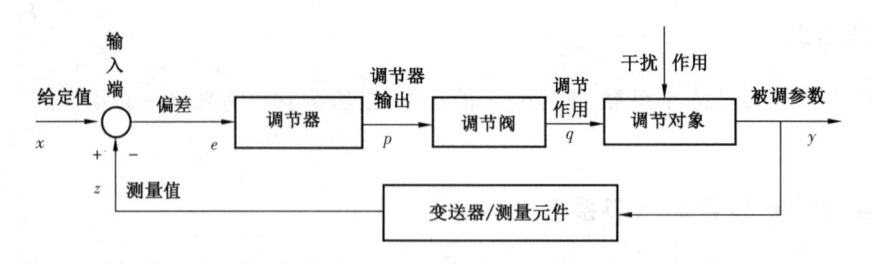

```
                         干扰 作用
给定值  输   偏差   调节器输出       调节     ↓            被调参数
   x   入  + e  [调节器] p  [调节阀] 作用 q [调节对象]     y
      端  -                                           
         测量值 z                                       
                    [变送器/测量元件]
```

图 4-21　自动调节系统方块图

图中,每个方块表示自动调节系统的一个组成部分,称为一个环节。各个方块之间用带箭头的线表示其信号相互关系,箭头指向方块表示这个环节的输入,箭头离开方块表示为这个环节的输出。线下的字母表示相互间的作用信号。

一个简单的调节系统主要由调节对象、测量装置、调节器及调节阀这四大部分组成。生产中所要保持恒定的变量,在自控系统中称为被控变量(被调参数),用 y 表示;引起被控变量波动的外来因素称为干扰作用,用 f 表示,干扰作用于调节对象的输入信号。同时由于控制阀动作所致 q 的变化,也是作用调节对象的输入信号,q 在方框图中把控制阀和对象连接在一起。y 是测量元件及变送器的输入信号,而变送器的输出信号 z 进入比较机构,与工艺上希望保持的被控变量即给定值 x 进行比较,得出偏差信号 $e = x - z$,并送往调节器。调节器根据偏差信号大小,按一定规律运算后,发出信号 p 送至调节阀,使其开度发生变化,以克服干扰对被控变量的影响。

(一) 闭环系统

任何一个简单的自动控制系统,只要按上面的原则去做它们的方块图时,它的各个组成部分在信号传递关系上形成一个闭合的环路。其中任何一个信号,只要沿着箭头方向前进,通过若干环节后,最终又会回到原来起点。所以,自动控制系统是一个闭环系统。

(二) 反馈

把系统或环节的输出信号直接或经过一些环节重新返回到输入端的做法叫作反馈。

(1) 负反馈。调节器偏差 $e = x - z$,信号 z 取负值,所以叫负反馈,负反馈的信号能够使原来信号减弱。

(2) 正反馈。调节器偏差 $e = x + z$,信号 z 取正值,反馈信号使原来的信号加强。

在自动控制系统中都采用负反馈。因 y 受到干扰而升高,只有负反馈才能使反馈信号 z 升高,经比较到控制器去的偏差信号 $e = x - z$ 将降低,此时控制器发出信号而使控制阀的开度发生变化,变化的方向为负,使被控变量下降回到给定值,达到控制目的。如果采用正反馈,控制作用不仅不能克服干扰的影响,反而是推波助澜,所以控制系统绝对不能单独采用正反馈。

(三) 开环系统

被控(工艺)变量是不反馈到输入端的,一旦开机,就只能按照预先规定好的程序周而复始地运转。

三、自动控制系统的分类

自动控制系统按被控变量可分为温度、压力、流量、液位等控制系统;按控制器具有的控制规律可分为比例、比例积分、比例微分、比例积分微分等控制系统。

在分析自动控制系统特性时,最经常遇到的是将控制系统按照工艺过程需要控制的被控变量的给定值是否变化和如何变化来分,这样自控系统分为三类:定制控制系统、随动控制系统、程序控制系统。

(一)定值控制系统

"定值"是恒定给定值的简称。工艺生产中,如果要求控制系统的作用是使被控参数的给定值不变,那么就需要采用定值控制系统。

(二)随动控制系统(自动跟踪)

这类系统的特点是给定值不断变化,该变化不是预先规定好的,也就是说给定值是随机变化的。随动控制系统的目的就是使所控制的工艺参数准确而快速地跟随给定值的变化而变化。

(三)程序控制系统(顺序控制)

程序控制系统的给定值也是变化的,但它是一个已知的时间函数,即生产技术指标需按一定时间程序变化。

📖 资料链接

(1)什么是智能变送器?

常规的变送器是采用电子线路将测得的信号进行放大、运算等处理后,输出标准电压或电流信号。而智能变送器则以微处理为核心,将模拟信号转换为数字信号,对数字信号进行运算处理,最后再转换成标准模拟直流信号输出,有的还有数字量输出。智能变送器与常规的变送器相比具有显著的优点。其优点主要表现在以下几方面:

① 智能变送器能够自动校零,自动消除温漂、零漂。

② 智能变送器对传感器的非线性、滞后等可以方便灵活地进行补偿。智能变送器采用软件对复杂的电路进行非线性校正,具有更好的效果。

③ 智能变送器具有多种复杂的运算功能,例如流量流送器中的开方运算。智能变送器要比常规变送器采用复杂的电子线路要方便简单得多。变送器可以通过微处理器和存储的应用程序实现各种复杂的运算,而不需要硬件运算电路。

④ 智能变送器可以采用通信技术,在控制室便可通过现场通信器直接调节变送器的给定值,改变变送器的量程、比例输出、开方输出、阻尼时间常数等。这对于易燃、易爆、核辐射区域等危险场所,更显示出它的优点。

⑤ 智能变送器具有自诊断功能,它能够判断和显示变送器的故障。智能变送器主要用于对测量精度要求高、对测量参数进行补偿运算、采用数字通信的大型控制系统、环境恶劣、不易人工操作的场所。

(2)何谓偏值调节器?

偏值调节器也叫负荷分配器,主要由放大部分和比较部分组成。它可以在输入信号上加或减一个常数值作为输出。注汽锅炉上偏值调节器的输入为水流量信号,输出为火量大小信号,这不仅能保证水流量改变时火量随之跟踪变化,而且可能在输入信号上偏置从而保证锅炉出口蒸汽干度为80%。其技术参数:输入压力范围为20.7~103.5kPa(3~15psi),偏值调节为124.2~-96.6kPa(18~-14psi),工作气源压力为138kPa(20psi)。偏值调节器特点是没有大的机械位移和可动部分的摩擦,具有较高的灵敏度。

(3)点火程序器功能有哪些?

① 控制自动点火全过程,包括前吹扫、点引燃火、点主燃火、引燃火灭、自动调火、正常运行六个步骤。

② 前吹扫期间发现炉膛有火,禁止点火,并报警停炉,自动回零待重新启动。

③ 前吹扫期间,风门未全打开不能点火,计时器停。

④ 吹扫结束,风门未全关闭不能点火,计时器停。

⑤ 引燃火没点着,主燃料阀不开,并报警回零。

⑥ 到预定时间,主火焰没点着火,灭火报警自动回零。

⑦ 运行中发生灭火,自动关闭燃料阀,并发出报警停炉信号,程序器自动回零。

⑧ 报警停炉后,自动关闭风门进行后吹扫,程序器回零。

(4)BC7000点火程序控制器的检查与测试内容有哪些?

点火程序控制器应能使泵在锅炉点火之前使锅炉管内充满足够的水,同时能控制风机,使其在锅炉点火之前,先启动风机运行,使炉膛内至少四次循环通风。点火程序控制器内程序为:准备→预吹扫(30s)→保持(30~60s)→点引燃火(60→80s)→点主火焰(70~80s→95s自动调火)→正常运行(104s)→后吹扫(20min)。在锅炉投入正常运行之前,必须按要求对点火程序控制器及其系统进行检查测试,其内容包括初步检查、火焰信号测定、初次点火试验、引燃火调节试验、紫外线火焰检测器反应试验、热炉膛火焰信号检查、安全停炉试验。

① 初步检查。

进行初步检查的目的是要清除一般性问题,在初步检查中,应确认如下内容:

(a)配线连接正确,所有端子螺栓拧紧。

(b)火焰检测器清洁,安装位置正确。

(c)放大器与火焰检测器匹配正确。

(d)燃烧器安装完毕,准备点火;燃料管线中空气已驱净。

(e)锅炉炉膛和烟道中没有燃料和燃料气。

(f)电源已和系统主电源开关接通。

(g)程序器外罩上的弹簧夹已把插入式火焰信号放大器固定好。

(h)运行/实验开关已拨在"运行"位置。

(i)大、小火开关已调整好。

② 火焰信号测定。

火焰信号测定目的是测量火焰信号的强度(最低2μA,最高5μA),其测量步骤如下:

(a)选择好0~25μA量程的微安表;

情境四 注汽锅炉的自动化系统与智能操作系统

(b)接好微安表线路;
(c)把插头插入火焰信号仪表插座,而对仪表取得稳定读数允许几秒钟;
(d)读出稳定的平均电流。

注意:不允许信号电流超过 5μA,否则将缩短光电管寿命,必要时用孔板或滤光镜减小信号。如果信号不稳定或小于最低允许值,则应对火焰检测器和电路进行检查,其步骤如下:
(a)检查接线座上的端子 L1↔L2 的电源电压;
(b)检查火焰检测器接线方面的缺陷,即导线型号或大小选用是否正确,导线有无损伤、开路、短路及由潮湿、烟灰或积累的污物引起的漏电等;
(c)检查清洗火焰检测器透镜、滤镜、观察窗口和探视管;
(d)检查火焰检测器的温度不超过其最大额定温度;
(e)注意火焰调整不可过于偏斜;
(f)检查火焰检测器是否正确地探测到火焰;
(g)根据需要重新调整火焰检测器的位置。

若不能获得正常工况,则应更换插入式放大器,更换放大器后工作仍不正常,则应检修或更换火焰检测器。

③ 初次点火试验。

初次点火试验的目的是确认点火程序及燃烧器系统是否能正常点火并投入大火运行状态。检查内容如下:
(a)打开引燃管路手阀,关断主燃料手阀,其他各系统开关处于正常的工作位置上。
(b)启动锅炉,使其处于"PREPURGE"预吹扫程序。
(c)预吹扫结束后,当指示灯"INGTRLAL"亮时,火花塞就会产生火花,引燃系统点火。点火若成功,即引燃火建立以后,测量其火焰信号,按需要调节火焰或火焰检测器以获得适当的火焰信号。
(d)若在 10s 内不能建立引燃火,点火程序器则显示 F30(辅助火焰失败)故障代码,并进入后吹扫程序。
(e)等待约 1min 后,按点火程序器的灭火复位开关,并按下锅炉复位启动按钮,使锅炉再次进入预吹扫程序,若引燃火仍旧不能建立,按下列程序对点火和引燃系统进行调整:
ⓐ 断开点火开关,从座上拆下点火程序器;
ⓑ 在底座上,把端子 L1(公共端子)到端子 18(点火变压器)接跨接线;
ⓒ 合上点火开关,只给点火变压器供电;
ⓓ 若点燃火花不强和不连续,断开点火开关,调整火花塞的点火电极的间隙为 1.6~2.4mm;
ⓔ 注意点火电极是清洁的,然后闭合点火开关观察火花;
ⓕ 一旦获得连续火花,断开点火开关,并在端子 L1 与端子 5(引燃电磁阀)间接跨接线;
ⓖ 合上点火开关,给点火变压器和引燃电磁阀同时供电;
ⓗ 若引燃火不能建立而点燃火花还一直连续,调整引燃气压力以及引燃气与空气的混合比例,直到引燃火点着为止;
ⓘ 当引燃火正常点燃并能持久,断开点火开关,将 L1~18、L1~5 间跨接线拆除;

③检查燃料管路是否有足够的燃料供应,把点火程序器重新安装在其底座上,按下复位开关和启动按钮重新启动锅炉进行点火。

(f)引燃火建立以后,测量其火焰信号,按需要调节火焰或火焰检测器以获得适当的火焰信号。

(g)再使点火程序重新循环,以便检查点火和引燃火焰信号。

(h)当点火程序器的"FLAME ON",即主火焰建立灯亮时,确认自动主燃料阀开启后,平稳地打开手动主燃料截止阀,观察主火焰的点燃。当主火焰正常建立时,即当主燃火已点着,调整燃烧,使火焰稳定,火量达到要求。

(i)若5s内,主火焰没有点着,则关闭手动主燃料截止阀。

(j)点火程序进入后吹扫程序,驱除炉膛未燃的油、气后,检查主燃料供应及所有影响主火焰不能正常建立的因素。

(k)再次点火,当主燃火已点着,调整燃烧,使火焰稳定,火量达到要求。

(l)降低燃烧供应压力使系统停运,注意主燃料阀应自动关闭,同时主火焰要熄灭。

(m)燃料供应恢复正常,再次启动系统。观察引燃火是否在规定时间内能正常建立起来,而在"FLAME ON"灯亮时,主火焰也能正常建立并能持续燃烧。

(n)无论大火位、中火位、小火位,还是对引燃火、主燃火以及引燃主燃同时存在时,进行火焰信号测定,必须确认所有测量读数在要求范围之内。

④引燃火调节试验。

引燃火调节试验应在初次点火试验结束后进行,其试验目的是保证主燃烧火焰可用最小的引燃火焰来点燃,其步骤如下:

(a)按点火要求检查系统,关闭主燃料手动阀,打开引燃手动阀,各压力表投运。

(b)启动系统,使点火程序器运转,开始预吹扫。

(c)当点火程序器的"IGN TRIAL"灯亮时,将点火程序器的运行/实验开关置于"TEST"(试验)位置,继电器2K(主燃料阀)在引燃火点着时将吸合。

(d)慢慢下调引燃气压力,当继电器2K释放时立即停止,注意2K释放点的压力,引燃火不能建立,接着向上调引燃气压力,使2K吸合(注意:由于点火程序器在"TEST"位置,其定时器是停止的,所以当2K没吸合时灭火警报热继电器将发热,若2K断开总时间约30s时,安全停炉将发生)。

(e)重做上面步骤(d),以获得在继电器2K脱扣点的引燃气压力读数。

(f)立即增加引燃气压力使2K吸合,而后慢慢向低调节,以便获得刚好的脱扣点压力读数。

(g)将点火程序器的运行/实验开关置于"RUN"(运行)位置,令计时器工作,当"FLAME ON"灯亮时,确认主燃料阀已自动开启后,慢慢打开手动主燃料截止阀。观察主火焰的点火,若主火焰已建立。再重复几次主火焰的点火试验,直到引燃火刚巧能使继电器2K合上,主火焰能够点燃为止。

(h)若在5s内主火焰没有点着,关闭其手动主燃料截止阀。

(i)大约等3min,再次试点火。

(j)若再次点火没有成功,调整火焰检测器位置,以便它能更灵敏地检测到引燃火焰。

(k) 在调整好火焰检测器后测量引燃火焰信号,应确认信号稳定,且其值大于 2μA。

(l) 重复几次主火焰的点火试验,直到引燃火刚巧能使继电器 2K 合上,主火焰能够点燃为止。

(m) 在引燃处于燃烧调节位置时,重复主火焰的点火动作数次。

(n) 当认为主火焰点火相当可靠时,把引燃转到正常位置。

(o) 使控制系统按另一循环工作以检查操作是否正常。

⑤ 紫外线火焰检测器反应试验。

(a) 点火花反应试验。

ⓐ 本试验要确认点火花不会使火焰继电器 2K 动作,关闭引燃和主燃手动燃料阀。

ⓑ 启动系统,使点火程序器转到点火位。点火火花必须产生,但继电器 2K 不应吸合。火焰信号不应超过 0.25μA。

ⓒ 若继电器 2K 吸合,则可把紫外线火焰检测器移开,使远离火花或远离可能的反射。可以在火花和火焰检测器之间加装一块挡板,不断进行调试直到点火火花的火焰信号小于 0.25μA 为止。

(b) 对其他紫外线源的反应:某些人工光源会产生少量的紫外线辐射。在某种情况下,紫外火焰检测器会对此做出反应,像检测到一个火焰一样,因此,不要使用一种人工光源来检查紫外线火焰检测器的反应情况。为了检查检测器工作是否正常,在所有操作条件下应进行熄火反应试验。

⑥ 热炉膛火焰信号检查。

当所有初次点火试验和燃烧器调整好以后,使燃烧器运行直到炉膛达到最高的预定温度。在炉膛高温情况下重复燃烧器循环程序。测量火焰信号,单独检查引燃、主燃火焰,再两者同时测试。同时在大火、小火以及调节中检查信号强度。

对熄火反应时间也应检查。火焰熄灭后继电器 2K 应该在 4s 内释放。若火焰信号太弱或不稳定,检查火焰检测器温度,若发现温度太高,则应把检测器移往另外地点,必要时可重新调准采光位置以获得正确的火焰信号和反应时间。

⑦ 安全停炉试验。

本项试验应在所有其他试验项目全部完成后进行,安全停炉应在下列情况下发生:在预吹扫前或在预吹扫过程中检测到火焰(或假火焰);引燃火点火失败;主燃火点火失败;在运行过程中熄灭。

安全停炉时,灭火报警开关跳起,把程序器锁定。点火程序器继续完成一圈并锁定在启动位置。灭火报警开关必须用手动复位,然后才能重新启动。

(a) 在预吹扫前或预吹扫过程中检测到火焰。

ⓐ 启动系统,使点火程序器运转;

ⓑ 大约 30s 后,临时模拟一个火焰信号使继电器 2K 合上;

ⓒ 继电器 3K(引燃电磁阀)须能释放,不应有点火现象;

ⓓ 在继电器 3K 断开后大约半分钟内安全停炉。

(b) 引燃点火失败。

ⓐ 关闭引燃和主燃手动截止阀;

ⓑ 启动系统;
ⓒ 引燃电磁阀通电,但引燃火不能建立;
ⓓ 在引燃电磁阀通电后约 10s 后,继电器 3K 释放;
ⓔ 在继电器 3K 断开后大约半分钟内安全停炉。

（c）主燃烧火焰点火失败。
ⓐ 打开手动引燃截止阀,关闭手动主燃截止阀;
ⓑ 启动系统;
ⓒ 引燃火须能点火,继电器 2K 吸合,但主燃火不能建立;
ⓓ 在引燃电磁阀通电后约 10s 后,继电器 3K 释放;
ⓔ 在继电器 3K 断开后大约半分钟内安全停炉。

（d）在运行过程中熄火。
ⓐ 打开引燃和主燃手动截止阀;
ⓑ 启动系统,启动必须正常,主燃火也正常建立;
ⓒ 当燃烧器在燃烧,点火程序器的定时器停留在正常运行位置时,关闭手动主燃料截止阀,使主燃火熄灭;
ⓓ 在燃烧器火焰熄灭后大约 4s 内继电器 2K 须能释放;
ⓔ 继电器 2K 断开后,继电器 3K 必须马上释放;
ⓕ 在继电器 3K 释放后大约半分钟内安全停炉。

在以上各种实验中,若灭火报警器开关并不动作,也不使系统停炉,则要更换程序器,并从头开始。

（5）锅炉试点火如何进行?
① 利用跨接线给点火程序器送电。
② 在引燃手动阀和主燃手动阀共同关闭、引燃手动阀打开而主燃手动阀关闭两种情况下,使点火程序器试运转,观察点火程序器运转情况。
③ 人为手动操作各报警开关使其报警,观察是否能正常发出停炉信号,并由该报警指示灯显示出该报警。
④ 通过调试确保点火成功率达 100%。

知识拓展

（1）什么是 PLC 的编程器? 它是由哪几部分组成? 其主要功能是什么?
① PLC 的编程器是人机通信专用工具。通过编程器,可以编制、调试、运行应用程序,可以测试、诊断 PLC 的运行状态,也可以在控制过程中修改控制参数。
② 编程器一般是由键盘、显示器、智能处理器及外部设备(软盘驱动器、硬盘驱动器)等组成,并有通信接口与 PLC 相连。
③ 编程器主要功能如下:
（a）编程。PLC 的应用程序可以使用语句表语言、梯形图语言及其他专用高级语言来编程。一般编程器具有上述一种或多种语言的编译系统。人们能使用编程器的键盘,在编程器的屏幕或显示器上输入和显示应用程序,并借助于编程器的编辑功能,编辑和修改应用程序,

最后将编辑完的应用程序下装至 PLC。

（b）与 PLC 对话。在程序编辑完成和下装后,要对新编程序进行调试,调试人员可以用编程器的单步执行程序、连续执行程序和中断等功能和手段验证编制的应用程序是否正确,并可随时修改参数(例如定时器或计时器的设定值等)和显示操作人员需要掌握的各种信息。在出现故障情况下,可以利用编程器来查找故障的原因。因此,在程序正确运行之前,编程器是人机对话的重要手段。

（c）参与 PLC 的过程控制。在一般情况下当程序调试结束并确认正确无误之后,编程器与 PLC 脱机,以后的程序执行和对被控对象的控制,可以完全由 PLC 自己来完成。在某些情况下,特别是进行过程控制时,用户也可以让编程器参与控制,将编程器作为工作站使用,可以用编程器来启动和停止系统、运行和监控,故障时用编程器进行手动操作及修改某些控制参数等。

近年来,各 PLC 制造商还研制开发出各种在 DOS 操作系统下的编辑 PLC 程序的软件及相应编程接口,用个人计算机代替编程器。

（2）C200H 系列 PLC 的组成及特点是什么？

C200H 系列 PLC 基本组成为：一个母板即安装机架(提供系统总线和模块插槽)、一个 CPU 单元、一个存储器单元、一个编程器、若干个基本的 I/O 单元。基本的 I/O 单元个数视系统 I/O 点数及母板上的槽数而定。CPU 单元内装有电池,因此系统不需要再配电源单元。此外,CPU 单元内的系统存储器中固化了系统管理程序。C200H 采用模块化结构,能适应多样化的要求,组成方便灵活,适于小型控制系统。C200H 虽然仍属于小型 PLC,但采用了先进的微处理器,使其功能和处理速度超出一般小型机。

其特点如下：

① 处理速度：基本指令执行时间为 0.75μs/条；

② 编程容量：最大 8K 字；

③ 指令系统：除 12 条基本指令以外,还拥有 133 条多功能应用指令,可实现多种数据处理功能,使得编程简便、灵活、实用；

④ 编程方式：使用简易编程器时只能用助记符命令语句表编程,使用图形编程器或智能编程器时可用梯形图及高级语言编程；

⑤ I/O 点数：当系统采用 I/O 扩展母板方式配置时,最大基本 I/O 点数为 384,如采用远程 I/O 系统配置时,则可扩展 560 点基本 I/O 点数；

⑥ 定时器和计时器：系统内部提供 512 个定时器和计时器,可由用户编程使用；

⑦ 内部数据存储区：2K 字；

⑧ 输入类型：开关量,模拟量,脉冲；

⑨ 输出类型：继电器,晶体管,可控硅,模拟量,脉冲；

⑩ 联网能力：既可与 C 系列其他 PLC 组成通信网络,也可以与个人计算机组成主从式通信网络；

⑪ 抗干扰能力：PC 内装信号调节和滤波电路,具有良好的抗电子噪声干扰性能,不需配备隔离变压器,在 CPU 单元及每个具有光电隔离的 I/O 模块中,对电源进行多重滤波,控制器可抗峰值为 1000V 的噪声干扰；

⑫ 特殊功能 I/O 单元及智能单元：为满足用户对扩展 I/O、过程控制、运动控制等多方面需要，C200H 系列的 PLC 还可以配置多种 I/O 单元合格智能单元。

综上所述，C200H 系列的 PLC 具有功能强、体积小、结构灵活、应用范围广等特点。

(3) 可编程控制器的编程语言有哪些？

可编程控制器一般有多种编程语言可供用户选用。常见的有功能表图、梯形图语言、指令表、功能块图等。梯形图语言是在工程中使用最多的 PLC 编程语言。梯形图语言是在原电气控制系统中常用的接触器、继电器梯形图基础上演变而来的，它与电气操作原理图相呼应，形象、直观、实用，为广大技术人员所熟知，是 PLC 的主要编程语言。梯形图中的基本编程元件有输入继电器、输出继电器和内部辅助继电器。像硬件继电器一样，这里的继电器也包括线圈和触点。

① 输入继电器。

输入继电器是 PLC 接收外部输入的开关量信号的窗口。PLC 通过光电耦合器，将外部信号的状态读入并存储在输入映象寄存器内。外部触点接通时对应的寄存器状态为"1"。输入端外接的触点可以是常开的，也可以是常闭的。在梯形图中可以多次使用输入继电器的常开触点和常闭触点。需注意在梯形图中不能出现输入继电器的线圈。因此，可以把输入继电器理解为输入接点，有时也简称为输入。

② 输出继电器。

输出继电器将 PLC 的输出信号传送给输出模块，再由后者驱动外部负载。在梯形图中，输出继电器的线圈只能出现一次，但每一个输出继电器的常开触点和常闭触点都可以多次使用。输出继电器有时简称为输出。

③ 内部辅助继电器。

内部辅助继电器是用软件实现的。它们不能直接用外输出信号去驱动负载，相当于继电器控制系统中的中间继电器。

(4) 梯形图的格式是什么？它有何特点？

每个梯形图网络由多个梯级组成，每个输出元素可构成一个梯级，每个梯级可由多个支路组成，通常每个支路可容纳 11 个编程元素，最右边的元素必须是输出元素。每个网络最多允许 16 条支路。简单的编程元素只占用 1 条支路(例如常开/常闭接点，继电器线圈等)，有些编程元素要占用多条支路(例如矩阵功能)。在用梯形图编程时，只有在一个梯级编制完整后才能继续后边的程序编制。PLC 的梯形图从上至下按行绘制，两侧的竖线类似电气控制图的电源线，称作母线，每一行从左至右，左侧总是安排输入接点，并且把并联接点多的支路靠近最左端，输入接点不论是外部的按钮、行程开关，还是继电器触点，在图形符号上只用常开(─┤├─)和常闭(─┤/├─)，而不计及其物理属性。输出线圈用圆形或椭圆形表示。

在梯形图中每个编程元素应按一定的规则加标字母数字串，不同的编程元素用不同的字母符号和一定的数字串来表示。

PLC 梯形图编程格式的特点如下：

① 梯形图格式中的继电器不是物理继电器，每个继电器和输入接点均为存储器中的一

位,相应位为"1"态,表示继电器线圈通电或常开接点闭合或常闭接点断开。

② 梯形图中流过的电流不是物理电流,而是"概念"电流,是用户程序解算中满足输出执行条件的形象表示方式。"概念"电流只能从左向右的流动。

③ 根据梯形图中各触点的状态和逻辑关系,求出图中各线圈对应的编程元件的状态,称为梯形图的逻辑解算。逻辑解算是按梯形图中从上到下、从左至右的顺序进行的。解算的结果,马上可以被后面的逻辑解算所利用。

④ 梯形图中的继电器接点可在编制用户程序时无限引用,既可常开又可常闭。

⑤ 梯形图中输入接点和输出线圈不是物理接点和线圈,用户程序的解算是根据PLC的I/O映象区每位的状态,而不是解算时现场开关的实际状态。

⑥ 输出线圈只对应输出映象区的相应位,不能用该编程元素直接驱动现场机构,该位的状态必须通过I/O模板上对应的输出单元才能驱动现场执行机构。

(5) C200H系列PLC的指令系统有哪些?

C200H具有丰富的指令集,可实现复杂控制操作,且易于编程。按功能将指令分为两大类:基本指令和特殊功能指令。其中基本指令是指直接对输入、输出点进行简单操作的指令,包括输入、输出和逻辑("与"、"或"、"非")等。在编程器的键盘上设有与基本指令的符号和助记符相同的键,因此,输入基本指令时,只要按下对应的键即可。特殊功能指令是指进行数据处理、运算和程序控制等操作的指令,包括定时器与计时器指令、数据移位指令、数据传送指令、数据比较指令、算术运算指令、数制转换指令、逻辑运算指令、程序分支与转移指令、子程序与中断控制指令、步进指令以及一些系统操作指令等。特殊功能指令在表示方法上比基本指令略为复杂,为了使编程器输入程序时操作简便,C200H系列为每条特殊指令指定了一个功能代码,并用一对圆括号将代码括起来。在用编程器输入特殊功能指令时,只要按下"FUN"键和功能代码即可。

① 基本指令(表4-4):LD、OUT、AND、OR、NOT、和END这6条指令对几乎任何程序都是不可缺少的,除END以外,其余5条指令在编程器上都有各自对应的键可直接键入,END指令作为特殊功能指令对待,其功能代码为01。

表4-4 基本指令

指令助记符	操作
LD	每条逻辑线或逻辑块开始
OUT	表示输出一位
AND	对两个输入进行逻辑"与"
OR	对两个输入进行逻辑"或"
NOT	取"反",常用于构成常闭输入,可以和LD、OUT、AND和OR一起使用
END(01)	表示程序结束
AND LD	表示两个程序块串联
OR LD	表示两个程序块并联

② 特殊指令。

连锁→IL(02)和ILC(03):IL(连锁)总是与ILC(连锁清楚)一起使用,如果IL的条件断开(也就是在IL支路前面的位置断开),则IL与ILC之间的程序不断执行。若IL条件00000接通,则在IL和ILC之间的程序正常执行。

IL→IL→ILC:当第一个IL条件断开时,输出00500、00501和00502全部断开,计时器CNT010保持它的当前计数值。当第一个IL条件接通,且第二个IL条件断开时,输出00500的状态与位00000相对。

(6)怎样使用C200H编程器?

① 键盘。

在键盘上有指令键、命令键、数字键和功能键等,操作人员通过键盘操作来完成输入程序、检查程序、监控PC操作等功能。

(a)数字键:编号为0~9的白色键。这些键用来输入程序数据的数值。例如,输出/输入、定时器/计时器的号和数值等均由这些键输入。

(b)CLR键:是红色的,用来清楚显示,在输入"口令"时也要用到此键。口令用来防止对PLC程序的非法存取。可以按CLR↔MONTR两键来实现对程序的存取。按下两键后,编程器显示出PROGRAM、MONITOR或RUN。再次按CLR键,使这些字消失,而PLC已准备好按照工作方式开关选择的方式(即编程、监控、运行)去工作。

(c)操作键:操作键是黄色的,用来实现程序的编辑,其功能见表4-5。

表4-5 操作键的功能

键	功能
↓	按向下的指针键。程序一次一步地增一,每按一次此键,显示的程序地址加一,指针键通常用在程序的小范围移动
WRITE	编程过程中,写好一个指令及其数据后用WRITE键将该指令送到PC内存的指定地址上
PLAT SET	运行调定键。如改变继电器的状态,由OFF变成ON或清除程序等均用此键
REC RESET	再调、复位键。如改变继电器状态,由OFF变成ON或清除程序等均用此键
MONTR	监控键。用于监控、准备、清除程序等
INS	插入键。插入程序时用
DEL	删除键。删除程序时用
SRCH	检索键。在检索指定指令、继电器接点时用
GHG	变换键。改变定时或计数时用
VER	检验接收键。检验磁带等来和程序时用
EXT	外引键。起用磁带等外引程序时用

(d)指令键:指令键是灰色的,其功能见表4-6。

表4-6 指令键的功能

指令键	功能
SHFT	移位、扩展功能键,可用它来形成本组键的第二功能
FUN	FUN 选择一种特殊功能,用于键入某些特殊指令,这些指令的实现靠按下 FUN 与适应的数值
SFT	移位键,可送入移位寄存指令
NOT	相"反"的指令,形成相反接点的状态或清除程序时用
AND	相"与"的指令,处理串联通路
OR	相"或"的指令,处理并联通路
LD	开始键入键,将第一操作数取入 PLC
CNT	计数键,CNT 输入计时器指令,其后必须有计时器的数据
TIM	时间键,TIM 输入定时器指令,其后必须有定时数据
OUT	输出键,OUT 输入 OUTPUT 指令,对一个指定的输出点输出
TR	TR 输入暂存继电器指令
HR	HR 输入保持继电器指令
CONT#	CONT 检索一个接点
LR	LR 输入连接继电器指令。有些机型上作连接继电器,也可作内部赞助继电器用
DM	DM 数据存储指令。有些机型在输入数据指令、清除程序、I/O 监控中用
CH*	CH 指定一个通道,有些机型对 I/O 监控、读出、校对时用

② 工作方式开关。

C200H 系列可以工作于三种方式:运行(RUN)、监控(MONITOR)和编程(PROGRAM),选择何种方式只需将编程器面板上的开关拨到相应位置即可。

(a)RUN 方式:运行用户程序,当 PLC 工作于 RUN 方式时,用户可以通过编程器上的显示屏监视运行过程中的 I/O 状态、通道状态、系统扫描时间、线路状态以及读出系统故障代码并排除,还可以读用户程序、检查指令和继电器接点。但是在运行方式下,用户不能对程序进行编辑、修改以及插入、删除等操作,不能对 I/O 状态定时器和计数器的设定值及各通道数据进行修改,只能监视。如果 PLC 系统没有连接编程器等外接设备时,通电后 PLC 自动选 RUN 方式,开始执行用户程序。

(b)MONITOR 方式:除具有 RUN 方式下全部功能以外,还可以在 PLC 运行用户程序的同时强制 I/O 状态为复位或置位、改变定时器和计时器的预置值、改变各通道预数据。但是,在 MONITOR 方式下,用户也不能对程序进行编辑、修改以及插入、删除等操作。

(c) FROGRAM 方式:PLC 不执行用户程序,在此方式下用户可以读、写用户程序,校验或清除程序,检索指令或继电器接点,插入或删除指令,监测 I/O 状态以及各通道数据,强制 I/O 状态为置位或复位,改变通道数据,读取系统故障代码并排除,但是不能检查线路状态。

③ 编程准备。

(a) 送入口令字:要对 PLC 编程,首先应送入口令字,这可防止未经许可存取程序。PLC 通电时或编程器接入 PLC 后,PLC 屏幕上出现提醒操作者送入口令字的字句,在"password!"信息出现在屏幕上时,要进入系统可按 CLR 和 MONTR 键。

(b) 清除存储器:在编写程序或装入一个新程序前,应清除所有的存储区,清除的按键操作顺序如下:

CLR→PLAT/SET→NOT→REC/RESET→MONTR(全部清除)/ADDRESS(部分清除)。

在初始化全部清除时,对每次出现错信息时可连续按 CLR 键,直到屏幕出现"00000"。清除存储器时,可以保留指定区内的数据,要保留 HR/AR、TC 或 TM 的数据,可在键入 RES/RESET 后,键入相应的键,也可以保留从开始地址到指定地址的一个区域的部分程序存储器,在键入 REC/RESET 键后,送入指定区的最后地址。例如:要保留 00000 - 01000 地址内的程序数据,而清除程序存储器的地址为 01000 结束地址,则在 REC/RESET 键入后再键入 01000 地址。

④ 编程举例。某控制电路编码表见表 4 - 7。

表 4 - 7　某控制电路编码表

地址	指令	数据
0000	LD	0000
0001	LD	1000
0002	CNT	47
		0005
0003	LD	CNT47
0004	OR	1000
0005	AND NOT	TIM00
0006	OUT	1000
0007	LD	1000
0008	TIM	00
		0020
0009	LD	1000
0010	OUT	0500
0011	END(FUNO1)	

进行编程操作,即实现各条指令的按键顺序:当编辑第 1 条指令时,也就是 0000 地址的指令时,按下 LD,显示(0000 LD 0000)。左上角的 4 个 0 是起始地址,LD 指令即存放在这一地

址内。右下角的 4 个 0 代表输入点的数值,因为这时数据就是 0000,所以 4 个 0 也可以不按,直接按 WRITE 就可以了,这时应显示→0001READ NOP(00)。这里的 0001 是地址号,READ 意味着正在读程序,而 NOP(00)意味着还没有把操作分配给这一新地址,请你继续按第 2 条指令,也就是 0001 地址的内容。

当编第 3 条指令即 0002 地址时,按 CNT 输入计时器,再按 E4 键、7 键、WRITE 键,指定此线圈号是 47,显示→0002CNT DATA #0000,现在计数的给定值(右下角数据)是 000,设计的是 5 次,故要再按 F5、WRITE,显示应为→0002CNT DATA #0005。

当编第 9 条指令即 0008 地址时,按 TIM A₀ A₀ WRITE 显示→0008TIM DATA#0000。由于数据的最后一位表示小数点后一位的数,所以设定 2s 就要按 C₂ A₀ WRITE,显示→0008TIM DATA#0020。

当编第 10 条指令即 0009 地址时,只要按 OUT WRITE,此输出的输出继电器号是 0500,这个号由 PLC 自动选择,05×× 是分配给输出通道,00×× 分配给输入通道,继电器号是 ×××。

程序的最后一道指令是 END,这条指令告诉 PLC 程序已经结束,写此指令时要求用 FUN 键,数值 01 代表 END 指令,因此输入 FUN A₀ B₁ WRITE,现在整个程序输入工作已经结束。

⑤ 检查程序、删除或插入指令。

(a)检查程序可按↓键或↑键,从头扫描已输入的程序。如果发现需要修改程序,只需要在错的语句上写入正确的语句就行了。

(b)删除指令:在检查程序时发现要删除指令时,可在这条地址上停下,然后按 DEL 键和↑键,这条指令就被删除了,下一条指令自动移上来,依次排好。

(c)插入指令:按 CLR 键↔CLR 键,这样就回到内存的首址;键入待插入指令的地址号,例如应在地址 0008 上写指令 TIM008,要按↓TIM A₀ A₀ INS↑,再键入时间设定值,按 D₃ A₀ WRITE 显示应为→0008TIM DATA#0030,原来 008 地址中的指令便自动向下移动。应注意,只有插入定时器和计时器时才用再键入设定值这一步,一般不需要两步,一步就完成了。

⑥ 快速检索与处理程序。

(a)直接访问一个已知地址:首先清除显示,按 CLR 键,然后键入所要访问的地址,按 8 键,再按↑键。此后会看到显示器立即显示地址 0008。但在改变定时值之前必须先输入定时器的数据,按↓键,在把程序向下移动一步,显示→0008TIM DATA#0020。此时键入 D₃ A₀ WRITE 后,定时器值为 3.0s。检查显示,应为→0008TIM DATA#0030。

在修改程序时这种地址定位方法特别有用,能很快地访问程序的某一部分,但需要注意的是必须从内存首地址开始,为此要在开始时首先清除显示,按 CLR 键一次或几次使显示为→0000,再开始找地址。

(b)检索一个指定的指令:可提供一种定位到某一未知地址指令的简便方法。例如,希望定位到含有定时器 00 的未知地址单元,为此按 CLR 键若干次,直到显示出首地址为→0000。按 TIM 键,然后键入定时器号,按 SRCH 键(检索键),找到地址 0008,其内有定时器 00。

这种编辑技术用途很广,例如,在一个大的程序中你可能希望确定是否不小心对同一定时器号或计时器号使用了多次,通常这是一个错误,因为在一个程序中一个特定的定时器或计时器应该只使用一次。

当程序相当大,并且定时器 00 可能在程序的某处重复使用了,现在用刚学到的方法检索这个定时器,为此键入 CLR CLR TIM A₀ A₀ SRCH。这使我们再次访问地址 0008,为了检索任何一个与它重号的定时器,只要再按 SRCH 键,这就是告诉 PLC 去扫描程序的其他部分,找出重复使用的 00 号的地方,但在如果没有重复使用 00 号,就会显示→1193NO END INSTR END,这说明没有重复使用的地方。

数 1193 代表可使用的地址总数,如果不是现在这样检索指令时,出现这一信息,意味着你忘记在程序末尾安排 END 指令。

(c)检索继电器接点:按 CLR CLR SHIFT CONT# SRCH 键,在显示器上会出现接点号(右下角四位数)、指定的地址(左上角四位数)。这一检查过程将一直持续到程序的最后一条指令的接点。

例如用前面的程序,要检索 1000 接点开始出现的位置,可按 CLR CLR SHIFT CONT# B₁ A₀ A₀ A₀ SRCH 键,显示器上出现 0001 CONTSRCH LD 1000,说明在地址 0001 中 LD 指令下有 1000 接点,如果继续检索同一号的下一个接点地址,再次按 SRCH 键。

⑦ 输入/输出监视。

在 PLC 自动运行期间,利用 PLC 的监视功能可以不断地监视 PLC 的工作情况,例如可检查某环节工作是否正确,或监视某个计时器值递减的情况。可以很容易地检查任何一个与其相连的设备的状态,这种操作应把 PLC 置于 MONITOR 方式下。例如,要监视上述程序例子中计数器 47,键入 CLR CLR CNT E₄ 7 SRCH,显示 → 0002SRCH CNT47,再按 MONTR 键显示 →C470005。

如果 PLC 运行正确,在计时器减量时就能监视其工作情况,这种监视功能对定时器也同样有效。

(a)为了监视程序中所有定时器和计时器的整定值,应把存有定时器或计时器的地址显示出来,然后按 MONTR 键,于是定时器/计时器的整定值以 4 位数字的形式显示出来→T000000。然后,每按一次↓键或↑键,就可看到下一个定时器/计时器的整定值。

(b)用同样方法可检查继电器接点的状态,为此,先找到一个要检查的继电器地址,然后按 MONTR 键,于是显示出该继电器的当前状态→ON 或 OFF,显示→1000 OFF,然后检查下一个继电器,按↓键或↑键。

⑧ 把程序存入磁带。

如果程序已调试完毕并已在设备上试运行,对其工作也满意,这时就该把程序存入磁带。可以使用任何一种可靠的盒式磁带录音机。

这里提供一种保存程序以备使用的方法,录制的磁带可以用在各种有同样控制功能的 PLC 系列机上,利用普通的磁带转录机可用一般速度或快录速度复制多个拷贝。一面磁带上只复制一个程序,这样做的理由是如果有几个程序在磁带的同一面上,则没有办法区别各个程序。唯一的要求是磁带至少有 7min 长,标准的或微型的录音机都可使用,按下列步骤将程序存入磁带:

(a)将 SCY–PLG01 电缆的一端插入 PLC 的 MIC 插孔,另一端插入录音机的 MIC 插孔。

(b)把第二根电缆插入这两个设备的 EAR 插孔。

(c)把录音机的音量和音调控制旋钮旋到最大位置。

(d)把 PLC 置成 PROGRAM 方式。

(e)按 CLR↔CLR 键。

(f)按 EXT、SHIFT 键,显示器显示出可以开始把程序存入磁带操作的信息。

情境四　注汽锅炉的自动化系统与智能操作系统

(g)按录音机上的录音按钮。

(h)在 5s 内按 $\boxed{\substack{\text{REC}\\ \text{RESETES}}}$ 键,显示器右上角出现一个闪烁的方块,这表示程序正被存入磁带。

(i)从程序的首地址一直到 RAM/EPROM 内存区末地址全部存入磁带,大约需要 7min。在每个地址存入磁带时,PLC 显示器显示地址增量,在这期间,如果按 CLR 键,可停止存带操作。

(j)当程序(加上空余内存区)存带完毕后,磁带操作停止,并显示出最后一个地址号。

⑨ 程序的装入和检查。

录音机与 PLC 机连接后,PLC 机置于 PROGAM 方式,先检查磁带放置是否正确,然后将磁带倒回到程序起点,按以下步骤进行:

(a)按录音机 PLAY 键,开始向 PLC 装入程序。

(b)按 PLC 键盘 $\boxed{\substack{\text{EXT}\\ \text{SHIFT}}}$ $\boxed{\substack{\text{PLAT}\\ \text{SET}}}$ 键,此时显示→0000MT PLAY,并可看到右上角有一个闪烁的方块。

(c)大约 7min 装完程序。

(d)程序装入完毕后,显示最后一个地址号。

程序检查按下面的步骤进行:

(a)把磁带倒回到起始处,在程序段之前大约有 5s 的空白引导带。

(b)按下录音机的 PLAY 键,显示器显示→0000MT UER 和一个闪烁的方块,这表示程序校验正在进行。

(c)在键盘上按 CLR→CLR→EXT→VER 键。

(d)大约等待 7min,校验工作成功之后,显示最后一个地址号→UER END。

(7)以锅炉柱塞泵程序为例,用编程器如何查找、监控、修改其程序?

(1)程序查找。

① 编程器解锁,将编程器与 PLC 连接后,编程器显示"PASSWORD",提示用户输入指令,若未设置口令,则顺序按下 CLR 键和 MONTR 键。

② 将编程器模式开关置于"RUN"位置,把编程器钥匙插入编程器,并置于"RUN"位置。

③ 对应注汽锅炉程序控制图,查找柱塞泵控制继电器,即柱塞泵的启动输出命令,其输出位号为"400"。

④ 顺序按"OUT→4→0→0→SRCH"键,显示出柱塞泵的输出程序,按"↑"键直至显示出"LD CNT NOT 001",即柱塞泵启动程序。

(2)程序监控。

① 将编程器模式开关置于"MONITOR"位置。

② 顺序按"CNT→0→0→1→SRCH→↓"键,此时显示"#20"。继续按"GHG→2→5→WRITE"键,计时器 CNT001 的数值已由 20 改为 25。

(3)程序修改。

① 将编程器模式开关置于"PROGRAM"位置。

② 顺序按"OR→0→0→0→SRCH"键,编程器显示某语句。

③ 顺序按"NOT→WRITE"键,已把常开触点改为常闭触点。

④ 顺序按"OR→0→0→5→INS→↓"键,已并联 5 个常开触点。

⑤ 恢复原程序,查到修改后的语句,顺序按"DEL→↑"键,删除该语句恢复程序。

任务二　注汽锅炉的智能操作系统

学习任务

(1)学习注汽锅炉智能操作系统的组成、功能、操作技能。
(2)学习注汽锅炉智能操作系统的基本知识。

学习目标

(1)能独立识别和操作注汽锅炉智能操作系统。
(2)能独立并熟练识别和查找注汽锅炉智能操作系统的程序控制接线图。
(3)能熟练掌握注汽锅炉智能操作系统故障排除技能。

操作技能

在锅炉一切准备就绪(水、电、气、油正常)的情况下,开始操作智能化操作系统启动锅炉(以 YZG20 – 9.8/350 – D 型锅炉为例)。合上锅炉仪电控制盘面的控制电源开关,点击触摸屏,则进入锅炉智能操作系统。

一、系统工艺流程

(1)锅炉给水→柱塞泵→水—水换热器→对流段→水—水换热器→辐射段→球形汽水分离器→干蒸汽→过热段(去燃油加热、去燃油雾化)→过热蒸汽→喷淋减温器(喷淋减温器是过热注汽锅炉的主要部件,它是由掺水管线和喷嘴组成,它将分离后的高温饱和水掺入过热蒸汽中,避免了水资源浪费和热量损失)→与由喷淋减温器喷嘴喷入的高温饱和水(来自球形汽水分离器)混合→进入注汽管线的输汽管网→去油井(启、停炉时→放空)。

(2)供风→鼓风机吸入口→鼓风机→调节风门→燃烧器→辐射段与燃料混合→完全燃烧。

(3)燃料→燃油、燃气→燃料调节阀→燃烧器→辐射段与空气混合→完全燃烧(图 4 – 22)。

二、锅炉启炉点火

锅炉启炉点火画面如图 4 – 23 至图 4 – 31 所示。

图 4 – 23 的画面主要是控制锅炉的启停和锅炉的点火状态,其内容包括前吹扫、预吹扫(30s)、点引燃火、点主火焰、后吹扫。当停炉或 A 级报警时系统自动进入后吹扫。其显示状态可在状态条中显示,红色状态为当前的进度。该页面启动、停止触摸点与操作盘上的启动、停止按钮功能相同(为延长触摸屏使用寿命,请尽量用操作盘上的启动、停止按钮)。

图 4 – 24 的画面主要是控制锅炉的点火状态,即泵入口流量为 18t/h,锅炉供水流量为

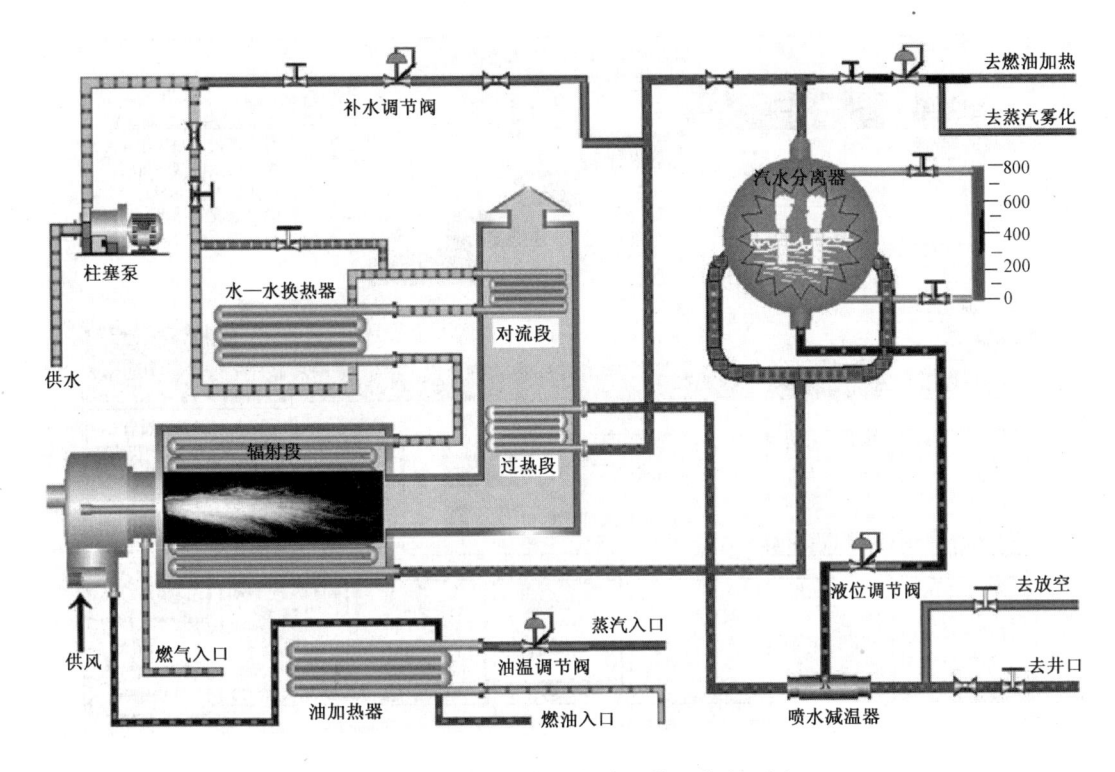

图 4-22 注汽锅炉智能操作系统工艺流程图

17.93t/h,过热段补水流量为 0t/h,给水泵变频为 36.12Hz,补水调节阀开度为 0%,前吹扫风门开度为 100%,后吹扫风门开度为 20%,分离器液位报警控制开关屏蔽,过热段流量报警控制开关屏蔽,燃气控制开关开,燃油控制开关关,空气雾化控制开关关,蒸汽雾化控制开关关,延长引燃控制开关关,启炉控制方式开关调为全自动。

三、调节控制画面

注汽锅炉智能操作系统调节控制画面见图 4-32。

图 4-32 画面的水流量调节器指示为 72%,水流量调节方式为手动+自动(变频调节),火量调节器指示为 72%,火量跟踪方式为 PID 调节,球形分离器的液位调节器指示为 23.1%,液位调节方式为手动+自动(PID 调节),油温调节器指示为 0%,油温调节方式为手动+自动(PID 调节)。蒸汽干度频繁波动时不要转"自动"控制干度而选用"手动"调节干度;当启炉烧干度时也不要使用"自动",在干度烧到平稳时,再转"自动"。

四、参数设置画面与状态监控画面

注汽锅炉智能操作系统参数设置画面及状态监控画面分别见图 4-33、图 4-34。

(一)一级报警

一级报警是"报警停炉设置",当锅炉参数达到所设定的参数时,系统自动进入停炉程序即后吹扫程序。

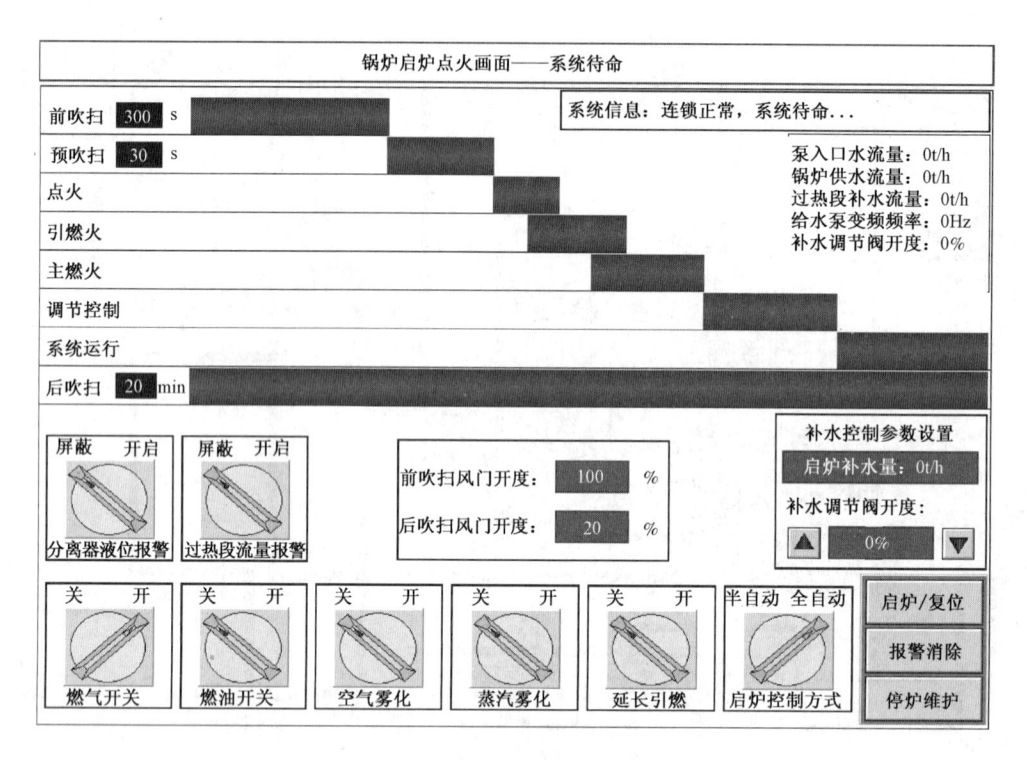

图 4-23　系统待命画面

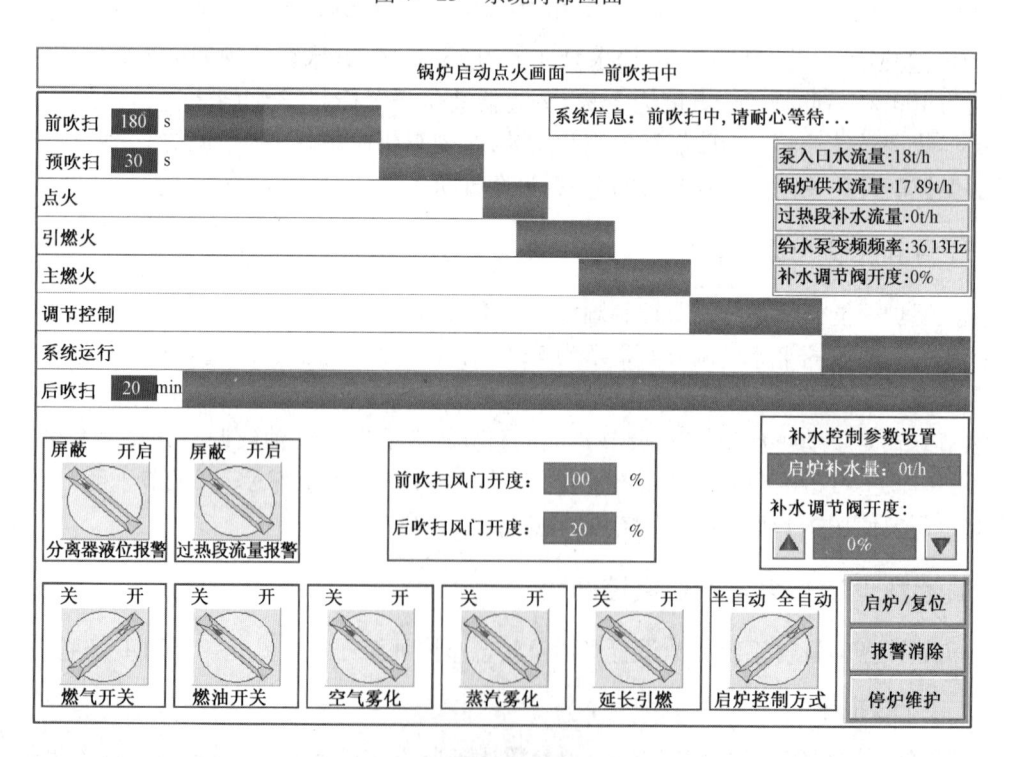

图 4-24　前吹扫画面

情境四 注汽锅炉的自动化系统与智能操作系统

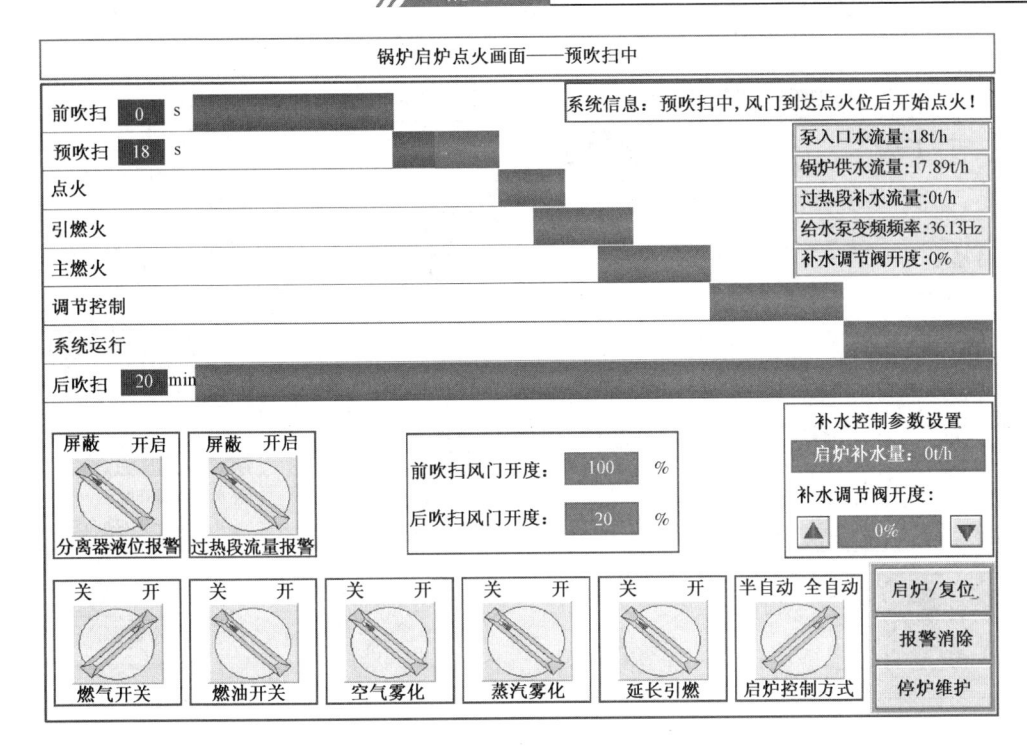

图 4-25 预吹扫画面

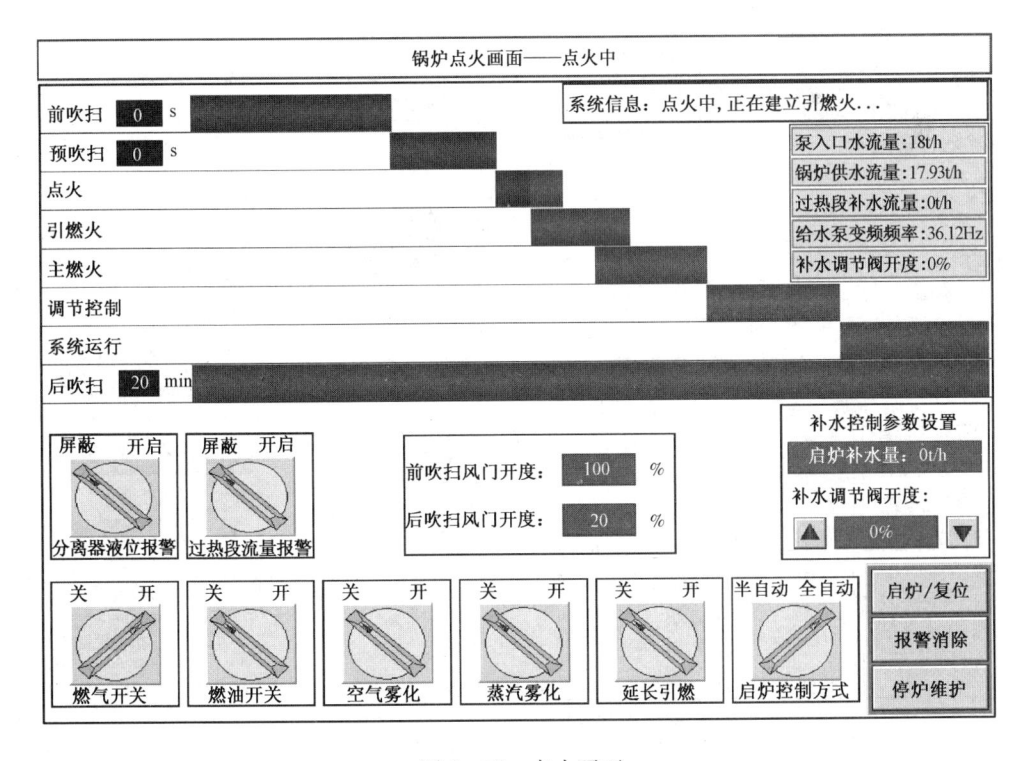

图 4-26 点火画面

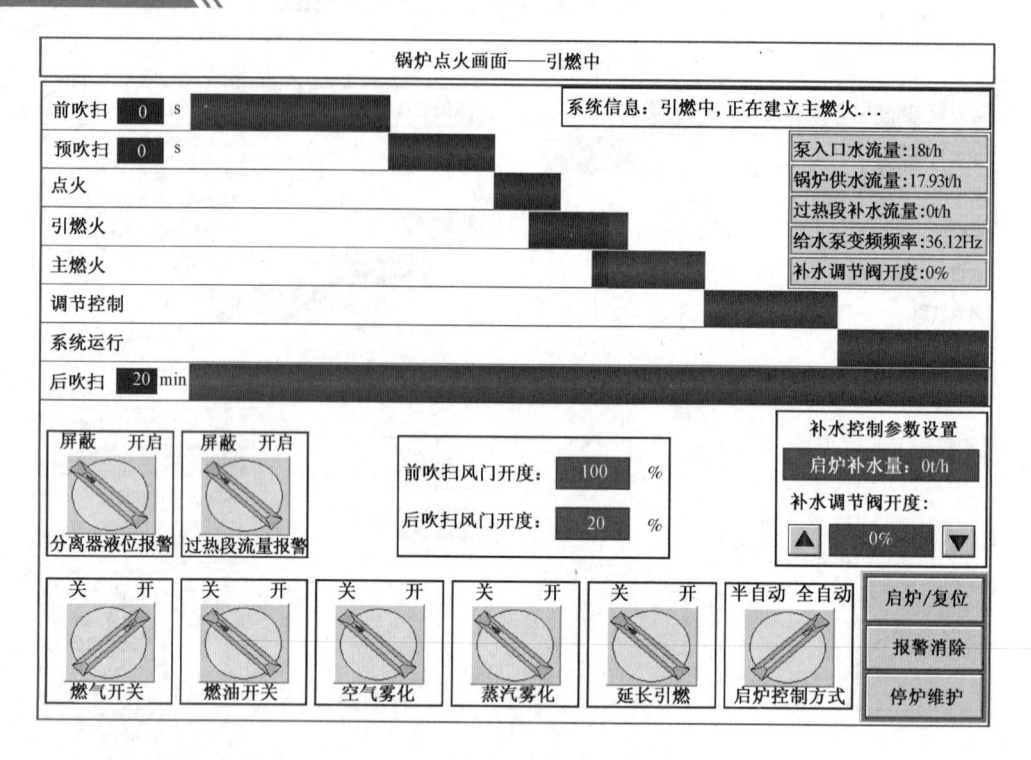

图 4-27 引燃画面

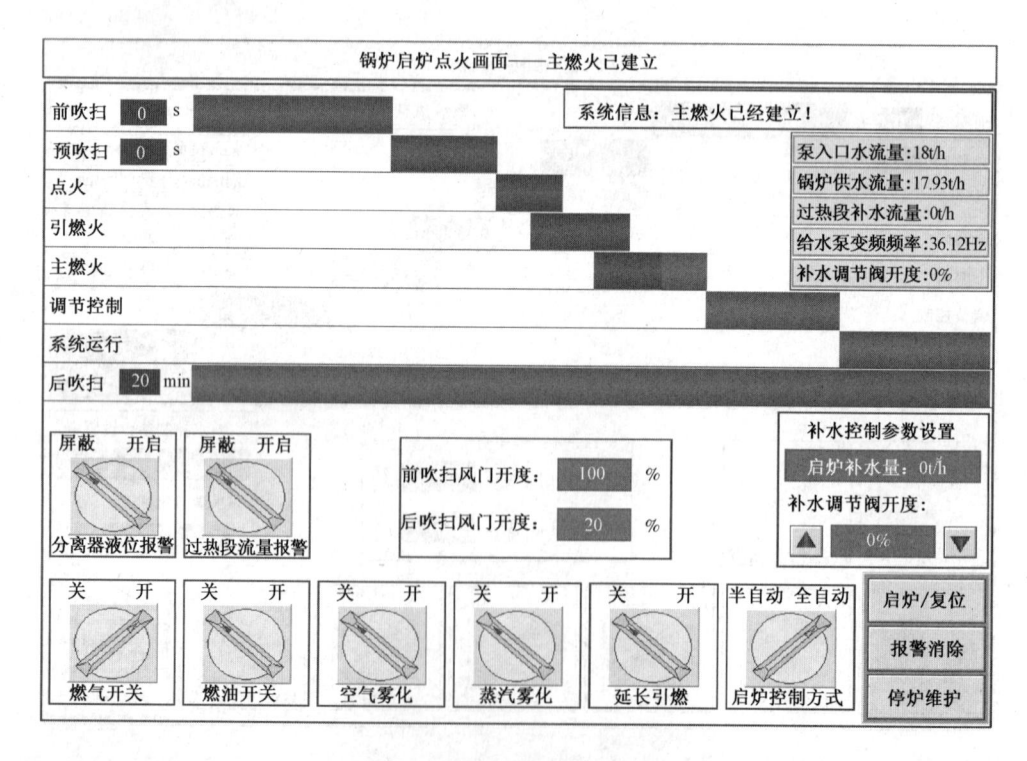

图 4-28 主燃火建立画面

情境四　注汽锅炉的自动化系统与智能操作系统

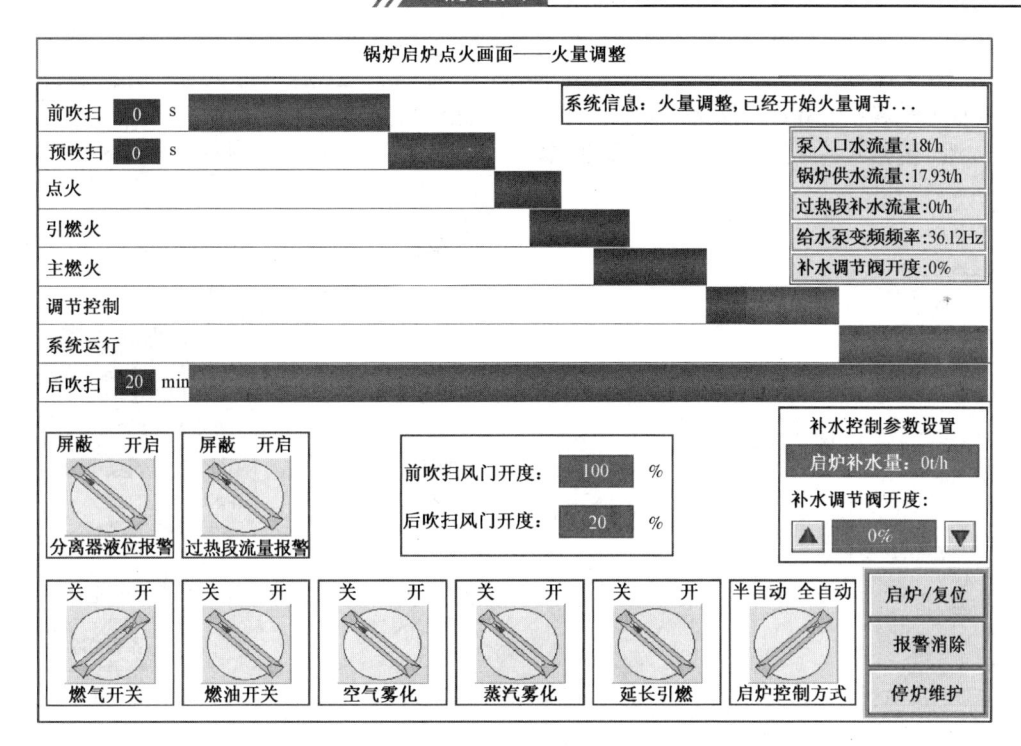

图 4-29　火量调整画面

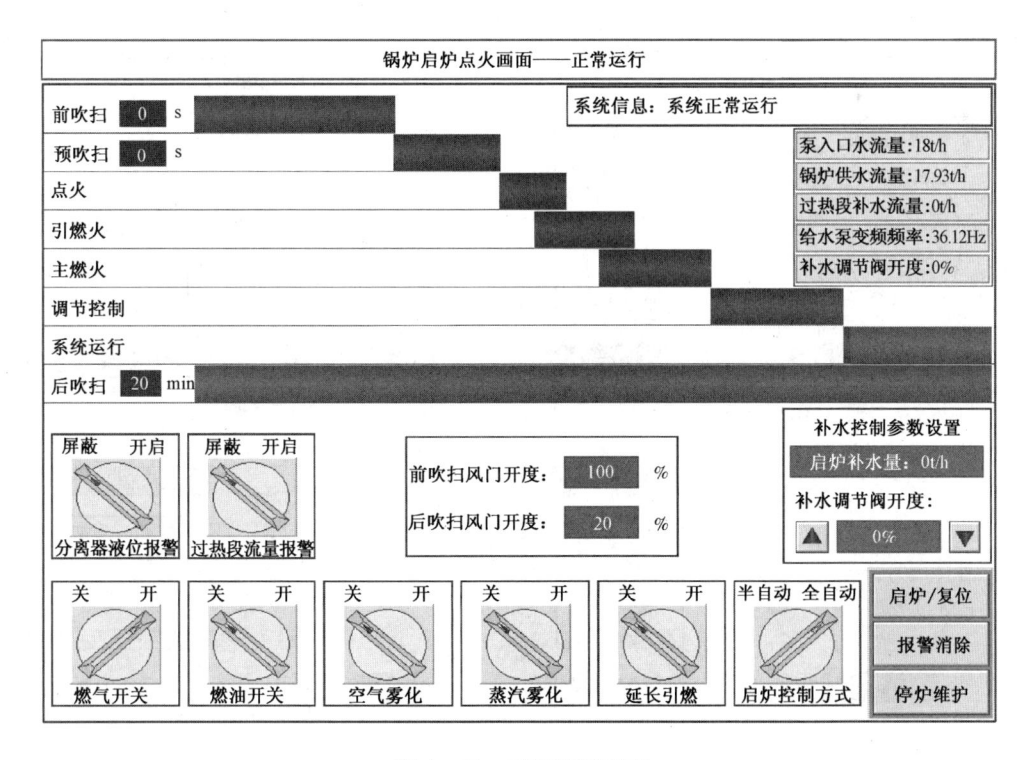

图 4-30　正常运行画面

注汽锅炉

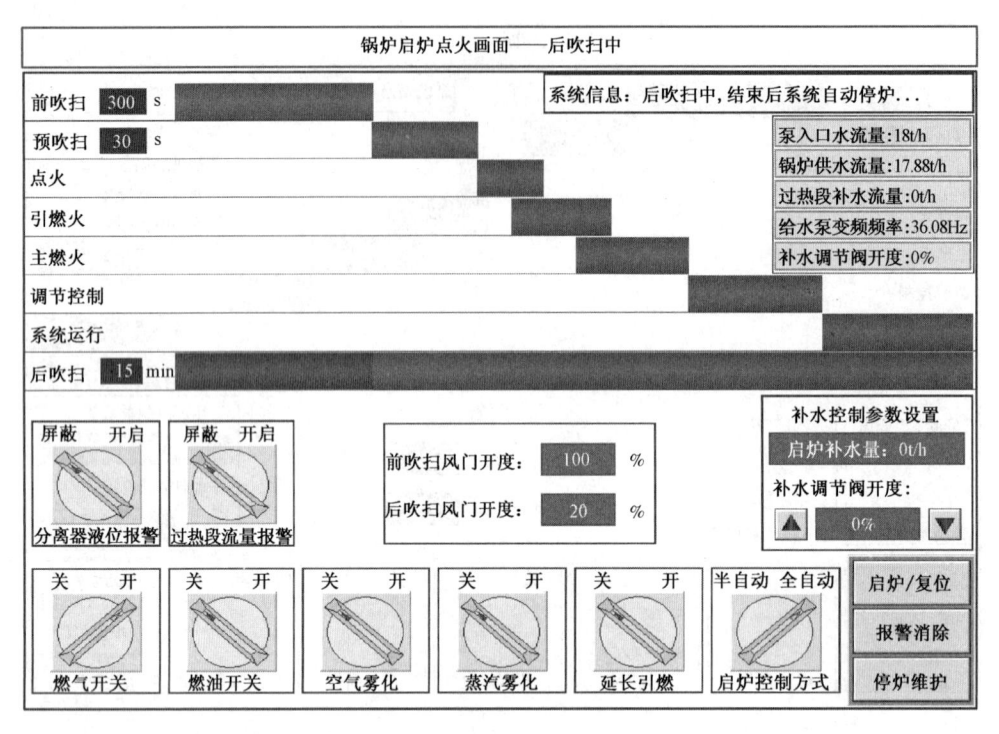

图 4-31 后软扫画面

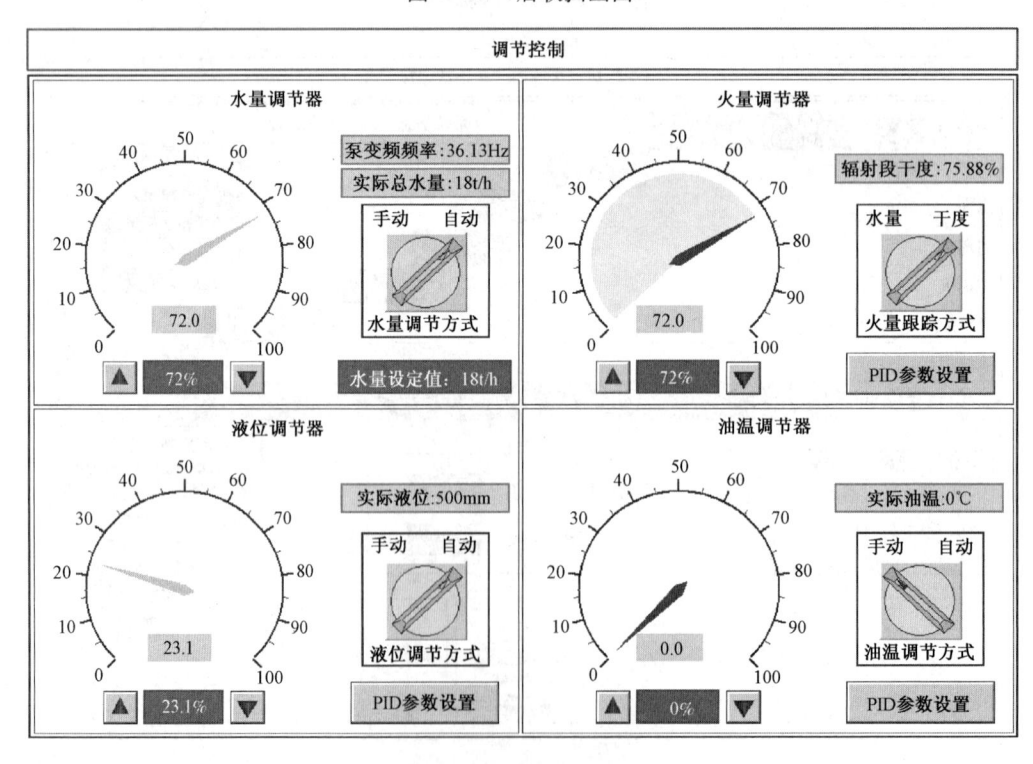

图 4-32 调节控制画面

情境四 注汽锅炉的自动化系统与智能操作系统

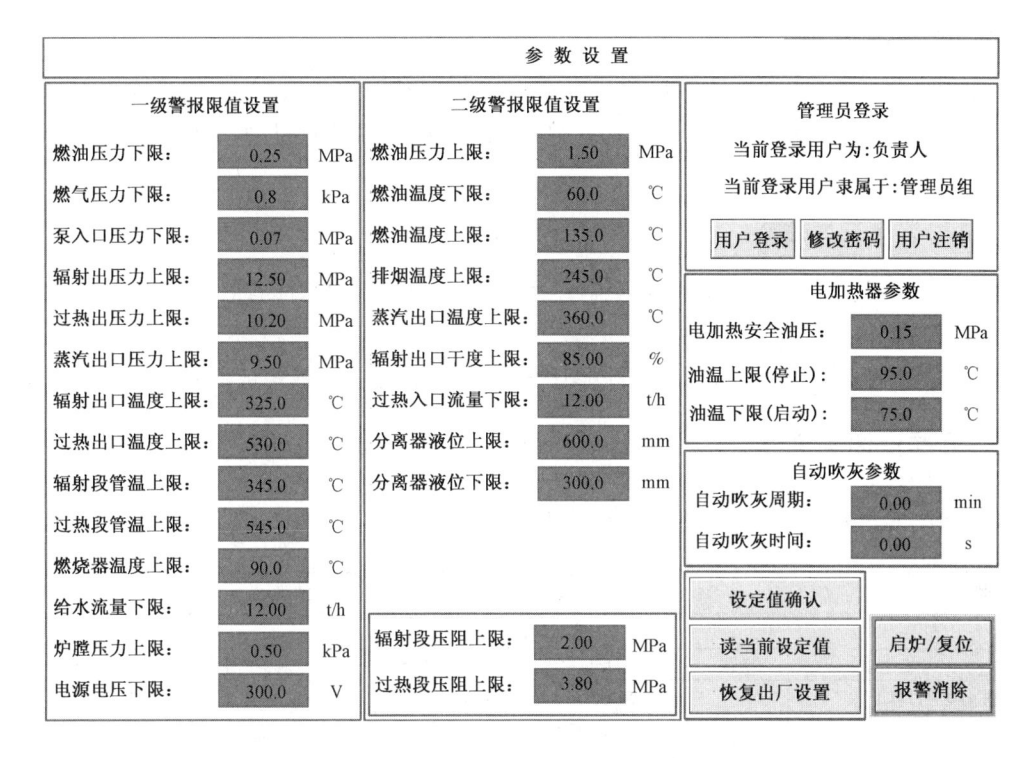

参数设置

一级警报限值设置

参数	值	单位
燃油压力下限：	0.25	MPa
燃气压力下限：	0.8	kPa
泵入口压力下限：	0.07	MPa
辐射出压力上限：	12.50	MPa
过热出压力上限：	10.20	MPa
蒸汽出口压力上限：	9.50	MPa
辐射出口温度上限：	325.0	℃
过热出口温度上限：	530.0	℃
辐射段管温上限：	345.0	℃
过热段管温上限：	545.0	℃
燃烧器温度上限：	90.0	℃
给水流量下限：	12.00	t/h
炉膛压力上限：	0.50	kPa
电源电压下限：	300.0	V

二级警报限值设置

参数	值	单位
燃油压力上限：	1.50	MPa
燃油温度下限：	60.0	℃
燃油温度上限：	135.0	℃
排烟温度上限：	245.0	℃
蒸汽出口温度上限：	360.0	℃
辐射出口干度上限：	85.00	%
过热入口流量下限：	12.00	t/h
分离器液位上限：	600.0	mm
分离器液位下限：	300.0	mm
辐射段压阻上限：	2.00	MPa
过热段压阻上限：	3.80	MPa

管理员登录

当前登录用户为：负责人
当前登录用户隶属于：管理员组

[用户登录] [修改密码] [用户注销]

电加热器参数

参数	值	单位
电加热安全油压	0.15	MPa
油温上限（停止）：	95.0	℃
油温下限（启动）：	75.0	℃

自动吹灰参数

参数	值	单位
自动吹灰周期：	0.00	min
自动吹灰时间：	0.00	s

[设定值确认] [读当前设定值] [恢复出厂设置] [启炉/复位] [报警消除]

图4-33 参数设置画面

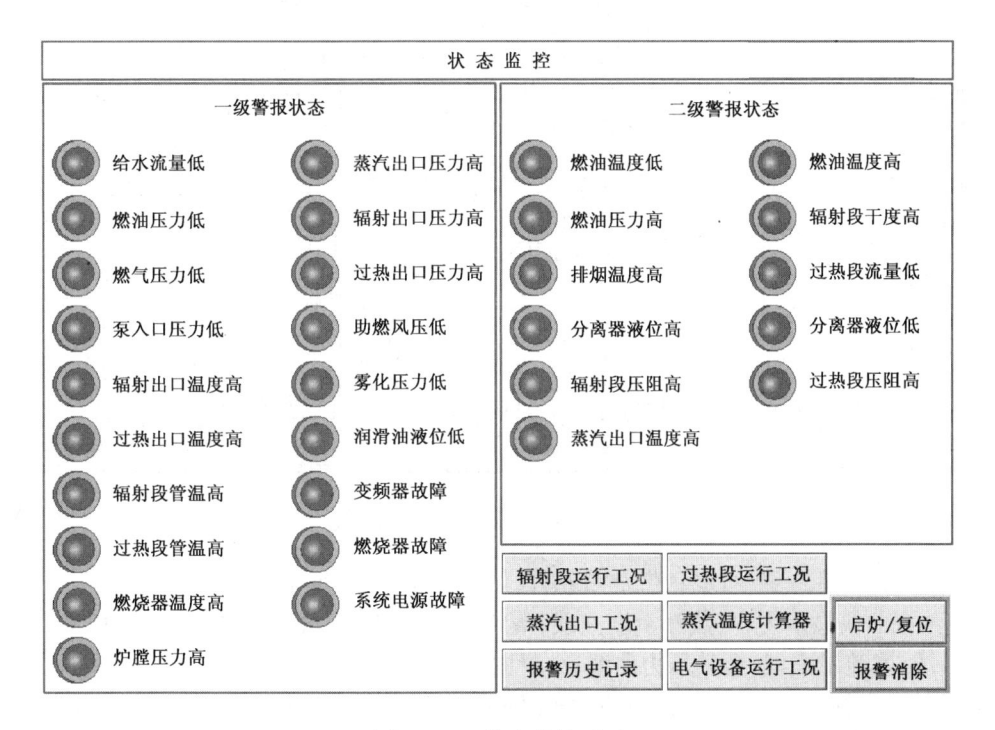

状态监控

一级警报状态

- 给水流量低
- 燃油压力低
- 燃气压力低
- 泵入口压力低
- 辐射出口温度高
- 过热出口温度高
- 辐射段管温高
- 过热段管温高
- 燃烧器温度高
- 炉膛压力高
- 蒸汽出口压力高
- 辐射出口压力高
- 过热出口压力高
- 助燃风压低
- 雾化压力低
- 润滑油液位低
- 变频器故障
- 燃烧器故障
- 系统电源故障

二级警报状态

- 燃油温度低
- 燃油压力高
- 排烟温度高
- 分离器液位高
- 辐射段压阻高
- 蒸汽出口温度高
- 燃油温度高
- 辐射段干度高
- 过热段流量低
- 分离器液位低
- 过热段压阻高

[辐射段运行工况] [过热段运行工况]
[蒸汽出口工况] [蒸汽温度计算器] [启炉/复位]
[报警历史记录] [电气设备运行工况] [报警消除]

图4-34 状态监控画面

(二)二级报警

二级报警是"预警设置",在锅炉参数达到二级设定值时发生报警,在锅炉参数达到一级报警前,如果处理完报警,就不停炉。当达到一级报警时,系统自动进入停炉程序即后吹扫程序。

(三)报警显示与消除

(1)报警显示:当出现报警时系统会自动发出报警,即报警红灯闪动、报警铃响,系统会自动弹出报警内容。

(2)报警解除:当报警解除时,报警灯颜色变为绿色,不闪动,报警被消除。

五、数据查询画面

注汽锅炉智能操作系统数据查询画面见图4-35。

数据查询		巡检按钮			
实时数据汇总表					
参数名称	数值	参数名称	数值	参数名称	数值
给水泵出口温度 (℃)	0	给水泵入口压力 (MPa)	0	泵入口总水流量 (t/h)	0
对流段入口温度 (℃)	0	给水泵出口压力 (MPa)	0	锅炉供水流量 (t/h)	0
对流段出口温度 (℃)	0	对流段入口压力 (MPa)	0	过热段补水流量 (t/h)	0
辐射段入口温度 (℃)	0	对流段出口压力 (MPa)	0	过热段入口流量 (t/h)	0
辐射段出口温度 (℃)	0	辐射段入口压力 (MPa)	0	燃油瞬时流量 (L/h)	0
过热段入口温度 (℃)	0	辐射段出口压力 (MPa)	0	燃气瞬时流量 (m³/h)	0
过热段出口温度 (℃)	0	过热段入口压力 (MPa)	0	汽水分离器液位 (mm)	0
蒸汽出口温度 (℃)	0	过热段出口压力 (MPa)	0	蒸汽出口过热度 (℃)	0
辐射段管温 (℃)	0	蒸汽出口压力 (MPa)	0	累计量及清零	
过热段管温 (℃)	0	燃油压力 (MPa)	0	已运行:0天0小时0分0秒	清零
排烟温度 (℃)	0	天然气Ⅰ级压力 (kPa)	0	水量累计:0t	清零
燃油温度 (℃)	0	天然气Ⅱ级压力 (kPa)	0	燃油量累计:0t	清零
燃烧器温度 (℃)	0	天然气Ⅲ级压力 (kPa)	0	燃气量累计:0m³	清零
变频器频率 (Hz)	0	雾化压力 (MPa)	0		
实时火量 (%)	0	炉膛压力 (kPa)	0		
柱塞泵电压 (V)	0	辐射段出口干度 (%)	0	实时数据曲线	实时控制曲线
柱塞泵电流 (A)	0	补水调节阀开度 (%)	0	巡检记录查询	历史数据查询
鼓风机电流 (A)	0	液位调节阀开度 (%)	0		

图4-35 数据查询画面

(1)累计清零界面显示内容:燃油量累计、燃气量累计、水量累计。

(2)蒸汽曲线显示内容:蒸汽干度曲线;蒸汽差压曲线;烟气氧量曲线;燃油压力曲线;蒸汽压力曲线;水流量曲线;燃气压力曲线;火量曲线。

曲线的纵坐标为百分数显示,满量程分别为干度100%、差压25kPa、氧气量10%、油压1MPa、蒸汽压力20MPa、水流量25t/h、燃气压力1MPa、火量100%;曲线的横坐标为时间,长度为4h,总时间长度为24h,可翻移查看。

基础知识

一、注汽锅炉智能操作系统组成

注汽锅炉智能操作系统是由仪电控制盘（包括动力系统与自控系统）、一次仪表、执行机构组成。

（1）仪电控制盘动力系统主要由空气开关、磁力启动器、过热保护继电器等电气设备组成（图4-36）。其用途是为注汽锅炉生产运行提供所需的电力。

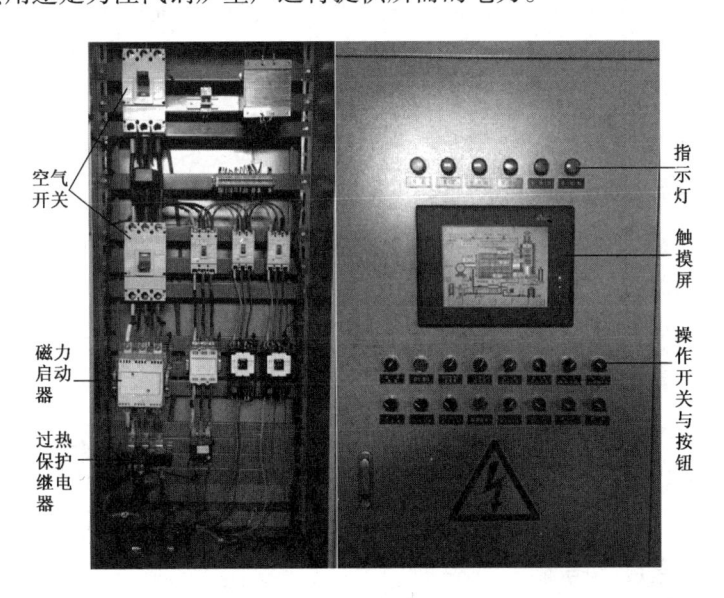

图4-36 仪电控制盘

（2）仪电控制盘自控系统主要由PLC、POD（触摸屏）、点火程序器等组成。其主要用途是实现注汽锅炉的启动、点火、数据显示、报警、安全停炉等全过程的控制与操作。

（3）一次仪表由热电偶、压力变送器、差压变送器、流量计、压力开关等组成。其主要用途是将各种物理参数转换为PLC可识别的模拟或开关信号传输到仪电控制盘。

（4）执行机构由电磁阀、电动执行器等组成，自控系统产生相应控制信号后，对应的执行机构按序动作。

二、注汽锅炉智能操作系统的操作界面

（1）主界面：包括系统流程图、显示参数、系统时间、界面切换按钮、清零按钮。

（2）点火启动界面：包括指示灯、点火程序计时器、当前状态、故障显示、启动/复位按钮、选择开关。

（3）调节控制界面：包括水量调节、火量调节、液位调节、燃油温度调节。

（4）状态显示界面：包括报警指示（一、二级报警）、报警消音、电气设备运行工况、开关量输入状态检测、开关量输出状态检测、模拟量输入/输出状态检测、PID监控。

(5)各参数趋势图界面:包括实时曲线、复位等。
(6)数据报表界面:包括数据报表、历史数据表、报警表等。

三、注汽锅炉智能操作系统的仪表、报警值的设定

锅炉在智能操作系统上的各级压力、温度、流量、差压等热工测量仪表须经校验、调定合格后投入使用。各报警值也要在点炉前调定好并在锅炉实际运行中视其工况的不同进行修正。

(一)燃烧空气压力低报警

设置此项报警的目的是为了保证鼓风机在燃烧运行时,可提供足够的空气量。燃烧空气压力开关(或压力变输送器)安装在鼓风机和控制风门之间,当风门打开时,炉内没有火焰,燃烧空气压力最低。在大火位置上进行前吹扫时,应将燃烧空气压力调定得越低越好,与此同时风机继续转动,其最低报警值调定为1.75(或0.86)kPa。

(二)锅炉给水流量低报警

设置此项报警是为了保证注汽锅炉在点火运行时,必须满足最低量的锅炉给水。通过给水流量差压变送器实现报警,报警值在仪电控制盘上的触摸屏内设定。锅炉给水流量最低报警值设定为锅炉出力的30%。

(三)蒸汽压力高报警

设置此项报警是为了保证注汽锅炉运行时蒸汽压力平稳不超压。通过安装在蒸汽出口处的压力变送器实现报警,报警值在仪电控制盘上的触摸屏内设定。其报警值设定为17.5MPa,亚临界和超临界注汽锅炉的蒸汽压力高报警值略低于锅炉的额定工作压力。

(四)炉管管壁温度高报警

此项报警是为了防止受热炉管在结垢达到一定程度或炉管烧红时锅炉仍在运行而设置的。在注汽锅炉辐射受热面出口管的外壁上装有检测温度的热电偶,报警值在仪电控制盘上的触摸屏内设定。其报警温度值高出锅炉额定压力下的饱和蒸汽温度的35℃。

(五)燃油压力低报警

此项报警是为了保证锅炉点火运行时,有持续充足的燃料供给。通过安装在燃油进炉管路95H调压阀后的压力变送器实现报警,其报警值为0.35MPa。

(六)烟气温度高报警

此项报警是为了保证锅炉在高效、节能、环保减排工况下运行。烟囱通道下端,即对流段出口处,安装一只测量烟气温度的热电偶,在仪电控制盘上的触摸屏内设定其报警值。燃油时,烟气温度高报警值通常设定为245℃;燃气时,烟气温度高报警值通常设定为205℃。

(七)燃烧器瓦口温度高报警

此项报警是为了保护燃烧器而设置的。在燃烧器瓦口处安装一只测量燃烧器瓦口温度的热电偶,在仪电控制盘上通过触摸屏设定其报警参数,通常设定为70~90℃。造成燃烧器瓦口温度高报警的原因是对流段严重积灰,从而使烟气流动阻力增加,造成炉膛内出现负压。

(八)蒸汽温度高报警

设置此项报警是为了避免锅炉超温运行而导致的锅炉事故发生。在辐射段出口处安装一只测量蒸汽温度的热电偶,在仪电控制盘上通过触摸屏设定其报警参数。报警温度值高出锅炉额定压力下的蒸汽饱和温度20℃。

(九)燃油雾化压力低报警

此项报警是为保证燃料在炉膛内能充分燃烧,以尽量减少化学不完全燃烧热损失而设置的。通过安装在雾化空气管路与雾化蒸汽管路汇集结合处的压力开关实现报警,其报警设定值为250kPa。

(十)燃油温度低报警

此项报警是为了确保燃油黏度不低于燃油喷嘴的黏度要求而设置的。在燃油电加热器出口处安装一只测量燃油温度热电偶,在仪电控制盘上通过触摸屏设定其报警参数,通常设定为70℃。

(十一)蒸汽压力低报警

此设置主要是防止锅炉的工作压力小于油井阻力从而使蒸汽不能顺利地注入油井里。在仪电控制盘上设置蒸汽压力低旁路开关,当锅炉启动点火时,将蒸汽压力低旁路开关置于开的位置,其报警值设定为3.5MPa。

(十二)天然气压力低报警

此项报警是为了保证锅炉点火运行时有持续充足的燃料供给,通常设定值为0.07MPa。通过安装在天然气入口处的压力变送器或压力开关实现报警,在仪电控制盘上通过触摸屏设定其报警参数的数值。

(十三)仪用空气压力低报警

此项报警是为了保证注汽锅炉的气动仪表正常工作和燃油雾化效果而设置的。由安装在空气压缩机供气出口处的压力变送器实现报警,在仪电控制盘上通过触摸屏设定其报警数值为0.25MPa。

(十四)柱塞泵润滑油压力低报警

此项报警是确保柱塞泵能长期正常运转,以防无油润滑而损坏柱塞泵。由安装在柱塞泵曲轴箱上的压力变送器或压力开关实现报警,通过仪电控制盘上的触摸屏设定其报警数值为0.1MPa。启动柱塞泵有一个30s延时,以使润滑油有一个建立油压的过程。

(十五)锅炉给水压力低报警

此项报警是为了确保柱塞泵正常运转,防止柱塞泵因抽空而产生气蚀现象而设置的。由安装在柱塞泵的入口给水管路上的压力变送器实现报警,通过仪电控制盘上的触摸屏设定其报警数值为0.07MPa。

(十六)灭火报警

此项报警是点火程序器内部输出报警,由紫外线火焰检测器检测并发出炉膛内已灭火的信号,以关闭燃料控制阀门并报警停炉。锅炉运行中灭火及点火失败均发出此项报警。

(十七)燃烧器风门铰链开关报警

北美燃烧器的瓦口可以打开进行检查,并装有一个微型开关以确保在燃烧器风门打开时发出报警,使锅炉不能进行点火。

(十八)电源故障报警

程序控制设置了系统内锁回路报警,当供电中断时,报警继电器动作,使锅炉停止运行,并防止供电恢复时,锅炉再启动。

(十九)变频器故障报警

当变频器运行中出现异常时,可输出报警信号。此项报警是为了保证变频器故障时,确保锅炉自动安全停炉而设置的。

(二十)球形分离器液位高报警

此项报警是为了保证锅炉进入过热运行工况时,分离器液位过高影响分离效果而设置的。通过安装在汽水分离器的液位计实现报警,其报警值可通过触摸屏设定为70%。首次报警不停炉,当一段时间内液位持续超高时,控制系统自动安全停炉。

(二十一)过热段出口蒸汽温度高报警

在锅炉过热段出口处安装一只测量蒸汽温度的热电偶,在仪电控制盘上通过触摸屏设定其两种模式报警参数。自动模式下,报警温度值根据锅炉运行压力自动转换生成,在饱和态下,报警温度为对应压力下的蒸汽饱和温度(+5~10℃);过热态下,报警温度为对应压力下的蒸汽饱和温度+过热度(80℃)。手动模式下,报警温度由操作人员根据锅炉运行工况设定。

📖 资料链接

(1)注汽锅炉智能操作系统有何特点?

① 自动连续测量蒸汽干度。测量蒸汽干度,是通过测量饱和湿蒸汽的体积流量,进而求得等效平均密度,从蒸汽性质表中查到在工作压力下水的密度和蒸汽的密度,由具有自动修正功能的数学模型计算得到蒸汽干度,从而根据测量的干度值进行自动调火,确保注汽质量。

干度测量的原理是锅炉入口有孔板测量给水质量流量,锅炉出口有椭圆长颈喷嘴测量蒸汽的体积流量,二者相除可以得到饱和蒸汽的平均密度,即 $\rho = \dfrac{m_\text{水}}{V_\text{蒸汽}}$。平均密度还可以表示为:

$$\rho = \frac{\rho_\text{水} \times \rho_\text{汽}}{X \times \rho_\text{水} + (1-X) \times \rho_\text{汽}} \qquad (4-1)$$

式中 X——蒸汽的干度。

在上式中,蒸汽压力已知时,水密度、蒸汽密度是可以查表得到的,可见只有干度是未知数,这就很容易计算出来。

这种方法稳定,不受水中含盐成分的影响,干度变化反应灵敏,适应条件是:工作压力为8~18MPa;流量范围为8~23t/h;干度范围为60%~80%。

情境四　注汽锅炉的自动化系统与智能操作系统

② 自动进行烟气分析。烟道了里安装了自动烟气分析装置(由稀有金属锆制成)、热效率监控仪,能连续显示烟气含氧量、过量空气系数、CO_2 含量及锅炉热效率,并根据过量空气量自动调节风量,达到最佳燃烧状态,减小环境污染。

③ 采用PLC、点火程序器等自动控制装置,实现了注汽锅炉全部智能化操作,包括注汽锅炉启动、自动点火、报警自动停炉、干度测量与控制、风量/燃料比自动测量与控制、燃料压力自动控制、雾化压力自动控制等。

④ 用触摸屏进行显示与操作,替代传统的模拟量仪表、手操器、报警灯,外观清晰简洁,操作简单方便。

⑤ 用电动仪表代替气动仪表,用电信号传输数据与控制,实现远程传输与集中控制。

⑥ 全部改用数字报警设定,设定的报警值全部显示在触摸屏上,非常直观透明,操作修改方便灵活,并保存全部报警记录,方便随时查阅。

⑦ 控制系统新增干度高报警、风量高低报警、炉外有火报警等新报警。全部26项报警分为两大类,一级报警要连锁停炉;二级报警只有音响灯光显示,并不立即停炉,通知操作者分析处理报警,减少停炉次数。

⑧ 系统输入/输出的参数,可显示在触摸屏上,便于事故分析处理,非常方便。

⑨ 系统在触摸屏上均有主要运行参数记录曲线,可方便直观地查看运行工况的平稳性及进行事故分析认证。

⑩ 干度、烟气氧量等重要运行参数有偏差时,有自动校准功能。

(2)PLC的自检功能有哪些?

为了使系统停机时间压缩到最短,PLC机身有各种各样的自诊断功能,以使机器运转的各种异常或报警及时得到处理。在PLC的CPU单元面板上设置了下列指示灯:

① POWER LED:电源指示灯,绿色,CPU单元通电时,表示系统电源有电。

② RUN LED:运行中指示灯,绿色,PLC工作处于正常运行时亮。

③ ERROR LED:工作异常指示灯,红色,出现中断运行的异常时灯亮,同时运形停止,这时运形中指示灯全部灭,输出全部被切断。

④ ALARM LED:报警指示灯,红色,出现不中断运形的异常时闪烁,这时继续运转。

⑤ OUT INHIBIT:切断负载指示灯,红色,负载切断,专用辅助继电器接通时灯亮,这时,输出单元的全部输出被切断。

(3)注汽锅炉智能操作系统故障检查内容有哪些?

① 电源检查。在发现电源指示灯不亮时就需要对电源进行检查,首先要检查一下电源指示灯及有关熔断丝是否完好,再检查有无电源及电源是否完好,再检查有无电源及电源是否被接入机器,电源电压是否在额定范围之内,接线是否有误以及接线端子是否松动等。

② 异常检查。当PLC的运行中指示灯不亮,说明系统已因某种异常而中止了正常运行,异常项目一般有CPU异常、存储器异常、无END指令、I/O总线异常及系统异常等。

③ 报警故障检查。虽然报警故障不会引起PLC机的运转停止,但是仍然必须尽快查清原因,并妥善、快速处理,甚至在必要时应停机来处理故障。报警故障首先反映在报警指示灯的闪烁,因此当发现报警指示灯的上述现象,就应该转入查找引起故障的原因。报警故

障原因一般有系统异常、超过周期时间、输入/输出单元被拆下所引起的 I/O 对照异常、电源异常等。

④ 输入/输出检查。输入/输出是 PLC 与外部设备进行信息交流的渠道,能否正常工作,除了与输入/输出单元有关,还与连接配线、接线端子、熔断丝等元件的状态有关。例如,应该拧紧的接线端子松动,则传递的信息就会失常。

⑤ 外部环境检查。影响 PLC 工作的环境因素主要是温度、湿度、噪声与粉尘。对环境检查和对其他内容的检查不同,那就是环境因素对 PLC 工作的影响是各自独立的,或者可以认为是互相独立的。

(4) PLC 的 CPU 装置、I/O 扩展装置各种异常现象及原因是什么？如何处理？

① CPU 装置、I/O 扩展装置异常现象原因及处理方法见表 4-8。

表 4-8 CPU 装置、I/O 扩展装置的异常现象、原因及处理方法

异常现象	推测原因	处理
"POWER LED"灯不亮	电压切换端子设定不良	正确设定电压切换端子
	熔断丝熔断	更换熔断丝
熔断丝多次熔断	电压切断端子设定不良	正确设定电压切换端子
	线路短路或烧坏	更换 CPU 单元电源单元
"RUN LED"灯不亮	程序错误(无 END 命令)	修改程序
	电源线路不良	更换 CPU 单元
运转中输出端没有闭合,"POWER"灯亮	电源回路不良	更换 CPU 单元
某一编号以后的继电器不动作	I/O 总线不良	更换基板单元
特定的继电器号的输出、输入接通	I/O 总线不良	更换基板单元
特定单元的所有继电器不接通	I/O 总线不良	更换基板单元

② 输入单元的异常现象、原因及处理方法见表 4-9。

表 4-9 输入单元的异常现象、原因及处理方法

异常现象	推测原因	处理
输入全部不接通(LED 不亮)	未加外部输入电源	供电电源
	外部输入电压低	升到额定电源电压
	端子连接不良	插好端子,并拧紧
	电路故障	更换单元
输入全部不接通(LED 亮)	电路故障	更换单元
输入全部不关断	电路故障	更换单元

续表

异常现象	推测原因	处理
特定继电器号不接通	输入设备故障	更换单元
	输入配线断线	检查输入配线
	输入线和端子连接不良	检查端子接线
	端子连接不良	检查端子并拧紧
	外部输入接通时间太短	调整输入设备
	输入电路故障	更换单元
	程序的 OUT 指令中用了输入继电器号	修改程序
特定继电器号不关断	输入电路故障	更换单元
	程序的 OUT 指令中用了输入继电器号	修改程序
输入 ON/OFF 不规则	外部输入电压低	升到额定电源电压
	噪声引起误动作	接装浪涌抑制器；安装隔离变压器；采用屏蔽导线
	输入线和端子连接不良	检查端子接线
	端子连接不良	插好端子并拧紧
异常动作的继电器以 8 点为单位	公共端接线不良	检查端子接线
	端子连接不良	插好端子并拧紧
	CPU 故障	更换 CPU
输入 LED 灯不亮(操作正常)	LED 指示灯坏	更换单元

③ 输出单元的异常现象、原因及处理方法见表 4-10。

表 4-10 输出单元的异常现象、原因及处理方法

异常现象	推测原因	处理
输出全部不接通	未加负载电源	加电源
	负载电源电压低	升到额定电源电压
	端子连接不良	更换单元
	熔断丝熔断	更换单元
	I/O 总线插座接触不良	更换单元
	电路故障	更换单元
输出全部为关断	电路故障	更换单元
特定继电器号的输出不接通(LED 灯不亮)	输出接通时间短	修改程序
	程序中指令的继电器号重复	修改程序
	电路故障	更换单元

续表

异常现象	推测原因	处理
特定继电器号的输出不接通（LED 灯亮）	输出设备故障	更换输出设备
	输出配线断线	检查输出配线
	输出线和端子连接不良	检查端子接线
	端子连接不良	插好端子并拧紧
	输出电路故障	更换单元
特定继电器号的输出不关断（LED 灯不亮）	由于漏电流和余电压而不能复位	更换外部负载或加假负载电阻
	输出电路故障	更换单元
特定继电器号的输出不关断（LED 灯亮）	程序中指令的继电器号重复	修改程序
	电路故障	更换单元
输出 ON/OFF 不规则	外部负载电源电压低	升高外部电源电压
	程序中指令的继电器号重复	修改程序
	噪声引起误动作	接装浪涌抑制器；安装隔离变压器；采用屏蔽导线
	输出线和端子连接不良	检查端子连线
	端子连接不良	插好端子并拧紧
异常动作的继电器以 8 点为单位	输出线和端子连接不良	检查端子连线
	端子连接不良	插好端子并拧紧
	熔断丝熔断	更换单元
	CPU 故障	更换单元
输出 LED 灯不亮（操作正常）	LED 指示灯坏	更换单元

知识拓展

(1)注汽锅炉的智能操作系统是怎样工作的？

按照注汽锅炉操作规程进行点炉前的准备工作后，按下复位/启动按钮 PB1，智能操作系统工作程序如下：

① 点火：按下 PB1，所有报警输出触点断开，内部继电器 01114 失电，同时连锁输出继电器 00602 带电，使后吹扫计时器 CNT001 复位，经过 TIM002 延时 5s。

(a)柱塞泵辅助继电器 R1 通电启动柱塞泵；鼓风机辅助继电器 R2 通电启动鼓风机。

(b)吹扫电磁阀带电（电动执行器），风门最大开度。

(c)水电磁阀失电（变频器调水），不能调水，水量保持最大。

(d)吹扫计时器 CNT005 开始计时，同时 00600 接通，前吹扫灯亮，锅炉前吹扫 5min 结束后,00403 接通,给点火程序器供电,进入点火程序器控制的点火过程;前吹扫电磁阀失电,风门最小,准备点火;调水电磁阀带电,可以调水。

② 停炉:在锅炉正常运行中发生任何一种一级停炉信号,则内部继电器 01114 带电,断开其他报警,同时 00602 失电,断开连锁电源。

(a)00604 接通,后吹扫指示灯亮;

(b)后吹扫计时器 CNT001 接通,开始 20min 后吹扫计时;

(c)00403 失电,主燃料阀断电关闭;

(d)00404 带电,报警铃响。锅炉后吹扫计时器(20min)CNT001 触点动作,柱塞泵、鼓风机停运;前吹扫计时器 CNT005 复位;00402 失电,调水电磁阀失电;00603 带电,前吹扫电磁阀带电,为下一次点火做好准备。

③ 消音:按下消音按钮,内部继电器 01003 带电,同时自锁,通过其常闭接点断开,使 00404 失电,报警铃失电不响。

④ 测试灯:按下测试灯按钮 PB2,00111 接通,内部继电器 01007 接通,同时自锁。CNT007 计时 6s 后 01007 失电,CNT007、CNT008、CNT009 复位;CNT008 计时 1s 后 01008 接通,灯亮;CNT009 计时 3s 后 01008 失电,灯灭。

⑤ 特殊的几项报警。

(a)润滑油压力低、水流量低、鼓风压力低报警:按下启动按钮 PB1,计时器 CNT010 复位。当柱塞泵启动后,01007 接通,CNT010 开始计时。在计时的 20s 内,CNT010 的常闭点接通润滑油压力低、水流量低、鼓风压力低三个报警开关旁路,即不允许这三个参数报警。以便给润滑油压力、水流量、鼓风压力这三个参数建立正常值的时间。20s 后 CNT010 计时器动作,其常闭点断开,切断旁路,允许报警。

(b)蒸汽压力低报警:在锅炉点燃初期,因没有蒸汽压力,为防止出现蒸汽压力低报警,设置蒸汽压力低旁路开关。在点炉时,将蒸汽压力低旁路开关合上,00200 接通,内部继电器 01000 接通,蒸汽压力低报警开关触点接通 00105 旁路,这时不出现蒸汽压力低报警。等锅炉工作正常后,将蒸汽压力低旁路开关断开,00200 断开,内部继电器 01000 失电断开蒸汽压力低报警开关旁路,这时允许蒸汽压力低报警。

(c)燃油与燃气报警:燃油时,燃料选择开关在"油"位,00201 接通,内部继电器 01006 带电,允许燃油报警,而不允许旁路燃气压力低报警。在燃气时,00201 断开,内部继电器 01006 失电,允许燃气报警,而不允许旁路燃油报警。

(d)雾化压力低报警:燃油时,01006 带电,00206 接通,出现雾化压力低时定时器 TIM004 开始计时,若在 10s 内雾化压力恢复正常,定时器 TIM004 不动作,雾化压力低不报警;若在 10s 内雾化压力不能恢复正常,则定时器 TIM004 动作,雾化压力低报警。

(2)何谓触摸屏?

触摸屏(touch screen)又称为触控屏、触控面板,是一种可接收触头等输入信号的感应式液晶显示装置,当接触了屏幕上的图形按钮时,屏幕上的触觉反馈系统可根据预先编程的程式驱动各种连接装置,可用以取代机械式的按钮面板,并借由液晶显示画面制造出生动的影音效果。触摸屏作为一种最新的电脑输入设备,是目前最简单、方便、自然的一种人机交互方式。它赋予了多媒体以崭新的面貌,是极富吸引力的全新多媒体交互设备。

触摸屏作为注汽锅炉的控制终端,它取代了控制盘上全部二次仪表及手操器,不仅数字显示直观明了,而且通过触摸屏可以对现场执行机构进行调节操作,设定与修改报警参数,并将现场全部开关量工作状态及模拟量采集数据一一显示出来,一目了然。

(3)注汽锅炉智能操作系统的电气仪表如何配电?

① 锅炉室内安装时,其配电方式应采用放射式为主,有数台锅炉时,宜按锅炉分组配电;

② 锅炉电力线路应采用金属管或电缆布线,且不宜沿载热体表面敷设;

③ 在锅炉仪表屏前应设置布局照明;

④ 锅炉采用电源为 50Hz、380V,三相还具有一个 120V 的控制电源,电力设备必须采用接地连接方式;

⑤ 设备仪表对号就位。

(4)注汽锅炉装机容量是多少?供电方式是什么?

注汽锅炉的动力电源为 50Hz、380V,控制电源为 110V 交流电,21.1×10^6 kJ/h 的锅炉用电总容量 106.6kW;52.8×10^6 kJ/h 的锅炉用电容总量为 220.25kW。注汽锅炉供电方式为集中供电、集中控制,设备上配有供电箱。三相四线工频电源接入总空气开关(O 相接入设备接地点),通过标准分线端子板,三相动力电源分送作为柱塞泵、鼓风机、空气压缩机、电加热器动力电源,二相电源送入控制变压器。设备上的电气控制设备主要包括有空气开关、交流接触器、热继电器、磁力启动器及控制变压器和熔断器。动力设备有柱塞泵电动机、鼓风机电动机、空气压缩机电动机、电加热器、变频器。

设备上控制电源由控制变压器(380V/110V)供给。开关和电动机的动力配线均是塑料绝缘铜芯合股胶线,截面积为 $6 \sim 100 \text{mm}^2$ 不等。配线方式:动力线为铁管敷设,二次线为塑料槽板敷设。

情境五　注汽锅炉的运行

任务一　燃油注汽锅炉的运行

📖 学习任务

(1)学习燃油注汽锅炉的启动点火、运行及其调整、停炉操作。
(2)学习运行中的燃油注汽锅炉的故障处理、维修、保养操作。

📖 学习目标

(1)能独立进行燃油注汽锅炉的启动点火、运行及其调整、停炉操作。
(2)能独立并熟练进行燃油注汽锅炉故障处理、维修、保养。
(3)能熟练掌握燃油注汽锅炉的巡检路径。

📖 技能操作

一、水处理启动

(一)启动前的检查

(1)打开储水罐进、出口手动阀门,确认水罐内的水量在半罐以上(集中供水的注汽站要打开供水管路的手动阀门,并查看给水压力、化验水质指标);
(2)打开离子交换器(软水器)及盐水系统、加药系统的全部手动阀门(排污阀要关闭);
(3)为再生组的离子交换器,准备好足够的浓度为10%的盐水;
(4)配备好足够的Na_2SO_3化学除氧药液;
(5)水泵、盐泵、药泵处于良好的工作状态;
(6)仪表电器、控制元件无缺损,气动(电动)阀门灵活,管线连接处无渗漏;
(7)水处理控制盘上各开关应处于断开位置;
(8)检查供电电源情况,三相电源应平衡。

(二)启动水处理操作

(1)合上水处理总电源开关及各种熔断开关,使水处理程序系统带电。
(2)操作下列各开关:控制电源开关开(ON),使控制系统带电;空气压缩机储气罐出口阀开;空气压缩机开关开,空气压缩机启动运转(配电动阀的水处理,无此项操作);气(电)动阀的电磁阀开关开;水泵开关开,使水泵启动;药泵开关开,加药泵启动,并调好刻度和化验加药效果;搅拌器开关开,搅拌器启动;打开一、二级离子交换器的顶端排气阀排气,见水后关闭。

水处理设备进入运行状态,观察一、二级罐出口压力,一般为 0.3~0.65MPa,化验一级离子交换器出口水质硬度合格后(<30mg/L),给注汽锅炉供水。

二、注汽锅炉启动

(一)启动准备

1. 锅炉动力、控制系统送电

根据用电设备的负荷情况,按照由大到小的顺序依次送电。

(1)锅炉总电源(380V)空气开关开;柱塞泵空气开关(380V)开;鼓风机空气开关(380V)开;空气压缩机空气开关(380V)开;电加热器空气开关(380V)开;电源变压器控制空气开关(380/220V)开。

(2)锅炉仪电控制盘内的总电源(220V)开关开;PLC 电源(110V)开关开;点火程序器电源(110V)开关开;仪表电源开关(24V)开。

(3)仪电控制盘面的控制电源开关开,控制电源指示灯亮,PLC 接通,点火程序器接通,触摸屏工作,切换到点火画面。

2. 水汽系统

柱塞泵进、出口手动阀门开;辐射段出口去油井的生产阀门关;辐射段出口去排污扩容器的放空阀门开;井口注汽阀门开;井口放空阀门关;干度取样冷却水阀门开;给水换热器入口阀门开;给水换热器旁通阀门开;对流段出口阀门开;干度取样阀门开;炉管排气阀门关;辐射段排污阀门关;干度取样排污阀门开;油、蒸汽加热器的蒸汽入口阀门关;各仪表阀门开;查看柱塞泵入口水压力为 0.3~0.5MPa;查看柱塞泵润滑油液位为 1/2~2/3。

3. 燃油及其雾化系统

(1)引燃:打开引燃管路手动阀门,并确认一、二级 Y600 型压力调节器工作正常,确认引燃天然气畅通。

(2)雾化:空气雾化管路手动阀门开;蒸汽雾化管路手动阀门关。

(3)启动燃油预热系统(燃油热泵组):查看站内油罐的储油量在半罐以上,即 1/2 以上。油罐内油温:原油控制在 50~60℃,渣油控制在 60~70℃。燃油脱水正常,并打开油罐出口阀门;打开燃油热泵组的进油、回油管路手动阀门;查看燃油过滤器滤网无堵塞;燃油热泵组的总电源开关(油泵房)开;燃油电加热器开关(油泵房)开;油泵开关开;锅炉的燃油电加热器开关开。燃油热泵组启动,使炉前燃油压力控制在 0.35~0.8MPa,温度控制在 80~130℃。供、回油流程畅通,循环待用。

4. 机械部位

柱塞泵手动盘车 2~3 周;查看百叶窗风门的连杆机构,确认风门在最小位置。

5. 锅炉仪电控制盘面的开关操作

柱塞泵启动控制开关调为自动;鼓风机启动控制开关调为自动;程序电源(燃烧器连锁电路)控制开关关闭;燃料选择控制开关及油、蒸汽压力低旁路控制开关打开;调火控制开关调为小火;延长引燃控制开关打开;雾化选择控制开关及空气、油嘴电加热带控制开关打开;根据需要调整照明开关。

6. 变频器投运

变频器电源空气开关打开;工频/变频选择控制开关调为变频,此时变频器输出接触器吸合,接受来自锅炉自动控制系统的控制。锅炉运行后,可用变频器输出调节旋钮调整锅炉给水流量,即注汽量或排量(为了节能,锅炉排量高于报警值即可,如23t/h注汽锅炉的启炉排量为14t/h)。

(二)启动注汽锅炉操作

(1)程序电源(燃烧器连锁电路)控制开关开,按下启动/复位按钮,则连锁指示灯亮、前吹扫指示灯亮,柱塞泵、鼓风机按顺序启动,锅炉进行5min前吹扫。

(2)前吹扫结束后,点火程序器开始工作,即:预吹扫→保持→点引燃火焰→主燃火焰建立→运行→灭火后吹扫。

(3)火焰正常后,延长引燃控制开关关闭,引燃火灭。

(4)锅炉小火运行5min左右,将调火控制开关调为大火,使锅炉处于大火量运行工况。同时调节变频器,使水流量增加至注汽方案所要求的排量(如18t/h)。

(5)当锅炉大火运行大于20min或蒸汽温度达到230℃以上时,打开辐射段出口去油井的生产阀门,同时缓慢关闭辐射段出口去排污扩容器的放空阀门,使蒸汽注入油井。

(三)燃油雾化切换操作

燃油时,采用蒸汽和空气两种雾化方式。启炉初期采用压缩空气雾化燃油,由空气压缩机供给压力为0.5MPa左右的空气,经空气减压阀降为0.25MPa,再经空气雾化电磁阀及单向阀送入油喷嘴。当锅炉产生蒸汽,且蒸汽干度达到40%以上时,便可进行燃油雾化切换,即将空气雾化转为蒸汽雾化。

(1)打开燃油雾化蒸汽管路的三级减压手动阀门,打开蒸汽雾化管路手动阀门。来自锅炉辐射段出口的雾化蒸汽,经三级减压装置压力降至0.5MPa后进入燃油蒸汽雾化分离器。蒸汽被二次汽化和汽水分离产生干蒸汽,干蒸汽经95H减压阀,压力被降至400~420kPa。

(2)调节火量使锅炉处于中、小火工况下运行。

(3)将延长引燃控制开关关闭,使引燃火点着,以防切换过程中造成锅炉灭火。

(4)将雾化选择控制开关转向中间位置,即空气和蒸汽同时雾化。

(5)待火焰稳定后,再将雾化选择开关转向蒸汽位置,干蒸汽通过雾化电磁阀、单向阀、燃油雾化总软管进入燃油喷嘴去雾化燃油。最后断开延长引燃控制开关,调节火量至大火工况,同时关闭空气雾化管路手动阀门,则锅炉转入正常运行工况。

(四)燃油蒸汽加热器投运

锅炉转入正常运行后,打开燃油蒸汽加热器的蒸汽入口阀门和疏水器手动阀门,则进入燃油蒸汽加热器的蒸汽受自力式温度调节阀(如25T温度调节阀)自动控制,从而使燃油温度保持稳定。同时,可断开燃油电加热器。

三、运行与调整操作

(1)在锅炉运行中,每小时应记录一次各点参数,锅炉运行报表上各项参数都应准确记录。

(2)每小时化验分析一次蒸汽干度并保持在70%~80%。蒸汽干度化验方法如下:

① 用炉水清洗三次后的250mL锥形瓶,在锅炉干度取样器处,取约50mL炉水水样。

② 用炉水清洗三次后的20mL量筒,量取20mL炉水水样,并倒入锥形瓶中。

③ 先滴入三滴甲基橙,并摇晃均匀,再用浓度为5%的硫酸进行滴定。

④ 调整好酸式滴定管后,往滴定管中缓慢注入硫酸至滴定管的某个整数刻度,并记录此刻度数值。用左手正确握住滴定管的旋塞阀,缓慢成滴状滴入右手中的锥形瓶水样中,同时右手顺(逆)时针匀速摇晃锥形瓶的水样,直至水样呈橙红色为止,记下硫酸消耗量 A。用同样的方法化验生水,记下硫酸的消耗量 B。

⑤ 蒸汽干度计算。

$$干度 = \frac{炉水硫酸滴定量 - 生水硫酸滴定量}{炉水硫酸滴定量} \times 100\%,即:x = \frac{A-B}{A} \times 100\%$$。根据蒸汽干度的数值,对应调节锅炉的火量或燃油压力,保证注汽锅炉所产生的蒸汽干度为70%~80%。

(3)每班根据烟气中氧气的含量,实时调整锅炉燃烧工况,保证锅炉燃油在最佳过量空气系数下完全燃烧。每小时按锅炉巡检路径巡检,并做好巡检记录。

(4)空气压缩机储气罐每班放一次积水。各空气过滤器、减压阀的排污阀要留适当的开度,保证积水随时排掉,防止水进入仪表,也可定时排放。

(5)每班计算一次燃油消耗量、蒸汽单耗,并与燃油流量计对比。

(6)每班要检查记录一次各运转设备的电源电压、电流、温度、声音等参数。

四、停炉操作

(1)正常停炉(如完成注汽生产任务)时,调节锅炉火量至中、小火运行工况,同时将调火开关转向小火位置。锅炉小火运行15min左右,锅炉蒸汽的压力、温度逐渐下降。

(2)将程序电源(燃烧器连锁电路)控制开关断开,锅炉灭火自动进行20min后吹扫。

(3)先缓慢打开辐射段出口去排污扩容器的放空阀门,再关闭辐射段出口去油井的生产阀门。

(4)后吹扫结束,柱塞泵、鼓风机自动停运。水处理停运,并打开排污阀门。

(5)锅炉仪电控制盘上的控制开关,应转到停止位置。

(6)关闭各系统流程上的手动阀门。

(7)变频器停运,在变频器控制板上按停止按钮,将工频/变频选择开关转到停止位置。

(8)将燃油电加热器控制开关关闭,停燃油热油泵组,并进行空气或蒸汽吹扫燃油管线操作。断开空气压缩机控制开关,使空气压缩机停运。

(9)整理并上交锅炉运行报表,填写设备保养记录、锅炉巡检记录、交接班记录等相关资料。

任务二　燃气注汽锅炉的运行

学习任务

(1)学习燃气注汽锅炉的启动点火、运行及其调整、停炉操作。
(2)学习运行中的燃气注汽锅炉的故障处理、维修、保养操作。

学习目标

(1)能独立进行燃气注汽锅炉的启动点火、运行及其调整、停炉操作。
(2)能独立并熟练进行燃气注汽锅炉故障处理、维修、保养。
(3)能熟练掌握燃气注汽锅炉的巡检路径。

技能操作

一、水处理启动

(一)启动前的检查

(1)打开储水罐进、出口手动阀门,确认水罐内的水量在半罐以上(集中供水的注汽站要打开供水管路的手动阀门,并查看给水压力、化验水质指标);
(2)打开离子交换器(软水器)及盐水系统、加药系统的全部手动阀门(排污阀要关闭);
(3)为再生组的离子交换器,准备好足够的浓度为10%的盐水;
(4)配备好足够的Na_2SO_3化学除氧药液;
(5)水泵、盐泵、药泵处于良好的工作状态;
(6)仪表电器、控制元件无缺损,气动(电动)阀门灵活,管线连接处无渗漏;
(7)水处理控制盘上各开关应处于断开位置;
(8)检查供电电源情况,三相电源应平衡。

(二)启动水处理操作

(1)合上水处理总电源开关及各种熔断开关,使水处理程序系统带电。
(2)操作下列各开关:控制电源开关开,使控制系统带电;空气压缩机储气罐出口阀开;空气压缩机开关开,空气压缩机启动运转(配电动阀的水处理,无此项操作);气(电)动阀的电磁阀开关开;水泵开关开,使水泵启动;药泵开关开,加药泵启动,并调好刻度和化验加药效果;搅拌器开关开,搅拌器启动;打开一、二级离子交换器的顶端排气阀排气,见水后关闭。水处理设备进入运行状态,观察一、二级罐出口压力,一般为0.3~0.65MPa,化验一级离子交换器出口水质硬度合格后(<30mg/L),给注汽锅炉供水。

二、注汽锅炉启动

(一)启动准备

1. 锅炉动力、控制系统送电

根据用电设备的负荷情况,按照由大到小的顺序依次送电。

(1)锅炉总电源(380V)空气开关打开;柱塞泵空气开关(380V)打开;鼓风机空气开关(380V)打开;空气压缩机空气开关(380V)打开;电加热器空气开关(380V)关闭;电源变压器控制空气开关(380/220V)打开。

(2)锅炉仪电控制盘内的总电源(220V)开关打开;PLC电源(110V)开关打开;点火程序器电源(110V)开关打开;仪表电源开关(24V)打开。

(3)仪电控制盘面的控制电源开关打开,控制电源指示灯亮,PLC接通,点火程序器接通,触摸屏工作,切换到点火画面。

2. 水汽系统

柱塞泵进、出口手动阀门开;辐射段出口去油井的生产阀门关;辐射段出口去排污扩容器的放空阀门开;井口注汽阀门开;井口放空阀门关;干度取样冷却水阀门开;给水换热器入口阀门开;给水换热器旁通阀门开;对流段出口阀门开;干度取样阀门开;炉管排气阀门关;辐射段排污阀门关;干度取样排污阀门开;各仪表阀门开;查看柱塞泵入口水压力为0.3~0.5MPa,查看柱塞泵润滑油液位为1/2~2/3;去燃油加热及雾化蒸汽管路手动阀门关。

3. 燃气系统

查看集中供气的天然气管网压力,应在0.10MPa以上且稳定。打开锅炉燃气管路入口手动阀门,与天然气管网接通,并确认燃气流量计、Y形过滤器、133L调压阀等工作正常。打开引燃管路手动阀门,并确认一、二级Y600型压力调节器工作正常。

4. 机械部位

柱塞泵手动盘车2~3周;查看百叶窗风门的连杆机构,确认风门在最小位置。

5. 锅炉仪电控制盘面的开关操作

柱塞泵启动控制开关调为自动;鼓风机启动控制开关调为自动;程序电源(燃烧器连锁电路)控制开关关闭;燃料选择控制开关及气、蒸汽压力低旁路控制开关打开;调火控制开关调为小火;引燃控制开关打开;雾化选择控制开关调为任意位置;油嘴电加热带控制开关关闭;根据需要调整照明开关。

6. 变频器投运

变频器电源空气开关打开,工频/变频选择控制开关调为变频,此时变频器输出接触器吸合,接受来自锅炉自动控制系统的控制。锅炉运行后,可用变频器输出调节旋钮调整锅炉给水流量,即注汽量或排量(为了节能,锅炉排量高于报警值即可,如23t/h注汽锅炉的启炉排量为14t/h)。

(二)启动锅炉操作

(1)程序电源(燃烧器连锁电路)控制开关打开,按下启动/复位按钮,则连锁指示灯亮、前吹扫指示灯亮、柱塞泵、鼓风机按顺序启动,锅炉进行5min前吹扫。

(2)前吹扫结束后,点火程序器开始工作,即:预吹扫→保持→点引燃火焰→主燃火焰建立→运行→灭火后吹扫。

(3)火焰正常后,引燃控制开关关闭,引燃火灭。

(4)锅炉小火运行5min左右,将调火控制开关调为大火,使锅炉处于大火量运行工况。同时调节变频器,使水流量增加至注汽方案所要求的排量(如18t/h)。

(5)当锅炉大火运行大于20min或蒸汽温度达到230℃以上时,打开辐射段出口去油井的生产阀门,同时缓慢关闭辐射段出口去排污扩容器的放空阀门,使蒸汽注入油井。锅炉转入正常运行工况。

三、运行与调整操作

(1)在锅炉运行中,每小时应记录一次各点参数,锅炉运行报表上各项参数都应准确记录。

(2)每小时化验分析一次蒸汽干度并保持在70%~80%。蒸汽干度化验方法如下:

① 用炉水清洗三次后的250mL锥形瓶,在锅炉干度取样器处,取约50mL炉水水样。

② 用炉水清洗三次后的20mL量筒,量取20mL炉水水样,并倒入锥形瓶中。

③ 先滴入三滴甲基橙,并摇晃均匀,再用浓度为5%的硫酸进行滴定。

④ 调整好酸式滴定管后,往滴定管中缓慢注入硫酸至滴定管的某个整数刻度,并记录此刻度数值。用左手正确握住滴定管的旋塞阀,缓慢成滴状滴入右手中的锥形瓶水样中,同时右手顺(逆)时针匀速摇晃锥形瓶的水样,直至水样呈橙红色为止,记下硫酸消耗量A。用同样的方法化验生水,记下硫酸的消耗量B。

⑤ 蒸汽干度计算:

$$干度 = \frac{炉水硫酸滴定量 - 生水硫酸滴定量}{炉水硫酸滴定量} \times 100\%, 即: x = \frac{A-B}{A} \times 100\%$$

根据蒸汽干度的数值,对应调节锅炉的火量或燃气压力,保证注汽锅炉所产生的蒸汽干度为70%~80%。

(3)每班根据烟气中氧气的含量,实时调整锅炉燃烧工况,保证锅炉燃气在最佳过量空气系数下完全燃烧。每小时按锅炉巡检路径巡检,并做好巡检记录。

(4)空气压缩机储气罐每班放一次积水。各空气过滤器、减压阀的排污阀要留适当的开度,保证积水随时排掉,防止水进入仪表,也可定时排放。

(5)每班计算一次燃气消耗量、蒸汽单耗,并与燃气流量计对比。

(6)每班要检查记录一次各运转设备的电源电压、电流、温度、声音等参数。

四、停炉操作

(1)正常停炉(如完成注汽生产任务)时,调节锅炉火量至中、小火运行工况,同时将调火开关转向小火位置。锅炉小火运行15min左右,锅炉蒸汽的压力、温度逐渐下降。

(2)将程序电源(燃烧器连锁电路)控制开关断开,锅炉灭火,自动进行20min后吹扫。

(3)先缓慢打开辐射段出口去排污扩容器的放空阀门,再关闭辐射段出口去油井的生产阀门。

(4)后吹扫结束,柱塞泵、鼓风机自动停运。空气压缩机、水处理停运,并打开排污阀门。

(5)锅炉仪电控制盘上的控制开关,应转到停止位置。

(6)关闭各系统流程上的手动阀门。

(7)变频器停运,在变频器控制板上按停止按钮,将工频/变频选择开关转到停止位置。

(8)整理并上交锅炉运行报表,填写设备保养记录、锅炉巡检记录、交接班记录等相关资料。

任务三 过热注汽锅炉的运行

学习任务

(1)学习过热注汽锅炉的启动点火、运行及其调整、停炉操作。
(2)学习运行中的过热注汽锅炉的故障处理、维修、保养操作。

学习目标

(1)能独立进行过热注汽锅炉的启动点火、运行及其调整、停炉操作。
(2)能独立并熟练进行过热注汽锅炉故障处理、维修、保养。
(3)能熟练掌握过热注汽锅炉的巡检路径。

技能操作

一、水处理启动

(一)启动前的检查

(1)打开储水罐进、出口手动阀门,确认水罐内的水量在半罐以上(集中供水的注汽站要打开供水管路的手动阀门,并查看给水压力、化验水质指标,见表5-1)。

表5-1 化验水质指标

电导率(25℃)		硬度	溶解氧	铁		铜		钠		二氧化硅	
μs/cm		mmol/L		μg/L							
标准值	期望值			标准值	期望值	标准值	期望值	标准值	期望值	标准值	期望值
≤0.20	≤0.15	≈0		≤7	≤10	≤5	≤3	≤5	—	≤15	≤10
炉型		蒸汽压力(MPa)		pH(25℃)			联氨(μg/L)			油(mg/L)	
直流锅炉		10~15		8.8~9.3			20~50				
对大于12.7MPa的锅炉,其给水的总碳酸盐(以二氧化碳计算)应小于或等于1mg/L											

(2)打开离子交换器(软水器)及盐水系统、加药系统的全部手动阀门(排污阀要关闭)。

(3)为再生组的离子交换器,准备好足够的浓度为10%的盐水。
(4)配备好足够的Na_2SO_3化学除氧药液。
(5)水泵、盐泵、药泵处于良好的工作状态。
(6)仪表电器、控制元件无缺损,气动(电动)阀门灵活,管线连接处无渗漏。
(7)水处理控制盘上各开关应处于断开位置。
(8)检查供电电源情况,三相电源应平衡。

(二)启动水处理操作

(1)合上水处理总电源开关及各种熔断开关,使水处理程序系统带电。
(2)操作下列各开关:控制电源开关开(ON),使控制系统带电;空气压缩机储气罐出口阀门开;空气压缩机开关开,空气压缩机启动运转(配电动阀的水处理,无此项操作);气(电)动阀的电磁阀开关开;水泵开关开,使水泵启动;药泵开关开,加药泵启动,并调好刻度和化验加药效果;搅拌器开关开,搅拌器启动;打开一、二级离子交换器的顶端排气阀排气,见水后关闭。水处理设备进入运行状态,观察一、二级罐出口压力,一般为0.3~0.65MPa,化验一级离子交换器出口水质硬度合格后(<30mg/L),给注汽锅炉供水。

二、注汽锅炉启动

(一)启动准备

1. 锅炉动力、控制系统送电

根据用电设备的负荷情况,按照由大到小的顺序依次送电。
(1)锅炉总电源(380V)空气开关打开;柱塞泵空气开关(380V)打开;鼓风机空气开关(380V)打开;空气压缩机空气开关(380V)打开;电加热器空气开关(380V)打开;电源变压器控制空气开关(380/220V)打开。
(2)锅炉仪电控制盘内的总电源(220V)开关打开;PLC电源(110V)开关打开;点火程序器电源(110V)开关打开;仪表电源开关(24V)打开。
(3)仪电控制盘面的控制电源开关打开,控制电源指示灯亮,PLC接通,点火程序器接通,触摸屏工作,显示点火画面。

2. 水汽系统

柱塞泵进、出口手动阀门开;对流段进口阀门开;过热段水旁通阀门开;对流段水旁通阀门关;辐射段出口去油井的生产阀门关;辐射段出口去排污扩容器的放空阀门开;井口注汽阀门开;井口放空阀门关;干度取样冷却水阀门开;给水换热器入口阀门开;给水换热器旁通阀门关;对流段出口阀门开;干度取样阀门开;炉管排气阀门关;辐射段排污阀门关;干度取样排污阀门开;各压力表阀门开;各差压变送器正、负压室阀门开;平衡阀关。查看柱塞泵入口水压为0.3~0.5MPa。

3. 燃烧系统

(1)烧气:查看集中供气的天然气管网压力,应在0.10MPa以上,且稳定。打开锅炉燃气管路入口手动阀门,与天然气管网接通,并确认燃气流量计、Y形过滤器、133L调压阀等工作正常。

(2) 引燃：打开引燃天然气管路手动阀门，并确认一、二级 Y600 型压力调节器工作正常。

(3) 烧油与雾化：燃油蒸汽加热器的燃油入口阀门开；电加热器后油过滤器阀门开；油流量计进、出口阀门开；油流量计旁通阀门关；进炉燃油入口阀门开；回油阀门开；空气雾化管路手动阀门开。

启动燃油热泵组：查看站内油罐的储油量在半罐以上，即 1/2 以上。油罐内油温：原油控制在 50～60℃，渣油控制在 60～70℃。燃油脱水正常，并打开油罐出口阀门；打开燃油热泵组的进油、回油管路手动阀门；查看燃油过滤器滤网无堵塞；燃油热泵组的总电源开关(油泵房)打开；燃油电加热器开关(油泵房)打开；油泵开关打开；锅炉的燃油电加热器开关打开。燃油热泵组启动，使炉前燃油压力为 0.35～0.8MPa，温度为 80～130℃。供、回油流程畅通，循环待用。

4. 机械部位

查看柱塞泵润滑油液位为 1/2～2/3，并手动盘车 2～3 周；查看百叶窗风门的连杆机构，确认风门在最小位置。

5. 锅炉仪电控制盘面的开关操作

柱塞泵启动控制开关调为自动；鼓风机启动控制开关调为自动；程序电源(燃烧器连锁电路)控制开关关闭；燃料选择控制开关及油或气、蒸汽压力低旁路控制开关打开；调火控制开关调为小火；延长引燃控制开关打开(烧油)；雾化选择控制开关及空气(烧油)、油嘴电加热带控制开关打开(烧油)；汽水分离控制开关调为饱和；根据需要调整照明开关。

6. 变频器投运

变频器电源空气开关打开，工频/变频选择控制开关调为变频，此时变频器输出接触器吸合，接受来自锅炉自动控制系统的控制。锅炉运行后，可用变频器输出调节旋钮调整锅炉给水流量，即注汽量或排量(为了节能，锅炉排量高于报警值即可，如 23t/h 注汽锅炉的启炉排量为 14t/h)。

(二) 启动注汽锅炉操作

(1) 打开程序电源(燃烧器连锁电路)控制开关，按下启动/复位按钮，则连锁指示灯亮、前吹扫指示灯亮，柱塞泵、鼓风机按顺序启动，锅炉进行 5min 前吹扫。

(2) 前吹扫结束后，点火程序器开始工作，即：预吹扫→保持→点引燃火焰→主燃火焰建立→运行→灭火后吹扫。

(3) 火焰正常后，延长引燃控制开关关闭(烧油)，引燃火灭。

(4) 锅炉小火运行 5min 左右，将调火控制开关调为大火，使锅炉处于大火量运行工况。同时调节变频器，使水流量增加至注汽方案所要求的排量(如 18t/h)。

(5) 当锅炉大火运行大于 20min 或蒸汽温度达到 230℃ 以上时，打开辐射段出口去油井的生产阀门，同时缓慢关闭辐射段出口去排污扩容器的放空阀门，使蒸汽注入油井。

(三) 燃油雾化切换操作

燃油时，采用蒸汽和空气两种雾化方式。启炉初期采用压缩空气雾化燃油，由空气压缩机供给压力为 0.5MPa 左右的空气,经空气减压阀降为 0.25MPa,再经空气雾化电磁阀及单向阀送入油喷嘴。当锅炉产生蒸汽,且蒸汽干度达到 40% 以上时,便可进行燃油雾化切换,即将此时的空气雾化转换为蒸汽雾化。

(1)打开燃油雾化蒸汽管路的三级减压手动阀门,来自锅炉辐射段出口的雾化蒸汽,经三级减压装置压力降至 0.5MPa 后进入燃油蒸汽雾化分离器。蒸汽被二次汽化和汽水分离产生干蒸汽,干蒸汽经 95H 减压阀,压力被降至 400~420kPa。

(2)调节火量使锅炉处于中、小火工况下运行。

(3)将延长引燃控制开关打开,使引燃火点着,以防切换过程中造成锅炉灭火。

(4)将雾化选择控制开关转向中间位置,即空气和蒸汽同时雾化。

(5)待火焰稳定后,再将雾化选择开关转向蒸汽位置,干蒸汽通过雾化电磁阀、单向阀、燃油雾化总软管进入燃油喷嘴去雾化燃油。最后断开延长引燃控制开关,调节火量至大火工况,锅炉转入正常运行工况。

(四)燃油蒸汽加热器投运

锅炉转入正常运行后,打开燃油蒸汽加热器的蒸汽入口阀门和疏水器手动阀门,则进入燃油蒸汽加热器的蒸汽受自力式温度调节阀(如 25T 温度调节阀)自动控制,从而使燃油温度保持稳定。同时,可断开燃油电加热器。

(五)汽水分离操作

当蒸汽出口压力不大于 14MPa,辐射段出口蒸汽干度达到 60% 以上时,汽水分离器进行汽水分离。将控制开关由"饱和"转至"分离",转换过程控制方式,启动过热运行报警系统,系统进入过热运行状态。

三、运行与调整操作

(1)每小时巡回检查机泵、热工仪表与自动控制装置、燃烧工况(火焰的形状、颜色、位置等)、工艺流程、锅炉本体,并准确记录和调整锅炉运行报表上各项参数。通过声音、气味、温度、震动等情况确认设备运行工况有无异常。

(2)每小时化验分析一次蒸汽干度并保持在 70%~80%。蒸汽干度化验方法如下:

① 用炉水清洗三次后的 250mL 锥形瓶,在锅炉干度取样器处,取约 50mL 炉水水样。

② 用炉水清洗三次后的 20mL 量筒,量取 20mL 炉水水样,并倒入锥形瓶中。

③ 先滴入三滴甲基橙,并摇晃均匀,再用浓度为 5% 的硫酸进行滴定。

④ 调整好酸式滴定管后,往滴定管中缓慢注入硫酸至滴定管的某个整数刻度,并记录此刻度数值。用左手正确握住滴定管的旋塞阀,缓慢成滴状滴入右手中的锥形瓶水样中,同时右手顺(逆)时针匀速摇晃锥形瓶的水样,直至水样呈橙红色为止,记下硫酸消耗量 A。用同样的方法化验生水,记下硫酸的消耗量 B。

⑤ 蒸汽干度计算:

$$干度 = \frac{炉水硫酸滴定量 - 生水硫酸滴定量}{炉水硫酸滴定量} \times 100\%$$,即:$x = \frac{A-B}{A} \times 100\%$。根据蒸汽干度

的数值,对应调整锅炉的火量或燃气、燃油压力,保证注汽锅炉所产生的蒸汽干度为70%~80%。

(3)每小时检查蒸汽出口过热度,并调整好蒸汽品质,掌握锅炉运行工况。产生稳定的蒸汽后,就可打开供汽管路上的阀门,供汽压力和燃油温度均可通过反复调整PID参数实现自动调节恒定。

(4)每小时检查注汽管线和注汽井口,并记录注汽井口参数。根据在线检测出的辐射段出口蒸汽干度,PID回路自动调节火量与水量的比例,达到蒸汽干度满足分离器高效分离的设定数据。

(5)当蒸汽出口压力无法满足过热运行要求时,应降低火量,使过热段出口温度降到饱和温度以下。转换过程控制方式,停止过热运行报警系统,将控制开关由"分离"转回"饱和",停止汽水分离器分离,系统转为湿饱和运行状态。

(6)每班根据烟气中氧气的含量,实时调整锅炉燃烧工况,保证锅炉燃油在最佳过量空气系数下完全燃烧。每小时按锅炉巡检路径巡检,并做好巡检记录。

(7)空气压缩机储气罐每班放一次积水。各空气过滤器、减压阀的排污阀门要留适当的开度,保证积水随时排掉,防止水进入仪表,也可定时排放。

(8)每班计算一次燃油、燃气消耗量及蒸汽单耗,并与流量计对比。

(9)每班要检查记录一次各运转设备的电源电压、电流、温度、声音等参数。

四、停炉操作

(1)正常停炉(如完成注汽生产任务)时,调节锅炉火量至小火运行工况,同时将调火开关转向小火位置。锅炉小火运行15min左右,锅炉蒸汽的压力、温度逐渐下降。

(2)分离器必须达到满液位后,运行5~10min,再将过热蒸汽发生器"过热控制"转回至"湿饱和控制"。

(3)将程序电源(燃烧器连锁电路)控制开关断开,关闭进入油嘴前阀门,锅炉灭火,自动进行20min后吹扫。

(4)先缓慢打开辐射段出口去排污扩容器的放空阀门,再关闭辐射段出口去油井的生产阀门。

(5)后吹扫结束,柱塞泵、鼓风机自动停运。水处理停运,并打开排污阀门。调整回油控制阀门,增加油路循环量。

(6)锅炉仪电控制盘上的控制开关,应转到停止位置。

(7)关闭各系统流程上的手动阀门。

(8)变频器停运,在变频器控制板上按停止按钮,将工频/变频选择开关转到停止位置。

(9)将燃油电加热器控制开关关闭,停燃油热油泵组,并进行空气或蒸汽吹扫燃油管线操作。断开空气压缩机控制开关,使空气压缩机停运。

(10)整理并上交锅炉运行报表,填写设备保养记录、锅炉巡检记录、交接班记录等相关资料。

基础知识

一、注汽锅炉工艺流程总图

注汽锅炉工艺流程总图是由水汽系统、燃气系统、燃油及其雾化系统、鼓风与气源系统、PLC与触摸屏自动控制系统组成。各系统在流程图中的位置及其各自连接情况见图5-1。

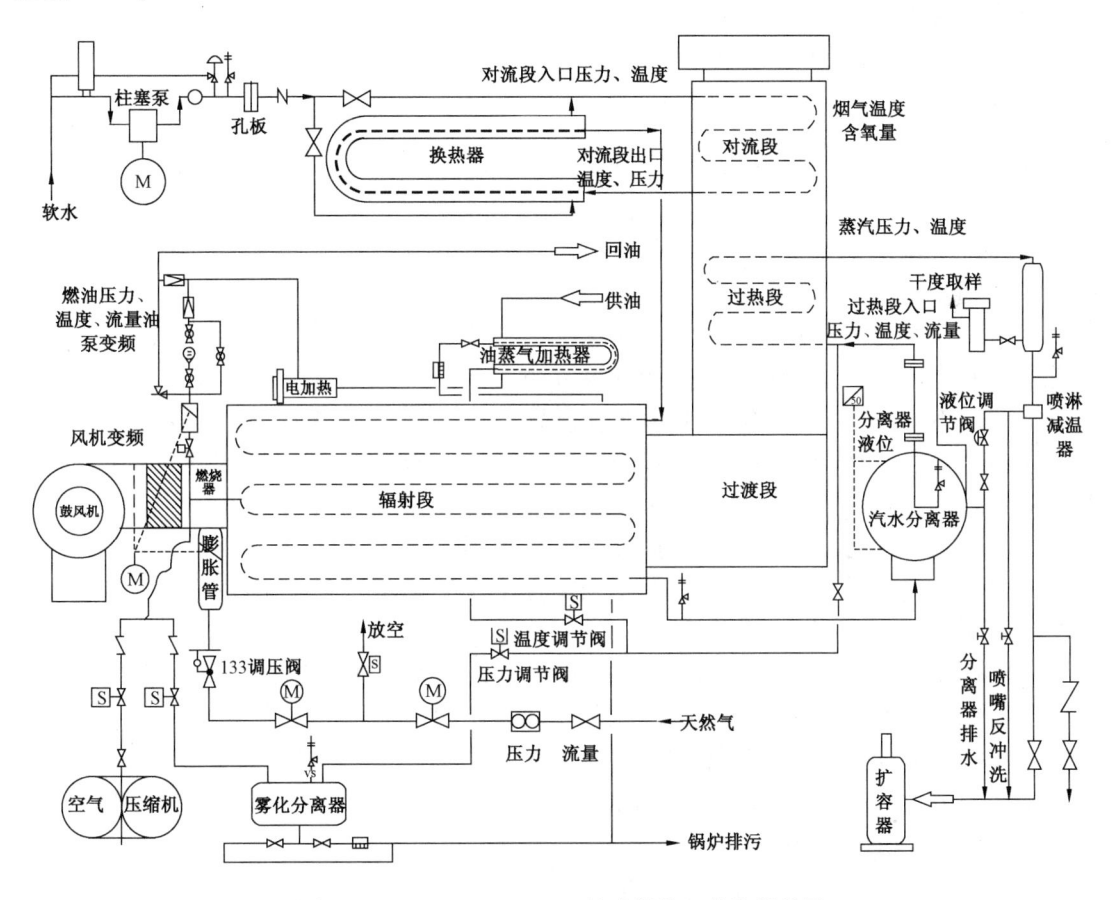

图5-1 SG-50-NDS-27注汽锅炉工艺流程总图

二、注汽锅炉的安装

23~100t/h的注汽锅炉承载方式为橇座,坐落在混凝土的基础上,室内安装运行。油田称其为固定注汽站。9.2~18t/h的注汽锅炉承载方式为拖车,室外安装运行,并随时搬迁移动。油田称其为活动注汽站。注汽锅炉要求配置电总容量为250kW、电压为380V、供水量大于30t/h、燃气能力1600m³/h、燃气压力为0.2~0.5MPa、燃油量为1250kg/h、供油压力为0.8~1MPa,还需配置蒸汽排污扩容器、储油罐、油泵房等配套设备。

(一)设备资料的验收

(1)设备(产品)质量保证书、图样齐全,并由设备使用用户交予地方质量监察部门备案。

(2)以下资料齐全,并由用户保存。

① 烟风道阻力、水阻、强度、热力计算书;

② 管材壁厚与允许使用压力对照表;

③ 注汽锅炉、水处理调试报告;

④ 机泵及其热工仪表、自动控制装置等使用说明书;

⑤ 注汽锅炉及水处理控制图、程序软件。

(二)一般规定

(1)锅炉管道安装应按GB 50235—2010《工业金属管道工程施工规范》进行。

(2)承压管道的焊接及重要钢结构焊接应由适合该项工作并具有Ⅲ级资格的焊工承担。

(3)锅炉工地安装应遵守国务院及有关部门颁发的安全技术、锅炉检查、劳动保护、环境保护、防火等规定。

(4)锅炉采取室内安装时,一般情况下锅炉房应封顶,并及时做好屋面防水工程;采取露天安装时,应在施工组织设计中预先考虑好施工方案,使安装工程顺利进行。

(5)锅炉房设计应参照GB 50041—2008《锅炉房设计规范》进行。同时在采用室内安装时,锅炉操作地点和通道的净室高度不得小于2m。锅炉前端侧面和后端与建筑物之间的净距离应满足操作、检修的需要,且不小于5m。

(6)锅炉房内应有足够的消防措施、充足的照明和排水设施。

(7)锅炉在冬季或炎热季节施工时,应根据各地区气候的特点及设备的需要制定防止损坏设备和保证施工质量的措施。

(8)锅炉在安装前及使用后停炉期间的保管,应根据存放地区的自然情况、气候条件、周围环境存放,根据停用时间长短做好防水、防冻、防风、防尘、防盗等保管工作。

(9)设备到达工地时,应会同有关锅炉施工单位、用户一起根据设备的装箱清单进行开箱清点,同时做好记录。检查清点后,设备的零配件应及时妥善保管,防止丢失、损坏和变质,开箱后的技术文件应存档保管。

(10)锅炉的烟气排放应符合各有关地区的排放标准。

(11)锅炉电气应参照GB 50052—2009《供配电系统设计规范》的有关规定。

(12)锅炉的工地安装必须要有国家劳动人事部门认可的相应资格的单位承担。

(三)锅炉安装前的检查及要求

锅炉运至用户现场后,除应会同各有关方面做好锅炉的开箱清点工作,还应对设备进行目测检查。目测检查项目如下:

(1)燃烧器是否有折断或变形;

(2)锅炉本体是否有明显因运输而造成的损坏现象;

(3)锅炉所配置的仪表、执行器、阀门等是否有遗失和损坏;

(4)锅炉辐射段内绝热层是否有开裂、脱落、松动现象;

(5)锅炉过渡段烟道绝热层是否有开裂、脱落、松动现象;
(6)锅炉对流段绝热层是否有开裂、脱落现象;
(7)锅炉用螺栓连接的各部件、零件之间是否有松动。

(四)锅炉管道安装

管道是连接锅炉及其附属设备的动脉。管道设计、布置、安装、管理得正确与否,直接影响到锅炉的安全经济运行。管道通常用"Pg"表示它的公称压力,0MPa≤Pg≤1.6MPa 为低压管;1.6MPa≤Pg≤10MPa 为中压管;Pg 在 10MPa 以上为高压管。管道公称管径(又称名义管径)通常表示的方法有两种:英制公称管径用"G"表示;公制公称管径用"Dg"表示。

管道应根据输送介质的特性、温度、压力、流量、允许温度降、允许压力降和腐蚀等情况来确定管道材料、管径、壁厚、保温材料和保温层厚度、管道热膨胀补偿等。

1. 管道规格

目前所用的管道规格用英制和公制两种。一般无缝钢管是公制的,以"外径×壁厚"表示,如 89×13 表示钢管外径为 89mm,壁厚为 13mm。而有缝钢管(如水管、焊接管)则为英制的,以公称管径来表示(表 5-2)。如 G2in 的管子查表可知,其近似内径为 50mm,实际外径为 60mm,壁厚为 3.5mm。工作中应注意管子的实际外径和内径,以便于连接和计算管内质的流速。

表 5-2 有缝钢管的公称直径

公称直径		近似直径	管壁厚	外径	质量
mm	in	(mm)	(mm)	(mm)	(kg/m)
15	1/2	15	2.75	21.25	1.25
20	3/4	20	2.75	26.75	1.63
25	1	25	3.25	33.5	2.42
32	1¼	32	3.25	42.5	3.13
40	1½	40	3.5	48.0	3.84
50	2	50	3.5	60.0	4.88
70	2½	70	3.75	75.5	6.64
80	3	80	4	88.5	8.34
100	4	100	4	114.0	10.85

2. 管道的连接方法

常用的管道连接方法有焊接连接、法兰连接、螺纹连接、活接头连接等。

(1)焊接连接:所有压力管道如蒸汽、空气、给水等管道应尽量采用焊接连接。它的优点是连接部分管道的强度和密封性都很好,不需要常维修,省材料。管径大于 32mm,厚度在 4mm 以上者一般采用电焊,按照要求开出坡口;管径在 32mm 以下,厚度在 3.5mm 以下者一般采用气焊。

(2)法兰连接:适用于一般大管径、密封性要求高的管子连接,亦适用于阀件与管道或设备的连接。

(3)螺纹连接:适用于工作压力在1MPa以下的水管与带有管螺纹阀门连接的管道。

(4)活接头连接:适用于经常拆卸的管道或要求便于检修的管道。活接头连接件包括弯头、异径管、三通、四通、管接头、活接头、法兰、垫片等。

3. 管道的油漆、标志和保温

为了防止管道金属表面氧化腐蚀,延长管道使用寿命,保温层表面、管道、支架以及凡与空气接触的金属表面都要涂漆。锅炉上常用的油漆是红丹防锈漆(底漆)和调和漆。涂漆前首先把金属表面的铁锈和污物清除干净,然后再涂漆。涂时应先刷底漆,干燥后再刷调和漆,且涂层须厚薄均匀,颜色一致。需要保温的管道,其金属表面只涂防锈漆,调和漆涂在保温层的外表层。不同介质管道涂漆标志见表5-3。

表5-3 不同介质管道涂漆标志

管道名称	颜色	
	底色	外色
饱和蒸汽	红	银灰色
过热蒸汽	红	黄
锅炉给水管	绿	绿
生水管	绿	绿
盐水管	浅黄	浅黄
疏水管	绿	黑
排污管	黑	黑
压缩空气管	灰色	灰色
油管	橙黄	灰色
烟道	暗灰	暗灰

为了介质在允许的温降内输送,减少管道在输送热介质时的热量损失,降低能耗,节约能源,管道必须保温。保温的管道包括汽、水、燃料油等系统管道和管道附件。

保温所用的保温材料应满足下列要求:

(1)导热系数低,一般不大与$0.14W/(m^2 \cdot ℃)$。

(2)具有一定的耐热温度,耐热温度不应低于使用温度。

(3)容重轻,一般应低于$600kg/m^3$。

(4)有一定的机械强度,能承受一定的外力作用,保温材料制品的抗压强度应大于294.2kPa。

(5)含水量少,吸水率低,对金属无腐蚀作用,化学稳定性好。

保护层材料应具备下列条件:

(1)具有良好的防水性;

(2)耐压强度大于284.5kPa;

(3)在温度变化与振动情况下不易裂开和产生脱皮现象;

(4)不易燃烧、化学稳定性好、容重轻。

这两种材料除应满足上述要求外,还应该注意就地取材,施工方便,使用寿命长等。

管道保温结构形式很多,主要取决于保温材料及其制品和管道敷设的方式等。常用的保温结构形式有涂抹式、预制式、填充式、捆扎式等。

4. 锅炉给水外接管线

(1)锅炉给水外接管线应安装过滤网、网孔为 8~12 目/cm² 的管道过滤器。

(2)锅炉给水外接管线应安装相应的截止阀、止回阀各一只。

(3)锅炉给水回路必须接到离锅炉给水泵进口 4m 以外,以免造成给水泵内气穴现象。

5. 锅炉蒸汽外接管线

(1)蒸汽出口外接管线应安装相应的高压高温截止阀、止回阀各一只,以防止蒸汽倒流损坏锅炉本体装置。

(2)蒸汽外接管线应保温,保温层表面温度应小于50℃(周围空气温度按25℃计算)。对辐射段排污管可不保温,但必须在有可能烫伤人员的地方采取隔热措施。在寒冷地区,尤其是停炉期间,对蒸汽外接管路应采取防冻措施。

6. 锅炉燃油供给管线

(1)在锅炉燃油供油泵进口应安装过滤网、网孔为 16~32 目/cm² 的油过滤器。油过滤器滤网流通面积为油过滤器进口管面积的 8~10 倍。

(2)燃油供给管线应安装蒸汽吹扫管线。吹扫口的位置应能满足在停炉时将供油管路内积存的余燃油吹净。蒸汽吹扫管线上应安装截止阀、止回阀各一只。

(3)锅炉燃重油时,必须在燃油供给管线(炉外供油管线)设置一加热装置,加热后供油管内的流速应大于 0.7m/s。

(4)燃油供给管线应保温。当油在输送过程中,不能满足锅炉燃烧器需要时应伴热。

(5)锅炉燃油供油泵应不少于 2 台,单台油泵容量应大于锅炉的额定耗油量。如果供油泵为多台锅炉集中供油,其数量应大于 2 台,其中任何一台泵运行时,另一台容量应大于多台锅炉额定耗油量及回油量之和。油泵的扬程应为燃油系统压力降、燃油系统油位差、燃烧器所需油压及管路压力损失的代数和。

7. 锅炉燃气管线

(1)燃气供给管线应设置油水分离器及排水口。

(2)锅炉室内安装时,燃气放空管应接到室外并高出屋脊,且排放气体不应窜入邻近建筑物和吸入通风装置内。

(五)锅炉电气仪表安装

(1)锅炉室内安装时,其配电方式应采用放射式为主,有数台锅炉时,宜按锅炉分组配电。

(2)锅炉电力线路应采用金属管或电缆布线,且不宜沿载热体表面敷设。

(3)在锅炉仪表屏前应设置布局照明。

(4)锅炉采用电源为50Hz、380V。三相还具有一个120V的控制电源,电力设备必须采用接地连接方式。

(5)设备仪表对号就位。

(六)锅炉本体部件安装

(1)锅炉安装前应先熟悉锅炉安装图样和安全资料,施工必须严格按照安装图样进行。

(2)锅炉各部件间,如辐射段与过渡段、过渡段与过热段、对流段间烟道连接处,必须用干式成型硅酸纤维毯加以充实。充实宽度、厚度应与原部件保持一致。

(3)吊装要求:吊装时,只能在设备吊耳位置起吊,管线不能承受吊装分力。23t/h 注汽锅炉起吊质量见表5-4。

表5-4 23t/h 注汽锅炉的起吊质量

设备、部件规格	长(mm)	宽(mm)	高(mm)	质量(kg)
燃烧器/泵橇座	8712	3252	2464	9526
辐射段橇座	13717	3334	3458	32659
对流段	5725	2439	2864	24899
对流段和过渡段橇座	4597	3252	2896	4899
给水换热器橇座	10313	1093	1067	3130
管道	—	—	—	2404
烟囱	3544	1000	6400	1359

三、水处理设备安装

与注汽锅炉配套的水处理设备,可以稳定地供给锅炉质量合格的软化水,是锅炉安全经济运行、延长使用寿命的必备设备。水处理设备包括两组一、二级固定床钠离子交换器、盐水稀释与供给设备、加药设备,并配有电气仪表及其仪电控制盘。其运行方式可以通过控制电磁阀的手动开关,实现手动控制、全自动控制和半自动控制。

(一)性能参数要求

为保证水处理设备正常运行,充分发挥树脂交换能力,确保注汽锅炉的给水质量,对进口原水水质要求如下:含铁<0.3mg/L;总硬度<300mg/L;pH 为 7.5~8.5;含油量<1mg/L;总悬浮固体含量<5mg/L。

在保证原水上述指标的条件下,本设备可达到如下技术参数:处理能力28t/h;工作压力≤0.6MPa;水处理后的水质硬度为 0;含氧量<0.01mg/L;运行周期为 8h;含钠<0.01mg/L;总悬浮固体含量<1mg/L;含铁<0.01mg/L;含油量<0.3mg/L;pH 为 7.5~8.5;耗盐量160kg。

(二)安装(以23t/h 注汽锅炉的水处理设备为例)

1. 验收与管理

设备的接收应宏观检查连接管线部分、支撑、容器控制和仪表,如有损坏,设备接收时立即提出,以便查清责任者。吊装设备时不要在阀门、管线或容器连接处吊装。应在提供吊耳处吊装,或者用叉车、起重机或其他适合的设备运输,不要自己设计吊耳。在整个设备充满水时(如水压试验等)不能吊装设备,除非将水排净。

2. 安装设备

设备安装就位时,需使用适当的垫片将橇座水平放置,调平的标准是容器外壁而不是座的横梁。一级钠离子交换器,即软化水罐数量两台,其直径为1291mm,壳体高度为2083mm,人孔为305mm×406mm,设计压力为0.527MPa;二级钠离子交换器,即软化水罐数量两台,其直径为914mm,壳体高度为1828mm,人孔为305mm×406mm,设计压力为0.527MPa;盐水箱直径为1600mm,高度为1400mm,盐容量为1270kg。

3. 管线和仪表连接

(1)管线:在设备安装就位以前,设备法兰和仪表上的防护帽不应脱落。在设备连接前,检查所有法兰面、螺纹和活节密封面,换掉或修复损坏的管件。在管线进行连接以前,所有现场连接的管线应全部用洁净水冲洗,去除残留氧化皮、熔渣和杂物。按总布置图完成所有管线的连接,并在装入树脂或启动设备之前,对安装好的系统做现场水压试验。如果发现新泄漏点,应拆卸接头检查,更换新的完好的密封件。水压试验时,所有阀门都在开的位置。

(2)电气和气动管路连接:水处理设备设计为380V、三相、50Hz的电气系统,输入的电源接入仪电控制盘输入端子。连接气源信号管线,对系统做全面检查。

4. 装填树脂(国产732号离子交换树脂)

选用下列两种方式之一给每个软化水罐充装半罐水:

(1)从带有压力的生水源连接一个临时软管,通过罐顶部人孔向容器充水;

(2)如果有电源,可以通过控制盘接通生水泵,并按下列步骤操作:

① 打开一级软化水罐进口管路所有的手动阀门和气动阀门;
② 打开一级软化水罐反洗管路手动阀门和相应的气动阀门;
③ 打开仪电控制盘面上的控制电源开关;
④ 启动生水泵充装一、二级软化水罐,水位大约到软化水罐的中部位置后,倒入需要量的树脂。每个罐充装的树脂量:一级软化水罐为1.13m^3;二级软化水罐为0.5m^3。然后慢慢将水充入罐中,重新盖上人孔盖。

四、注汽锅炉的调试

(一)对安装工作和设备情况的检查

锅炉安装工作结束后,要按照锅炉安装验收标准,对锅炉安装情况进行全面检查验收。由安装单位向锅炉用户和厂方调试人员交接设备,同时对于在安装过程中丢失和损坏的部件应由安装单位负责。

(二)仪表调试、报警值整定

锅炉上各压力、温度、流量仪表须经校验合格后投入使用。各报警值也要在启炉前整定好并在锅炉实际运行中视其工况的不同进行修正。

(三)注汽锅炉安全运行控制装置的整定

(1)蒸汽泄压安全阀:锅炉和给水换热器的面积之和超过500m^2时,需要安装两个安全阀,其中一个安全阀通常调定为高出锅炉额定工作压力的5%,另一个调定为高出8%。例如,一个阀门调为18.03MPa,而另一个调为18.52MPa。

(2)柱塞泵安全阀:锅炉对整个锅炉管束系统具有不同的设计压力和设计温度范围。进口端的水系统与出口端蒸汽系统相比为高压低温,在靠近柱塞泵出口端安装一个安全阀来防止管路系统和泵超压。液体安全阀通常是向下排泄,不像蒸汽排放阀那样突然鸣叫,但是它们的设定值20.65MPa是接近的。柱塞泵安全阀不能用管线接回到泵吸入口去,但是必须用管接到低处去,以便任何排放都容易观察到。

(3)空气压缩机安全阀:该安全阀用于防止储气罐和空气压缩机超压,其压力整定值为1.4MPa。

(4)低压蒸汽安全阀:用于燃油蒸汽雾化和一定型号的对流段吹灰器,其压力整定值为0.5MPa。

(四)承压管道的压力试验

1. 承压管路水压试验

(1)锅炉外接管线安装完毕后,首先应接通给水管路。在此之前应将锅炉出口阀门关闭,并打开最高处阀门。同时拆除安全阀并将安全阀接口用相应的盲板封死。然后通水,当水充满炉管后,关闭最高点阀门。关闭柱塞泵出口至水热交换器间截止阀,关闭蒸汽取样分离器至减压阀之间截止阀,而后按管线工作压力不同再继续升压至1.5倍工作压力,升压过程缓慢。达到试验压力后,停压10min,以无泄漏、目测无变形为合格。

(2)水压试验宜在环境温度为5℃以上时进行,否则须有防冻措施,水压试验应用洁净水进行。水压实验压力对中、低压管道应为1.25倍工作压力;对高压管道应为1.5倍工作压力。但在水压试验时应注意,不得超过管道仪表、阀门等配件的压力承受能力。

2. 承压管路的气密性试验

(1)对燃气管路应做气密性试验,气密性试验应在水压试验后进行。

(2)气密性试验压力为1.0倍的工作压力。

(3)气密性试验介质一般采用空气,在管线达到气密性试验压力后,应用涂刷肥皂水方法进行管线的泄漏检查。同时应在气密性压力下稳压30min,压力不降,气密性试验为合格。

(五)锅炉管道的冲洗

(1)在锅炉范围内的所有管线在工地安装完毕后,必须进行冲洗和吹扫,以清除管内的杂物。

(2)用水冲洗锅炉汽水管路时,其水质必须是软化水,冲洗水量应大于正常运行时的最大水量。

(3)燃气管线的吹扫介质可用燃气或惰性气体(如二氧化碳、蒸汽等)。

燃气管线的吹扫目的,主要是清除管道的空气,以防止燃气爆炸。吹扫时间按现场实际情况而定,一般不少于5min。吹扫出口应取样分析,其含氧量小于1%为合格。在吹扫时应将通往炉膛内的阀门关闭,以防吹扫介质进入炉膛。对第一次投运管线,以燃气为吹扫介质时,应控制流速在 5m/s 以下,待吹扫出口含氧量达 2% 时,增加流速。用惰性介质做吹扫介质时,应两步走,先用惰性介质吹扫而后再用燃气加以置换。

(六)动力盘检查、单机试车

(1)断开动力盘总电源空气开关,按照动力配线图检查动力盘内布线。同时依照各电动机额定电源整定好各空气开关和热元件动作电流。

(2)用兆欧表检查各电动机相间绝缘和对地绝缘。

(3)对柱塞泵、空气压缩机曲轴箱进行清洗,并分别加入 150 号抗磨液压油、19 号空气压缩机油或性能相当的润滑油。对轴的平行度与皮带张力进行检查,一般轴的平行度应小于 1.2mm,皮带张力适中,不能太松或太紧。

(4)入口减振器充氮,充氮压力为泵进口水压的 90%。检查水汽系统流程及阀门情况,防止无水启动柱塞泵或造成泵憋压。

(5)分别手动启动柱塞泵、空气压缩机、鼓风机。观察电动机旋转方向,如果旋转方向不对,应将三相线中的其中两相对调。

(6)拆开仪用空气管线与仪表、调压阀接头,启动空气压缩机进行扫线,然后复原。

(七)仪电控制盘及火焰安全系统检查

(1)根据锅炉程控图检查仪电控制盘接线情况。对于使用 PC 程序的锅炉,最好用编程器或电脑对照程序清单把程序逐条检查一下。

(2)按锅炉仪表控制图,检查仪表接线,控制回路连接情况。

(3)拆下燃烧器上紫外线火焰检测器,用火焰或光源检查锅炉仪电控制盘面的火焰指示表动作,或点火程序器的火焰信号反应,即故障代码。

(八)烘炉

1. 烘炉前必须具备的条件

(1)锅炉本体安装及管线保温已结束。

(2)锅炉所需用的各系统已安装、调试完毕,并能随时投入工作。

2. 烘炉方法及注意事项

一般先用小火烘干约 8h,可使水分蒸发掉二分之一;然后调为中火,再运转 8h,最后用大火再烘干 8~10h,可全烘干。烘炉中要注意升温不应太快,在烘干期间,使用适量的过量空气,给水换热器不能旁路,否则,对流段耐火层上会产上冷凝水,结果造成靠近火嘴部分炉衬烘干,而对流段部分炉衬不能烘干。烘炉时对流段下面的排污阀应打开排水,烘炉完毕后,应检查炉膛耐火层情况,防止其产生裂纹等缺陷,同时应做好记录。

(九)锅炉 72h 试运转

1. 锅炉 72h 试运转的条件

(1)所有有关锅炉土建、安装工作已按设计全部完工。

(2)锅炉水处理系统经调试处于备用工况。

(3)根据各地区的气候特点和结冻程度,对设备管道等实施防冻措施,运行前做好防冻工作。

(4)锅炉调试已结束,锅炉能正常连续稳定工作。

2. 锅炉72h试运转操作

① 锅炉72h试运转应在满负荷情况下,以便充分考核锅炉是否能达到设计规定参数。

② 锅炉72h试运转中应每小时记录一次试运转参数。

③ 锅炉72h试运转合格后,厂方与用户一起做好设备移交工作,并认真就实际情况填写备忘录。

五、注汽锅炉运行中的监视和调整

运行中的注汽锅炉随时都要对其蒸汽参数(如蒸汽温度、蒸汽压力和蒸汽干度)及燃料(油、气)参数(如燃油压力、燃油温度、雾化压力、燃气压力)进行监视和调整。

锅炉运行中应记录的主要数据如下:

(1)炉膛压力:注汽锅炉属于微正压运行的锅炉,其燃油、燃气时,炉膛压力为400~450Pa。在锅炉连续运行过程中,如果出现锅炉炉膛压力上升的现象,就表明对流段鳍片管有积灰存在,需对对流段进行吹灰处理后方能生产运行。

(2)水汽系统管路的压力降:应记录水汽系统管路上每一部分的压力降,最好是记录在同一给水流量、同一蒸汽出口压力和蒸汽出口温度下的管路内压力降。如果在锅炉运行过程中,压力降不断上升,就表明管线内结垢速度在增快,压力降达到一定值时,必须停炉进行化学清洗。

(3)燃烧器油喷嘴压力:在燃油控制阀开度已定的情况下,燃油系统压力的变化表明燃烧器油嘴的喷孔有堵塞、结焦和磨损等现象。

(4)给水流量:在锅炉运行过程中,记录锅炉给水流量数据,可以用来监测柱塞泵的泵效及泵的实际工作情况。如果数据发生变化,就表明柱塞泵出现了故障(如阀片损坏、密封填料泄露等故障)。

(5)燃料消耗量:记录该参数是为了计算注汽锅炉的热效率,并与其设计数值比较,找出导致锅炉热效率降低的原因,并采取技术措施加以处理,确保锅炉始终处于高效、经济工况下运行。

(6)蒸汽干度,蒸汽出口压力,蒸汽温度,辐射段和对流段的压力及温度,烟气含氧量及二氧化碳、二氧化硫、氮氧化物含量,燃油温度,燃油控制阀开度,鼓风压力,炉管温度等参数:依据这些参数,实时调整锅炉运行工况,保证锅炉安全、环保、连续运行。在满足油田注气生产需要的同时,尽量减少温室气体的排放。

六、锅炉燃烧的监视和调整

锅炉燃烧的好坏直接影响蒸汽压力、温度及蒸汽质量的稳定,如果燃烧不当,还直接影响锅炉安全,降低锅炉运行热效率。

(一)锅炉运行时注意事项

(1)应根据锅炉负荷、蒸汽压力及温度、燃烧系统参数的变化,及时调整燃料量和空气量,使锅炉在最佳燃烧工况下运行。

(2)要严密注意紫外线火焰检测器动作是否灵敏,如果发现故障,应迅速加以处理。在此期间,锅炉应停运,不能再次点火,直至紫外线火焰检测器恢复正常。

(3)应在锅炉安全、环保、可靠运行的基础上,提高锅炉运行的经济性,尽量减少各项热损失,提高锅炉运行的热效率。

(二)锅炉在燃烧调整时的注意事项

(1)科学合理地调节燃烧/空气比,保持最佳过量空气系数,即烧石油时 $\alpha = 1.15 \sim 1.2$(烟气中的氧气含量 $O_2 = 3\% \sim 4\%$);烧重油时 $\alpha = 1.2 \sim 1.3$(烟气中的氧气含量 $O_2 = 4\% \sim 5\%$);烧天然气时 $\alpha = 1.05 \sim 1.15$(烟气中的氧气含量 $O_2 = 1\% \sim 3\%$);烧煤气时 $\alpha = 1.05 \sim 1.1$(烟气中的氧气含量 $O_2 = 1\% \sim 2\%$),降低各项热损失。

(2)经常观察炉膛内火焰形状、颜色、大小、位置,判断并调整炉膛内燃烧工况。

(3)观察锅炉烟囱排烟情况,无论是大火、中火、小火燃烧工况,均不能冒黑烟(烧油)。如果冒黑烟,则说明锅炉处于负氧燃烧工况,即过量空气系数小,应通过风门连杆机构调整风门开度,直至烟囱不冒黑烟或烟气中氧气的含量升高为止。

七、锅炉燃烧天然气的调整

(1)锅炉仪电控制盘控制开关的位置按表5-5顺序进行操作。

表5-5 锅炉仪电控制盘控制开关操作顺序

顺序	名称	开关位置
1	控制电源开关	合(ON)
2	空气压缩机开关	合(ON)
3	鼓风机开关	自动(ATUO)
4	柱塞泵开关	自动(ATUO)
5	燃料选择开关	天然气(GAS)
6	调火开关	小火
7	引燃开关	合(ON)
8	蒸汽压力低旁路开关	合(ON)
9	程序电源(连锁电路)开关	合(ON)
10	复位或启动按钮	按(ON)
11	延长引燃开关	关(OFF)

(2)为降低启动电流,PLC已安排好启动大容量电动机的顺序,即柱塞泵先启动,延时5s后鼓风机再启动。

(3)5min前吹扫结束后,点火程序器开始工作,即:预吹扫→保持→点引燃火→点主燃火→运行监控→灭火后吹扫。当紫外线火焰检测器检测到引燃火焰,主燃指示灯亮,同时两个主燃气电动阀带电,自动或"自动+手动"打开。

(4)若两个燃气电动阀带手柄,则需人工扳动其手柄,才能打开。操作时,先将两个天然气电动阀手柄向顺时针方向扭转使其复位,然后再逆时针方向转动将它打开,此时燃气电动阀的视窗便有"开(ON)"字显示。在打开第二个天然气电动阀时,动作要慢,以避免天然气急剧冲进炉膛,产生冲击火焰烧坏炉管。

(5)主火焰点着且燃烧稳定后,将引燃开关转向断开位置,熄灭引燃火。

(6)锅炉在小火工况运行10~15min后,可检查锅炉周围有无渗漏及反常现象。

(7)调节变频器的频率,改变柱塞泵电动机转速,使锅炉给水流量达到注汽方案要求的数值(如18t/h),这时锅炉工作压力不超过允许范围。

(8)将调火开关转到自动(或调火)位置,通过仪电控制盘触摸屏的火量调节器,使电动执行器的行程增大,通过连杆机构开大燃气调节蝶阀,同时风门也随之开大,并保持火量/空气/水量的比例,直至锅炉处于大火工况下运行,并保持蒸汽干度为70%~80%。

(9)锅炉在大火工况(燃气调节蝶阀开度为60%~70%)下运行时,应从锅炉尾部过渡段的火焰观火视窗观察火焰的形状和颜色。稳定而良好火焰的颜色是青蓝色,火焰尖端为黄色,火焰长度为辐射段长度的1/4,火焰截距不烧炉管。否则要查明原因并及时调整。

(10)依据设置在烟道中的氧含量检测分析仪所采集的含氧量数据,进行锅炉的燃烧调整。完全燃烧时,烟气中的含氧量应为 $O_2 = 1\% \sim 3\%$(对应的 $\alpha = 1.05 \sim 1.15$),否则要进行燃烧调整。在保持锅炉蒸汽干度为70%~80%的前提下,实施锅炉燃烧调整。

① 当含氧量低于1%时,调133L型气体调压阀的调节螺钉,逆时针转动,使膨胀管的燃气压力降低,从而提高炉膛的过量空气系数,烟气中氧气含量也随之升高。

② 当含氧量高于3%时,将133L型气体调压阀的调节螺钉顺时针转动,使膨胀管的燃气压力升高,从而降低炉膛的过量空气系数,烟气中氧气含量也随之降低,直至烟气中的含氧量为1%~3%为止。

(11)调节火量,使锅炉处于小火工况(燃气调节蝶阀开度为10%~20%)下运行。依据设置在烟道中的氧含量检测分析仪所采集的氧气含量数据,进行锅炉的燃烧调整。完全燃烧时,烟气中的含氧量 $O_2 = 1\% \sim 3\%$(对应的 $\alpha = 1.05 \sim 1.15$),否则要进行燃烧调整。在保证锅炉不灭火的前提下,实施锅炉燃烧调整,即调整天然气调节蝶阀的起始开度的位置。

① 当含氧量低于1%时,加长蝶阀连杆,减小蝶阀开度。

② 当含氧量高于3%时,缩短蝶阀连杆,增加蝶阀开度,从而增加进入炉膛的燃气量,烟气中氧气含量会降低,直至烟气中的含氧量为1%~3%为止。

(12)调节火量,使锅炉处于中火工况(燃气调节蝶阀开度为30%~50%)下运行。依据设置在烟道中的氧含量检测分析仪所采集的含氧量数据,进行锅炉的燃烧调整。完全燃烧时,烟气中的含氧量 $O_2 = 1\% \sim 3\%$(对应的 $\alpha = 1.05 \sim 1.15$),否则要进行燃烧调整。在保持锅炉蒸汽干度为70%~80%的前提下,实施锅炉燃烧调整。

① 当含氧量低于1%时,调133L型气体调压阀的调节螺钉,逆时针转动,使膨胀管的燃气压力降低或逆时针调节风门连杆,使风门开度增大,从而提高炉膛的过量空气系数,烟气中含氧量也随之升高。

② 当含氧量高于3%时,将133L型气体调压阀的调节螺钉顺时针转动,使膨胀管的燃气压力升高或顺时针调节风门连杆,使风门开度减小,从而降低炉膛的过量空气系数,烟气中含氧量也随之降低。直至锅炉大火、中火、小火运行工况下,烟气中的含氧量为1%~3%,即为

调整合格。

(13)在锅炉满负荷运行条件下,气动执行器或电动执行器应使风门全开。如果蒸汽干度过高,应降低火量以保持适当的蒸汽干度。一般情况下,只要干度不超高就不会达到过热状态。

八、锅炉燃油的调整

(1)锅炉仪电控制盘控制开关的位置按表5-6顺序进行操作。

表5-6 锅炉仪电控制盘控制开关的操作顺序

顺序	名称	开关位置
1	控制电源开关	合(ON)
2	空气压缩机控制开关	合(ON)
3	鼓风机控制开关	自动(ATUO)
4	柱塞泵控制开关	自动(ATUO)
5	电加热器控制开关	合(ON)
6	燃料选择开关	油(OIL)
7	雾化选择开关	空气(AIR)
8	燃油管路电加热带控制开关	合(ON)
9	调火控制开关	小火
10	延长引燃控制开关	合(ON)
11	蒸汽压力低旁路开关	合(ON)
12	程序电源(连锁电路)开关	合(ON)
13	复位或启动按钮	按(ON)

(2)为降低启动电流,PLC已安排好启动大容量电动机的顺序,即柱塞泵先启动,延时5s后鼓风机再启动。

(3)5min前吹扫结束后,点火程序器开始工作,即:预吹扫→保持→点引燃火→点主燃火→运行监控→灭火后吹扫。当紫外线火焰检测器检测到引燃火焰,主燃指示灯亮,同时燃油电动阀(电磁阀)带电自动打开。此时燃油雾化空气电磁阀也带电自动打开,燃油被引燃火焰点着。调整雾化空气的压力与喷油嘴压力近似或稍高一点,使燃油完全燃烧。

(4)主火焰点着且燃烧稳定后,将延长引燃开关转向断开位置,熄灭引燃火。

(5)调火开关在小火位置燃烧10~15min,利用这段时间检查锅炉有无渗漏及异常现象。

(6)调节变频器的频率,改变柱塞泵电动机转速,使锅炉给水流量达到注汽方案要求的数值(如18t/h),这时锅炉工作压力不超过允许范围。

(7)将调火开关转到自动(或调火)位置,通过仪电控制盘触摸屏的火量调节器,使电动执行器的行程增大。通过连杆机构开大燃油流量控制阀,同时风门也随之开大,并保持火量/空气/水量的比例,直至锅炉处于大火工况下运行,并保持蒸汽干度为70%~80%。

(8)调整燃油空气雾化压力减压阀,使空气雾化压力为240~343kPa,防止火焰直接烧到炉管。

(9)锅炉在大火工况(燃油流量控制阀开度为60%～70%)下运行时,应从锅炉尾部过渡段的火焰观火视窗观察火焰的形状和颜色。稳定而良好火焰的颜色为橙黄色,火焰长度为炉膛(辐射段)长度的3/4左右,火焰截距不烧炉管。否则要查明原因并及时调整。

(10)锅炉出口蒸汽干度达到40%时,可进行燃油雾化切换操作,即将此时的空气雾化转换为蒸汽雾化。

① 打开燃油雾化蒸汽管路的三级减压手动阀门,来自锅炉辐射段出口的雾化蒸汽,经三级减压装置压力降至0.5MPa后进入燃油蒸汽雾化分离器。蒸汽被二次汽化和汽水分离产生干蒸汽,干蒸汽经95H减压阀(用开口扳手松开95H减压阀调整螺钉的锁紧螺母,顺时针旋转压力调整螺钉,蒸汽雾化压力升高;逆时针旋转压力调整螺钉,蒸汽雾化压力降低。调整合格后,拧紧锁紧螺母),压力被降至400～420kPa。

② 调节火量使锅炉处于中、小火工况下运行。

③ 将延长引燃控制开关打开,使引燃火点着,以防切换过程中造成锅炉灭火。

④ 将雾化选择控制开关转向中间位置,即空气和蒸汽同时雾化。

⑤ 待火焰稳定后,再将雾化选择开关转向蒸汽位置,干蒸汽通过雾化电磁阀、单向阀、燃油雾化总软管进入燃油喷嘴去雾化燃油。最后断开延长引燃控制开关,使引燃火熄灭,调节火量至大火工况,锅炉转入正常运行工况。

(11)依据设置在烟道中的氧含量检测分析仪所采集的含氧量数据,进行锅炉的燃烧调整。石油完全燃烧时,烟气中的含氧量$O_2 = 3\% \sim 4\%$(对应的$\alpha = 1.15 \sim 1.2$),否则要进行燃烧调整。

① 当含氧量低于3%时,调95H燃油压力调节器的调节螺钉,逆时针转动,使燃油压力降低,从而提高炉膛的过量空气系数,烟气中含氧量也随之升高。

② 当含氧量高于4%时,调95H燃油压力调节器的调节螺钉,顺时针转动,使燃油压力升高,从而降低炉膛的过量空气系数,烟气中含氧量也随之降低,直至烟气中的含氧量为3%～4%为止。

(12)调节火量,使锅炉处于小火工况(燃气调节蝶阀开度为10%～20%)下运行。依据设置在烟道中的氧含量检测分析仪所采集的含氧量数据,进行锅炉的燃烧调整。完全燃烧时,烟气中的含氧量$O_2 = 3\% \sim 4\%$(对应的$\alpha = 1.15 \sim 1.2$),否则要进行燃烧调整。在保证锅炉不灭火的前提下,实施锅炉燃烧调整,即调整燃油流量控制阀或风门的起始开度的位置,改变燃料与空气的比例,直至烟气中的含氧量为3%～4%为止。

(13)调节火量,使锅炉处于中火工况(燃油流量控制阀开度为30%～50%)下运行。依据设置在烟道中的氧含量检测分析仪所采集的含氧量数据,进行锅炉的燃烧调整。完全燃烧时,烟气中的含氧量$O_2 = 3\% \sim 4\%$(对应的$\alpha = 1.15 \sim 1.2$),否则要进行燃烧调整。

① 当含氧量低于3%时,逆时针调节风门连杆,使风门开度增大,从而提高炉膛的过量空气系数,烟气中含氧量也随之升高。

② 当含氧量高于4%时,顺时针调节风门连杆,使风门开度减小,从而降低炉膛的过量空气系数,烟气中含氧量也随之降低。直至锅炉大火、中火、小火运行工况下,烟气中的含氧量为3%～4%,即为调整合格。

九、巡回检查

注汽锅炉自动化程度较高,又设置了多项报警连锁停炉装置,保证了锅炉的安全性和可靠性。然而,在运行过程中坚持巡回检查制,仍有着重要的作用,可更进一步及时发现问题、处理问题,确保锅炉安全高效运行。巡回检查内容和路径如下。

(一)柱塞泵

(1)曲轴箱的油位应保持在1/2~2/3处,油标上看到的油色应是清亮棕黄色,若发现油色变黑、乳化、混浊应及时更换;

(2)电动机、柱塞泵的旋转声音应均匀而无杂音;

(3)电动机、泵体的温度不应超过允许的温度;

(4)电动机和泵体的振动正常;

(5)润滑油压力为0.2~0.4MPa;

(6)柱塞泵各柱塞密封填料处滴漏正常;

(7)电动机和泵体上的所有紧固螺栓(如地脚螺钉、泵头螺栓、曲轴箱端盖螺栓等)不许有松动现象。

(二)空气压缩机

(1)曲轴箱的油位应保持在1/2~2/3处,油标上看到的颜色应是清亮棕黄色,若发现油变黑、乳化、混浊应及时更换;

(2)电动机、空气压缩机的旋转声音应均匀而无杂音;

(3)电动机温度不超过允许值(高于环境温度40℃以内);

(4)压力控制开关工作正常;

(5)各个部位的紧固螺钉(机体、缸体、电动机底座等)不许有松动现象。

(三)燃烧器

(1)电动执行器工作正常;

(2)燃烧器的燃油喷嘴、导风孔板无结焦现象;

(3)燃烧器的软连接风管、风门连杆机构无松动;

(4)鼓风机旋转声音正常,电动机温升不超过允许值;

(5)紫外线火焰检测器工作正常;

(6)燃烧器门、燃油管件等各连接处的紧固接头不许有松动现象。

(四)锅炉仪电控制盘、动力盘

(1)仪电控制盘面的各控制开关位置正常;

(2)动力盘面的电压、电流表指示正常;

(3)动力盘、仪电控制盘内的空气开关、交流接触器、热继电器、控制变压器、PLC、点火程序器等电气与自控设备工作正常,盘内无过热和异常气味;

(4)仪电控制盘上的工作指示灯、触摸屏各工作画面切换、工作显示正常。

(五) 锅炉本体及燃烧工况

(1) 辐射段表面温度不许超过 80℃,不得有炉体过热、"烧红"现象;

(2) 从锅炉尾部的过渡段观火孔观察炉膛内炉衬是否有脱落部分,燃烧火焰的颜色、形状、大小、位置正常,无烧、燎炉管现象;

(3) 锅炉尾部的炉门、对流段护板无窜烟、窜火现象;

(4) 燃油、燃气时,油温、油压、雾化压力、燃气引燃压力、燃气压力等工作参数正常。

(六) 各系统流程、工艺管道

(1) 各系统流程阀门位置正常;

(2) 各系统流程的压力、温度、流量等参数显示正常;

(3) 各系统流程的管路无振动、无跑冒滴漏和松动现象。

十、注汽锅炉报警项目的检查与调整

(一) 仪表用气源压力低报警检查与调整

控制电源开关开,空气压缩机控制开关开,空气压缩机启动。随着仪用空气压力的渐升,其报警指示灯由亮变灭,说明此项报警性能正常。否则可调整仪用空气压力开关的给定螺钉,使给定值(报警值)符合要求,即为 0.25MPa。

(二) 柱塞泵入口水压力低报警检查与调整

按操作规程启动水处理设备及注汽锅炉设备,锅炉进行前吹扫并无报警显示。此时缓慢关闭柱塞泵入口手动阀门,并观察柱塞泵入口水压表读数等于或略低于 0.07MPa。此时水压报警指示灯亮,同时连锁锅炉停炉进入后吹扫程序,说明此项报警功能正常。否则通过触摸屏重新调整和设定,直到符合要求为止。

(三) 锅炉给水流量低报警检查与调整

按锅炉操作规程启动锅炉,锅炉前吹扫期间柱塞泵运转,缓慢打开差压变送器三组阀中的平衡阀,当水量降到锅炉额定流量的 30% 时,水流量低报警灯亮,同时连锁锅炉停炉进入后吹扫程序,说明此项报警功能正常。否则通过触摸屏重新调整和设定,直到符合要求为止。检查与调整完毕后,将三组阀中的平衡阀恢复到原来位置。

(四) 鼓风机压力低报警检查与调整

按锅炉操作规程启动锅炉,锅炉前吹扫期间鼓风机运转,通过改变鼓风机变频器的频率或通过触摸屏设定其工作压力为报警值,即 1.75kPa(0.86kPa)。此时鼓风机压力低报警灯亮,同时连锁锅炉停炉进入后吹扫程序,说明此项报警功能正常。否则通过触摸屏重新调整和设定,直到符合要求为止。

(五) 燃油压力低报警检查与调整

按燃油操作规程启动锅炉,调燃油压力调节器,使油压降至 0.35MPa,此时燃油压力报警指示灯亮,说明此项报警功能正常。否则通过触摸屏重新调整和设定,直到符合要求为止。

(六)天然气压力低报警检查与调整

按燃气操作规程启动锅炉,在锅炉运行工况下,缓慢关闭燃气管路入口手动阀门,使天然气压力逐渐降低到 0.07MPa。此时报警灯亮,同时连锁锅炉停炉进入后吹扫程序,说明此项报警功能正常。否则通过触摸屏重新调整和设定,直到符合要求为止。

(七)燃油雾化压力低报警检查与调整

按燃油操作规程启动锅炉,调燃油雾化压力调节器,使燃油雾化压力降低至 250kPa,此时报警灯亮,说明该项报警功能正常。否则通过触摸屏重新调整和设定,直到符合要求为止,然后将燃油雾化压力调节器恢复到原来位置。

(八)柱塞泵润滑油压力低报警检查与调整

按锅炉操作规程启动锅炉,锅炉前吹扫期间柱塞泵运转,通过触摸屏设定其工作压力为报警值,即 0.1MPa。10s 后报警灯亮,同时连锁锅炉停炉进入后吹扫程序,说明润滑油压力低报警功能正常。否则通过触摸屏重新调整和设定,直至符合要求为止。

(九)蒸汽压力低报警检查与调整

按锅炉操作规程启动锅炉,锅炉前吹扫期间柱塞泵、鼓风机运转,憋压使蒸汽压力略高于 2.8MPa。然后将蒸汽压力低旁路控制开关关闭,缓慢打开放空阀门使压力慢慢降至 2.8MPa。此时报警灯亮,说明此项报警工作正常。否则通过触摸屏重新调整和设定,直到符合要求为止。

(十)燃油温度低报警检查与调整

按燃油操作规程启动锅炉,在锅炉运行工况下,关闭燃油电加热器或减少进入燃油蒸汽加热器的蒸汽量,使燃油温度下降到报警值 70℃,报警指示灯亮,说明此项报警功能正常。否则通过触摸屏重新调整和设定,直到符合要求为止。

(十一)蒸汽压力高报警检查与调整

按锅炉操作规程启动锅炉,锅炉前吹扫期间柱塞泵、鼓风机运转,憋压使蒸汽压力升高,当蒸汽压力达到报警值 17.5MPa(高压注汽锅炉更高)时,报警指示灯亮,说明报警功能正常。否则通过触摸屏重新调整和设定,直到符合要求为止。

(十二)炉管管壁温度、蒸汽温度、排烟温度、燃烧器口温度高报警检查与调整

按操作规程启动锅炉,在锅炉运行工况下,通过触摸屏设定其工作压力等于各自的报警值,此时报警指示灯亮,并连锁锅炉停炉进入后吹扫程序,说明此项报警功能正常。检查与调整完毕后,系统恢复正常。

(十三)电源故障报警检查与调整

打开控制电源开关,触摸屏切换到报警画面,通过降低控制电源的电压或瞬时断电又合上,试验报警情况。

(十四)灭火报警检查与调整

灭火报警电路是不能被连锁旁路的,所以检查时必然要造成停炉。这种检查可在锅炉启

动初期,在蒸汽压力、汽温及蒸汽干度都比较低的状态下进行。

(1)松开紫外线火焰检测器上三只固定螺钉,取下检测器,使紫外线光敏管避开火焰,这时首先是燃料阀关闭造成灭火,同时报警灯亮(闪烁),则表示灭火报警系统工作正常。检查完毕,将紫外线火焰检测器复位固定,重新启炉。

(2)在锅炉正常运行过程中,突然关闭天然气手动阀门,或在点火启炉过程中不开引燃手动阀门,灭火报警灯亮,则说明此项报警工作正常。如果不亮,则必须检查不报警原因,并进行处理。

(十五)燃烧器风门铰链开关报警检查与调整

把燃烧器风门铰链微动开关卸下,按复位启动按钮,此时报警指示灯亮,说明此项报警功能正常。否则需调整微动开关的安装位置,直到正常为止。

资料链接

(1)过热注汽锅炉报警项目有哪些?

过热注汽锅炉报警项目见表5-7。

表5-7 过热注汽锅炉报警项目

序号	报警项目	报警设定值	序号	报警项目	报警设定值
1	锅炉给水流量低		18	燃油压力低	
2	柱塞泵入口水压力低		19	燃油温度低	
3	柱塞泵润滑油压力低		20	雾化压力低	
4	柱塞泵出口压力高		21	仪用空气压力低	
5	主蒸汽压力高		22	燃烧器门打开	
6	主蒸汽压力低		23	柱塞泵变频器故障	
7	辐射段出口压力高		24	鼓风机变频故障	
8	辐射段出口蒸汽温度高		25	火焰故障	
9	辐射段出口管温高		26	电源故障	
10	过热段出口压力高		27	球形分离器液位高	
11	过热段出口蒸汽温度高		28	球形分离器液位低	
12	过热段出口管温高		29	过热段压阻上限	
13	燃烧器瓦口温度高		30	辐射段出口干度高	
14	排烟温度高		31	过热段入口流量低	
15	燃烧空气压力低		32	主蒸汽温度高	
16	燃气压力高		33	辐射段压阻上限	
17	燃气压力低		34	过热段压阻上限	

(2)造成锅炉事故的原因是什么?

锅炉是一种受压设备。它经常处于高温下运行,而且还受烟气中有害杂质的侵蚀和飞灰的磨损。如果对操作者管理要求不严,不严格按照操作规程操作和维护保养设备,就会发生事故,严重时甚至会发生爆炸,造成不可弥补的损失。但是只要掌握它的操作规程,认真对待,加强对锅炉的维护保养和管理工作,事故是能够避免的。

由事故分析可知道,绝大部分锅炉事故是责任事故,偶尔也有人为的破坏事故。发生责任事故的原因很多,有的是属于锅炉设备的先天性质量问题;有的是属于锅炉在使用中的管理和操作问题。先天性质量问题是指锅炉在设计、制造、搬运和安装中所造成的缺陷。管理和操作问题主要是指管理不严,劳动纪律松懈,不遵守安全操作规程,不坚守工作岗位,不严密监视安全仪表,不定期检验,不及时检修,对新装和新修锅炉没有严格检验和验收,等等。但不论是破坏事故或责任事故,要防止事故的发生,最根本的一条是加强设备的安全管理。

(3)对处理锅炉事故的要求是什么?

锅炉发生事故时,判断事故原因和处理方法要准确,处理时要快速,防止事故继续扩大,同时要立即报告领导及有关人员。如发生严重事故,应保护现场,并向主管部门报告。

事故之后,应将发生事故的设备、时间、经过及处理方法等详细记录,并根据具体情况进行分析,找出事故的原因,从中吸取教训,防止类似事故再次发生,并写成书面材料报告主管部门。

(4)锅炉炉管爆破时的现象有哪些?

① 炉管爆破时有显著的响声,爆破后有喷汽声。
② 炉膛压力升高,有炉烟和蒸汽从人孔门处喷出;
③ 蒸汽压力和给水压力下降,排烟温度下降;
④ 炉内火焰发暗,燃烧不稳定或熄灭;
⑤ 给水流量增加,蒸汽流量明显下降。

(5)引起锅炉爆管的原因有哪些?

锅炉爆管是指管线某一部位因超压、过热等原因爆开一定形状的裂口,炉水从中刺出,锅炉被迫停炉的现象。爆管的主要原因如下:

① 锅炉燃烧工况不稳,火焰经常燎(烧)某一部位的炉管,造成该部位炉管长期过热,从而爆管;
② 锅炉给水水质不符合标准,硬度高,炉管内壁结垢,使传热能力下降,导致管壁温度过高而爆破;
③ 管壁长期受烟气、飞灰磨损减薄;
④ 锅炉长期用含氧量不合格的水,水中含氧量增加,产生气体腐蚀,将炉管腐蚀成麻坑状,局部厚度减小,耐压降低,当工作压力或某种原因造成压力上升超过管壁耐压程度时,就会发生爆管;
⑤ 锅炉负荷过大而造成炉管内缺水,或因管外严重结焦而造成热偏差,均可导致炉管过热,引起爆管;
⑥ 材质、安装和检修不良,焊接质量不好或管内留杂物等均可引起管壁局部过热而凸变,引起爆管;
⑦ 点火过猛或停炉太快,引起炉管膨缩不均,造成焊口破裂。

锅炉爆管视炉管损坏程度和未爆管状况(壁厚)决定更换部分炉管还是全部炉管。爆管不仅带来直接经济损失,而且由于锅炉停运影响正常注汽,同时带来一定的间接损失,还要耗费一定的人力去修复,因此在工作中必须防止爆管。

(6)防止锅炉爆管的措施有哪些?

① 保证锅炉给水质量,防止结垢和氧腐蚀;

② 按规定程序进行点火、调火、停炉操作,运行中定期化验水质;

③ 保证观火孔清洁,加强锅炉燃烧火焰的检查,保持锅炉最佳燃烧工况;

④ 定期检查锅炉的给水流量低、给水压力低、蒸汽温度高、管壁温度高等各项报警,确保其灵敏、好用;

⑤ 定期对炉管外壁进行测量,发现变形或减薄的炉管应预先更换,并注意检修质量;

⑥ 及时清除炉管表面的积灰和结焦,注意渗漏情况;

⑦ 调整锅炉燃烧工况,避免火焰直接冲刷炉管管壁。

(7)何谓锅炉爆炸?造成锅炉爆炸的原因是什么?

锅炉爆炸事故是指锅炉燃烧室(炉膛)破裂后,使锅炉压力突然降到与外界大气压力相等而引起整个锅炉爆炸的破坏性事故。造成锅炉爆炸的原因较多,其主要原因如下:

① 超压:因锅炉运行压力超过最高允许工作压力而造成钢板破裂。由于安全阀失灵,到规定的压力不自动排气降压;压力表、压力变送器发生故障而不能准确指示工作压力;报警系统失灵而使运行人员未能及时采取预防措施等原因造成这种恶性事故。

② 过热:炉管因过热而破裂。造成过热的原因多是由于严重缺水或火焰直接燎炉管,或水垢太厚,或炉水中有油脂等。

③ 腐蚀:炉管内外表面因被腐蚀而减薄,在强度不够时破裂。

④ 槽裂:因运行中操作不当而使锅炉骤冷骤热,钢材因疲劳而在应力较高处产生槽裂。

⑤ 可燃气体:锅炉启动前未进行前吹扫或吹扫时间过短,或频繁启炉没有进行足够的时间吹扫,使炉膛内尚存可燃气体,在点火时而引起的锅炉爆炸。或因燃气切断阀泄露,造成气等火,在点火时而引起锅炉爆炸。

⑥ 设计、制造中的缺陷:设计的失误、钢材使用不适当、制造及检修质量不好以及焊接质量不合格均可引起锅炉爆炸事故。

(8)什么是锅炉的燃烧事故?有何现象?如何处理?其原因是什么?怎样预防?

锅炉的燃烧事故有烟道尾部二次燃烧和烟气爆炸两种。烟气爆炸后,常会因烟道损坏而被迫停炉,严重时,可能会因爆裂而造成重大伤亡事故。

① 烟道尾部燃烧或烟气爆炸时的现象。

(a)烟道排烟温度剧升;

(b)烟道内压力剧升;

(c)烟道冒浓黑烟;

(d)炉膛内压力减小;

(e)烟气爆炸时,有巨大响声,并喷出大量烟尘。

② 烟道尾部燃烧或烟气爆炸后的处理方法。

(a)立即停止向炉膛供给燃料,鼓风机停止鼓风。在有条件时,可向烟道内通入蒸汽或二氧化碳进行灭火。

(b)灭火后,检查设备,确认可以连续运行,再重新点火。

(c)如果炉壳裂开或有其他损坏影响锅炉正常运行时,应立即停止检修。

③ 烟道尾部燃烧或烟气爆炸的原因。

(a)油设备雾化不良、配风不当、炉膛温度不高,致使油在炉膛内不能完全燃烧,这时未燃尽的油雾进入尾部烟道后,在条件合适时,就会发生烟气爆炸或尾部燃烧。

(b)引燃火着,主火焰不建立。故多次反复进行点火,每次点火的炉膛吹扫时间短,造成尾部燃料积聚,在条件合适时,就会发生烟气爆炸或尾部燃烧。

(c)炉膛烟风阻力过大,可燃物积聚过多。

④ 烟道尾部燃烧或烟气爆炸的预防措施。

(a)正确及时调整锅炉燃烧工况,保证燃油雾化细度,合理配风,使在炉膛内的燃料能够完全燃烧。

(b)适当调整火焰的长度、中心位置,不让火焰燃烧中心后移。

(c)定期清除烟道内的积灰或油垢。

(9)锅炉燃油点火时,冒黑烟的原因是什么?

① 燃油温较低;

② 燃油压力高或油流量控制阀开度大;

③ 风机压力低,火风门开度太小。

(10)燃气时,不正常的火焰有哪些?

① 黄色浑浊的火焰:炉膛燃烧空气不足或燃气压力高。

② 暗蓝色火焰:炉膛过量空气系数小,即燃烧空气量不足。

③ 长而窄的火焰:燃气压力高或火焰中心空气量不足。

(11)燃油时,不正常的火焰有哪些?

① 暗橙烟雾状火焰:炉膛燃烧空气不足,燃油温度低,燃油雾化压力低,油中含水。

② 短涡状火焰:燃油温度高,燃油雾化压力高,炉膛过量空气系数高。

③ 长狭窄、无力的火焰:燃油压力高,炉膛燃烧空气不足。

(12)锅炉燃油加热系统为什么不起作用?

① 油泵空气开关断开或熔断丝断开;

② 油蒸汽加热恒温器有故障或燃油蒸汽管路阀门未打开;

③ 燃油电加热器未启动或有故障。

(13)火焰经常烧炉管的原因是什么?

① 燃油喷嘴结焦或磨损;

② 导风孔板结焦或位置不对;

③ 油枪位置不正;

④ 燃烧空气不足。

(14)空气压缩机不启动的原因是什么?其安全阀启跳原因是什么?

① 不启动的原因如下:

(a)电源问题或电气设备故障;

(b)空气压缩机由于缺油或其他原因卡住;

(c)储气罐压力在停机和启动之间。

② 安全阀起跳原因如下：

（a）储器罐压力超过最大限度；

（b）压力开关未调整好；

（c）控制电磁阀故障。

（15）柱塞泵运行时，排量达不到额定排量的原因是什么？

① 回水阀内漏，导致始终有回水；

② 柱塞泵阀片损坏、阀座有磨痕及阀片弹簧损坏，造成液力端内漏；

③ 柱塞泵密封填料过细或损坏，达不到吸入和排出液体的能力；

④ 电动机转数过慢，降低了柱塞泵运转频率。

（16）为什么柱塞泵运行时振动较大？

① 入口减振器损坏；

② 阀片或弹簧损坏；

③ 柱塞泵地脚螺栓松动；

④ 出口减振器损坏。

（17）锅炉运行时，为什么会出现水流量低的情况？

① 柱塞泵阀座磨损严重造成内漏；

② 阀片或弹簧损坏；

③ 差压变送器不准；

④ 锅炉回水阀漏失严重；

⑤ 差压变送器三阀组的平衡阀打开或内漏。

（18）锅炉燃油运行中，为什么燃烧器瓦口会结焦？

① 点炉初期，燃油温度低，燃油黏度大，不易雾化；

② 运行中，蒸汽压力由于外界原因突然降低，使蒸汽干度下降，导致燃油蒸汽雾化压力低，使油不能完全雾化，造成瓦口结焦。

（19）柱塞泵、鼓风机不能启动的原因是什么？

① 空气开关、磁力启动器、热元件、启动控制开关有故障；

② 电源缺相，电压未到380V；

③ 电动机故障；

④ 程序电源控制开关没接通或控制系统没电。

（20）133型气体调压阀输出不稳定的原因是什么？

① 天然气压力波动；

② 用气量或火量进行了调节；

③ 133调压阀反馈导管或膜片室漏气。

（21）柱塞泵在手动位置为什么不能启动？

① 热继电器、磁力启动器或空气开关跳闸；

② 仪电控制盘的控制开关、柱塞泵控制开关、PLC故障；

③ 水处理设备供水压力低；

④ 柱塞泵润滑油压力低报警；

⑤ 电动机故障或电源缺相,电压未到380V。

(22)柱塞泵在自动位置为什么不能启动?
① 后吹扫继电器没有复位或其延时触点接触不良;
② 前吹扫继电器故障;
③ 热继电器、磁力启动器或空气开关跳闸;
④ 仪电控制盘的控制开关、柱塞泵控制开关、PLC故障;
⑤ 燃烧器连锁电路开关没闭合或复位启动按钮没接通;
⑥ 电动机故障或电源缺相,电压未到380V。

(23)鼓风机在手动位置为什么不能启动?
① 空气开关、磁力启动器、热元件、启动控制开关有故障;
② 电源缺相,电压未到380V;
③ 电动机故障;
④ 程序电源控制开关没接通或控制系统没电。

(24)柱塞泵启动后振动大或有敲击声的原因是什么?
① 柱塞泵入口水压力低,供水不稳定;
② 柱塞泵的柱塞有脱落;
③ 柱塞泵入口减振器坏了或不起作用;
④ 阀片、阀座损坏或阀座弹簧折断;
⑤ 轴承移动或磨损;
⑥ 泵速太快。

(25)柱塞泵启动后为什么水流量不足?
① 泵阀片、阀座密封磨损或变形,密封不好或阀座弹簧折断;
② 一个或多个泵缸没有泵吸;
③ 泵进口阀门堵塞或皮带打滑;
④ 空气渗入泵内或密封填料漏失严重;
⑤ 旁通阀泄漏;
⑥ 差压变送器故障。

(26)柱塞泵密封填料为什么经常损坏严重?
① 柱塞泵安装不当;
② 润滑不当或润滑油不充足;
③ 密封填料选择不当;
④ 柱塞有伤痕;
⑤ 泵喉部衬套磨损或尺寸过大。

(27)离心泵在运行中为什么突然不打水压?
① 水泵抽空;
② 泵进口管线被杂物堵塞;
③ 叶轮被杂物堵死或叶轮掉;
④ 水泵进水管线断裂、穿孔或吸入空气;

⑤ 泵轴被卡死转不动。

(28)药泵运行中出现异声的原因是什么？

① 联轴器缓冲垫损坏；

② 泵动力端缺油造成干磨；

③ 泵出口单流阀堵塞造成出口阀门未打开；

④ 入口阀未打开或无药液被抽空；

⑤ 活塞螺纹未拧紧造成顶缸或基础松动。

(29)水处理设备再生时为什么不进盐水？

① 盐泵反转或叶轮堵；

② 电磁阀线圈坏了；

③ 盐泵出口截止阀坏了；

④ 进盐液(气)动阀坏了或其他工艺管线的液(气)动阀膜片坏了,造成盐水流失；

⑤ 离子交换器中的布盐器堵了；

⑥ 盐泵产生气蚀现象；

⑦ 盐泵入口过滤网堵塞严重。

(30)加药泵不进药的原因有哪些？

① 药泵入、出口单流阀装反了；

② 药泵的柱塞脱离；

③ 柱塞上密封圈损坏,造成药液流失；

④ 药泵冲程太小,没有达到吸入的药量。

(31)水处理设备中的树脂为什么流失？

① 反洗压力过高,造成树脂流失；

② 集水器有砂眼或裂痕,使树脂流失；

③ 集水头缝隙过大,使树脂进入集水头流失。

(32)水处理再生后,为什么水的硬度降不下来？

① 盐水未充分和树脂接触；

② 盐量少或盐水浓度过低；

③ 树脂中毒或树脂量太少；

④ 再生各步没有达到要求的效果；

⑤ 反洗阀内漏,造成生水直接进入树脂罐；

⑥ 取样不准或药品失效,造成假硬度；

⑦ 布盐器故障使盐水偏流,没有和树脂充分接触；

⑧ 再生时间短。

(33)水处理运行周期较短的原因是什么？

① 树脂罐内树脂流失严重,树脂的交换能力差；

② 再生时盐水浓度过低,使树脂未能达到充分还原；

③ 气源压力低,使软化水从排污阀流失；

④ 反洗阀内漏,使生水直接进入一级罐出口。

(34)锅炉给水流量为什么有时达不到额定值?
① 差压变送器失真,量程偏大或零点偏低;
② 柱塞泵阀片损坏漏水;
③ 差压变送器的输出信号管漏气;
④ 节流孔板装反;
⑤ 差压变送器三阀中的平衡阀没关严或内漏;
⑥ 锅炉回水阀内漏严重。

(35)锅炉给水流量偏高,有时降不下来的原因是什么?
① 回水阀打不开、阀芯掉了或变频器故障;
② 回水阀膜片室没有气源信号;
③ 调水电控制回路故障;
④ 差压变送器负压室手动阀未打开;
⑤ 差压变送器出现故障或量程太小。

知识拓展

(1)锅炉引燃火点不着的原因有哪些? 如何处理?
① 点火程序器运行至60~65s时,由于点火变压器不带电,故点火火花塞不打火。处理方法如下:
(a)检查点火变压器的接线端子(BC7000的为18)和控制线路(65号线);
(b)检查连接点火变压器与火花塞的高压线路;
(c)检查火花塞,清理积炭和调整电极间隙为1.6~2.4mm。
② 两个天然气引燃电磁阀在点火程序器运行至60~80s时,打不开。处理方法如下:
(a) 检查点火变压器的接线端子(BC7000的为5)和控制线路(68号线);
(b)检查电磁阀阀体、阀座等。
③ 天然气的引燃压力低或引燃管路堵塞。处理方法如下:
(a)检查引燃管路的手动阀门是否打开;
(b)调整一级引燃压力为14.7kPa(调节Y600);
(c)调整二级引燃压力为1.47kPa(调节Y600)。
④ 空气/燃气比没调整好。处理方法如下:
(a)拆下锅炉点火枪,清理针形孔积炭;
(b)检查点火枪的空气/燃气比调节螺钉,顺时针先将其拧紧,然后再逆时针旋松2.5~3周。
⑤ 风门开度大使引燃火被吹灭。处理方法:调整风门连杆机构,使风门处于关闭位置。
⑥ 紫外线火焰检测器不反馈火焰信号。处理方法如下:
(a)检查点火变压器的接线端子(BC7000的为L1、F、G、L2)和控制线路;
(b)取下火焰检测器,用打火机火焰或其他光源照射检测器的光敏管,判断其好坏并重新安装。

(2)热继电器为什么误动作?
① 整定值偏小,致使未过载就动作;

② 电动机启动时间过长,使热继电器在启动过程中动作;
③ 操作频率太高,使热继电器经常受启动电流的冲击;
④ 使用场合有强烈的冲击及震动,使热继电器动作机构松动而脱扣。
(3) 引燃火已着,但主燃料阀不开启的原因是什么?
① 紫外线火焰检测器没有发出信号;
② 紫外线火焰检测器的光敏管坏了;
③ 紫外线火焰检测器电路板有故障,不能将火焰信号转换成电信号输出;
④ 火焰电流指示表坏了;
⑤ 点火程序器的插入式火焰信号放大器接触不良或损坏;
⑥ 紫外线火焰检测器无110V电源。
(4) 锅炉灭火报警继电器为什么不动作?
① 点火程序器中的热继电器没动作;
② 灭火报警继电器有故障;
③ 报警控制线路有故障。
(5) 锅炉前吹扫结束风门关闭,但引燃指示灯不亮,即不点引燃火的原因是什么?
① 小火开关没有闭合,即点火程序器(BC7000)端子8~13不带电,或控制电路(38、39号线)不通;
② 前吹扫结束后,点火程序器端子4、3、16没有电,即程序器没带电;
③ 引燃开关没合上。
(6) 正常运行中的锅炉为什么会发生停炉?
① 有报警信号发生,且是一级报警,连锁锅炉停炉;
② 点火程序器中的热继电器动作;
③ 各控制点不可靠,端子接触不良;
④ 主电动阀有故障;
⑤ 燃料系统故障或燃油雾化效果不良;
⑥ 紫外线火焰检测器故障。
(7) 锅炉点火时,引燃火已着,为什么没点主燃火就灭了?
① 风量过大,将引燃火吹灭;
② 引燃电磁阀失电关闭;
③ 紫外线火焰检测器没有监测到火焰信号;
④ 点火程序器的插入式放大器接触不良或有故障;
⑤ 主燃料阀继电器2K没吸合。
(8) 锅炉在大火工况下运行,为什么蒸汽干度有时达不到70%~80%?
① 燃料压力低或燃料的品质差;
② 燃料阀开度太小,使燃料供应量不足;
③ 气动、电动执行器不工作或损坏;
④ 火量调节无输出或损坏;
⑤ 调火电磁阀损坏了;
⑥ 取样器堵或冷却管损坏造成内漏;

⑦ 锅炉结垢使锅炉热效率降低。
(9)锅炉正常运行时,水量与火量为什么波动较大?
① 柱塞泵出口减振器减振效果不好;
② 柱塞泵有故障,输出水量不稳定;
③ 差压变送器输出不稳定;
④ 回水阀工作不稳定产生震荡;
⑤ 差压变送器正、负压室内有气体;
⑥ 柱塞泵阀片损坏。
(10)锅炉发出报警后,为什么不灭火?
① 连锁报警开关或线路被短路或处于限位检查状态;
② 燃料阀被卡住未关闭;
③ 燃料阀电源有故障不失电;
④ 报警灯或线路故障,发出报警而连锁未断。
(11)点火程序器到10s时就停止的原因是什么?
① 风门未开,使大火开关未闭合;
② 大火开关坏或安装不正确;
③ 电动执行器不工作;
④ 风门连杆位置不当。

任务四　燃热煤气注汽锅炉的运行

学习任务

(1)学习烧热煤气注汽锅炉的启动点火、运行及其调整、停炉操作。
(2)学习运行中的烧热煤气注汽锅炉的工艺流程、故障处理。

学习目标

(1)能独立进行烧热煤气注汽锅炉的启动点火、运行及其调整、停炉操作。
(2)能熟练掌握烧热煤气注汽锅炉的工艺流程、故障处理。
(3)能熟练掌握烧热煤气注汽锅炉的基本知识与基本技能。

技能操作

一、热煤气系统流程识别

(一)煤气

块煤或型煤→单斗提升机→煤仓→加煤机→煤气发生炉→物理/化学变化(氧化/还原/干馏/干燥)→热煤气→钟罩阀→湿式盘阀→除尘器→管道→煤气切断阀→煤气调节阀→燃烧器→注汽锅炉炉膛燃烧。

(二)汽化剂(空气+蒸汽)

汽化空气→鼓风机→调节阀→+煤气炉蒸汽→汽包→调节阀→炉底鼓风箱→炉箅→热煤气。

(三)燃烧空气与烟气

空气→锅炉鼓风机→热管换热器→调节阀→燃烧器→炉膛→与煤气混合燃烧→产生烟气→对流段→热管换热器→引风机→烟囱。

(四)软化水和蒸汽

来自锅炉的软化水→水箱→水泵→汽包→煤气炉水套→汽包→炉底鼓风箱和探火孔。

(五)生水和炉渣

生水→管道泵→水箱→钟罩阀/盘阀/灰盘/炉底鼓风箱/除尘器水封槽。

湿炉渣→大灰刀→灰盆→灰溜子→灰车→渣场(图5-2)。

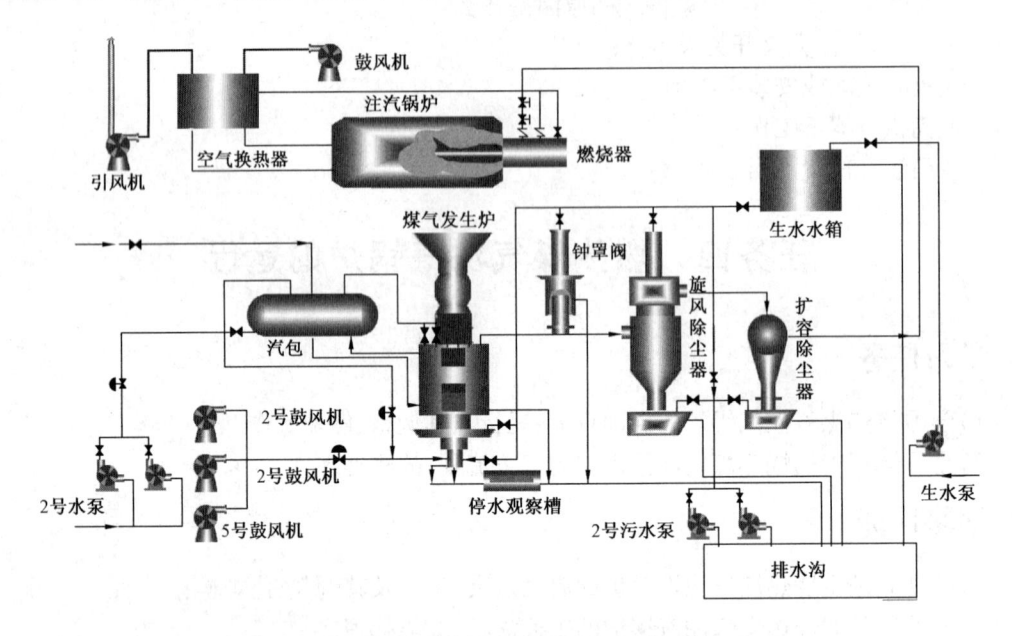

图5-2 烧热煤气的注汽锅炉工艺流程

二、燃热煤气注汽锅炉的运行

(一)水处理启动

1. 启动前的检查

(1)打开储水罐进、出口手动阀门,确认水罐内的水量在半罐以上(集中供水的注汽站要打开供水管路的手动阀门,并查看给水压力、化验水质指标);

(2)打开离子交换器(软水器)及盐水系统、加药系统的全部手动阀门(排污阀门要关闭);

(3)为再生组的离子交换器,准备好足够的浓度为10%的盐水;
(4)配备好足够的Na_2SO_3化学除氧药液;
(5)水泵、盐泵、药泵处于良好的工作状态;
(6)仪表电气、控制元件无缺损,气动(电动)阀门灵活,管线连接处无渗漏;
(7)水处理控制盘上各开关应处于断开位置;
(8)检查供电电源情况,三相电源应平衡。

2. 启动水处理操作

(1)合上水处理设备总电源开关及各种熔断开关,使水处理程序系统带电。
(2)操作下列各开关:控制电源开关开,使控制系统带电;空气压缩机储气罐出口阀开;空气压缩机开关开,空气压缩机启动运转(配电动阀的水处理,无此项操作);气(电)动阀的电磁阀开关开;水泵开关开,使水泵启动;药泵开关开,加药泵启动,并调好刻度和化验加药效果;搅拌器开关开,搅拌器启动;打开一、二级离子交换器的顶端排气阀排气,见水后关闭。水处理设备进入运行状态,观察一、二级罐出口压力,一般为0.3~0.65MPa,化验一级离子交换器出口水质硬度合格后(<30mg/L),给注汽锅炉供水。

(二)注汽锅炉启动

1. 启动准备

1)锅炉动力、控制系统送电

根据用电设备的负荷情况,按照由大到小的顺序依次送电。

(1)锅炉总电源(380V)空气开关开;柱塞泵空气开关(380V)开;鼓风机空气开关(380V)开;空气压缩机空气开关(380V)开;引风机空气开关开;电加热器空气开关(380V)关;电源变压器控制空气开关(380/220V)开。
(2)锅炉仪电控制盘内的总电源(220V)开关开;PLC电源(110V)开关开;点火程序器电源(110V)开关开;仪表电源开关(24V)开。
(3)仪电控制盘面的控制电源开关开,控制电源指示灯亮,PLC接通,点火程序器接通,触摸屏工作,切换到点火画面。

2)水汽系统

柱塞泵进、出口手动阀门开;辐射段出口去油井的生产阀门关;辐射段出口去排污扩容器的放空阀门开;井口注汽阀门关;井口放空阀门关;干度取样冷却水阀门开;给水换热器入口阀门开;给水换热器旁通阀门开;对流段出口阀门开;干度取样阀门开;炉管排气阀门关;辐射段排污阀门关;干度取样排污阀门开;各仪表阀门开;查看柱塞泵入口水压为0.3~0.5MPa;查看柱塞泵润滑油液位为1/2~2/3;去燃油加热及雾化蒸汽管路手动阀门关。

3)煤气系统

煤气炉由热备用工况转为生产工况,打开煤气管道蒸汽吹扫阀,进行蒸汽吹扫煤气管道。打开煤气管道的湿式切断盘阀,关闭钟罩放散阀,打开注汽锅炉端的煤气放散阀并点燃放散的热煤气火炬,等待注汽锅炉的启动点火。查看热煤气管网压力,应为300~1000Pa,热煤气温度为300~450℃。打开注汽锅炉引燃管路手动阀门,并确认一、二级Y600型压力调节器工作正常。

4)机械部位

柱塞泵手动盘车2~3周;查看百叶窗风门的连杆机构,确认风门在最小位置。

5)锅炉仪电控制盘面的开关操作

柱塞泵启动控制开关调为自动,鼓风机启动控制开关调为自动;程序电源(燃烧器连锁电路)控制开关关闭;燃料选择控制开关及气、蒸汽压力低旁路控制开关开;调火控制开关调为小火;引燃控制开关开;雾化选择控制开关调为任意位置;引风机控制开关开;油嘴电加热带控制开关关闭;根据需要调整照明开关。

6)柱塞泵变频器投运

变频器电源空气开关开,工频/变频选择控制开关调为变频,此时变频器输出接触器吸合,接受来自锅炉自动控制系统的控制。锅炉运行后,可用变频器输出调节旋钮调整锅炉给水流量,即注汽量或排量(为了节能,锅炉排量高于报警值即可。如23t/h注汽锅炉的启炉排量为14t/h)。

7)引风机变频器投运

变频器电源空气开关开,工频/变频选择控制开关调为变频,启动引风机,注汽锅炉炉膛压力为-1500Pa左右。

2. 启动注汽锅炉操作

(1)程序电源(燃烧器连锁电路)控制开关开,按下启动/复位按钮,则连锁指示灯、前吹扫指示灯亮,柱塞泵、鼓风机按顺序启动,锅炉进行5min负压前吹扫。

(2)前吹扫结束后,点火程序器开始工作,即:预吹扫→保持→点引燃火焰→主燃火焰建立→运行→灭火后吹扫。

(3)火焰正常后,将煤气放空阀由手动控制转为自动控制,关闭引燃控制开关,引燃火灭。

(4)锅炉小火运行5min左右,将调火控制开关调为大火,同时煤气站提升煤气压力,使锅炉处于大火量运行工况。同时调节引风机变频器,使炉膛压力保持为-50Pa左右运行,调节柱塞泵变频器,使水流量增加至注汽方案所要求的排量(如18t/h)。

(5)当锅炉大火运行大于20min或蒸汽温度达到230℃以上时,打开辐射段出口去油井的生产阀门,同时缓慢关闭辐射段出口去排污扩容器的放空阀门,使蒸汽注入油井。锅炉转入正常运行工况。

三、运行与调整操作

(1)在锅炉运行中,每小时应记录一次各点参数,锅炉运行报表上各项参数都应准确记录。

(2)每小时化验分析一次蒸汽干度并保持70%~80%。蒸汽干度化验方法如下:

① 用炉水清洗三次后的250mL锥形瓶,在锅炉干度取样器处,取约50mL炉水水样。

② 用炉水清洗三次后的20mL量筒,量取20mL炉水水样,并倒入锥形瓶中。

③ 先滴入三滴甲基橙,并摇晃均匀,再用浓度为5%的硫酸进行滴定。

④ 调整好酸式滴定管后,往滴定管中缓慢注入硫酸至滴定管的某个整数刻度,并记录此刻度数值。用左手正确握住滴定管的旋塞阀,缓慢成滴状滴入右手中的锥形瓶水样中,同时右

手顺(逆)时针匀速摇晃锥形瓶的水样,直至水样呈橙红色为止,记下硫酸消耗量 A。用同样的方法化验生水,记下硫酸的消耗量 B。

⑤ 蒸汽干度计算：

$$干度 = \frac{炉水硫酸滴定量 - 生水硫酸滴定量}{炉水硫酸滴定量} \times 100\%,即：x = \frac{A-B}{A} \times 100\%。$$根据蒸汽干度的数值,对应调节锅炉的火量或热煤气压力,保证注汽锅炉所产生的蒸汽干度为 70%~80%。

(3) 每班根据烟气中氧气的含量,实时调整锅炉燃烧工况,保证锅炉燃气在最佳过量空气系数下完全燃烧。每小时按锅炉巡检路径巡检,并做好巡检记录。

(4) 空气压缩机储气罐每班放一次积水。各空气过滤器、减压阀的排污阀要留适当的开度,保证积水随时排掉,防止水进入仪表,也可定时排放。

(5) 每班计算一次热煤气消耗量、蒸汽单耗,并与煤气站燃煤量对比。

(6) 每班要检查记录一次各运转设备的电源电压、电流、温度、声音等参数。

四、停炉操作

(1) 正常停炉(如完成注汽生产任务)时,调节锅炉火量至中、小火运行工况,煤气压力随之下调。锅炉小火运行 15min 左右,锅炉蒸汽的压力、温度逐渐下降。

(2) 将程序电源(燃烧器连锁电路)控制开关断开,锅炉灭火,自动进行 20min 后吹扫,同时点燃管道剩余煤气。

(3) 先缓慢打开辐射段出口去排污扩容器的放空阀门,再关闭辐射段出口去油井的生产阀门。

(4) 打开煤气站钟罩阀,点燃放散煤气,打开煤气管道蒸汽吹扫阀,用蒸汽吹扫煤气管道。

(5) 将煤气发生炉转入热备用工况。

(6) 后吹扫结束,柱塞泵、鼓风机自动停运。引风机、空气压缩机、水处理设备停运,并打开排污阀。

(7) 锅炉仪电控制盘上的控制开关,应打到停止位置。

(8) 关闭各系统流程上的手动阀门。

(9) 变频器停运,在变频器控制板上按停止按钮,将工频/变频选择开关打到停止位置。

(10) 整理并上交锅炉运行报表,填写设备保养记录、锅炉巡检记录、交接班记录等相关资料。

基础知识

世界能源组织 2009 年发布的能源报告称,人类已步入后石油时代,地球上的石油资源仅够人类应用 40 年,而煤炭尚能应用 122 年。这一资源结构决定了世界各国在今后相当长的时期将以煤炭为主要能源。2012 年我国进口石油 2.4×10^8 t、天然气 400×10^{12} m³。油气资源日趋紧张、价格逐年上涨、国家进口比例在逐年增加。

多年来我国各油田的注汽锅炉一直是石油和天然气的消耗大户。用丰富、廉价的煤炭转化成热煤气,用以置换和替代宝贵而又紧缺油气资源,不仅意义重大深远,而且经济效益十分巨大。

一、热煤气系统组成

（1）两台 $\phi 3m$ 单段混合型煤气发生炉。
（2）上煤设备：由铲车、双轨单斗提升机、储煤仓、机械（液压）加煤机组成。
（3）低压力（小于 1000Pa）煤气输送管道及除尘器。
（4）仪表——DCS 控制系统：该系统与注汽锅炉控制系统资源共享，既与锅炉控制系统连锁，又具有相对的独立性。

二、改烧热煤气的注汽锅炉

注汽锅炉本体不改动，应用专利设备和优化的技术燃烧线路改变原锅炉的燃烧系统，从而达到或超过原锅炉的各项性能指标，以满足油田注汽生产需要。

三、热煤气产生过程

按照煤气发生炉内汽化过程进行的程序，发生炉内为六层：
（1）灰渣层（保护炉栅、预热汽化剂、布风）；
（2）氧化层（汽化剂与 C 反应生成 CO_2）；
（3）还原层（CO_2、H_2O 被 C 还原为 $CO + H_2$）；
（4）干馏层（煤干馏裂解 CH_4→烯烃→焦油）；
（5）干燥层（热煤气与煤相遇，使水蒸发）；
（6）空层（炉体自由空间，汇集煤气）。

煤气发生炉内进行汽化过程是比较复杂的，既有化学反应，又有物理反应。最终产生的热煤气中 CO 占 28.71%、H_2 占 11.78%、CH_4 占 3.4%、N_2 占 51.27%、CO_2 占 3.84%、碳氢化合物约占 0.84%、氧气约占 0.16%，还存有极少量的气态焦油和灰。

资料链接

（1）改烧热煤气的油田注汽锅炉有何特点？
① 改烧热煤气后的注汽锅炉，其热效率提高 5%~8%。采用热煤气（300~450℃）和预热空气（150~180℃）并回收了煤焦油的热量，从而提高了注汽锅炉炉膛燃烧温度。其锅炉热效率较烧油提高 5%~8%，较烧天然气提高 3%~5%，提高了锅炉运行的经济性。
② 安全可靠性和自动化程度较高。原注汽锅炉本体不做任何改动，采用大容量、低压力、柱状火焰的热煤气燃烧器并与原注汽锅炉的程控系统连锁，其安全可靠性和自动化程度及快速启、停、升降负荷等同于原注汽锅炉。
③ 锅炉运行成本大幅度降低。石油、天然气的市场价格要远远高于煤炭，煤与油的燃料比为 1.94，即 1.94t 煤置换 1t 石油，煤与天然气的燃料比为 1.56，即 1.56t 煤置换 $1000m^3$ 天然气。煤气发生设备年维修费用很低，水电消耗量较小，不生产时可热备用，故生产运行成本低于燃油 55%，低于燃烧天然气 45%。
④ 环保、节能减排效果显著。无污水排放，烟气排放总量较燃油热采锅炉减少 25%~30%，较燃天然气减少 5%~8%。经检测烟气中的各项指标（SO_2、NO_x、无粉尘排放）均明显

低于国家标准和燃油锅炉,汽化的炉渣可综合利用,是制砖和铺路的好材料。

(2)改烧"热煤气"后的油田 23t/h 注汽锅炉主要生产技术指标是什么?

① 锅炉出力:≤20t/h;

② 蒸汽压力:≤17MPa;

③ 蒸汽温度:≤352℃;

④ 注蒸汽干度:70%~80%;

⑤ 锅炉热效率:≤88%;

⑥ 排烟温度:≤180℃;

⑦ 燃煤单耗:130kg(即生产 1t 蒸汽要汽化 130kg 煤炭);

⑧ 实测环保数据均低于燃油;

⑨ 注汽锅炉生产运行成本远远低于烧油和烧天然气;

⑩ 选择无烟煤、弱黏结性长焰块煤、型煤为汽化原料,煤的粒度为 20~50mm,煤的低位发热值为 4000~7000kcal/kg,产气率为 3.3m^3/kg(型煤为 3.5m^3/kg)。

知识拓展

(1)注汽锅炉的维护保养包含哪些内容?

锅炉是在高温、高压状态下连续运行的热工设备,为使之能安全运行,避免事故发生,必须对锅炉进行维护保养。

① 阀门、水泵、油泵填料的更换:阀门、水泵、油泵、阀杆的输出轴填料箱都用填料来密封,以防止漏水、漏气。在发现填料泄漏时,可以旋紧压盖。如果旋紧几次,还漏得较多,说明填料已经坏了,此时需要调换或加上一些新填料。

② 压力表、变送器、安全阀定期校验:压力表、变送器、安全阀是保证锅炉安全可靠运行的安全附件,应定期对其保养和校验,使之动作灵敏、指示准确。

(2)注汽锅炉对流段在什么情况下需要吹灰?怎样吹灰?

对流段鳍片管间的堆积物必须定期地清除,清扫周期可根据燃料的质量和种类而定。鳍片管需要吹灰时的判断标准如下:

① 炉膛压力达 490Pa 时;

② 炉膛压力上升、火焰形状反常,呈现不稳时;

③ 排烟温度升高时。

对流段拆护板、吹灰的方法如下:

① 操作人员要系好安全带,戴好防毒面具,由后侧梯子上对流段;

② 先拆一侧护板销钉,待销钉全部除去后,用撬杠松动护板,再转动手轮,不可直接用手转动手轮,防止钢丝受力过大绷断;

③ 再用同样方法拆下另一侧护板,然后用塑料布盖住过渡段;

④ 对炉管由上到下依次进行吹扫、清洗;

⑤ 吹灰完毕后,将护板安装好,安装时注意用力均衡,防止人身伤害事故发生。

(3)锅炉炉管报废依据是什么?

炉管是注汽锅炉的主要受热面。它长期接受火焰的辐射热、烟气的对流热和炉衬反射热。

有下列现象的炉管要更换：
① 炉管有鼓包、裂缝或网状裂纹；
② 炉管相邻两管架间的弯曲度大于炉管外经的 2 倍；
③ 炉管由于严重腐蚀、爆皮,管壁厚度小于计算允许值；
④ 炉管外径小于原来外径的 4% ~ 5% 。

(4)燃油电加热器如何正确投运？
① 投运前用压缩空气先进行流程吹扫；
② 油泵启动后,待电加热器出口建立油压后,方可投运电加热器；
③ 投运前,必须检查温度控制系统应处于良好的工作状态；
④ 投运后,检查电加热器的空气开关是否有跳闸现象,如果有应及时汇报,请仪表工或电工进行检查处理,处理后方可投运电加热器。

(5)炉前燃油压力怎样调整？
① 首先控制好锅炉来油的油压,要求平稳,并在要求范围内小于 1.0MPa；
② 调节炉前燃油减压阀 95H 或 98L,使炉前油压保持在 0.6MPa；
③ 将炉前回油旁通阀及减压阀全开,保证有较大的回油量,以便实现燃油良好循环；
④ 再调节回油旁通阀,使炉前油压保持在 0.7 ~ 0.85MPa；
⑤ 当主燃火点着后,再次调节调节阀和回油阀,保证油压在最佳的参数下运行,大风门时油压不低于 0.6MPa,小风门时油压不高于 0.8MPa。

(6)锅炉日常运行中易出现的问题有哪些？ 怎样处理？
① 柱塞泵出口压力波动:检修柱塞泵阀片。
② 柱塞泵停运,蒸汽倒流:及时关闭手动截止阀。
③ 仪表气源中含水、含油多:定期进行气源排水、排污。
④ 柱塞泵泵头丝堵断裂:尽可能降低运行压力,出现两个以上螺栓断裂应及时停泵更换。
⑤ 燃油温度变化范围大造成燃烧不良:使用蒸汽伴热,控制油的流量。
⑥ 炉膛压力高:适当增加空气量,必要时停炉吹灰。
⑦ 燃油枪内发生凝油现象:每次灭火后及时吹扫油枪。
⑧ 炉前油压超高,油压开关损坏,火焰冲刷炉管:控制炉前油压。
⑨ 燃油电磁阀关闭不严:清洗电磁阀。
⑩ 油喷嘴结焦严重:使用大目数过滤网,严格控制油温。
⑪ 火花塞电极积炭:保证助燃空气量,适当降低引燃气压力。

(7)冬季锅炉停运时需要吹扫那些管线？ 吹扫标准是什么？
① 吹扫管线:(a)锅炉炉管、燃烧器油枪、仪表导压管;(b)燃油流程、蒸汽伴热管线、蒸汽采暖管线、注汽管网。
② 吹扫标准:(a)水汽流程使用压缩空气吹扫,吹扫流程端点排放处达到无水状态;(b)燃油流程使用减压蒸汽吹扫,端点排放处油流不连续。

(8)冬季锅炉突然停电怎样操作锅炉？
① 操作盘连锁电源控制开关打向"断"或"停",断开总空气开关。

② 关闭注汽井生产阀门,微开放空阀门控制压力。

③ 用压缩空气进行油枪吹扫,若压力不足可用减压蒸汽吹扫。

④ 落实停电的原因,若能立即恢复供电可进行正常启炉,若长时间不能恢复供电,立即进行下面的扫线。

⑤ 油路蒸汽吹扫:将减压蒸汽接到出口油管线上,将油泵出口管线、炉前循环管线、回油管线吹扫干净,然后关闭流程。吹扫油泵入口管线,当油槽内听见气体响声时应立即停止吹扫,以免蒸汽烫坏油泵油封。

⑥ 将锅炉放空阀门微开,等待来电后重新启炉。

(9) 冬季突然停水怎样操作锅炉?

① 长时间停水,可按停炉、吹扫等操作规程处理;

② 将各管线内余水放净,保证不冻;

③ 燃油循环,将各泵头放水,锅炉差压变送器导压管放水;

④ 水处理软水器充满浓盐水,保证不冻。

(10) 冬季使用汽油喷灯烘烤水、汽冻管线如何操作?

① 喷灯喷出的汽油必须是安全燃烧状态时才可使用;

② 烘烤管线时应把周围的可燃物清理干净;

③ 烘烤时火焰不能停留在某一点上长时间加热,以避免管线局部过热;

④ 火焰不能直接烘烤周围的其他管线,尤其是电缆穿线保护套管,以防管内电缆绝缘层损坏造成故障;

⑤ 喷灯不能用于胶皮软管,易燃、易爆介质管线场所的解冻;

⑥ 烘烤高压管线时,应先将管线泄压,然后烘烤;

⑦ 喷灯不应有跑、冒、渗、漏现象;

⑧ 操作现场必须配备灭火器材,并有专人监护。

(11) 冬季水处理设备停运时,怎样进行防冻处理?

① 活动站停运锅炉准备搬迁:(a)关闭生水泵入口手动阀,卸掉泵下部的放水孔丝堵放水;(b)卸掉泵出口单流阀放水;(c)卸开加药管线,放掉药液;(d)一、二级罐树脂加水浸泡,关闭排污阀。

② 停运等待注汽井:(a)用电暖器保证水处理间温度为0℃以上;(b)使管线给水,软水器有溢流,以保证上水管线不冻。

(12) 维修电气设备时,如何操作?

① 所检修设备必须有良好的接地;

② 必须派专人看管;

③ 悬挂检修指示牌;

④ 必须切断电源。

(13) 空气开关复位怎样操作?

① 对于机泵的空气开关,复位前必须切断控制开关,以防止复位打火;

② 查清故障原因并处理;

③ 如果空气开关控制设备较多,则应先切断支路控制的空气开关,再复位;

④ 确定电路无故障后,复位要先向下压再向上合。

(14)为什么要烘炉?有哪些注意事项?具体方法是什么?

新装或移装及大修后的锅炉,必须先进行烘炉,方能投入运行。由于炉膛的耐火材料较湿,如果运行前不烘干这些水分,锅炉点火受热后,会造成耐火层的变形、开裂甚至脱落,所以需要进行烘炉。烘炉前,要制定烘炉规则及操作规程。烘炉所需时间可根据锅炉的形式决定,燃烧温度可根据炉膛出口温度来控制。

① 烘炉注意事项:(a)应采用小火运行;(b)炉管内应有水循环;(c)烘炉时其升温速度及持续时间应根据当地气候条件等因素而定。

② 烘炉具体方法:锅炉在小火位置燃烧时,将给水换热器旁通阀打开,先使炉膛内靠近燃烧器喷嘴处烘干,再增加火量,使其达到最大火量的1/3运行。在此期间,给水换热器旁通阀关闭,烘炉2~3h后,再将小火转换到大火运行。烘炉完毕后,应检查炉膛耐火层情况,防止其产生裂纹等缺陷,同时应做好记录。

(15)为什么要煮炉?

炉衬烘干后,锅炉的受热面应该进行煮炉清洗,以除去受热面内部的油腻和铁锈。煮炉一般都在锅炉的水中加入氢氧化钠或磷酸三钠。

锅炉通过煮炉的升压、降压过程,受热面中的铁锈、水垢等可逐步从受热面上松脱下来。锅炉冷却后,可将放气阀和排污阀打开,冲洗排出炉内的污物,然后将排污阀关闭,并向锅炉供水,直到水从放气阀中冒出来,方可停止进水,再开启排污阀,将水放尽。然后开启人孔门,对锅炉内部进行一次全面检查。在煮炉过程中,不要进行排污,在煮之后将污水一次排放,这样做可避免煮炉过程中再加药的困难。

(16)锅炉炉管化学清洗步骤是什么?

采用化学清洗法以消除炉管内部的水垢和沉积物,以保证锅炉安全经济运行。一台锅炉的清洗通常要进行四个步骤:

① 用一种含有适当缓蚀剂的酸溶液清洗炉管,使水垢沉积物完全或部分溶解脱落;

② 用清水把疏松的沉积物、附在炉管内壁的酸溶液和溶解的铁盐冲洗干净,排除锅炉内可能产生的腐蚀性气体;

③ 锅炉用纯碱溶液煮炉,彻底清除或中和残留酸液的影响,排除可能产生的氢气;

④ 最后再用清水冲洗一次,排除残留的沉积物。

(17)化学清洗法有哪几种?

① 循环法:在循环酸洗法中,先把溶液灌满炉管,然后使其循环,直至全部清洗干净。在清洗过程中,应定期对溶液进行取样分析。当循环溶液的酸强度达到平衡,与沉淀物不再发生反应时,则认为清洗已经完成。

② 浸泡法:用浸泡法酸洗锅炉时,先把炉管灌满溶液,然后根据结垢程度的不同,浸泡4~8h。为了保证全部清除污垢,酸溶液的浓度应比实际需要的高一些。因为在浸泡法酸洗过程中不能对溶液作明确的控制测试,在某些方便的地点取得的溶液试样分析并不能代表锅炉其他地方的溶解情况。

酸洗以后,不管任何原因,锅炉还要经过一次温水正洗,直到锅炉顶部排气处溢出水来为止,并保证锅炉内气体已全部替换。

锅炉人孔开启以后,应将空气喷射器放在人孔处,使炉内空气流动循环,进一步驱除金属中释放出来的氢气。

(18)为什么要进行停炉保养？其方法有哪些？

如果锅炉准备停用一段时间,则需要做好停炉的保养工作。由于锅炉内部潮湿,通风不良,又因空气中的氧气及二氧化碳能溶解于水中,会对锅炉金属造成腐蚀。因此,停炉期间做好保养工作,防止锅炉腐蚀是一项重要工作。停炉保养方法有湿法保养和干法保养两种。

① 湿法保养。

如果锅炉停用期短,并且为在需要使用时能迅速点火,采用湿法保养比较有利。

湿法保养需先将锅炉内的水垢污物全部冲洗掉,然后将处理过的软化水输到锅炉管内,并溶入适量的氢氧化钠或磷酸三钠。一般药剂的用量可以参照表5-8的数值进行。

表5-8　药剂的用量

药剂名称	药剂用量(kg/m^3 水容积)
氢氧化钠(NaOH)	2~5
磷酸三钠(Na_3PO_4)	5~10

锅炉进水后,应在极小的火力下运行数小时,使水质稳定,同时也可除去水中的氧气。然后停止燃烧,在锅炉的炉火尚未消失时,可将除氧后的软化水输入锅炉,直到水从排气阀冒出。这时可以关闭排气阀,将锅炉密封保存。

炉水的碱度应为150~850mg/L,一般可以多加一些氢氧化钠或磷酸三钠,将碱度增加约100mg/L,使剩余碱度来吸收炉水中的氧气。炉水保持一定的碱度,能在金属表面形成一层保护膜,有了这层保护膜,即使炉水中有大量的溶解氧,也可以保护锅炉金属不被腐蚀。

炉水每星期应化验一次,以保证炉水中有过剩的碱度。如果碱度不够,应再加些氢氧化钠或磷酸三钠。

② 干法保养。

如果锅炉停炉时间较长,应采取干法保养。操作步骤如下：

(a)短节水压力低、水流量低、润滑油压力低报警,管温报警值调至200℃,断开柱塞泵空气开关；

(b)卸下水汽流程上各点丝堵放水,打开炉管排污阀门,打开锅炉出口放空阀门,关闭去井生产阀门；

(c)燃油流程至正常状态；

(d)进行正常点火操作；

(e)点火正常后,打小火运行,待管温高报警后,可手动停运鼓风机；

(f)待炉管内水分即将烘干时,外泄压力减小时上好丝堵；

(g)将泵出口吹扫阀门接入压缩空气,对锅炉炉管、蒸汽伴热管线、蒸汽雾化管线、注汽管网逐一吹扫干净；

(h)锅炉全部冷却后,打开人孔门,检查锅炉内部的烘干情况。

锅炉受压部件的外表面也应全部检查,金属受热面的表面不得有积灰和结焦,以防外部腐蚀。在全部清刷干净后,将盛有生石灰的盘子放在炉膛及烟道中,并将人孔门等密闭,防止潮气进入。长期停用锅炉的辅助设备也应该全部刷干净,在光滑的金属表面上应涂上油剂以防生锈。鼓风机、柱塞泵、空气压缩机的润滑油应放尽。所有活动部分每星期应盘动一次,以保持灵活。全部电动设备按规定进行保养。停用的锅炉也要定期进行检查,以便掌握锅炉的保养情况。

(19)注汽锅炉为什么设置连锁保护?

连锁是为了保护人员和设备而设立的一种安全装置。连锁装置能够保证设备按正确的顺序启动,且确保在未具备安全条件前设备不能启动。连锁装置也可以在发生不安全条件时关闭燃料的切断阀,同时发送报警停炉信号。

(20)何谓热管换热器?

热管换热器是利用热管的超导热性能来回收余热的一种高效节能换热设备,适用于各类锅炉尾部烟气余热的回收利用,特别适用于油田注汽锅炉尾部烟气的余热回收。与同类产品相比,它具有换热效率高、使用寿命长、结构紧凑、工作可靠、抗积灰、耐腐蚀和运行维护方便等突出优点。

(21)热管换热的工作原理是什么?

热管是利用管内工质的相变进行传热的高效传热元件。多采用的是重力热管,它是由一个内部充有适量工作介质(工质)并抽成真空的密封钢管组成。热管下部为吸热段,上部为放热段。

热管工作时,受热段被加热,管内工作介质汽化成蒸气流向放热段,蒸气在放热段冷凝为液体放出潜热,这些液体工质依靠重力从放热段流回吸热段。如此周而复始地循环,从而不断地将高温区的热量传递到低温区,其等效热导率可达紫铜的几千倍。

(22)热管换热器的结构及特点是什么?

热管换热器是由热管、中隔板和外壳体三部分组成,热管采用普通型,呈错列布置。在吸热段和放热段的管子上均设置了不同间距的翅片扩展受热面,两段之间用中隔板隔成互不连通的烟气通道和空气通道。整个管箱与水平面成10°夹角。

热管换热器安装在锅炉烟道出口,烟气自上而下流过热管换热器的吸热段,并放出热量,使烟气温度降低;而空气自下而上流过热管换热器,并吸收热量,使空气温度升高。热管换热器还利用一定速度向下流动的烟气所产生的自吹灰作用,可有效地防止受热面的积灰。

利用热管良好的等温性使管壁温度高于烟气酸露点,可有效地防止低温腐蚀。烟道进、出口开有检查孔,以方便检查和清除积灰。

参 考 文 献

[1] 范从振.锅炉原理.北京:水利电力出版社,1986.
[2] 高昆生,等.锅炉与锅炉房设备.北京:中国建筑工业出版社,1981.
[3] 刘继和,孙素凤.注汽锅炉.3版.北京:石油工业出版社,2007.